한 軍事学徒의 연구 발자취

— 著者略歷 —

- 1929年 浦項에서 出生
- 空軍士官學校 및 空軍大學 卒業
- 慶熙大學校 大學院 史學科 卒業
- 忠南大學校 名譽軍事學 博士
- 空軍士官學校 教授部 軍事學科長
- 空軍大學 教授部 第2 · 3處長
- 國防大學院 教授 및 教授部 第3學處長
- 韓國軍事史學會長

現在 : 徐羅伐軍事研究所長
忠南大學校 平和安保大學院 兼任教授

한 군사학도의 연구 발자취

펴낸날 | 2006년 3월 20일

지은이 | 이 종 학
펴낸이 | 양 현 수
펴낸곳 | 충남대학교출판부
등　록 | 1975년 2월 20일(95호)
주　소 | 대전시 유성구 궁동 220
전　화 | (042)821-6045
홈페이지 | http://www.cnupress.co.kr
E-mail | cnupress@cnu.ac.kr

ISBN 89-7599-196-2 93390
정가 20,000원

한 軍事学徒의 연구 발자취

風石 李鍾學 著

□ 머 리 말

1951년 11월 사관학교에 입교한 이래 저자는 반세기 넘게 군사문제를 배웠고, 체험했고 그리고 연구하며 가르쳐 왔다. 지금 지난날을 회고해 본다면, 학교에서는 군사훈련은 배웠으나, 군사학, 즉 전쟁철학이나 손무의 『손자병법』, 클라우제비츠의 『전쟁론』 등은 전연 배워보지 못했다. 그리하여 그 후 혼자 독학으로 연구하여 학생들에게 가르쳤다. 군사고전인 두 책에 대해서는, 『軍事理論과 軍事教育의 研究』(1997)와 『클라우제비츠와 전쟁론』(2004)에서 연구결과를 밝혔다. 이 분야의 연구가 그렇게 화려하거나 부귀富貴와 직결되는 것도 아닌데, 지금까지 버티어 왔다는 것은, 전쟁이란 국민의 생사生死와 국가의 존망存亡과 직결되는 문제이니 깊이 생각해야 한다는 가르침 때문이었다.

제1부의 '군사학의 이론정립'은 지난 40여년 간 연구하여 주장했던 내용, 즉 군사학은 군사훈련이 아니며, 그것은 학문으로서 전쟁에 관한 지식의 체계이며, 군사학은 사관학교 교육의 핵심이 되어야 하고, 일반대학에서도 가르쳐 학위를 수여해야 한다고 했다. 지금 이 문제는 달성되었으나, 더 뿌리를 깊이 내려 알찬 결실을 맺도록 하기 위해 여생을 바칠 생각이다.

그리고 그동안 군사학의 이론정립과 충남대학교 평화안보대학원의 군사학과 교과 편성에 협조한 공로가 인정되어 우리나라 최초의 '명예 군사학 박사' 학위(2003년 8월 22일)가 수여되었음을 밝혀둔다.

제2부는 '군사 사학적 연구방법에 의한 고대사 연구'이다. 군사이론과

역사학을 접목시킨 군사사학軍事史學은 지금까지 학자에 따라 학설이 구구했던 주류성·백강의 위치 비정을 비롯하여, 일본 고대 사학계가 110여년 전부터 광개토왕 비문의 신묘년(391) 기사를 가지고 '임나일본부'설의 논거로 삼아왔으나, 명쾌히 논파하여 우리나라뿐만 아니라, 일본의 고대사 학술지에도 발표했다. 그리고 더 나아가 5세기 초에 일본열도에 출현한 가와우치 왕조(河內王朝 : 大坂附近)는 임나가라(김해)가 바다를 건너가서 수립했다는 가설을 세워, 학제적 접근법(interdisciplinary approach)으로 논증을 시도하여 일본 고대사 학술지에 발표했지만, 우리말로는 아직 발표한 바가 없다.

제3부는 '지정학적으로 본 한민족의 생존전략'인데, 이 문제들은 젊은 시절부터 관심을 두고 연구해 왔다. 그러나 연구과제가 너무 방대하고 복잡하여 각 사람의 입장에 따라 해법은 달라질 수 있으리라.

지금에 와서 다시 생각하니, 한반도에서 핵전쟁이 일어날 가능성을 배제할 수 없고, 또 이미 희수喜壽를 맞이한 저자로서 인생에 대한 여한은 없으나, 남북한의 젊은이들이 다시는 피를 흘려서는 안 되겠고, 삼천리 강토가 폐허로 변해서는 안 되겠다는 생각에서 한 가지 해결의 방안을 제시해 보았다.

(부록 1)의 '한 군사학도의 회상'은 군사학의 이론정립과 연구과정에서 일어난 삽화적인 사건을 타인에게 누가 되지 않는 범위 내에서 솔직하게 기록해 두고자 노력했으며, 이는 지금까지의 연구결과를 이해하는 데 도움을 주리라.

(부록 2)의 일본 방위청 방위연구소 전사부의 간부들을 대상으로 한 세미나에서 발표한 것은 이번이 세 번째로서, '一軍事史學徒の研究軌跡 한 군사사학도의 연구궤적'(日文)은 세미나 발표(2005. 12. 1)의 요약문이다.

일본인 친구가 외국에 가기 때문에 발표회에 참가하지 못하지만, 배포했던 요약문을 보내달라기에 보냈던 바, 다음과 같은 회신이 왔다. 즉

“「한 군사 사학도의 연구궤적」은 어느 뜻으로는 충격적인 내용을 포함하고 있다. 나는 선생의 넓고 깊은 식견識見에 압도되었다.… 선생의 조선전쟁(6·25전쟁)은 물론이고, 고대사 산책은 방위연구소의 연구관들에게 커다란 감동을 불러일으켰음에 틀림없다.”

참석자들에게 어느 정도의 감동을 주었는지는 알 수 없으나, ‘클라우제비츠의 『전쟁론』은 이해하기 어렵고, 오해를 가져왔으며, 또 전쟁이론의 키워드(keyword)인 Verstand는 오성悟性으로 번역해야 하며’, ‘6·25 전쟁의 기본 성격은 내전이나 해방전쟁이 아니다’. 특히 ‘광개토왕 비문의 신묘년(391) 기사는 「임나일본부」설의 논거가 될 수 없다’, ‘일본의 천황가는 김수로왕의 후손이다’, ‘일본 무사도武士道의 원류를 거슬러 올라가면 신라의 화랑도花郎道에 이른다’고 하는 주장은 아마도 그들에게는 충격적인 내용임에 틀림없었으리라.

다행히 지난 해(2005년)는 지금까지 연구해 온 분야에 대한 반성·종합의 기회가 부여되었기에, 거기에다 지금까지 발표한 논문을 책으로 엮으면서 약간의 수정·보완을 했음을 밝혀둔다. 그리고 군사학을 군사훈련으로 착각하는 사람들이 많아서, 기회 있을 때마다 강조하다 보니 중복이 여러 곳 있으나, 양해하기 바라며, 이 책은 앞으로 군사학에 대해 알고자 하는 후배들의 연구에 참고자료가 되기를 바랄 뿐이다.

이 책의 출판을 쾌히 승낙한 충남대학교 출판부장 이현구 교수와 관계직원들, 협조해 주신 이주영 교수 그리고 원고 정리와 교정을 맡아준 최정화 연구위원에게 심심한 사의를 표한다.

2006년 2월 20일

李 鍾 學 識

—경주 風石齋에서—

명예 군사학 박사학위 수여

공군사관학교 졸업임관 및 첫 군사학 학사학위 수여(2005. 3. 8)

한국 군사사학회의 학술 세미나(2005. 6. 24)

국제 군사사학회의 모임에서, 중앙에 오슬란드 국제군사사학회장
(독일의 슈튜트가르트에서, 1985. 8.)

廣開土王陵碑(好太王碑)의 답사 (1992. 7. 31)

廣開土王陵碑(好太王碑)의 답사

주류산성의 울금바위(높이 329m, 2003. 6. 3)

동진강 : 좌측에서 林吉永 戰史部長 · 著者 · 金鍾云 박사

林部長의 전몰자에 대한 기도

仁徳天皇百舌鳥耳原中陵

わが国の前方後円墳として最も大きいのが仁徳天皇陵です。

墳丘の全長は480m、前方部の幅305m、後円部の直径245m、周濠を含めた東西の長さ656m、南北の長さ793m、周囲は2,718m、面積464,124㎡となっていて、その大きなことから大仙陵と呼ばれています。正式には、百舌鳥耳原中陵と言います。

日本書紀によると、仁徳天皇67年の冬10月5日に、河内の石津原（堺市石津町～中百舌鳥町一帯）に行幸して陵地を定め、同月18日から工事を始めました。

この時、鹿が野の中から走り出て、工事に従事している人々の中に走り入って、にわかに倒れました。人々があやしんで調べてみると、その耳の中から百舌鳥が飛び去り、鹿の耳の中が喰いさかれていましたので、ここを百舌鳥耳原と名づけたと記されています。

仁徳天皇は、それから20年後の87年の春正月16日になくなり、同年の冬10月7日に百舌鳥野に葬られました。（古事記には毛受耳原陵と書かれています。）

3段に築造した前方後円墳で両側に造り出しをもち、その墳丘をめぐって3重の周濠がつくられ、その外側に12の陪冢がつくられています。墳丘に、周濠となっている所から土を運んだと考えると、毎日1000人が働いて4年かゝると計算されています。そのうえに、墳丘に並べる葺石の運搬、20,000個以上の埴輪の製作と運搬、中堤の築造、陪冢の造営などを加えると、莫大な労力がついやされたものと思われます。

徳川時代の中頃までは、陵墓の管理が充分に行われていませんでしたが、嘉永5年（1852）、ときの堺奉行川村修就はこれを憂いて、後円部上にあった勤番所を拝門に移し、天皇を葬ったと思われる後円部200坪に高さ3尺の石の柵を設けて、陵内を整備したと伝えられています。

明治5年9月、前方部正面の第2段のや、上がくずれ、立派な石槨の竪穴式石室が発見されました。長持型石棺というすばらしい石棺と、石室面のあいだから金銅製の甲冑・刀剣の断片20・ガラスの椀などが見つけられましたが、もとの通り埋めたといわれています。この石棺と甲冑を精密に写した図が残っていますので、相当具体的に知ることができます。

河內巨大古墳의 답사 (1994. 9. 6)

차 례 | contents

제 I 부 군사학의 이론정립

contents | 차 례

제II부 군사사학적 연구방법에 의한 고대사 연구

차　례 | contents

contents | 차 례

차 례 | contents

제Ⅲ부 지정학적으로 본 한민족의 생존전략

contents | 차 례

제 I 부

군사학의 이론정립

1. 군사학의 이론정립

• 머 리 말

1960년대 중반, 공군사관학교 교수부 군사학과에 재직하고 있을 때, 미국의 미시간 대학교에서 물리학 석사학위를 받고서 귀국한 동기생 안재수安在洙(교수부장 역임, 작고함) 소령이 하루는 "자네 군사학도 학문인가?"하고 농담·조롱의 어투로 질문했다. 그 사건이 동기가 되어 평생의 연구과제가 되었다.

국방대학원에 재직하면서, 「군사이론체계에 관한 연구」를 『국방연구』(서울 : 국방대학원, 1979. 6)에 발표했던 바, 천주원千珠元 원장이 관심을 가져 다음 해(1980. 10. 30.~31), 학술세미나를 개최했다. 주제는 「군사학이론과 교육체계정립」이었고, 필자는 「군사학의 이론체계」[1]를 발표했다.

1999년 6월 10일 육군사관학교 화랑대 연구소 주최 세미나에서 「한

1) 李鍾學, 『軍事論文選』(경주 : 서라벌군사연구소, 1991), pp. 9~59.

국 군사학의 발전방향」을 발표했다. 즉, "군사학은 군사훈련이 아니며, 그것은 학문으로서 전쟁에 대한 지식의 체계이다. 군사학은 사관학교 교육의 핵심이 되어야 하며, 유일한 소망이 있다고 한다면, 그것은 사관학교에서 군사학 학사학위를 수여하는 모습을 보는 것과 일반 대학교에서도 학문으로서 군사학을 연구하는 「군사학 연구소」의 설치가 실현되는 날이다"고 했다.

그런데, 2002년 10월 30일, 충남대학교 평화안보대학원에 군사학 석사과정의 설치가 인가되어서 2003년 3월부터 강의가 시작되어 금년 2월에 졸업생을 배출했다. 그리고 민간대학교에서도 군사학 학사 학위과정이 설치되었으며, 오랫동안의 소망사항, 즉 2005년 3월 8일, 공군사관학교 졸업식에서 최초로 수여하는 군사학 학사학위 수여식을 지켜보면서 지난날의 우여곡절을 회상했다.

이 글은 1980년 발표했던 「군사학의 이론체계」를 요약 · 수정 그리고 보완한 내용임을 밝혀둔다.

1. 군사학 연구의 추세

필자가 군사학의 이론체계에 관심을 가지고 있을 때, 1962년 구소련 국방부에서 발간한 『군사전략』[2]을 보고 놀라운 사실을 알게 되었다. 거기에는 군사학 박사(Doctor of Military Science)와 군사학 후보박사(Candidate of Military Science)가 집필자로 등장하고 있었다는 사실이다. 이것은 구소련에 군사학이라는 학문체계가 존재하고 있다는 것을 명시한 것이었다. 구소련은 군사학의 정의를 다음과 같이 하고 있다.

---

2) V. D. Sokolovskii, ed., *Soviet Military Strategy*, trans. by H. S. Dinerstein et al. (Englewood, New Jersey : Prentice-Hall, Inc., 1963.)

군사학은 무력투쟁의 성격, 본질, 범위와 군사력의 수단과 포괄적인 지원에 의하여 이루어지는 인력·시설 및 군사작전의 수행방법에 관한 지식체계이다. 군사학은 무력투쟁을 지배하는 객관적 법칙을 탐구하여, 군사학의 기본 구성요소로서의 군사술軍事術(military art)의 이론, 군사력의 조직, 훈련 및 지원에 관한 것을 면밀히 검토하며 군사적 역사 경험을 다루게 된다.[3]

여기서 말하는 군사술이란 전략, 작전술 및 전술로 구성되어 있다.[4]

오늘날 소련은 붕괴되었고 러시아가 탄생되었으나, 지금의 러시아에서의 군사학의 연구동향이나 발전에 관한 자료는 구하지 못해 소개하지 못함을 애석하게 생각한다.

한편, 미국에서는 군사학이 하나의 학문분야가 될 수 있느냐 하는 문제가 오랫동안 논란의 대상이 되어 왔다. 군사학이 학문이 될 수 없다고 하는 전통주의적 견해와 될 수 있다는 진보주의적 견해가 대립되어 왔다.[5] 그러나 미 육군 지휘참모대학(U.S. Army Command and General Staff College)은 1963년부터 군사학 석사학위(Master of Military Art and Science Degree) 수여가 인정되었으며, 군사학의 정의는 다음과 같다.

군사학이란 전·평시戰平時에 있어서 군사력의 발전, 운용 및 지원과 국가목표의 달성을 위한 군사력 사용에 관계되는 경제, 지리, 정치, 사회심리 등 국력 요소의 상호관계를 연구하는 것이다.[6]

미 육군 지휘참모대학에서는 1963~1975년까지 223명의 군사학 석사

---

3) *Dictionary of Basic Military Terms*, A Soviet view, Published under the auspices of the U. S. Air Force, 1976, p. 38.

4) V. D. Sokolovskii, ed., 前揭書, p. 88.

5) Edward B. Atkeson, "Military Art and Science : Is there a place in the sun for it?", *Military Review*, January, 1977, pp. 75~78.

6) 上揭論文, p. 74.

를 배출했다. 그리고 이 지휘참모대학에는 고급 군사연구원(School of Advanced Military Studies)이 있는데, 이 연구원의 고급 군사연구과정(Advanced Military Studies Program)은 총 4학기로 입교자는 52명이며, 군사학 박사학위 과정인데, 1993년에 개설되었으나, 아직 당국으로부터 학위수여를 인정받지 못한 상태라고 한다. 그 후의 자료는 구하지 못했으나 군사학 박사학위 수여가 시행되고 있으리라 추정한다.

2. 군사학 일반론

가. 군사이론과 군사학의 정의

군사이론(military theory)은 군사문제에 관한 연구와 그것의 개념, 범주, 명제, 법칙, 일반이론을 포함한다. 옛날의 군사문제의 초점은 '전쟁이란 무엇인가', '어떻게 승리할 것인가' 하는 두 가지 문제였다. 전자前者는 때로 '전쟁철학戰爭哲學'이라 했고, 후자後者는 '전략'이라 했다. 전략이란 전쟁수행의 이론과 실제實際 그리고 군사작전에 있어서 군대의 운용을 의미하는 것이다. 군사이론이라 하자면, 적어도 다음 네 가지의 기본적 질문에 대해 해답을 제시해야 한다. 즉, ① 전쟁이란 무엇인가, ② 어떻게 싸워서 승리할 것인가, ③ 어떻게 전쟁준비를 할 것인가, ④ 어떻게 전쟁을 억지할 것인가.[7)]

군사이론의 정의와 범위를 광범위하게 잡는다면 군사이론과 군사학의 차이점은 없는 것으로 생각된다. 만약 차이점이 있다고 한다면, 군사학은 군사이론을 더욱 발전시켜 학문적(철학과 과학분야의 통합)으로 지식을

---

7) Julian Lider, *Military Theory* (London : Gower publishing Company, 1983), p. 122, pp. 14~15.

체계화한 것으로 이해한다.

필자는 다음과 같이 간략하게 정의한다.

- 군사학은 전쟁의 본질과 성격 및 무력전武力戰의 준비와 수행 및 억지抑止에 관한 통일된 지식의 체계이다.

군사학이 해결해야 할 과제는 다음과 같다.

① 전쟁의 본질과 성격의 규명

② 무력전武力戰 수행의 객관적 원칙의 해명과 연구

③ 이런 원칙에 바탕을 두어 전쟁목적을 달성하기 위한 무력전의 형태 및 방법의 연구

④ 전쟁에 대비한 군의 준비, 경제적 · 정신적 및 다른 면에서의 전쟁의 전면적 지원에 관한 여러 문제의 연구와 준비 · 지원방법의 연구

⑤ 전쟁의 요구에 따른 군대의 조직, 교육 및 훈련에 대한 연구

⑥ 군사학 전체 및 군사학의 각 분야의 연구방법의 확립 등이다.

나. 군사학의 범위와 연구방법

군사학의 정의와 군사학이 해결해야 하는 과제를 생각했을 때, 군사학의 범위는 다음과 같은 학문분야로 구성되어야 한다고 생각한다.

1) 전쟁철학

2) 전쟁학

가) 군제학軍制學

나) 용병술用兵術(군사전략 · 작전술 · 전술)

3) 군사사학軍事史學

4) 군사기술軍事技術

5) 군사교육학

6) 군사지리학(해양학 · 기상학 포함)

7) 군사 보조학문(국방경제, 군법, 위생 등)

8) 군사학의 각 분야의 연구방법의 확립

군사학이란, 결국 전쟁의 연구 및 이의 대비책을 강구하기 때문에 사회과학분야에 속하며, 또한 군사학의 타당성의 여부는 전쟁의 결과에 의해 실증되기 때문에 경험과학에 속한다. 군사학이 다른 학문분야와 근본적으로 서로 다른 것은 국민의 피로써 실증될 뿐만 아니라, 그 결과가 국가의 존망과도 직결된다는 점이다. 따라서 "군사학의 연구는 인간 지혜의 최고의 발로이며, 이는 실로 한 나라의 온 국민의 중지衆智를 모아 집중적으로 연구하는 데서 비롯되는 것이며 또한 인간의 모든 지식을 종합한 결정체라고 할 수 있다"[8]고 한 것은 타당한 견해라 생각된다.

군사학은 여러 학문분야의 혼합체가 아니라, 통일되고 선후 · 주종관계에 바탕을 둔 통일된 지식의 체계이다. 그래서 군사학에 있어서 전쟁학의 이론이 지배적 의의를 가지며, 다른 분야는 이 핵심 분야에 대해 봉사 · 지원하는 입장이다.

다른 학문분야와 마찬가지로 군사학 연구에는 크게 두 가지의 연구방법이 있는데, 하나는 양적 방법(Quantitative method)이요, 다른 하나는 질적 방법(Qualitative method)이다.[9] 양적 방법은 연구대상을 수량화할 수 있다는 전제에서 출발하며, 만약 대상을 수량화할 수 없다면 적용할 수 없을 뿐만 아니라, 엉뚱한 결과(해답)가 나타난다. 질적 방법이란 계산

---

8) 蔣緯國, 『軍事論叢』 第一集 (臺北 : 三軍大學, 1973), p. 411.

9) Morton H. Halperin, *Contemporary Military Strategy* (Boston : Little, Brown and Company, 1967), pp. 3~42.

및 측정의 방법을 취하지 않는 것으로 개인의 논리, 평가, 직관, 통찰력 및 능력 등이다. 이러한 것은 주로 역사로부터 얻은 교훈의 연구, 정치의 일반적 연구, 적국과 동맹체제에 대한 개별적이고 특수한 연구 등을 통하여 이루어진다.

우리들은 군사학 연구에 있어서 양적·질적 방법의 장·단점과 한계점을 잘 분별해서 효과적으로 그것을 사용해야 한다. 예컨대, 군수의 처리, 권력구조의 분석, 무기체계의 비용분석 등은 양적 방법이 효과적이다. 그러나 전쟁은 양적 방법으로 다루지 못하는 많은 요인을 내포하고 있다. 즉 전쟁수행의 주체는 지·정·의知情意를 가진 살아있는 인간이며, 그들의 사기, 전투경험, 전투를 수행하려는 결의와 그들의 자질 등이다. 미국에서는 월남전쟁을 일명 맥나마라 전쟁이라 했다. 그것은 맥나마라 국방장관의 양적 방법에 의하여 전쟁수행을 했기 때문이다. 비용대효과費用對效果를 가장 많이 주장한 그가 가장 비경제적인 전쟁수행을 했고, 패배했다는 것은 역사가 실증했다.

1) 전쟁철학

클라우제비츠는 "전쟁이란 적을 굴복시켜 자기의 의지를 강요하기 위해 사용하는 폭력행위이다"[10]고 정의했고, 그 후 많은 학자들의 견해가 있지만, 거기에서 공통점을 찾는다면 다음과 같다.

첫째, 전쟁이란 반드시 정치집단과 정치집단 사이에서 생겨나는 투쟁현상이며, 개인 간의 투쟁현상은 아니라는 것이다. 전쟁은 정치집단의 존재를 전제로 한 집단현상이다.

둘째, 전쟁은 조직적 투쟁이기 때문에 아무런 조직이 없는 투쟁은 전쟁이 아니다.

---

10) 클라우제비츠, 『戰爭論』 李鍾學 譯(서울 : 一潮閣, 1987, 增補新版), p. 12.

셋째, 전쟁은 무력투쟁이다. 보통 어떤 무기와 장비를 가진 다수인의 단체와 단체 사이의 투쟁이다. 오늘날에는 육·해·공군의 군대와 군대 사이뿐만 아니라, 테러집단과의 유혈의 투쟁이다.

전쟁이 정치집단을 전제로 했다면, 정치와 전쟁의 상호관계는 어떠해야 하는가? 전쟁은 정치적 행동일 뿐만 아니라, 실로 정치적 수단이며, 정치적 교섭의 계속에 지나지 않는다는 것이 클라우제비츠의 『전쟁론』의 핵심 사상이다. 따라서 국가는 다른 수단에 의해서 그들의 국가 목적을 달성할 수 없다고 간주했을 때, 최후의 수단으로써 전쟁을 구사해 왔다. 그런데 제2차 세계대전 말기에 출현한 핵무기는 너무나 파괴력이 거대하여 정치적 목적을 달성하기 위한 수단으로써 전쟁을 구사할 수 없게 만들었다. 즉, 핵무기는 정치적 목적 그 자체를 삼켜버릴 결과를 가져올 가능성이 짙기 때문이다. 그래서 지금까지의 전략은 전쟁의 준비와 수행에 역점을 두어 왔는데, 핵무기의 출현 후부터는 전쟁의 억지抑止에 역점을 두게 되었다. 이제 전략이라는 용어는 군사적 테두리 속에서 빠져나와 더 넓은 뜻으로 비군사적 분야에서까지 사용하게 되어 더욱 정책화의 뜻으로 사용하게 되었고, 전시뿐만 아니라, 평시에도 사용하게 되었다는 것이 특징이다.

전쟁에 관한 옛날의 철학적 사상은 두 파로 나눌 수 있는데, 전쟁 시인론是認論과 전쟁 부정론否定論이다. 전쟁 시인론의 최초의 대표자는 그리스의 헤라클레이토스(Herakleitos)이며, 그는 “전쟁은 만물의 아버지이며, 만물의 왕이다…”고 했다. 19세기 초엽, 가톨릭 신학자 메스톨(Maistre)은 전쟁은 신의神意이며, 국민의 부패를 징벌한다고 논했다. 헤겔(Hegel)은 역사 철학적 견지에서 전쟁을 시인했다.

전쟁 부정론자는 다수 있지만, 철학자 칸트(Kant)는 전쟁을 인류의 근본 악, 최대 악으로 보았고, 인류의 회초리이며, 모든 선한 것의 파괴자이고, 도덕적인 것의 최대의 장해라고 했다.

여러 가지 전쟁의 학설, 전쟁의 유형, 전쟁의 원인 등에 관해서는 생략키로 한다. 전쟁이란 무엇이며, 마땅히 그러해야 한다는 등의 당위의 문제는 전쟁철학(philosophy of war)이 다루어야 할 분야이고, 전쟁을 어떻게 억지하고 또한 준비하여 수행하느냐 등의 존재의 문제는 전쟁학(science of war)이 다루어야 할 분야이다.

그런데 많은 저명한 군인·학자들이 전쟁의 문제를 다루어 왔지만, "전쟁이란 국가의 중대한 일이다. 국민의 사생死生과 국가의 존망이 기로에 서게 되는 것이니 신중히 생각하지 않으면 안 된다"고 한, 지금으로부터 2,500여년 전에 손무孫武가 저술한 『손자孫子』의 권두언만큼 전쟁에 대해 실감과 사명감을 주는 글은 아직 읽지 못했다.

2) 전쟁학

전쟁학은 군사학의 일부인 동시에 가장 중추적 지위에 있다. 왜냐하면, 군사학은 전반적으로 전쟁의 문제를 다루어야 하기 때문이다. 그런데 전쟁학이란 독일어로는 클라우제비츠가 말한 Kriegswissenschaft에서 유래하며, 영어로는 Science of War이다. 이 용어의 용법은 사람에 따라 달라서 혼란스럽기도 하다. 예컨대, 병학兵學, 전법戰法, 용병학用兵學 등이다. 클라우제비츠는 군인에 있어서 지식은 곧 능력이 되어야 한다는 입장에서 전쟁학보다 전쟁술이라는 용어가 더 적절하다고 했으나, 군사학의 이론적 체계화 과정에 있어서는 구별해서 사용해야 한다.

클라우제비츠는 전쟁을 위한 모든 활동을 광의廣義로 전쟁술이라 하고, 거기에는 군사력의 창설·유지분야(군정軍政)와 군사력의 운용(군령軍令)이 포함되지만 군사이론 수립에 있어서 군정분야를 이질적 요소라 생각하여 제외시켜, 전쟁술을 협의狹義로 생각하고 주로 군사전략과 전술에 역점을 두었다.

그러나 오늘날 군사문제는 전쟁의 억지가 중심 과제가 됨에 따라, 군사력의 창설부터가 대단히 중요시 되었고 또한 전쟁의 승패勝敗가 전쟁의 수행 못지않게 준비의 양부良否에 의해 결정되는 현실에 비추어, 전쟁학은 군정분야軍政分野를 제외할 수도 없을 뿐만 아니라, 그것은 오히려 마차의 양 바퀴와 같은 밀접한 관계에 있다고 본다. 그리고 모든 군의 간부는 다만 전쟁학의 연구에서 멈출 것이 아니라, 전쟁술의 터득에까지 연구 수준을 향상시켜야 한다.

가) 군제학軍制學

군사력의 건설·유지 및 발전의 연구분야는 군제학이다. 군제(군사제도)는 국가의 군대가 건립되어 유효하게 활용될 수 있게끔 유지하여 국가가 지니고 있는 실제적·잠재적인 군사 역량을 어떻게 발전·지원·통제할 것인가 하는 방법을 제시해 주는 여러 가지 법규를 말한다.

구체적으로 설명하면, 국가가 전쟁수행을 위하여 준비하는 제반 설비를 군비軍備라 하고, 군비에 관해서 상세히 규정하는 제반 제도를 군사제도 또는 약칭하여 군제라 한다. 그리고 군제학은 군제의 설정을 탐구하는 원리의 절차를 말하며, 국가가 어떻게 훌륭한 군사제도를 마련하고 유지하여 건군의 목적을 이상적으로 달성할 수 있도록 할 것인가를 제시해 주는 학문이다.[11]

조미니는 완전한 군대를 조직하는 데 필요한 12개 조건을 다음과 같이 제시했다.[12]

① 건전한 병역제도

② 건전한 군사조직

---

11) 三軍大學編, 『軍制學』(臺北 : 國防部, 1971), pp. 1~2.

12) Antoine H. Jomini, *Summary of the Art of War*, edited by J. D. Hittle (Harrisburg, Pa : The Telegraph Press, 1947), p. 56.

③ 철저한 동원체제를 갖춘 국가 예비대

④ 전체 장병의 양호한 훈련상태 : 제식훈련뿐만 아니라, 실제적인 전투훈련에 역점을 두어야 한다.

⑤ 엄격하면서도 굴욕적이 아닌 군기軍紀를 유지할 것. 규율을 준수하고 복종하는 정신은 신념을 바탕으로 해야 하며 형식주의가 되어서는 안 된다.

⑥ 유효한 보상제도로 사기를 진작시킨다.

⑦ 공병 및 포병과 같은 특수 병과에 대하여 더욱 우수한 훈련을 가한다.

⑧ 이상의 각종 요소의 능력을 운용할 참모부를 설치하고 또 다른 부서로 하여금 장교에 대한 이론 및 실무교육을 담당케 한다.

⑨ 공세 또는 수세작전을 막론하고 장비 및 무기면에서의 우세를 확보한다.

⑩ 군수, 의무, 일반 행정 등의 면에서 양호한 계통을 구비한다.

⑪ 인사면에 관한 양호한 제도와 전쟁지도에 관한 명확한 규정.

⑫ 전국민에게 상무정신을 고취시키고 유지케 한다.

나) 용병술用兵術(군사전략 · 작전술 · 전술)

클라우제비츠는 전쟁술을 좁은 뜻으로 사용하여 「전쟁수행의 이론」 혹은 「군사력 운용의 이론」이라 했으며, 이것은 전략과 전술로 구분된다고 했다.[13] 필자는 용병술을 넓은 뜻으로 사용하여, 국가전략과 연관시켜 생각해야 한다고 본다. 그 이유는 나폴레옹 전쟁을 주로 기초로 하여 만든 『전쟁론』의 제약인데, 그 후 전쟁 규모의 확대와 복잡성 그리고 장기화는 전쟁에 대한 문제를 용병술에만 국한시킬 수 없었고, 경

13) 클라우제비츠, 前揭書, pp. 78~80.

제·심리·정치적 분야까지 고려해야 하는 전면전쟁으로 변했기 때문이다. 따라서 용병술이란 국가전략의 개념에 입각하여 전쟁을 준비하고 수행하는 활동으로서 국가목적 달성을 위한 군사전략·작전술·전술에 대한 이론체계를 뜻한다.

군사전략이란, 국가목적을 달성하기 위해 전·평시戰平時를 막론하고 군대를 건설·유지하며, 전쟁을 준비하고 군대를 사용하는 기술이며, 이것을 학문적으로 다루어야 하는 이론영역理論領域은 다음과 같다.

① 무력전武力戰을 지배하는 일반적 여러 방책

② 미래전쟁의 상황과 성격

③ 국가, 국군의 전쟁준비의 이론적 원칙과 전쟁계획의 여러 원칙

④ 국군의 각 군종(육·해·공군)과 그 전략적 운용의 기초

⑤ 무력전 수행의 여러 방책

⑥ 무력전에 대한 물질적·산업기술적 기초

⑦ 국군의 지도 및 일반 전쟁수행의 여러 원칙

⑧ 잠재적 적국의 전략적 여러 견해[14)]

작전술(operational art)이란 "육군의 군사전략 개념 하에 전쟁을 준비하고 수행하는 활동으로서 대체로 대부대 작전을 계획하고 실시하는 이론과 실제"[15)]로 정의되어 있다. 한편 육군에서는 『작전 요무령』(야전교범 100-5, 1989)에 다음과 같이 적고 있다.

> 작전술이란, 군사전략 목표를 달성하기 위하여 작전의 목표를 설정하고, 상대적인 기동전을 통해 전투력을 근본적으로 무력화시키기 위하여 육·해·공군의 독립 또는 합동작전의 준비와 수행을 위한 대부대의 작전이론과 실제의 군사전략과 전술을 상호 연계시키는 역할을 하며, 그 목

---

14) V. C. Sokolovskii, ed., 前揭書, pp. 89~90.

15) 金光石 編著, 『用語術語研究』(서울 : 兵學社, 1993), p. 410.

표는 전투력의 배비와 기동으로 적 주력을 격멸하여 작전에서 승리하는 것이다.

이것은 군사전략에 입각하여 작전의 계획단계로 전략과 전술의 중간 단계이다. 즉 합동참모본부에서 「한국의 군사전략」이 수립되고, 그것에 입각하여 각 군 본부에서 각 군의 군사전략이 수립되면, 육군에서는 야전군 사령부, 해·공군에서는 작전사령부에서 작전계획을 수립하는데, 이 작전계획의 수립·지도가 작전술의 영역이고, 작전계획에 입각하여 예하부대가 전투를 실시하는 것이 전술이다. 전술이란 전장에서의 전투의 실행 방법을 말한다.

요컨대 용병술을 개념적으로 간략하게 그 영역을 요약한다면, 군사전략은 구상의 단계요, 작전술은 계획의 단계이며, 전술은 실시의 단계라 할 수 있다.

3) 군사사학軍事史學[16)]

군사사학(military history)이란, 군사문제를 연구대상으로 하는 역사학이다. 그것은 역사학의 한 부문인 동시에 군사학의 한 부분이기도 하다. 왜냐하면, 군사사학의 연구 논제는 현대 군사학을 위한 발전의 한 원천의 구실을 하는 과거의 군사경험을 법칙화 하기 때문이다. 전술한 바와 같이 군사학은 경험과학이라 했으며, 군사학의 이론적 기초는 바로 군사사학에 두고 있다.

클라우제비츠는 이 관계에 대하여 명확하게 말하기를, "전쟁술에 있어서 모든 철학적 진리보다도 경험이 더 가치를 가지기 때문이다.… 역사적 실례實例는 모든 것을 명확하게 할 뿐만 아니라, 경험과학에 있어

16) 李鍾學, 「現代軍事史의 研究方向」『軍史』(서울 : 전사편찬위원회, 1981), pp. 10~59. 및 『韓國軍事史序說』(경주 : 서라벌군사연구소, 1989), pp. 11~77. 참조.

서 가장 훌륭한 증명력을 가지고 있다. 특히 전쟁술에 있어서는 더욱 현저하다"고 했다.

우리가 군사사학을 연구하는 목적은 다음과 같다.

첫째, 군사학의 기본 원칙의 원천을 탐구한다.

둘째, 군사, 특히 전쟁의 본질과 실상을 파악한다.

셋째, 고금古今의 전쟁에서 승패의 원인을 찾고, 또한 주동 인물들의 체험을 배워 자신의 자질향상의 자료로 삼는다.

넷째, 군사사학을 통하여 전쟁의 변천 과정을 앎으로써 미래전未來戰의 대비를 위한 교훈을 찾는 데 있다.

군사사학의 연구 범위는 생략키로 한다.

4) 군사기술軍事技術[17)]

가) 현대전現代戰과 군사기술軍事技術

인류의 전쟁 가운데 획기적인 변화를 가져온 것은 화약의 발명(연대는 아직 확실한 정설定說이 없으나, 7~11세기 사이로 추정됨)이다. 이로 인하여 인간은 자기 힘의 수 천 배의 세력원을 소유하게 되었다. 전장戰場에서 화약의 출현이 전술에 새로운 시대를 가져왔지만, 초기에는 기계 및 화학기술의 진보가 부진하여 당시의 화기는 표적이 된 적敵보다도 이것을 사용하는 자가 더 위험스러웠다. 하지만 주요한 이점은 발사했을 때 생기는 무서운 음향이 적에게 미치는 심리적 효과였다.

화기가 본래의 기능을 발휘하려면, 우선 견고해야 하고, 운반에 간편해야 하며, 더욱이 정밀도가 높아야 했다. 그래서 수 세기의 세월이 소요되었으며, 특히 군사기술은 20세기 초부터 급속히 발달되었다.

---

17) 최윤대 · 문자열 공저, 『군사과학기술』(서울 : 형설출판사, 1995) 참고할 것.

군사기술이 전투, 나아가서 전쟁에 크게 영향을 미친 실례實例는 전파탐지기에서 볼 수 있다. 1940년 전파탐지기로 인해 히틀러가 영국의 제공권制空權 획득에 실패함으로써 영국 침공을 포기하게 되었고, 미국이 일본보다 2년 앞서 전파탐지기를 군함에 장치하여 효과적으로 운용함으로써 승리에 큰 영향을 미쳤다.

2차 대전 후, 열핵무기와 운반수단의 급격한 발전, 컴퓨터, 레이저 무기 등의 개발로 미래전은 우주전쟁으로 발전하게 되었다. 세계 각국이 그들의 가상 적국과 현재 피를 흘리는 전쟁은 하고 있지 않다 하더라도, 과학기술자들은 연구실이나 실험실에서 피를 흘리지 않는 전쟁을 하고 있다고 해도 과언이 아닐 것이다.

현대전에 있어서 아무리 무기의 중요성이 강조된다 하더라도, 역시 전쟁에 있어서 인간이 주체이며, 인간이 무기를 구사한다. 그리고 최신무기라 할지라도 싸울 결의가 없는 자에게 있어선 그것은 하나의 장식품에 지나지 않는다는 것도 사실이다.

그러나 아무리 싸울 결의가 되어 있는 군대라 할지라도 월등한 화력의 우세 앞에서는 무력無力하다는 것도 사실이다. 따라서 인간과 무기와의 관계는 상호 긴밀하고 보완적인 관계에서 파악되어야 한다.

나) 군사기술의 개념

군사기술이란, 군대의 작전 또는 전투 훈련을 보장하여 임무수행을 하기 위한 기술적 수단의 총칭이다. 그리고 이것은 군사학의 일부이며, 전쟁학이나 전쟁수단에 의해 과제가 주어지기도 한다. 군사기술은 기술적·경제적·생산기술 등에 기반을 두어 새로운 전투수단을 안출·설계·제조하여 그 가능성·기술적 운용의 연구를 하며, 전쟁술은 이것을 바탕으로 해서 새롭고 구체적인 전략·전술적 용법을 발전시켜야 하고, 또한 전쟁술이 군사기술에 신무기의 개발 내지 개량을 하게 하기도 한다.

예컨대, 전자의 경우는 핵무기가 발명된 연후에 핵전략이론核戰略理論이 발전되었고, 후자의 경우는 제1차 대전 때, 전선의 교착상태를 타개코자 하는 전술적 요청에 의해 전차가 발명되었다.

5) 군사교육학

군사교육학이란, 현대전의 상황 하에서 한 군인으로서 그리고 부대의 일원으로서 주어진 임무를 수행할 수 있도록 교육과 훈련을 연구하는 학문으로서 교육학의 한 분야요, 또한 군사학의 중요한 구성 분야이다.

전쟁은 시종 인간이 주체가 되는 것이며, 인간의 의지 · 자질 · 지식 · 지능 및 실행력 등은 승패를 결정하는 주요 요인이다. 따라서 인력자원을 개발하고 운용하는 것은 국방상 무기나 장비보다 더 중요하다. 왜냐하면, 무기와 장비의 개발 및 운용도 인간이 하기 때문이다.

현대전에 있어서 다수의 인력 소요, 무기와 장비의 복잡화, 그것의 발달 및 향상과 대량 사용, 군사행동에 있어서의 확고한 성격, 전투행동의 적극성, 격렬성 및 이동성, 육 · 해 · 공군의 개개의 구성원에 대해 모든 양상의 무력전武力戰을 교묘히 실시하고, 복잡하고 다양한 무기를 전장에서 사용하고, 어떠한 상황 하에서도 모든 종류의 전투행동에 있어서 확실한 협동과 조정의 보장 등의 과제를 해결하자면, 군사학에 있어서 군사교육학의 필요성은 필수적이다. 또한 군사교육학은 일반교육학과 다른 독특한 교육 이념과 방법이 요구된다.

예컨대, 일반학교의 교육은 지식의 획득을 목적으로 하지만, 군사교육에서는 지식이 곧 발전하여 능력화되어야 하고, 또 실천이 되어야 한다. 클라우제비츠가 말했듯이, "이론적 지식은 실제적 능력이 되어야 한다"[18]는 것이다. 그리고 군사교육에 있어서 무엇을 가르칠 것인가 하는 내용 지시는 전쟁학에서 주어지며, 또 어떻게 가르칠 것인가 하는 문제

18) 클라우제비츠, 前揭書, pp. 86~87.

는 군사교육학의 이론과 교육심리학 등이 제시해야 한다.

한편, 일반학교 교육과 군사교육을 살핀다면, 국토방위의 중요성과 국방의식의 함양은 어려서부터 일반학교 교육을 통해 달성되어야 하고, 군사교육은 그것을 기반으로 하여 최신 과학무기의 조작과 운용 그리고 새로운 전략·전술의 연구개발에 집중하는 것이 바람직한 방향이며, 문무文武를 겸한 인재를 양성해야 국가에 유용할 것이다.

6) 군사지리학軍事地理學[19)] (해양학 · 기상학 포함)

군사지리학은 군사작전 및 전쟁 전체의 준비와 수행에 영향을 미치는 견지에서 여러 국가, 전장 및 각 지역의 정치·경제·자연·군사적 조건의 현황을 연구하는 군사학의 한 구성 분야이다. 군사지리학은 군사학의 요구에 응하여 필요한 자료를 연구하며, 또한 영토와 지형 등의 자연 지리적 여러 조건이 전쟁 및 군사작전의 수행에 어떻게 영향을 미치는가를 판정한다. 따라서 군사지리학은 실제 자료와 결론을 군사학에 제공하는 것이다.

전쟁의 성공적 수행을 위해 지리적 조건을 고려하려는 시도는 전쟁술과 거의 같은 시기의 옛날부터 있었다. 예컨대, 한 장수가 부대를 지휘하여 적지敵地에서 전투를 하자면 적의 부대·요새의 위치와 그 지형, 접근로, 공격에 유리한 고지 등을 고려하지 않을 수 없기 때문이다. 그래서 군사지리학의 자료와 결론은 군사학의 모든 구성분야에 의해 이용되며, 특히 용병술과 긴밀한 관계에 있다. 그리고 군사지리학은 세 가지 분야, 즉 국가전략 지리학國家戰略地理學, 군사전략 지리학 및 전술 지리학으로 분류할 수 있다.

---

19) 루이스 펠티어, 『軍事地理』(서울 : 국방대학원, 1988) 참고할 것.

7) 군사보조학문軍事補助學問

이것은 위에 말한 군사학에 속하지 않으면서 군사문제에 직접·간접적으로 영향을 미치는 학문의 총칭이다. 예컨대, 국방경제학, 군법, 위생학 등이 여기에 속한다.

8) 군사학의 각 분야의 연구방법의 확립

연구방법에 대해서는 양적 방법와 질적 방법을 논의했지만, 필자의 연구경험에 의하면 연구 대상에 대한 바른 인식하에 적합하고 타당한 연구방법을 개발하여 구사해야만 바람직한 연구 성과를 얻을 수 있었다.

예컨대, 군사사학적軍事史學的 연구방법으로 110여년간 논쟁되어온 광개토왕 비문의 신묘년 기사에 의한 일본 고대 사학계의 「임나일본부」설說을 논파했고,[20] 또한 663년 나·당 연합군과 백제 부흥군과 왜군에 의한 주류성周留城·백강白江을 무대로 하는 최후의 결전장에 대한 종전의 위치 비정을 수정했다.[21]

학문연구에 있어서 연구방법론의 중요성을 강조해 두는 바이다.

• 맺 음 말

현대전쟁은 정치·경제·사회·심리 및 군사력 등이 포함되는 총력전임이 틀림없지만, 그 중심이 되는 것은 어디까지나 무력전이다. 따라

20) 李鍾學, 「廣開土王碑文 辛卯年記事의 檢討－軍事史學的 硏究方法에 의한－」『軍史』 제32호(서울 : 國防軍史硏究所, 1996), pp. 46~77. 및 「広開土王碑文の真実－軍事史学的研究方法による辛卯年記事の検討－」『日本及日本人』通巻1630号(東京 : 日本及日本人社, 1998), pp. 144~154.

21) 李鍾學, 「周留城·白江의 位置比定에 관하여－軍事史學的 硏究方法에 의한 考察－」『軍史』 제52호 (서울 : 군사편찬연구소, 2004), pp. 161~191.

서 국가의 안전을 보장하려면, 무력전의 수행능력이 선결문제이다. 더욱이 한반도의 군사정세는 이것을 더욱 실감케 하고 있다. 그래서 국가안전보장이나 국방연구 등도 실질적으로 분석·평가해 본다면 전쟁의 연구와 이의 대비에 불과하다.

군사학의 연구, 즉 전쟁과 군대에 관한 지식, 무력전 수행의 수단·방법 및 형태에 관한 연구, 과거의 경험, 또 현재 및 미래에서 참다운 군사의 있어야 할 바의 바람직한 발달방향을 명시하는 이론의 정립은 결코 일조일석一朝一夕에 달성되는 것이 아니며, 중지衆智와 꾸준한 노력에 의해서만 달성되는 것이다. 그리고 군사학 연구의 성패成敗는 필연적으로 전쟁의 승패勝敗와 직결되고 나아가서 국가·민족의 생사·존망에 직접적 영향을 미치는 것이니, 광범위하고도 심오한 연구가 계속적으로 추진되어야 할 과제이다.

오늘날 우리나라에 있어서 군사학 연구를 하기에는 아직도 만족할 만한 연구 자료나 여건이 구비되어 있지는 않지만, 본 논문은 그동안 군사실무교육軍事實務敎育의 경험을 토대로 하여 군사학의 이론정립을 시도해 본 것이다. 필자는 작년에 미 육군 지휘참모대학의 군사학 박사과정의 교육 자료를 획득코자 노력했으나 여의치 않아 여기에 소개하지 못함을 미안하게 생각한다.

지금까지 필자는 군사학이 학문으로서의 시민권을 획득케 하는데 40여년 간 노력을 기울여 왔으며, 이 목표는 달성되었다. 그러나 앞으로 알찬 결실을 맺을 수 있도록 뿌리를 내리게 하는 데 여생을 바칠 생각이며, 이 글이 앞으로 한국의 군사학 발전에 참고가 되기를 바랄 뿐이다.♣

(충남대학교 평화안보대학원 및 3군 대학 공동학술 세미나, 2005년 7월 21일)

2. 한국 군사학의 발전방향

-군사학은 군사훈련이 아니며, 그것은
학문으로서 전쟁에 대한 지식의
체계이다. 군사학은 사관학교 교육의
핵심이 되어야 한다.-

• 머리말

「한국 군사학의 발전방향」이라는 제목으로 발표할 기회를 만들어 준 육사 교장님 및 관계관들에게 심심한 사의를 표한다.

본인은 지난 10여년 동안 신라화랑[1]과 1,500여 년 전에 중국 집안集安에 건립된 광개토왕 비문에 등장하는 '왜倭'에 대해 연구를 했다. 특히 일본 고대사학계는 110여년 전부터 이 '왜倭'를 가지고 이른바 「임나일본부任那日本府」설을 주장해 왔다. 주지하는 바와 같이 「임나일본부」설이란 일본(당시의 倭)이 4세기 중반부터 6세기 중반까지 200여년간 한반도 남부지방을 식민지 통치했다는 주장이다. 그래서 본인은 아무도 시도하지 않았던 군사이론(military theory)에 바탕을 둔 군사사학적軍事史學的 연구방법을 도입하여 「임나일본부」설을 논파한 논문을 우리나라뿐만 아니라,[2] 일본의 고대사 학술지에 발표했다.[3] 발표한 지 수년이 경과했으나,

1) 李鍾學, 『新羅花郎・軍事史硏究』(慶州 : 徐羅伐軍事硏究所, 1995)
2) 李鍾學, 「廣開土王碑文 辛卯年記事의 檢討-軍事史學的 硏究方法에 의한-」『軍史』 제32호(서울 : 國防軍史硏究所, 1996), pp. 46~77.
3) 李鍾學, 「広開土王碑文の倭に関する一考察」『東アジアの古代文化』81号 (東京 : 大和書房, 1994), pp. 70~90. 「広開土王碑文の倭の実体」 上掲書, 85号, 1995, pp. 148~169. 「広開土王碑文の真実」 上掲書, 100号, 1999, pp. 96~111.

본인의 견해에 대한 반론은 아직 없는 실정이다.

본인이 왜 이런 얘기를 하는가 하면, 육사에서 세미나 발표 요청이 오자, 그 동안 군사학이 어느 정도 사관학교 교육에 수용되었나를 검토하면서, 그 동안 내 건강을 위해서도 신라화랑과 광개토왕 비문을 연구하기를 잘 했구나, 하는 생각이 들었다. 그 이유는 군사학(military science)이 30~40년 전과 마찬가지로 아직도 군사훈련(military training) 정도로 착각하고 있고 또 사관학교 교육에서 푸대접을 받고 있다는 것을 알았기 때문이다. 그러나 이번 세미나를 통해 전환점이 될 것이라는 희망을 안고 여기에 참가했다.

단적으로 말해서 사관학교 교육은 야전에서 적과 싸워 이겨야 하는 초급장교에게 필요한 전문지식이 무엇이며, 앞으로 군사전문가로 발전하는 데 필요한 기초 지식이 무엇인가를 알아야 한다. 의사를 양성하고자 한다면 의학을 전공시키고, 법률가·판사를 양성하고자 한다면 법학을 전공시키고, 물리학자를 양성하고자 한다면 물리학을 전공시켜야 한다는 것은 누구나 알고 있지만, 사관학교에서 초급장교를 양성하고자 한다면 무슨 학문을 전공시켜야 하는가, 하는 문제는 정설定說이 없다는 것이 오늘의 사관학교 교육이 직면한 중대한 문제점이다. 군사학이 무슨 학문인지 모른다는 것이 문제가 아니라, 모른다는 그 자체를 모르고 있다는 것이 문제를 더 심각하게 만들고 있다.

전쟁은 우리가 좋아하거나 싫어하거나 간에, 국가의 존망과 국민의 생사를 좌우할 뿐만 아니라, 패자는 승자의 의지 앞에 굴욕적인 굴복을 당하고 만다. 그리고 전쟁은 시작하고자 하는 자의 의지에 의해 언제든지 시작할 수 있으며, 또 국가 간의 분쟁을 해결하는 최후 수단이 되어 왔고 그리고 인간의 천성이 갑자기 변하지 않는 한 전쟁 양상을 달리하면서 계속 존재할 것이다. 이것이 바로 우리들이 왜 전쟁을 연구해야 하는가 하는 당위성과 이에 대비해야 하는 이론적 근거가 되는 것이다.

세계 최강을 자랑했던 미국은 월남전쟁에서 패배 당하고 말았는데, 이 문제를 심각히 반성한 미국의 서머스 육군 대령은 그의 저서『전략론－월남전쟁의 비판적 분석－』의 결론에서, "월남전쟁으로부터 터득한 전략적 교훈의 진수는 우리 군인들이 군사분야에 있어서 최고의 권위자가 되어야 한다는 사실이다"[4]고 뼈저리게 갈파하였다.

필자는 60년대 초반에 공군사관학교 교수부 군사학과에 재직하면서 군사학(military science)의 이론정립에 관심을 가지게 되었는데, 그 동기는 다음과 같다.

첫째 : 오랫동안 군사문제를 다루어 오면서 마음 한 구석에 도사리고 있었던 의문점은, 정치학(political science)이라는 학문이 존재한다면, 왜 군사학은 존재할 수 없을까?

둘째 : 국가의 간성이 될 젊은 사관생도의 교육에 종사하면서, 그들의 장차 임무 수행에 필요한 전문적 학문분야는 과연 무엇인가?

셋째 : 그 동안 군사이론과 전쟁사를 연구하고 가르치면서 얻은 귀중한 교훈은 군사학 연구를 소홀히 한 군대가 전쟁에서 승리한 전례戰例가 아직 없었다는 엄연한 역사적 사실의 발견이었다.

필자에게 주어진 제목은「한국 군사학의 발전방향」이다. 한국 군사학의 시발과 요람은 사관학교 교육에서 비롯된다는 관점에서, 1945년 8월 광복 이후 우리나라 사관학교에서 군사학이 어떻게 수용되어 왔으며, 다음은 현재 군사학이 학문으로서 어느 정도의 위치를 확보하고 있는가, 그리고 마지막으로 군사학의 발전방향을 제시해 보고자 한다.

---

4) Harry G. Summers, Jr., *On Strategy : A Critical Analysis of the Vietnam War* (Novato : Presidio Press, 1982), p. 194.

1. 군사학 이론체계의 발전과정

1945년 8월 15일 광복 이후 미국 군정 하에서, 미군과의 원활한 협조를 이루기 위한 통역관을 양성하고 나아가서는 장차의 국군 창설에 대비한 간부요인의 확보라는 목표하에 군사영어학교(Military Language School)가 1945년 12월 5일에 탄생했다. 학생 정원은 60명으로 예정하여 광복군, 일본군, 만주군 출신 각 20명씩을 안배했다. 교육 내용은 군사영어가 주류를 형성했으나, 그 밖에 군사, 참모학, 자동차 교육, 소화기 기계 훈련 등이었다. 이 곳 졸업생들의 교육기간은 불과 한 달 남짓한 단기간이었지만, 입교 이전의 군사경험 등이 작용하여 그 후 창군創軍과 6·25 전쟁 중에 주동적 역할을 수행했던 것이다.[5)]

1946년 4월 30일 군사영어학교가 해체되고, 다음 날 5월 1일 태릉에 남조선 국방경비사관학교(1946년 6월에 조선 경비사관학교로 개편)가 개설되었으며, 정부수립 후인 1948년 9월 5일 국군이 창설됨과 동시에 육군사관학교로 개칭되었다. 창군 초기의 시급했던 간부 양성의 필요성 때문에 단기교육이 실시되었다. 즉 제1기생으로부터 제9기생까지 교육기간은 가장 짧은 것은 45일에서부터 가장 긴 것은 6개월간의 교육훈련을 받았다. 교육내용은 제식훈련, 화기훈련, 독도법, 기초 전술학, 소·중대 전술 등이었다.[6)]

전쟁으로 인하여 휴교되었던 육군사관학교는 1951년 10월 3일 진해에서 4년제로 재 개교되었고, 제11기 사관생도들은 1952년 1월 1일부터 교육이 개시되었다. 일반학 교육을 담당한 교수부의 기본 임무는 사관학교 생도들에게 건전한 인격을 함양시키고 장차 정규장교로서 구비해야 할 제반 군사 전문지식을 배양하기 위하여 일반 교양과정에서부터

---

5) 『陸軍士官學校 三十年史』(陸軍士官學校, 1978), pp. 63~65.
6) 上揭書, pp. 66~69.

제반 군사 전문교육에 이르기까지 광범위하게 교육을 실시하도록 되어 있었다. 1953년 1월 교수부의 편성에 의하면, 사회과학과, 국문학과, 외국어과, 수학과, 지형도학과, 화학과, 역학과로 편성되었다.[7)]

우리나라 사관학교 교육에 있어서 기본적 구조와 방향을 제시한 것은 1955년에 공포된 「사관학교 설치법」(차후 「설치법」으로 약칭함)과 1958년에 공포된 「사관학교 설치법 시행령」(차후 「시행령」이라 약칭함)일 것이며 군사학에 관련된 내용을 소개하면 다음과 같다.

사관학교 설치법 (1955년 10월 1일)

제1조 육·해·공군의 정규장교가 될 자에게 필요한 교육을 과하기 위하여 육군, 해군과 공군에 각각 사관학교를 둔다.

제2조 사관학교의 수업 연한은 4년으로 한다.

제4조 ① 사관학교의 교과는 군사학 과정과 일반학 과정으로 나누되 그 내용은 국방부 장관이 문교부 장관의 합의를 얻어 정한다.

② 일반학 과정은 이학사理學士의 학위를 수여하는 데 충분한 것이어야 한다.

제8조 사관학교는…그 졸업자에 대하여서는 이학사의 학위를 수여한다.

사관학교 설치법 시행령 (1958년 9월 4일)

제1절 육군사관학교

제8조 교수부는 일반학 과정의 교육에 관한 사항을 분장한다.

제9조 생도대는 군사학 과정의 교육에 관한 사항을 분장한다.

제2절 해군사관학교

제13조 교수부는 일반학 과정과 군사학 과정의 교육에 관한 사항을 분장한다.

7) 上揭書, pp. 160~161.

제14조 생도대는 사관생도 훈육에 관한 사항을 분장한다.

제3절 공군사관학교

제17조 교수부는 일반학 과정의 교육에 관한 사항을 분장한다.

제18조 생도대는 군사학 과정의 교육에 관한 사항을 분장한다.

제5절 직원의 임용과 정원

제25조 일반학 교관은… 국방부 장관은 문교부 장관의 합의를 얻어 대통령에 제청한다.

제26조 군사학 교관의 임명과 그 정원에 관한 사항은 따로 국방부 장관이 정한다.

사관학교 설치법을 초안하고 심사한 관계관들은 '사관학교의 교과는 군사학 과정과 일반학 과정으로 나눈다'고 함으로써 군사학 과정의 중요성과 우선 순위를 강조했다는 점에서 사관학교 존재의 당위성은 알고 있었다. 그러나 '일반학 과정은 이학사 학위를 수여하는 데 충분해야 하고 또 이학사 학위를 수여한다'고 했고, 또 '교수부는 일반학 과정, 생도대는 군사학 과정을 분장한다'고 함으로써, 군사학(military science)은 일반학과 마찬가지로 학문으로서 전쟁에 대한 지식의 체계(이 문제는 차후 상세히 논의한다)가 아니라, 군사훈련(military training) 정도로 착각한 것이 확실한데, 이것은 사관학교 교육에 있어서 첫 단추를 잘못 끼운 조치였다고 확신한다. 그 이유는 두 가지가 있다.

첫째 : 사관학교를 졸업한 초급 장교가 전장戰場에서 필요로 하는 전문지식이 과연 무엇이며, 앞으로 군사전문가로써 발전하는 데 필요한 기초 군사지식에 대한 문제를 소홀하게 생각했고,

둘째 : 손무孫武의 『손자孫子』(통칭으로 『손자병법孫子兵法』이라 함)와 클라우제비츠의 『전쟁론』(1832)을 조금이라도 이해하고 있었다면, 전

> 쟁에 대한 지식의 체계가 존재한다는 것을 인정할 것이며, 군사학도 일반학과 마찬가지로 학문이라는 것을 알았을 터인데, 그렇지가 못했다는 점이다.

필자가 1954년 11월에 공군사관학교를 졸업했을 때, 『손자병법』과 클라우제비츠의 『전쟁론』에 대해 배운 바도, 들은 바도 전연 없었다. 당시로서는 이런 병서를 연구해서 가르칠만한 교관이 별로 없었다는 것을 시인하지 않을 수 없으리라. 1956년 공군사관학교 생도대 군사학과 교관으로 부임했으나, 군사학이나 군사훈련을 동의어同義語로 생각하고 있었다. 일반 대학교를 졸업하고 공군장교 후보생으로 기초훈련을 마치고 사관학교에 온 이들에게 군사학과에서 몇 시간의 강의시간 배당이 필자에게 부여되었다. 대학교를 졸업한 지성인들에게 무엇을 가르칠 것인가 하는 문제로 퍽 고민했으나, 군사문제에 대한 학문적 지식을 강의하기로 결심했다. 당시 읽고 있었던 클라우제비츠의 『전쟁론』[8]은 어려워서 포기하고 얄팍한 『전쟁의 원칙』[9]을 초역해서 강의했으며, 그 내용을 요약하여 「공사신문」창간호(1957. 10. 10.)에 「클라우제비츠 장군의 생애와 그의 전쟁원칙」을 게재함으로써 군사학 연구의 첫 발을 내딛은 셈이 되었다.

60년대 초, 필자가 공군사관학교에 재 배속되었을 때, 군사학과는 생도대에서 교수부로 옮겨져 있었으며, 그 이유를 다음과 같이 밝히고 있다.

> 본교의 군사이론 교육은 창설 초기부터 실시해 왔으나, 1963년 전 학기까지는 전사戰史를 제외한 거의 모든 군사이론 과목들은 생도전대 군사학

---

8) Karl Von Clausewitz, *ON WAR*, trans. by O. J. Matthijs Jolles (New York : The Modern Library, 1943).

9) Carl Von Clausewitz, *Principles of War*, trans. by Hans W. Gatzke (Harrisburg, Pennsylvania : The Stackpole Co., 1942).

> 과에서 군사훈련과 함께 교육을 해 왔으므로 군사학이 군사훈련과 혼동되고 그것이 하나의 학문분야로서 집중적으로 계발 발전시켜야 할 중요성에 관한 인식이 적어진 것은 사실이었다. 군사학은 영어로 Military Science 또는 National Defence Science로서 군사훈련(Military Training)과는 구별되는 엄연한 하나의 학문 분야인 것이다. 곧 군사훈련이 군인으로서 반드시 이수해야 할 과정이라면 군사학(혹은 군사이론)은 군대의 간부인 장교로서 반드시 갖추어야 할 지식이라고 할 수 있으며 1963년 9월 1일 군사학과의 교수부에로의 예속 변경은 군사학이 정당하게 받아야 할 하나의 학문 분야로서의 중요성을 인정받게 되었음을 의미한다.[10]

이것은 정당하고 타당성이 있는 조치이며, 사관학교 교과과정에 있어서 획기적인 전환점이라 해도 좋을 것이다. 그러나 필자가 60년대 중반부터 교수부 군사학과에 재직하면서, 공군 초급 장교가 필요로 하는 전문지식이 무엇인가, 하는 문제는 사관학교 교육의 근본 문제이지만, 교관들은 각 자의 전공분야에 따라 전연 틀리다는 것을 체험했다. 즉, 현대전에 있어서 최신 무기의 중요성을 부인하는 사람은 아무도 없으리라.[11] 그러나 사관학교는 최신 무기를 설계·제작하는 기술자를 양성하는 곳이 아니라, 그것을 유지·운용하는 관리자(지휘자)를 양성하는 곳이다. 그럼에도 불구하고 이학사 학위를 수여한다는 것을 기준으로 삼았으며, 교과과정을 보면, 전자前者로 착각하고 있었다는 것이 분명하다. 이것이 사관학교가 초급 장교와 앞으로 군사전문가로서의 기초 지식을 부여한다는 기본 임무를 소홀하게 생각하게 했고, 또한 일반대학으로

---

10) 『空軍士官學校 二十年史』(空軍士官學校, 1974), pp. 295~296.

11) 미국이 월남전쟁에서 패배하고, 소련이 아프가니스탄에서 철수한 것은 최신 첨단 무기체계가 없거나 부족했기 때문은 아니었다. 첨단 무기체계는 전쟁에서 승리의 가능성을 증가시키는 한 요인이지, 萬能藥이나 결정적 요인은 아니다.(Michael I. Handel, *Masters of War : Sun Tza, Clausewitz and Jomini* (London : Frank Cass and Co., LTD. 1992), pp. 10~14 참조.

착각케 만들어 이학사 그리고 더 나아가 문학사・공학사를 배출하는 곳으로 만든 근본 원인이라 생각한다.

구체적 실례를 든다면, 16기 사관생도 교과 과정표에 의하면,[12] 인문학과 37학점, 사회학과 36학점, 군사학과 16학점인데, 기초학과 54학점, 응용학과 41학점으로 이공분야는 95학점이었다. 군사학과 전체의 학점이 16학점인데 반하여, 인문학과 영어 한 과목만도 18학점, 기초학과 수학 한 과목이 29학점인지라, 부당함을 역설하고, 군사학과에 더 많은 학점을 요청했으나, 수용되지 않았다. 그 이유는 필자의 설명 요령이 적절하지 못했기 때문인지, 아니면 교수부장이 사관학교 출신이지만 일반대학의 영문학과를 나와 영어교관 출신이기 때문인지 독자의 판단에 맡긴다. 그 후 군사학과는 소멸되고, 사회학처의 국방학과로 겨우 연명하고 있다는 것을 알게 되었다.

1962년 가을에 소련에서 소콜로프스키 원수 편집으로 15명의 군사전문가들에 의해 『군사전략軍事戰略』이 발간되었는데, 미국의 군사전문가들은 비상한 관심을 가졌다. 왜냐하면, 스베친 장군의 『전략』(1926)이 출간된 지 37년 만에 소련의 군사전략을 포괄적으로 다루고 있었기 때문이며, 이례적으로 랜드연구소에 의해 1963년에 『소련 군사전략蘇聯軍事戰略』[13]으로 번역・출간되었다.

그 책의 집필자 가운데는 놀랍게도 군사학 박사(Doctor of military sciences)가 있었는데, 이것은 소련에 군사학이라는 학문이 존재한다는 것을 뜻하는 것이기 때문이었다. 한편 미 육군 지휘참모대학(U. S. Army Command and General Staff College)은 1963년부터 군사학 석사학위(Masters of military art and science degree)를 수여했으며, 1975년까지 223명의 군사학 석

---

12) 『空軍士官學校 二十年史』, p. 489.

13) V. D. Sokolovskii, ed., *Soviet Military Strategy*, trans. by Herbert S. Dinerstein et al. (Englewood, New Jersey : Prentice-Hall, Inc., 1963).

사를 배출했다. 이 참모대학에는 1993년에 박사학위 과정으로 고급 작전술 연구과정(Advanced Operational Art Studies Fellowship)이 설치되어 교육의 초점은 작전술과 전략 수준에 두며, 2년간의 실제 출석을 필요로 하는 과목을 이수하고, 그 후 실무부대 근무 및 논문이 요구된다고 하나, 군사학 박사학위가 수여되었는지의 여부는 알지 못한다.[14)]

필자가 국방대학원에 재직하면서, 「군사학 이론체계에 관한 연구」[15)]의 논문을 발표하자, 당시 원장인 천주원 중장은 이 문제 대해 관심을 가지고 필자에게 학술세미나 계획을 지시했다. 1980년 10월 30일~31일 양일 간에 걸쳐 「국방학술세미나－군사학 이론과 교육체계정립－」[16)]가 개최되었고, 육군 교육사령관, 국방부 인사국 교육과장, 각 군 대학, 각 군 사관학교 교육관계자 및 일반대학 학자들이 다수 참석하였다. 발표논문의 제목만 소개하면 다음과 같다.

• 군사학의 이론체계 ………… 이종학(국방대학원)
• 미국의 군사학 교육체계 …… 이재호(육사)
• 소련의 군사학 교육체계 …… 유재갑(국방대학원)
• 한국의 군사학 교육체계 …… 최병갑(국방대학원)

필자의 「군사학의 이론체계」[17)]는 이미 발표한 논문을 골격으로 하고 부연한 내용이지만, 한 가지 어려운 문제에 부딪쳤다. 즉 현대전은 대규모의 양상을 띠는 관계로 국가의 총역량을 동원하기 때문에 관련이 되지 않는 분야가 없다는 것이다. 이것은 광의廣義의 군사학이 되기 때문

---

14) 拙著, 『軍事理論과 軍事教育의 研究』(경주 : 서라벌군사연구소, 1997), pp. 288~289.
15) 拙稿, 『國防研究』(國防大學院, 1979), pp. 64~85.
16) 세미나 결과는 『國防學術세미나 論文集－軍事學理論과 教育體系定立－』(國防大學院, 1981)으로 발간되었다.
17) 이 논문은, 拙著 『軍事論文選』(경주 : 서라벌군사연구소, 1991), pp. 9~59에 수록되어 있으며, 여기서 약간의 보완을 했다.

에, 군사전문가를 양성해야 하고 또 군사분야에 관심이 소홀하다는 것을 감안하여 협의狹義의 군사학, 즉 전쟁의 준비와 수행에 초점을 두기로 했으며, 그 요점을 소개하면 다음과 같다.

• 정의定義 : 군사학은 전쟁의 본질과 성격 및 무력전武力戰의 준비와 수행에 관한 통일된 지식의 체계이다.

• 군사학이 해결해야 할 문제는 다음과 같다.
(1) 전쟁의 본질과 성격의 규명
(2) 무력전 수행의 객관적 원칙의 해명과 연구
(3) 이런 원칙에 바탕을 두어 전쟁 목적을 달성하기 위한 무력전의 형태 및 방법의 연구
(4) 전쟁에 대비한 군의 준비, 경제적, 정신적 및 다른 면에서의 전쟁의 전면적 지원에 관한 여러 문제의 연구와 준비 · 지원의 방법에 대한 연구
(5) 전쟁의 요구에 따른 군대의 조직, 교육 및 훈련에 대한 연구
(6) 군사학 전체 및 군사학의 각 분야의 연구방법의 확립

• 군사학의 범위는 다음과 같은 학문분야로 구성되어야 한다.
(1) 전쟁철학
(2) 전쟁학
(가) 군제학軍制學
(나) 용병술用兵術(군사전략 · 작전술 · 전술)
(3) 군사사학軍事史學
(4) 군사기술軍事技術
(5) 군사 교육학
(6) 군사 지리학(해양학 · 기상학 등 포함)
(7) 군사 보조학문(군사영어, 국방경제론, 군법, 위생학 등)

필자는 『손자병법』[18]과 클라우제비츠의 『전쟁론』[19]의 번역을 통해 학문적 체계화가 이미 이루어져 있다는 것과 당시 선진국(소련과 미국)의 추세로 보건대, 군사학의 학문적 체계화는 이미 기정사실화 되어 있었다. 따라서 우리들에게 있어서 지금 군사학의 학문적 체계화의 가능성 여부가 논의의 초점이 아니라, 어떻게 하면 훌륭한 군사학을 체계화할 것인가 하는 문제가 논의의 초점이 되어야 한다고 역설했다.

그 후 국방대학원에서 1992년 12월 4일 「'92 안보 학술세미나」에서 온창일 교수(육사)는 「군사학과 군사학체계」라는 논문에서 다음과 같이 주장했다.

> 전쟁을 억제하여 평화를 유지하고, 전쟁을 신속히 종결시켜 다시 평화를 회복·유지하는데 필요한 사상, 이론, 제도와 정책과 전략, 외교 그리고 군사력과 이의 운용교리를 총괄하여 군사학이라고 묶어 놓을 수 있다고 본다. 이를 간단히 정리하면 다음과 같다.
>
> • 군 사 학
>
> 1. 전쟁과 평화연구
>   – 사상, 본질 및 역사
> 2. 군사정책, 전략, 제도, 동맹외교 연구
>   – 이론 및 비교분석
> 3. 군사력의 구성연구
>   가) 규모, 종류, 형태
>   나) 지휘·통수체계
>   다) 성격, 조직, 관리체계
>   라) 무기체계

18) 拙譯, 『孫子兵法』(서울 : 博英社, 1974)
19) 拙譯, 『戰爭論』(서울 : 一潮閣, 1974)

4. 군사력의 운용교리 연구
   가) 전술학
   나) 화기학
   다) 참모학
   라) 기타 관련 주제

그렇다면 여기서 '훈련'과 '교육'의 차이점에 대해 논의해 보고자 한다.

보통 군사 전문용어로 사용되는 '훈련'(training)과 교육(education)이라는 용어는 두 가지 다른 기능을 뜻하며, 전자는 때때로 총괄적으로 사용된다. 여기서 사용하는 '훈련'은 좁고 명확한 뜻으로 사용되며, 그것은 특별한 군사특기를 주는데 지향되고 또 전문적 기능을 발전시키는 방향의 지도를 뜻한다. 그리고 이것은 육군, 해군, 공군부대의 전술적 훈련도 포함한다. 이처럼 훈련은 개인이나, 조직된 부대나 대규모 집단에 직접 제공되는 것이다.

다른 한편으로, '교육'이란 지적知的 발전과 지혜와 판단의 수련을 목적으로 하는 지도와 개인적 연구를 뜻한다. 이는 한 인간으로 하여금 새로운 상황에 대처하도록 준비시킨다. 이것은 통상적으로 피교육자의 장차 직업에 대한 고려 없이 학교에서 부여한다. 훈련은 당면한 업무에 지향되어 있는 반면, 교육은 다음 보직을 초월하며, 장교로 하여금 최고의 임무를 과할 수 있고 또 평생 경력을 위한 준비를 추구한다.

실제로 훈련과 교육의 명확한 경계선은 없다. 모든 배움의 과정은 맨끝에(소총의 분해 결합과 같은) '순수한 훈련'(pure training)이 있고 다른 한 끝에는(고도의 추상성을 포함하는) '순수한 교육'(pure education)이 있는 하나의 스펙트럼으로 생각할 수 있다.[20]

좁은 의미에서 훈련의 실례實例로 치밀하게 짜여진 지시사항과 더불어 실시되는 단순한 동작, 연습 그리고 절차 등을 열거할 수 있다. 연병장에

20) John W. Masland and Laurence I. Radway, *Soldiers and Scholars : Military Education and National Policy* (Princeton Universtiy Press, 1957), pp. 50~51.

> 서 실시하는 제식훈련이나 사격연습이 아마도 이러한 범주에 포함될 것이다.… '교육'은 학습에 관한 것일 뿐, 특수한 상황에만 적용될 수 있는 것이 아니다. 이는 어떠한 가치 기준을 충족하는 것이라기보다는 승인의 표시 같은 것이다.… 한 교육 커리큘럼의 핵심이 무엇인가를 숙고할 경우에 우리는 그것이 전적으로 지식에 근거하고 있음을 알게 된다.… 교육의 핵심 목적은 비판적이며 자율적인 사고능력을 발전시키는 것이다.…[21]

요컨대, 군사훈련(military training)이란 전투 임무를 수행할 수 있도록 반복하여 가르치고 연습시키는 것을 뜻하며, 제식훈련, 사격훈련, 분대·소대 전투훈련 등이 여기에 속한다. 한편 군사교육(military education)이란 군사문제에 대한 학문, 즉 지식체계를 배우고 연구함으로써 군사전문가로 발전하기 위한 비판적이며 자율적인 사고思考능력을 배양하는 데 있으며, 군사학(military science), 즉 전쟁철학, 군제학, 용병술, 군사사학 등이 여기에 속한다.

한편으로 군사이론(military theory)이란, 군사문제에 관한 연구와 그것의 개념, 범주, 명제命題, 법칙 그리고 일반이론을 포함한다. 옛날의 군사문제의 초점은 '전쟁이란 무엇인가', '어떻게 전승戰勝할 것인가' 하는 두 가지 문제였다. 전자前者에 대한 해답은 때때로 '전쟁철학'이라 했고, 후자는 '전략'이라 했다. 전략이란 전쟁 수행의 이론과 실제, 그리고 군사작전에 있어서 군대의 운용을 의미하는 것이다. 군사이론이라 하자면 적어도 다음 네 가지의 기본적 질문에 대해 해답을 제시해야 한다. 즉 ① 전쟁이란 무엇인가, ② 어떻게 전승戰勝할 것인가, ③ 어떻게 전쟁준비를 할 것인가, ④ 어떻게 전쟁을 방지할 것인가.[22]

위에 말한 군사이론이란 군사학(military science)과 동의어同義語로 간주

---

21) M. D. Stephens, *The Educating of Army*, 1989, 이내주 역 『세계 육군 장교 교육』(육군사관학교, 1996), pp. 5~6.

22) Jullian Lider, *Military Theory* (Gower Publishing Company, 1983), pp. 1~2, pp. 14~15.

해도 좋을 것이다. 군사학은 군사훈련이 아니며, 그것은 학문으로서 전쟁에 대한 지식의 체계이다. 사관학교는 군사교육의 목표로 무엇보다 우선해서 초급 장교로서 임무 수행능력을 배양하기 위해 '야전에서 즉응할 수 있는 기초 군사지식 부여', 그리고 육사출신 졸업생의 대부분이 전문 직업장교로서 군의 핵심 간부로 복무한다는 점을 고려하여 '군사전문가로 발전할 수 있는 기본 자질 함양'이 각각 선정되어 있다.[23]고 했는데, 이것은 학교 설립취지에 대한 합리성과 타당성을 충분히 구비한 내용이다. 따라서 필자는 사관학교 교육의 본질과 특성은 군사학과 군사훈련이고, 이것이 교과과정의 핵심이며, 졸업자에게 군사학 학사학위를 수여해야 하며, 이것이 한국 군사학의 발전방향이라 주장한다.

국방대학원에서 2회에 걸친 '군사학의 이론체계'에 관한 세미나가 있었는데, 이것이 각 군 사관학교의 교육과정에 어떻게 수용되었는가에 관해 살펴보고자 한다.

2. 현행現行 사관학교에서의 군사학의 현황과 발전방향

최근에 개정된 「설치법」과 「시행령」을 검토해 보고자 한다.

사관학교 설치법 (개정 1995년 12월 9일, 법률 제5058호)

제4조(교과)

(1) 사관학교 교과는 군사학 과정과 일반학 과정으로 나누되 군사학 과정에 관한 사항은 국방부 장관이 정하고 일반학 과정에 관한 사항은 국방부 장관이 교육부 장관과 협의하여 정한다.

(2) 일반학 과정은 이학사, 문학사 또는 공학사의 학위를 수여하는데

23) 『육군사관학교 요람, 1998~1999』, p. 135.

충분한 것이어야 한다.

(3) 일반학 과정과 그 시설에 관하여는 교육법 중 대학에 관한 규정을 준용한다.

(4) (생략)

사관학교 설치법 시행령 (개정 1994년 9월 8일, 대통령령 제14375)

第7조(교수부 등)

(1) 교수부는 일반학 과정과 군사학 과정에 관한 사항을 분장한다.

(2) (생략)

第8조(생도대)

생도대는 훈육 기타 필요한 과정의 교육에 관한 사항을 분장한다.

종전의 「시행령」에 의하면, 교수부는 일반학 과정, 생도대는 군사학 과정을 분장하는 것으로 되어 있었으나, 개정된 「시행령」에 의하면, 교수부가 일반학·군사학 과정을 분장하고 생도대는 훈육을 담당한다는 것은, 앞에 말한 바와 같이 공군사관학교에서 1963년 9월에 생도대 군사학과가 교수부 군사학과로 이관移管된 조치와 동일한 것으로, 군사학이 학문, 즉 지식의 체계로 인정을 받게 되었다는 것으로 해석한다. 그러나 「설치법」 제4조에 의하면 군사학 과정은 국방부 장관이 정하고, 일반학 과정은 교육부 장관과 협의하여 정한다 함으로써, 군사학은 아직 일반학과 마찬가지로 학문으로 인정을 받지 못하고 있다는 뜻이리라. 아무튼 개정된 「시행령」에 의해 교수부·생도대의 편제는 어떻게 되었을까?

육군사관학교 교수부·생도대 기구표는 아래와 같다.[24)]

24) 『육군사관학교 요람, 1998~1999』(육군사관학교, 1998), p. 30.

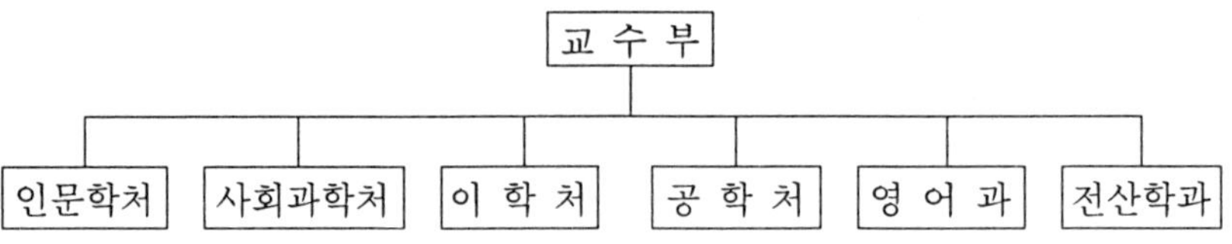

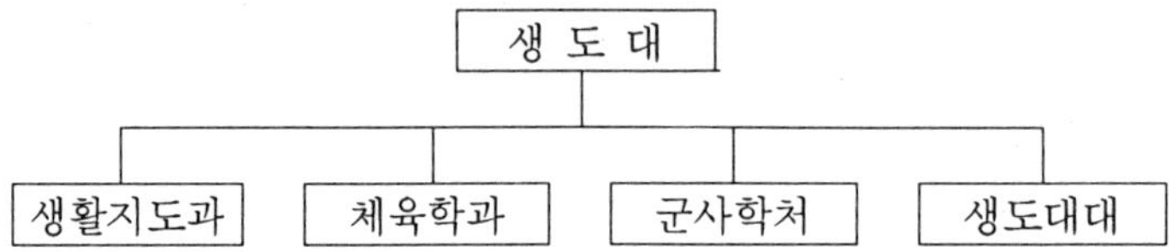

해군사관학교 교수부 · 생도대 기구표는 아래와 같다.[25)]

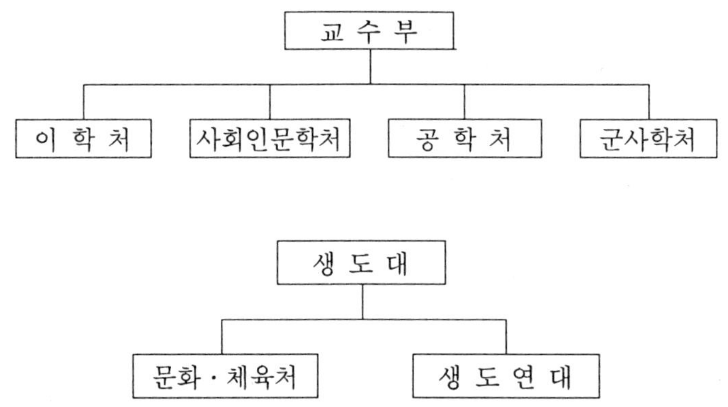

공군사관학교 교수부 · 생도대 기구표는 아래와 같다.[26)]

25) 『해군사관학교 요람, 1993』(해군사관학교, 1993), p. 20. 그 후 수정된 내용은 해사 박물관 정진술 기획실장의 도움으로 이루어졌다.

26) 『공군사관학교 요람, 1997~1999』(공군사관학교, 1997), p. 23.

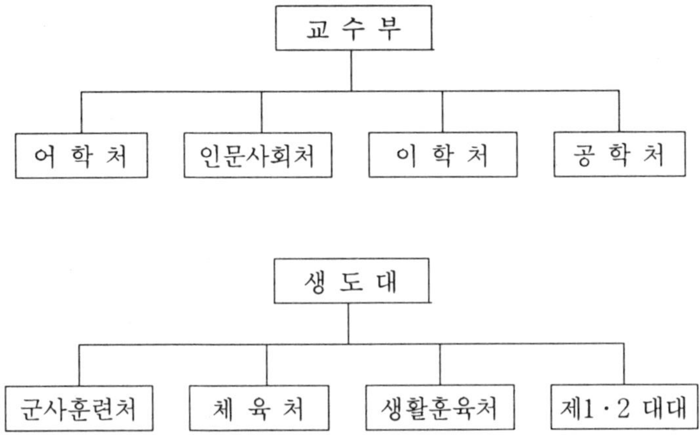

「시행령」에 의하면, 교수부는 일반학 · 군사학 과정을 분장한다고 되어 있는데, 이학처, 공학처 등은 있어도 군사학처가 없는 이유는 무엇이며, 군사학처가 생도대(육사)에 있는 이유는 무엇인가? 해군사관학교는 교수부에 군사학처가 있지만, 거기에는 항해 운용학과, 전술학과, 병포학과, 해병학과, 박용기관학과로 구성되어 있고, 군사전략학과는 사회인문학처에 속하는 이유는 무엇인가? 공군사관학교 교수부에는 어학처는 있어도 군사학처는 없고, 다만 인문사회처에 국방학과로 더부살이를 하는 이유는 무엇인가? 이러한 내용은 군사학에 대한 개념은 어느 정도 정립되어 있으나, 아직 군사학에 대한 개념을 전연 수용하고 있지 않다는 것을 보여 줄 뿐만 아니라, 푸대접하고 있다는 증거로 해석할 수 있으리라.

사관학교가 일반 대학교와 마찬가지로 이학사 · 공학사 또는 문학사를 수여한다면, 사관학교의 설립취지와 교육의 본질 및 특성은 무엇인가?

창설된 지 반세기가 지났지만, 우리들은 이 문제에 대해 원점으로 돌아가서 교육목표 · 교과과정 · 교수 확보 · 교육시설 등에 대해 일관성 · 합리성 및 타당성의 관점에서 진지한 검토를 거쳐 재정립해야 할 시기에 왔다고 본다.[27] 육사 학칙(1993. 4. 15.)에 의하면, "본교의 임무는 사관생도로 하여금 장차 육군의 정규장교로서 임무 수행과 지속적 발전에 필요한 지성, 덕성을 함양케 하고 강인한 정신력 및 체력을 연마시키는 데 있다"[28]고 되어 있다.

예컨대 사관학교를 졸업하고 임관한 초급 장교가 일선부대에 소대장으로 배속되었다고 가정하자. 그가 전장戰場에서 적과 맞부딪혀 싸워 승리하자면(임무 수행), 어떤 종류의 지식체계와 자질을 구비하고 있어야 하는가. 장차 군사전문가로서의 고급 장교로 계속 발전하는 데 필요한 기본적인 군사지식과 일반 문화에 대한 폭넓은 교양 등이 사관학교 교육의 기준이 되어야 할 것이다. 따라서 사관학교의 교육은 군사학을 핵심으로 하고 인문·사회학과 이공학 분야가 뒷받침되어야 하며, 또 훈육도 임무 수행에 기준을 두어야 한다고 생각한다.

지금 사관학교 교육은 근본적인 전환점에 직면하고 있으며, 개혁을 할 것인가, 안 할 것인가는 관계관 여러분들의 개혁의지와 용기에 달려 있다고 생각한다.

만약 군사학을 핵심 교과로 한다면, 현재 그것을 가르칠 교관들은 확보되어 있을까? 예컨대 육군사관학교의 교수 명단에 의하면,[29] 외국어(중국어, 일어 등) 교수가 13명, 영어과 교수가 19명인데 반하여 전사戰史 교수는 6명이고, 생도대 군사학처 교수는 7명에 불과하다. 우리나라에는 아직 전쟁철학, 군제학軍制學, 군사 교육학 분야의 단행본 연구 서적이 한 권도 없는 황무지의 상태이니, 군사학 교수요원의 육성·확보가 시급한 과제임을 역설해 둔다.

---

27) 拙著, 『軍事理論과 軍事敎育의 硏究』, pp. 276~280 참조.
28) 『육군사관학교 요람, 1998~1999』, p. 64.
29) 『육군사관학교 요람, 1998~1999』, pp. 38~45.

• 맺 음 말

우리나라에서 군사학이 학문으로서의 체계정립에 대하여 관심을 가지는 사람이 별로 많지 않다는 그것이 학문으로서의 발전을 저해하는 가장 큰 원인이라 생각한다. 더욱이 군사학의 기초지식을 가르쳐야 하는 사관학교 교육에 있어서 첫 출발부터 이학사 학위의 수여에 중점을 두고 반세기나 교육해 왔다는 데 문제점이 도사리고 있다고 분석한다.

장차 나라의 간성干城이 되는 사관생도들에게 그들의 임무를 수행하는 데 필수인 전쟁을 연구 대상으로 하는 지식체계, 즉 군사학이 교과의 핵심이 되어야 한다는 것은 재언再言할 필요가 없으며, 또 그들에게 군사학 학사학위를 수여해야 한다. 이것은 사관학교 설치의 취지에 부합될 뿐만 아니라, 존재의 당위성이기도 하고 또한 한국 군사학의 발전 방향이다.

이러한 관점에서 현행 사관학교 교육은 중대한 교육개혁의 전환점에 왔다고 생각하며, 개혁 의지와 용기로 시정해야 하며 또한 몇 가지 참고사항을 지적해 두고자 한다.

첫째 : 군사학의 이론체계에 있어서 연구 대상의 범위와 내용 구성·수준에 대하여 아직 모든 사람이 공감할 수 있는 이론정립이 안 되어 있으니, 이를 위해 연구의 활성화가 이루어져야 한다.

둘째 : 군사학 교수요원의 육성과 확보가 시급한 문제이다. 국방대학원 안보학 석사과정(군사전략 전공)과 현행 국방대학교 동급 과정을 이수한 사람 가운데서 선발하여 외국에 파견하되, 박사학위 취득 위주를 벗어나, 지정한 연구분야 위주(예컨대, 전쟁철학, 용병술, 군제학, 군사 지리학 등)로 연구·자료수집 및 연구 성과의 발간에 역점을 두어야 할 것이다.

셋째 : 군사고전인 『손자병법』과 클라우제비츠의 『전쟁론』은 별도로 학점을 부여하여 필수과목으로 해서 사관생도들에게 가르쳐야 한다.

필자는 1951년 사관학교에 입교한 이래, 반세기 넘게 군사문제를 배웠고, 체험했고, 가르쳤고, 또 연구하고 있으며, 유일한 소망이 있다고 한다면, 그것은 사관학교에서 군사학 학사학위를 수여하는 모습을 보는 것과 일반 대학교에도 학문으로서 군사학을 연구하는 「군사학 연구소」의 설치가 실현되는 날이다.♣

(육군사관학교 화랑대 연구소 주최 세미나에서 발표, 1999년 6월 10일)

3. 군사전략이란 무엇인가?

• 머 리 말

한국군은 6·25전쟁과 월남전쟁을 통하여 많은 실전경험을 쌓았다. 그러나 우리들은 전투는 했어도 전쟁을 해보지 않았다는 것을 알아야 한다. 즉, 우리가 군사전략을 개발·수립하여 전쟁준비·수행을 해보지 못 했으며 또 오늘날 한반도에서 전쟁이 일어나면, 한·미 연합군 사령관(미 육군 대장)이 작전지휘를 한다는 전제가 우리들로 하여금 군사전략과 군사전략 개발·수립의 기법에 대한 관심을 소홀케 만든 요인이 아닌가 생각한다.

2003년 2월 20일 자운대 충무관 소강당에서 한국군사학회의 군사 세미나가 개최되었다. 주제는 「육군(해군·공군·해병대)의 군사전략과 무기체계 발전방향」이었다. 여기에서 한 질문자가 노기에 찬 목소리로 "군사전략은 합참에서만 사용해야지 왜 각 군에서도 사용하느냐" 하면서 질문 아닌 항의의 소동을 보았다. 그리고 2005년 6월 24일자 「워싱턴 타임스」에 따르면 미국은 아시아 태평양 지역에서 앞으로 3~5년간 추진할 미군 재배치 과정에서 한국군에 대한 지휘권을 한국에 이양하면서 미 8군 사령부를 해체할 계획을 갖고 있다고 보도했다. 2005년 10월 21일 한·미 국방장관은 한반도 유사시 한·미 연합사령관이 행사하는 전시작전 통제권을 한국군에 이양하는 문제에 대한 협의를 '적절히 가속화'하자는 데 합의했다.

이런 상황변화에 따라 군사전략에 대한 어느 정도의 공통된 개념정립이 필요하다는 생각에 필자는 이 제목을 택하여 논의해 보고자 한다.

1. 「전략」용어의 변천과정

전략(strategy)이라는 용어는 희랍어의 'strategos' 혹은 'strategus'에서 유래하며, 그 뜻은 '장수' 혹은 '장수의 책략'(art of the general)을 뜻한다. 이것이 엄밀한 군사적 용어로 쓰이기 시작한 것은 18세기 말엽부터라고 한다. 좀더 구체적으로 얘기하면, 1799년 뷰로(Bülow, Dietrich Heinrich von, 1759~1808)의 저서, 『근대 전쟁체계의 정신』(Geist des neueren Kriegssystems)은 대단한 호평을 받았고, 프랑스어와 영어로도 번역되었다. 그는 용어의 정의를 명확히 했는데, 즉 전술, 전략, 작전기지 등이다. 그의 정의는 모두 수용되지는 않았지만, 한 때 유행하기도 했으며, 그의 저서의 이론은 구식 사상을 집대성한 데 지나지 않았다.[1)]

나폴레옹(1769~1821)의 등장은 전쟁을 왕조전쟁으로부터 국민전쟁으로 전쟁의 성격과 규모를 전환해 버렸다. 즉 국민이 전쟁에 참가할 뿐만 아니라, 내각이나 군대를 대신하여 전 국민이 승패의 귀추를 결정하게 되었다. 전쟁에 사용될 수단의 한계는 없어졌으며, 군사행동의 목표는 적군의 타도 · 격멸에 두었고, 적이 무력화되어야만 전쟁의 중지나 강화가 성립되는 추세를 보였다. 주로 나폴레옹이 수행한 전쟁을 바탕으로 하여 전쟁이론을 체계화한 것은 클라우제비츠(1780~1831)와 조미니(1779~1869)였다. 클라우제비츠는 그의 명저 『전쟁론』(1832)에서 전략 · 전술에 대해 다음과 같이 논의했다.

- 전술이란 전투에 있어서 군사력을 사용하는 것을 말하며, 전략이란 전쟁의 목적을 달성하기 위해서 전투를 사용하는 것을 말한다.[2)]

---

1) Edward M. Earle, ed., *Makers of Modern strategy* (Princeton University Press, 1943). p. 69.

2) 이종학 편저, 『전략이론이란 무엇인가』(대전 : 충남대학교 출판부, 2005), p. 176.

• 전략이라는 단어는 원래 그리스어語의 책략에서 유래하며 또 전쟁의 주요 관계가 그리스 시대 이래로 실제 여러 가지의 변화를 거쳐 왔음에도 불구하고, 오늘날에 전략 그 자체의 본질이 여전히 책략을 시사하고 있다는 것은 당연한 것으로 생각한다.[3)]

조미니는 그의 전쟁이론 연구의 완숙기에 그리고 클라우제비츠의 『전쟁론』(1832)을 읽고, 검토한 후에 완성한 책이 『전쟁술』(1838)이며, 다음과 같이 논의했다.

전략은 도상에서 전쟁을 계획하는 술術로서 모든 작전구역을 포함한다. 대전술이란 도상의 계획과는 대조적으로 지면의 고저·기복에 따라 전장에다 부대를 배치하는 술이고, 부대를 전투에 투입시키는 술이며, 지면에서 전투를 수행하는 술이다. 대전술의 작전범위는 10 내지 12마일의 야지까지 연장된다. 전략은 전투장소를 결정하며, 군수는 이 지점까지 부대를 이동시켜주고, 대전술은 전투수행 방법과 부대 운용을 결정한다.[4)]

한편 중국의 고대 병서인 무경칠서武經七書에는 「전략」이라는 용어는 찾을 수 없지만, 이에 해당하는 단어는 쉽게 찾을 수 있다. 예컨대, 『손자』에서 「兵병」자字는 전쟁, 병법, 전략, 전술, 병사, 무기 등을, 「用兵之法용병지법」은 전략·전술 등을 뜻한다.

- 병법은 전쟁목표를 달성하기 위한 임기응변의 속임수이다.(始計, 第一)
- 용병의 원칙은 적이 오지 않으리라고 믿어서는 안 되며, 언제 와도 대적할 수 있는 자신의 대비태세를 믿어야 하며, 적이 공격하지 않으리라는 것을 믿을 것이 아니라, 공격해 오지 못하도록 하는 방비

3) 상게서, p. 197.
4) 상게서, p. 334.

태세를 믿어야 한다.(九變, 第八)

프로이센 · 오스트리아 전쟁(1866)과 프로이센 · 프랑스 전쟁(1870~1871)을 승리로 이끌어 낸 몰트케(1800~1891)는 "전략이란 제시된 목적을 달성하기 위해 한 장수에게 주어진 여러 수단의 실제적 적용이다"[5]고 했다.

제1차 세계대전(1914~1918)은 역사상 최초의 대전大戰으로서 이 전쟁의 두드러진 성격은 총력전의 형태였다. 형식상으로는 전투원과 비전투원의 구별이 실질적으로 없어지고 모든 국민과 자원이 총동원되었고 새로운 살상용 무기도 등장했다. 그리하여 프랑스의 크레망소는 전쟁이란 장군들에게만 맡겨두기에는 너무나 중요하다고 오랫동안 생각했고, 특히 영국의 로이드 조지(Lloyd George, 1863~1945)도 그의 『전쟁 회고록』(War Memoirs)의 마지막 책자에 다음과 같이 기록했다.

> 우리가 과연 전략의 영역에 간섭해야 할 것인가. 이것은 전시에 있어서 정부가 가장 두통거리로 여기는 문제 중의 하나이다. 민간인은 전쟁의 원칙에 대하여 아무런 교육도 훈련도 경험도 없다. 따라서 전쟁을 수행하는 방법에 대해서는 완전히 아마추어이다. 그러나 지식인들이 다년간에 걸쳐 매일매일 그러한 난관에 부딪치고도 아무것도 배우지 못한다든가, 그 난관의 타개책을 배우지 못한다고 생각하는 것은 어리석은 것이다.…
>
> 전략은 순전히 군사문제가 아니고 거기에는 어느 정도 고차원적인 정치의 요소가 포함되어 있다.…
>
> 모든 것을 황폐화시킨 전쟁, 그 지도에 임한 정치가와 군인이 각각 수행한 역할을 회고해 보았을 때, 나는 정치가들이 군사지도자들에게 권한을 행사함에 있어서 지나치게 신중했다는 결론을 얻게 되었다.[6]

5) B. H. Liddell Hart, *Strategy* (New York : Frederick A. Praeger, 1954), p. 334.
6) Edward M. Earle, ed., 전게서, pp. 300~301.

제1차 세계대전을 계기로 전쟁은 총력전으로 변하고 그 범위가 확대되었다. 그리하여 전략은 점차로 정치, 경제, 사회심리, 도덕, 산업기술 등의 비군사적 요소를 고려할 필요성을 갖게 되었다. 따라서 전략은 전시뿐만 아니라, 평시에도 군사적 요소 및 비군사적 요소도 포괄하는 광의廣義의 전략개념이 요청되었다. 미국의 얼 박사는 『현대전략의 창시자』(1943)의 서문에서 다음과 같이 주장했다.

전략은 전쟁 그 자체와 전쟁의 준비와 수행을 다루고 있다. 이것을 좁은 뜻으로 정의한다면, 전략이란 전역(campaign)의 계획, 지도 및 부대지휘의 술이다. 전략은 전술과는 다르다. 전술은 전장에서 각각의 부대를 직접 지휘하는 술이다.…

오늘날의 전략은 군사력을 포함하는 한 국가 또는 연합국의 자원을 실제적 적, 잠재적 적, 혹은 단순한 가상적 적에 대해서 자기의 중대한 이익을 효과적으로 증진 확보하기 위하여 관리하고 이용하는 기술이다. 보통 대전략(Grand Strategy)이라고 불리는 최고 형태의 전략은 국가의 정책과 군비를 잘 통합함으로써 전쟁에 호소할 필요가 없게 하고, 만약 호소하게 된다면 최대한 승리의 기회를 가지고 수행할 수 있게 한다. 이 책에서 사용한 전략은 넓은 뜻으로 사용하고 있다.[7)]

미국으로 하여금 제2차 세계대전을 승리로 이끌게 한 전쟁계획인 「승리의 계획」의 작성자요, 전략가로 유명한 웨드마이어(Albert C. Wedemeyer, 1897~1989) 대장은 다음과 같이 광의의 전략을 제시했다.

나는 다이크스 준장에게 전략에 대한 한 개념을 제시하였는데, 이 개념은 여러 해 후, 국방대학원에서 강연했을 때(1950 8월 30일), 청중들에게 제시했다. 즉 대전략(Grand Strategy)이란 국가정책에 의해 결정된 여러 목표

7) 상게서, p. viii.

를 달성하기 위해 국가의 모든 자원을 운용하는 기술이고 과학이다. 내가 여기서 지적한 것처럼 대전략에서 측정할 수도, 만져도 알기 어려운 문제이다. 인간의 감정을 다루기 때문에 그것은 기술(art)이며, 또 전략상의 여러 요인 속에는 과학적으로도 정밀히 측정할 수 있는, 예컨대, 거리, 면적, 속도 등 정확한 계산을 요구하는 요인도 있으니, 그것은 과학(science)인 것이다.…

대전략의 하나의 수단으로서 사람들은 선전의 중요성을 곧 인식할 수 있다. 만약 선전을 먼저 얘기한 정치적, 경제적 방책에 덧붙여서, 각 부의 조정을 취한 현명한 방법을 병합해서 사용한다면, 제4의 수단인 무력에 호소하지 않고 국가목적을 달성할 수 있을 것이다. 이렇게 되면 국가 간의 여러 문제는 파괴적인 전쟁을 하는 대신, 건설적이고 평화적인 대화와 협정으로 해결될 것이리라. 이것은 확실히 문명사회의 모든 사람들이 바라는 목적이다.[8)]

협의狹義의 전략, 즉 군사전략(Military Strategy)은 군대를 운용하는 방책으로서 작전계획을 수립하고, 목표 달성을 위해 그 실천을 통제하며, 군사행동의 방향뿐만 아니라, 일단 전투를 하게 되면 전세를 유리하게 인도하여 그 결과를 결정적으로 확대하기 위한 방책이다. 따라서 그 특징은 전쟁의 준비와 수행의 과정이 중심 과제이며, 전쟁이 개시된 후의 문제가 중요하다. 그래서 군사전략의 연구는 이미 개시된 전쟁의 과정에서 효과적으로 군사목표를 달성하여 전쟁목적을 이루는 데 이바지해야 한다.

광의의 전략, 즉 대전략(Grand Strategy) 혹은 국가전략(National Strategy)은 군사전략뿐만 아니라, 정치, 경제 및 사회심리전략 등을 포함한 군사분야 뿐만 아니라, 비군사분야를 통합 운영하는 방책이다. 여기서는 정치적 목적을 달성하기 위해 비군사적 수단의 효과적 운용이 중심 과제이

---

8) Albert C. Wedemeyer, *Wedemeyer Report !* (New York : The Devin-Adair Co., 1958), p. 81, p. 85.

고, 부득이한 최후 수단으로 군사적 수단을 사용하게 된다. 따라서 전쟁을 하는 문제보다는 어떻게 하면 전쟁을 억제하느냐, 위기에 대한 대응조치, 군비관리 등이 중심 과제이다.

2. 전략의 본질

클라우제비츠 이후 많은 전략이론가나 전략가들이 전략과 전술에 대한 만족스럽고 명백한 정의를 내리기 위한 노력을 기울여왔으나, 사람에 따라 시대에 따라, 국가에 따라 다르게 표현되어 왔다. 거기에다 '경영전략', '기업전략', '투자전략', '판매전략' 등의 용어가 일반화되어 버렸다. 이것은 전략이란 주어진 목적을 달성하기 위한 책략이라고 한다면, 그 수단은 광범위하고 또 여러 가지가 있을 수 있는 것이다. 전략이라는 단어가 다양하고 광범하게 사용되는 이유는 그것은 바로 전략 자체의 본질에서 유래된다고 보아야 할 것이다. 그렇다면 전략의 본질은 무엇인가? 프랑스의 앙드레 보프르(André Beaufre, 1902~1975) 장군은 다음과 같이 설명했다.

> 전략의 본질은 포슈(Foch, Ferdinand, 1851~1929)의 말을 빌리자면, 두 개의 상반된 의지간의 충돌에서 생겨나는 추상적 상호작용이다. 어떠한 수법을 사용한다 할지라도, 의지의 상충에서 제기되는 문제를 극복하기 위하여, 또한 결과적으로 최대한의 효과를 가져오는 바람직한 수법을 사람으로 하여금 운용 가능케 하는 술術이다. 따라서 전략은 힘의 변증법의 술(art of the dialectic of force) 혹은 더 명확히 말해서 그들의 쟁점을 해결하기 위해 힘을 사용하는 두 개의 상반된 의지의 변증법의 술이다.[9]

---

9) André Beaufre, *An Introduction to Strategy* (New York : Frederick A. Praeger, 1965), p. 22.

여기에 전략의 윤리적 문제가 등장하게 된다. 즉 "두 개의 상반된 의지의 변증법의 술"이라는 것은 말을 바꾸자면, '한 의지를 다른 의지에 강요하려는 술'로 해석되기 때문이다. 여기서 자기의 의지를 관철하기 위해 어떠한 수단이 허용되는가 하는 문제이다. 만약 전쟁이 국가의 존망과 국민의 생사를 좌우하는 것이라면, 전장에서의 전략, 즉 임기응변의 궤도[10]는 허용될 뿐만 아니라, 본질적인 요인이 되어야 한다. 그리고 필자의 경험에 의하면, 변증법(dialectic)[11]을 알아야만 군사고전인 손무의 『손자』(512. B. C.?)와 클라우제비츠의 『전쟁론』(1832)도 이해・해석이 가능하다는 것을 부기해 둔다. 보프르 장군은 더 나아가 전략에 대하여 구체적으로 설명함으로써 '선택의 과학'임을 입증하고 있다. 즉,

> 전략은 기본적으로 하나의 사고방식(a method of thought)이며, 그 목적은 각 현상을 계통적으로 배열해서 그 우선 순위를 확정하고 가장 효과적인 행동방책을 선택하는 데 있다. 각각의 상황에는 그것에 맞는 특별한 전략이 있을 것이며, 주어진 전략은 어느 상황에서는 가능한 최선의 전략이 되기도 하지만, 다른 상황에서는 최악일 수도 있다. 이것이 기본적 진리이다.[12]

3. 군사전략이란 무엇인가?

가. 군사전략의 정의

전술한 바와 같이 제2차 세계대전을 치른 후에, 전략은 국가전략과 그 산하에 군사전략이 존재하게 되었음을 설명했다. 모든 사람이 동의

---

10) 孫武는 '兵者詭道也, 兵而詐立'이라 했다.
11) 이종학, 「공격과 방어의 변증법」『클라우제비츠와 전쟁론』(서울 : 주류성, 2004), pp. 232~252 참조.
12) André Beaufre, 전게서, p. 13. 그리고 拙著, 『現代戰略論』(서울 : 博英社, 1972), pp. 54~57의 事例를 참고할 것.

하고 승인하는 군사전략의 정의는 존재하지 않지만, 그것을 살펴보면 아래와 같다.

① (군사)전략은 정책의 여러 목적을 달성하기 위하여 군사적 수단을 분배하고 적용하는 술(art)이다.[13)]

② 군사전략은 무력 또는 무력 위협을 적용하여 국가정책상의 목적을 확보하기 위하여 한 국가의 군사력을 사용하는 기술 및 과학. (미 합참 간행물, 1979)[14)]

③ 군사전략은 전쟁의 발생을 억제·저지하기 위해, 그리고 일단 전쟁이 개시된 경우에는 그 전쟁목적을 달성하기 위해 국가의 군사력과 기타 여러 역량을 준비, 계획, 운용하는 방책을 말한다. (일본 방위연구소)[15)]

④ 군사전략이란 전쟁, 교전, 작전의 준비 및 실시에 관한 병술의 가장 중요한 요소로서 전쟁과 군사활동의 준비 및 실시에 관한 최고 통수의 행위를 내용으로 한다. (소련 대백과사전)[16)]

⑤ 군사전략은 힘의 적용 또는 힘의 위협에 의하여 국가정책상의 목표를 달성하기 위하여 군사력을 사용하는 기술 및 과학. (한국 합동참모본부)[17)]

나. 군사전략의 임무 (생략)[18)]

다. 군사전략의 목표 (생략)

라. 군사전략의 수단 (생략)

마. 군사전략의 요소 (생략)

---

13) B. H. Liddell Hart, 전게서, p. 335.
14) 金光石 編著, 『用兵術語研究』(서울 : 兵學社, 1993), p. 126. 참조.
15) 상게서, p. 126. 참조.
16) 상게서, p. 126. 참조.
17) 대한민국 합동참모본부, 『합동군사용어사전』(1972), p. 39.
18) 생략한 내용은 拙著, 『現代戰略論』, pp. 135~204. 참조.

4. 군사전략개발·수립의 방법론

필자는 공군대학과 국방대학원에서 오랫동안 '전략론'을 강의했고 또한 『현대전략론』(1972)도 저술한 바 있었다. 그러나 실제로 군사전략 수립의 절차와 기법에 대해 알고 싶었다. 1982년 8월 미국의 전쟁대학원(National War College)과 미 육군 전쟁대학원(U.S. Army War College)을 방문하여 자료를 수집했다. 다행히 육군 전쟁대학원에서 『군사전략－이론과 응용－』(*Military Strategy : Theory and Application*, 1982~1983)이라는 책자를 얻었다. 귀국해서 그 책자에서 중요한 논문을 번역하고, 필자의 논문을 첨가하여 『군사전략론－이론과 실제－』(1987)을 발간했으며, 그 책의 주요 내용을 소개하고자 한다.[19)]

군사전략은 국가전략의 일부분이며, 또 국가전략을 지원해야 하고, 국가정책에 상응해야 한다. 국가정책은 국가목적을 추구하기 위하여 정부가 채택한 광범위한 행동방책 또 지침으로 정의된다. 바꾸어 말하면, 국가정책은 군사전략의 능력 및 제한에 영향을 받는다.

군사전략에는 두 가지의 형태가 있는데, 하나는 작전전략(operational strategy)이고, 다른 하나는 전력개발전략(force development strategy)이 있다. 군사전략은 다음과 같은 등식으로 표시할 수 있다.

군사전략＝군사목표＋군사전략개념＋군사자원

가. 군사목표

이것은 군사능력 및 자원을 투입해야 할 특정 임무 혹은 과업으로 표

---

19) 李鍾學 編著, 『軍事戰略論－理論과 實際－』(서울 : 博英社, 1987), pp. 101~131, pp. 335~406.

시할 수 있다. 예컨대, 침략의 억지, 조국의 방위, 병참선의 보호, 실지失地의 회복, 적 주력의 격멸, 적 수도의 점령 등이다.

많은 경험에 의하면 적을 타도하기 위한 조건으로서는 다음과 같은 상황이 있는 것으로 생각된다.

① 적측에서 군이 중심重心을 이루는 경우에는 군을 분쇄한다.

② 적국의 수도가 국가 권력의 중심지일 뿐만 아니라, 정치단체 및 당파의 소재지인 경우에는 수도를 침공한다.

③ 적의 가장 중요한 동맹자가 적보다 유력한 경우에는 그 동맹자에게 강력한 공격을 가한다.

④ 독재국가나 국민 총봉기의 경우에는 중심重心은 주로 지도자 개인과 여론에 있다.

나. 군사전략개념

이것은 전략적 상황 예측의 결과로 채택된 군사행동방책으로 정의될 수 있다. 예컨대, 전쟁의 억제, 공세, 수세, 선수후공(defensive-offensive), 전진 방위, 무력의 시위 등이다. 여러 병학자들은 견해에 약간의 표현의 차이는 있으나, 대체로 적의 어떠한 공세에도 견딜 수 있는 방위태세를 갖춘 연후에 좋은 기회를 잡아 공세를 가해야 한다고 주장하고 있다. 그리고 정상적으로 야전에서 싸우는 경우 선수후공의 이점을 열거하고 있으나, 이것은 보편적인 얘기이다. 각 나라는 그 나라의 지정학적 위치, 적의 성향, 무기체계의 발달 등의 영향을 고려해야 한다는 것을 잊어서는 안 된다. 특히 한국처럼 종심이 얕고, 수도 서울이 전선에서 40㎞밖에 떨어져 있지 않은 상황에서 어떤 것이 가장 훌륭한 전략개념이 될 수 있는가라는 문제는 중대한 과제라 하겠다.

다. 군사자원

이것은 군사능력의 결정요인으로 인식되며, 보통 재래식 부대병력과 예비부대, 인력, 전시 물자 및 무기체계 등을 포함한다. 동맹국과 우방국의 역할과 잠재적 공헌에 대해서도 고려해야 한다. 개발된 전략의 유형에 따라서 운용하고자 하는 부대는 현재 실재할 수도, 안 할 수도 있다. 단기 작전전략에서는 부대가 실재해야 하지만, 장기 전력개발 전략에 있어서 전략개념은 실재해야 할 군사력의 유형 및 운용되어야 할 방법을 결정해야 한다.

어떤 사람은 군사자원이란 전략을 지원하는 데 필요하나 전략의 구성요소는 아니고, 또한 군사전략이란 군사목표와 군사전략 개념으로 한정하려는 견해도 있다. 그러나 수적 우위를 논의하면서 클라우제비츠는 군대의 규모를 결정하는 것은 '전략의 중요한 부분'이라고 언명한 바 있고, 또 버나드 브로디도 '평시의 전략은 무기체계의 선택'이라고 표현할 수 있다고 지적했다.

라. 군사전략개발의 방법론

군사전략을 개발하기 위해서는 그것의 개념과 정의의 일반적인 이해가 좋은 출발점이 될 것이며, 또 군사전략은 국가정책의 목적을 달성할 뿐만 아니라, 군사기획과 군사작전에 있어서 구체적으로 활용되는 군사전략을 개발토록 우리들은 노력해야 한다. 군사전략을 개발하는 데 필요한 개념적 모형은 지휘관의 상황판단을 새롭게 이해하는 데서 출발한다. 실제로 이것은 어떠한 문제라도 논리적으로 해결하기 위한 믿을 만하고 진실한 절차이다. 우리들이 바라는 모형을 위해 '전략가의 상황판단'을 꾸며보면 다음 그림과 같다.

전략가의 상황판단

1. 임 무	국가정책(지침) 국가이익 / 목적	왜(why) (이유)
2. 상 황	지 역	장소(where)
a. 작전지역 (1) 군사지리 (2) 수송 (3) 통신 (4) 기타		
b. 전투력 비교 (1) 적의 능력과 취약점 (2) 우군의 능력과 취약점	군사자원	사람(who)
3. 행동방책 a. 적군 b. 아군 c. 분석과 비교	군사목표 군사전략개념	대상(what) 방법(how) 시기(when)
4. 결 심	군사전략 —지원계획이 첨가된다.	

여기서 '전략가의 상황판단'을 일일이 설명할 수는 없지만, 마지막 네 번째는 '결심'이다. 우리는 적합성, 가능성 그리고 수락성의 검증에 대처할 수 있는 군사목표, 전략개념 그리고 군사자원의 최상의 결합을 선택해야 한다.

- 적합성—군사목표가 바람직한 결과를 이끌어 내는가?
- 가능성—추구하는 목표는 실행이 가능한가?
- 수락성—비용의 결과가 바라던 결과에 의하여 정당화되는가?

그리고 군사전략에 대한 결심 혹은 선택은 분명하고 간략하게 진술되어야 한다. 군사전략에 대한 표준형은 존재하지 않는다. 그러나 군사전략은 군사목표, 군사전략 개념 그리고 군사자원으로 구성되어 있다는 것을 상기한다면 그것들이 모두 진술되어야 한다. 그리고 이유와 장소 그리고 시기도 포함되어야 한다.

● 맺음말

오늘날 '전략'이라는 용어는 너무나 보편화되고 다양하게 사용되고 있으나, 그 용어의 개념과 본질을 재검토한다는 것은 중요한 과제라 생각한다. '전략'은 군사용어였으나, 시대의 변천과 더불어 전쟁 규모의 확대와 복잡성으로 인해, '국가전략'과 '군사전략'으로 분류되었고, 후자는 전자의 최후 수단일 뿐만 아니라 군인들이 연구·발전시켜야 할 분야이다.

군사전략에 관한 정의는 사람·국가에 따라 다르지만, 개발·수립을 위해 갖추어야 할 구비조건의 관점에서 본다면, 그것은 군사목표의 설정, 목표 달성을 위한 군사전략 개념의 형성 및 개념을 수행하기 위한 군사자원의 사용으로 구성된다는 것을 알게 되었다.

군사전략의 개발·수립과 교육·연구의 기능을 구별해서 설명한다면, 한국의 군사전략은 합참에서 개발·수립해야 하고, 이에 대한 교육·연구는 국방대학교에서 담당해야 하며, 그 전략의 틀 속에서 각 군의 군사전략의 개발·수립은 각 군 본부에서, 이에 대한 교육·연구는 각 군 대학에서 담당하는 것이 바람직하리라.♣(2005년 6월 22일 탈고)

제 II 부

군사사학적 연구방법에 의한 고대사 연구

4. 한국 군사사학韓國軍事史學의 발전방향

• 머 리 말

오늘날 북핵문제北核問題를 둘러싸고 한반도의 군사정세는 급변하고 있다. 만약 북핵문제가 6자회담六者會談을 통해 대화로 해결되지 않는다면, 한반도에서 핵전쟁이 일어날 가능성도 배제할 수 없는 상황이리라.

그런데 우리나라 주요 월간지는 6월호임에도 불구하고 6·25전쟁에 대한 기사는 자취를 감추고 말았다는 것은 우려할 바가 아닐 수 없다. 왜냐하면, 과거를 기억하지 못하는 자는 과거를 되풀이할 뿐만 아니라, 미래에 대한 비전도 제시하지 못하기 때문이다.

이런 상황 하에서 (1) 한국 군사사학회韓國軍事史學會의 탄생 유래, (2) 군사사軍事史란 무엇인가, (3) 한국 군사사학 연구의 중요성과 발전방향에 대해 살펴보고자 한다.

1. 한국 군사사학회의 탄생 유래와 경과

「국제역사학위원회」에서는 매 5년마다 국제역사학회의를 개최하여 세계 각국의 역사학자들이 모여 논문 발표·교류를 하는 데, 1975년 8월 미국 샌프란시스코의 페아몬드 호텔에서 개최되었다. 당시 필자는 「제2차 세계대전사 국제위원회」 산하의 「제2차 세계대전사 한국위원회」에 속하여 간사 업무를 담당하고 있었으며, 회장은 이선근李瑄根 박사였다. 회의 도중 어느 날 한 외국인이 만나자고 하여 만나서 명함을 교환했는데, 그는 「국제 군사사학회」(International Commission of Military History) 회장 오스란드(Dr. B. Åhslund, 스웨덴) 박사였다. 그의 요청은 "한국에는 아직 「한국 군사사학회」가 없는데, 당신이 창립할 수 있는가?" 하는 제의였다. "새로운 학회를 만들자면 여러 가지 여건이 구비되어야 하니, 귀국해서 답장을 보내겠다"고 답변했다.

1976년 5월경 오스란드 박사에게 「한국 군사사학회」의 창설을 통보했다. 그리고 학회 운영學會運營의 활성화를 위해 1978년 10월경 경남대학교 극동문제연구소의 박재규朴在圭 소장에게 인수를 요청하여 성사되었다. 그 후 1982년 미국 워싱턴, 그리고 1985년 서독 슈투트가르트의 국제 군사사학회 회의에 참가했다. 특히 한국 군사사학회가 1986년 8월 17일~24일까지 서울 워커힐 호텔에서 국제 군사사학회의 연차회의를 개최했다는 것은 놀라운 일이었다. 왜냐하면 동양에서는 이것이 최초의 국제회의이며 아직 일본에서도 개최한 바가 없기 때문이다. 그 후 「한국 군사사학회」의 활동은 쇠퇴하였고, 필자도 1987년 퇴직하여 경주에 자리를 잡아서 관여하지를 못했으나, 최근에 와서야 김재창金在昌 회장을 중심으로 연구활동을 다시 시작했다는 것은 다행스럽고 또 기쁜 일이 아닐 수 없다.

2. 군사사란 무엇인가?

군사사(Military history)란 용어는 군사학(military science)과 역사(history)의 합성어合成語로서, 역사학의 한 분과요, 마찬가지로 군사학의 한 분과인 군사사는 군사학의 이론적 기초요, 또한 발전 근원의 하나로 작용하는 과거 군사경험에 대한 지식의 체계이다. 따라서 군사사는 역사가 먼저이고 군사학은 다음에 위치하는 학문분야이다.

필자는 20여년 전에 「현대 군사사의 연구방향」에서, 군사사 연구의 의의, 군사사의 개념과 범위, 군사사의 연구방법, 군사사 연구의 고려요소[1] 등을 논의했기 때문에 여기서는 이 문제에 대해서는 생략하고 보완하는 내용만 논의하고자 한다.

역사란 희랍어의 Historie에서 왔으며, 원래의 뜻은 "탐구해서 획득한 지식"이며, 일어난 사건 자체뿐만 아니라, 사건의 서술敍述, 역사의 지식, 역사 연구, 사학史學도 여기에 포함된다. 여기서 역사와 역사학(Geschichtswissenschaft)은 엄격히 구별해야 한다는 견해도 있다. 즉 역사학에는 역사이론과 역사 서술이라는 양 측면이 포함되어 있다. 이론과 방법은 학문(과학)으로서 역사학의 성립에 없어서는 안 되는 것이지만, 이는 역사를 서술하는 가운데 비로소 자기 타당성을 가지게 되고 또 역사학은 역사 서술을 통하여 비로소 자기 완성을 가져온다. 그런데 이 말은 역사학이 역사라는 단어로 쉽게 대치될 수 있다는 것을 의미한다. 예컨대 영어에 있어서 역사학을 굳이 말한다면, 'historical science'라고 하겠지만, 영어를 사용하는 국민들은 이런 말을 사용하지 아니하고 'history'란 말을 즐겨 사용한다.[2] 여기서는 사학史學의 본질 및 직능, 작업영역 그리고 사학의 연구방법론

1) 李鍾學, 「現代軍事史의 硏究方向」『軍史』제3호(서울 : 국방부 전사편찬연구소, 1981), pp. 10~59. 혹은 拙著, 『韓國軍事史序說』(경주 : 서라벌군사연구소, 1990), pp. 11~77.

2) 역사와 역사학이라는 말의 의미에 대해서는, 林 健太郎, 『史學槪論』(東京 : 有斐閣, 1953), 제1장 참조.

에 관해서는 생략키로 한다.[3)]

전쟁을 연구대상으로 하는 학문을 군사학이라 칭하며, 이 용어는 제2차 세계대전 후에 등장했고, 전쟁을 학문으로 깊이 연구하여 체계화를 시도한 것은 프로이센의 전쟁철학자로 알려진 클라우제비츠(1780~1831)가 저술한 『전쟁론』(1832)일 것이다. 그는 '전쟁이란 무엇인가'(제1편 1장)를 논의하면서, 전쟁이론을 위한 결론에서 다음과 같이 주장했다.

(자료 1) 전쟁이란 구체적 상황에 따라 그 성질을 달리하고 카멜레온과 같은 것일 뿐만 아니라, 그 현상 전체의 지배적인 여러 경향을 보았을 때, 기묘한 삼위일체三位一體를 이루고 있다.

첫째, 맹목적인 자연 충동이라 볼 수 있는 증오·적개심과 같은 본래의 격렬성.

둘째, 전쟁을 자유로운 정신활동으로 만드는 개연성·우연성과 같은 도박의 요소.

셋째, 전쟁은 순수히 오성悟性(Verstand)의 영역에 속한다는 것에 의해 정치적 도구로서의 종속적 성격을 가진다.

여기서 셋째의 오성(Verstand)은 그의 전쟁이론을 해석하고 또 성립케 하는 열쇠가 되는 단어이지만, 지금까지의 번역자들은 여러 가지로 번역했다. 즉 타산적(합리적)인 것, 이성理性(reason), 지력知力, 지성知性(intelligence) 등이다. 클라우제비츠는 그의 저서에서 지성(Intelligenz), 오성(Verstand), 이성理性(Vernunft)을 명확하게 구별해서 사용하고 있다는 점에 유의해야 한다. 칸트(1724~1804)의 『순수이성비판純粹理性批判』(1781)에 나오는 인식론認識論을 요약한다면, 오성悟性은 경험할 수 있는 현상세계現象世界까지의 영역을 담당하고, 이성理性은 경험이 미치지 않는 또 감각적 경험과는

---

3) ベルハイム, 『歷史とは何ぞや』 坂口 昴 外譯(東京 : 岩波書房, 1958) 및 李鍾學, 『韓國軍事史序說』(경주 : 서라벌군사연구소, 1990), pp. 11~77 참조.

관계가 없는 실체實體의 세계, 즉 이념, 신, 자유, 불사不死 등의 영역을 담당한다. 따라서 클라우제비츠의 전쟁이론은 경험할 수 있는 현상세계를 샅샅이 검사하여 규칙을 찾고자 했으며, 이것은 순수히 오성의 영역에 속하는 과제로 생각했다.

> (자료 2) 전쟁술에 있어서, 경험은 철학적 진리보다도 중요하기 때문이다(Ⅱ-5). 역사적 실례實例는, 일반적으로 많은 사항을 설명하지만, 그러나 그것만이 아니고 경험과학에 있어서 최대의 증명력을 구비하고 있다.… 전쟁술의 뿌리에 있는 여러 가지의 지식이 경험과학에 속한다는 것은 더 말할 필요도 없다(Ⅱ-6).

위에 말한 내용은 그의 전쟁이론이 오성에 바탕을 두고 있다는 것을 명시하며, 그의 절대전쟁관絶對戰爭觀에서 현실전쟁관現實戰爭觀으로의 전환의 이론적·철학적 근거를 나타내고 또한 전쟁사 연구에서 비롯됨을 말하고 있다.[4]

오늘날 군사학이 다루어야 할 연구 대상은 핵전쟁에서부터 재래식 전쟁, 게릴라전戰 그리고 테러에 이르기까지 광범위한 영역에 속한다. 현대전現代戰은 그 규모에 따라 그 양상이 달라지겠지만, 한 국가의 총력을 기울여야 하고 또 관련되지 않는 분야가 없으리라. 그렇다면 군사학의 연구 대상과 영역을 어떻게 잡아야 하느냐가 그 성격을 결정하는 요인이 되며, 필자는 무력전武力戰에 한정키로 하고, 1980년 「군사학의 이론체계」[5]라는 논문을 발표했으며, 그 내용을 간략하게 소개하면 아래와 같다.

---

4) 이종학, 『클라우제비츠와 전쟁론』(서울 : 주류성, 2004), pp. 156~164. pp. 179~194 참조.
5) 李鍾學, 『軍事論文選』(경주 : 서라벌군사연구소, 1991), pp. 9~59.

(자료 3) 군사학을 정의한다면, 전쟁의 본질과 성격 및 무력전의 준비와 수행에 관한 통일된 지식의 체계이다.

군사학은 다음과 같은 학문분야로 구성되어야 한다.

(1) 전쟁철학

(2) 전쟁학

(가) 군제학軍制學

(나) 용병술用兵術(군사전략 · 작전술 · 전술)

(3) 군사사

(4) 군사기술

(5) 군사교육학

(6) 군사지리학(해양학 · 기상학 포함)

(7) 군사보조학문(국방경제론 · 군법 · 위생학 등)

(8) 군사학의 각 분야의 연구방법의 확립

따라서 군사사를 연구하고자 하면, 역사학과 군사학에 관한 광범위한 지식을 구비하고 있어야 하며, 이 양자를 구비하는 경력을 쌓는다는 것은 쉬운 일이 아니다. 그리고 군사사가 다루어야 할 연구 범위는 다음과 같다.

3. 한국 군사사학의 발전방향

국방부 전사편찬위원회에서는 1967년 10월부터 『한국전쟁사－해방과 건군－』 제1권부터 발간하기 시작했다. 집필위원들은 모두 현역장교(대위~중령)이고, 자문위원들은 우리나라의 저명한 역사학자들로 구성되어 있었다. 필자는 때때로 전사편찬위원회를 방문하여 그들과 친한 사이가 되었지만, 내가 아는 범위 내에서는 집필위원 가운데 대학원 석사과정

이상의 역사학 전공자는 찾지 못했다. 아마도 이 점을 보완하기 위해 자문위원 제도를 설치했으나, 어느 정도 영향을 미쳤는지는 분명치 않다. 한편 젊은 역사학 전공자를 채용했을 때는 군대 경력이 없거나 하사관 출신이었다. 필자는 전쟁사 집필자를 어떻게 양성해야 할 것인가에 대해 관심이 많았다.

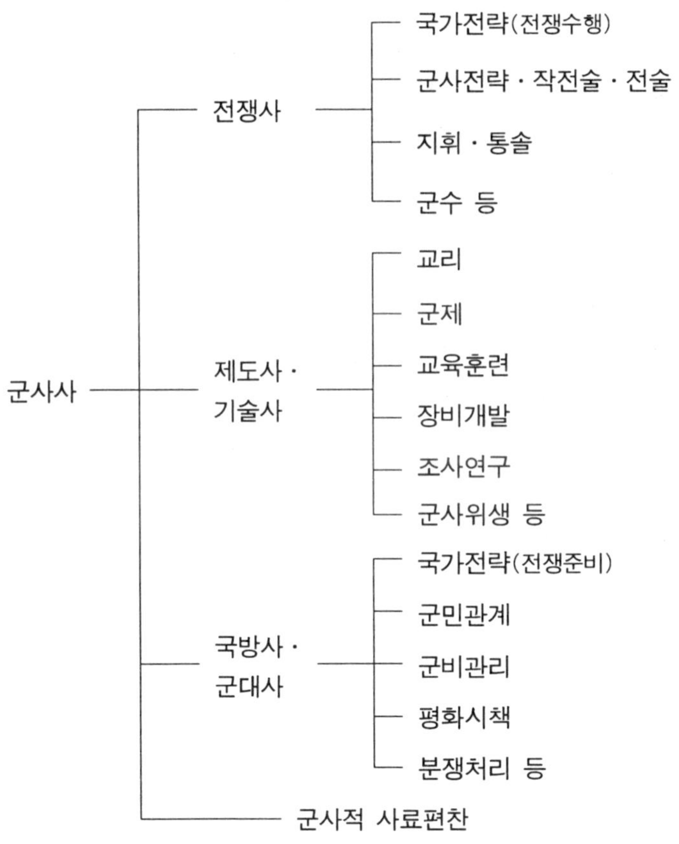

2000년 10월 13일 독일의 포츠담에 소재하고 있는 독일 군사사 연구소를 방문했다. “현재, 당 연구소의 편찬관은 114명이며, 민간인 69명, 군인 45명(현재원은 20명)으로 구성되어 있다”는 브리핑을 하기에 다음과 같이 질문했다.

(질문) : 민간인 편찬관은 역사학에 관해서는 전문가겠지만, 군사적 전문지식은 많지 않을 것이며, 군인은 그 반대로 생각한다. 이 문제점을 여기서는 어떻게 해결하고 있는가?

(답) : 그 문제는 쉽게 해결하고 있다. 즉 여기서 민간인이라 했지만, 퇴역장교(소·중령급)를 선발하여, 민간대학교에 파견해서 역사학 석사학위 이상을 취득케 하고 있으며, 현역장교도 마찬가지이다.

한국 군사사학의 발전을 위해 :

첫째 : 군사사학 연구자 육성이 급선무이다. 각 군 대학의 정규과정 졸업자 소·중령(현역 혹은 예비역) 가운데서 선발하여, 민간대학교 사학과에 파견해서 석사학위 이상을 취득케 함으로써 인재를 양성해야 한다.

둘째 : 매년 학회에서 논문발표 연차대회를 개최하며, 그 결과를 논문집으로 발간한다.

셋째 : 매 2년마다 군사사 분야의 최우수 논문·저서를 엄선하여 포상하는 제도를 마련한다.

• 맺음말

우리 민족은 수隋·당唐, 거란과 몽골의 침공, 임진·정유의 왜란倭亂, 병자호란, 일제日帝의 침략 등 역사상 끊임없이 주변 대륙국가와 해양국가의 침략과 위협을 받아오면서도 강력한 저항정신과 민족적 자주정신을 발휘하여 유구한 민족사民族史를 쌓아 올렸다. 이러한 민족사를 지금까지는 주로 역사적 연구방법으로 서술해 왔으나, 이제부터는 규명되지 않거나 혹은 미해결의 과제는 군사사적 연구방법을 구사하여 밝혀야 한다.

예컨대, 일본 고대 사학계는 광개토왕 비문의 신묘년 기사를 가지고 소위 '임나일본부任那日本府'설을 110여년 주장해 왔으나, 필자는 군사사학적 연구방법으로 그 설을 논파했으며,[6] 주류성周留城·백강白江의 위치도 위에 말한 방법으로 밝혔고,[7] 또한 6·25전쟁은 1950년 6월 25일 북한 인민군의 남침으로 발발했으며, 내전·민족해방전쟁이 아니라, 스탈린의 대리전쟁代理戰爭임을 밝힌 바가 있다.[8] 앞으로 한국사 가운데서 군사적 연구과제는 군사사학적 연구방법으로 규명을 시도해야 하리라.

오늘날 일반 대학교에서도 군사학과가 설치되었기 때문에 군사사(특히 전쟁사)는 필수과목이며, 이를 가르칠 교관들의 수요는 많아질 추세이다. 따라서 군사사 연구의 인재 양성은 급선무의 과제이리라. 그리고 군사사는 군사학의 이론적 근원임을 재강조해 두는 바이다.♣

(한국 군사사학회 세미나에서 발표, 2005. 6. 20)

---

6) 李鍾學, 「廣開土王碑文 辛卯年記事의 檢討－軍事史學的研究方法에 의한－」『軍史』 제32호(서울 : 國防軍史硏究所, 1996), pp. 46~77. 「広開土王碑文の真実－軍事史学的研究方法による辛卯年記事の検討－」『日本及日本人』(東京 : 日本及日本人社, 1998), pp. 144~154. 『東アジアの古代文化』 創刊100号記念特大号(東京 : 大和書房, 1999)再掲載.
7) 李鍾學, 「周留城·白江의 位置比定에 관하여－軍事史學的 研究方法에 의한 考察－」『軍史』제52호(서울 : 군사편찬연구소, 2004), pp. 161~191.
8) 이종학, 『6·25전쟁사－그 진실과 교훈을 찾아서－』(경주 : 서라벌군사연구소, 2001), pp. 47~76.

5. 廣開土王碑文의 倭에 대한 新考察

• 머 리 말

고구려의 광개토왕 비문의 연구가 한·일·중 3국의 학자들에 의해 시작된 지 110여년이 되었다. 1884년 일본 육군 참모본부의 포병장교 酒匂景信(사카와 카게아키)가 중국에서 가져온 비문의 쌍구본雙鉤本을 참모본부 편찬과의 橫井忠直(요코이 타다나오)가 중심이 되어 상세히 연구가 실시되어, 왜倭가 한반도에 군대를 파견하여, 백제와 신라를 신민으로 삼았고, 고구려와도 싸웠다는 것을 알려주는 귀중한 사료史料로 다루어져 왔다. 1993년 3월 5일자로 발간된 일본 문부성의 검정필 고등학교 교과서인 『상설 일본사詳說日本史』(재정판再訂版)에는 다음과 같이 기록되어 있다.

> 사료 ① 고구려의 호태왕의 비문에는, 왜가 조선반도에 진출하여 고구려와 교전한 것이 기록되어 있다. 이것은 야마도 정권大和政權이 조선반도의 진보된 기술과 철 자원을 획득하기 위해 가라(임나)에 진출하여, 거기를 거점으로 해서 고구려의 세력과 대항했다는 것을 얘기하고 있다.[1)]

그리고 '호태왕의 비문'에 대한 각주脚註에서

호태왕(광개토왕) 일대의 사업을 기록한 석비石碑이며, 고구려의 수도가 있는 중국 길림성 집안현에 있다. 당시의 조선반도의 정세를 알 수 있는

---

1) 井上光貞 · 笠原一男 · 兒玉幸多, 『詳說 日本史』(東京 : 山川出版社, 1993), p. 25.

귀중한 사료인데, 그 속에는 "百殘(百濟)과 新羅는 舊是屬民이고, 由來朝貢하였다. 그리하여 倭는 辛卯年(391年)부터 바다를 건너 百殘□□□羅를 파하여 이를 臣民으로 만들었다"고 하여, 일본의 조선반도에의 진출을 전하고 있다.

이리하여 일본열도의 왜倭(야마도 정권)가 비문의 '辛卯年'을 바탕으로 백제와 신라를 지배했다는 것을 사실화史實化하고 있는데, 이것은 과연 타당성이 있는 주장인가? 지금까지 비문연구는 주로 문헌 사학적·고고학적 연구방법과 금석문 연구방법을 구사해 왔다. 그런데 비문의 왜는 군사작전에 직접 참여하였기 때문에 그 결과에 대한 해석은 군사사적軍事史的 연구방법[2]으로 전술前述한 타당성을 규명해 보려고 한다. 그리고 비문연구사碑文硏究史를 개관槪觀하며 또 1972년 재일在日 한국인 사학자 이진희李進熙의 비문 변조설碑文變造說은 그 후 어떤 문제점이 아직 남아 있는지 살펴보고자 한다.

1. 비문연구사碑文硏究史의 개관

광개토왕 비문의 문제를 생각했을 때, 먼저 비문 연구의 역사를 들추어 보는 것이 필요하리라.[3] 비문 연구의 역사는 일본의 패전(1945. 8)을 경계로 하여, 그 이전과 이후로 크게 나눌 수 있다. 전 단계에서는 일본인 연구자가 비문 연구를 지배하여, 비문을 「임나 경영任那經營」의 유력한 논거로 삼았다. 후 단계에서는 한국인 연구자에 의한 일본의 전통적 학설을 비판하여 전연 새로운 견해를 발표했다.

---

2) 李鍾學, 『韓國軍事史 序說』(慶州 : 서라벌군사연구소, 1990), pp. 11~62 참조.
3) 旗田 巍, 『朝鮮と日本人』(東京 : 勁草書房, 1983), pp. 120~139 및 井上秀雄·寺田隆信 編, 『好太王碑探訪記』(東京 : 日本放送出版協会, 1985), pp. 127~174를 주로 참고함.

일본인의 비문 연구의 커다란 특색은, 비문 연구가 대륙 침략의 과정에서 행하여졌고, 대륙 침략의 발전의 단계에 대응하여 성장했다는 것이다.

비문 연구의 제1기는, 1884년 酒匂(사카와) 중위가 비문의 쌍구본을 가져와 참모본부에서 비밀리 연구가 진행된 후, 그 결과가 정리되어 1889년에 『회여록會餘錄』 제5집에 발표되기까지이다. 실은 이 기간의 사정은 오랫동안 잘 알려져 있지 않았는데, 근래 中塚 明(나카츠카 아키라) · 佐伯有清(사에키 아리키요) · 이진희 등에 의해 겨우 알려졌다. 아직 확실치 않은 점이 남아 있으나, 비문은 최초로 일본에 가져온 자가 군사 간첩이며 그것이 참모본부에서 비밀리에 연구되었다는 것은 명백하다. 최초의 비문 연구가 군의 내부에서 일어났다는 것은 주목할 사실이다. 그리고 거기서 이루어진 비문의 해석은 그 후 많은 학자들에 의한 연구와 큰 줄거리에 있어서 일치하는 것이었다.

제2기는 청일전쟁 전후이다. 『會餘錄』에 비문이 발표되자 학계에서는 비문 연구가 갑자기 성해졌다. 1891년에 菅政友(칸 마사토모) 「高麗好太王碑銘考」(『史學雜誌』, 22~25호), 1893년에 那珂通世(나가 츠우세이) 「高句麗古碑考」(『史學雜誌』, 47~49호), 1898년에 三宅米吉(미야케 요네키치) 「高麗古碑考」(『考古學會雜誌』, 2卷 1~3號) 등이 발표되었다. 이들 여러 논문 사이에는 비문의 자구字句의 읽는 법과 해석에 약간의 차이가 있었다. 그러나 고대 일본이 조선에 출병하여 백제와 신라를 신민으로 만들었고, 광개토왕의 대군과 싸웠다는 점에서 일치했다. 이러한 해석은 이미 참모본부의 연구에서도 나왔으나, 그것이 저명한 학자의 연구에 의해 학문적으로 뒷받침되었다. 특히 菅政友는 한국의 사서史書는 신뢰할 수 없다며, 『日本書紀』를 극단적으로 중시했는데, 이런 사고방식은 그 후 菅氏의 연구만이 아니라, 오늘날까지 일본사日本史 연구의 기본적인 사고방식이 되었다.

그런데 광개토왕은 일본에 있었던 왕이거나 또 야마도大和 조정의 천황이 아니라, 고구려 왕이었기 때문에, 고증考證의 대상이 되는 주요한 역사서는 당연히 『日本書紀』가 아니라, 『三國史記』, 『三國遺事』, 『東國通鑑』 등이다. 또 왜・왜인과의 항쟁기사抗爭記事도 『日本書紀』 등의 일본측 기사에 대응할 만한 것이 없다면, 지나치게 부회附會할 필요는 없으리라. 오늘날까지도 이 비문에 나타난 왜가 야마도 조정이라는 것을 명증明證한 논고는 나타나지 않았다.

제3기는 조선 합병의 전후이며, 이 시기에는 비문의 실지조사實地調査가 자주 행해졌다. 그 이전에는 군인 등의 특별한 사람 외는 비가 있는 현지(집안集安)에 갈 수 없었으나, 노일전쟁의 승리, 그 후 조선의 합병에 의해 일본의 지배권이 조선에서 만주에 걸쳐 확립되자, 그것을 배경으로 하여 학자의 현지조사가 실시되었다. 鳥居龍藏(도리 류조)(1905, 1912), 關野貞(세키노 테이)・今西龍(이마니시 류)(1913), 黑板勝美(구로이타 가츠미)(1918) 등이 잇달아 현지를 방문하여 비문을 조사했다.

이들의 조사에 의해 지금까지 전혀 알려지지 않았던 문자文字, 혹은 종래 알려져 있었던 것과 다른 문자가 발견되었다. 또 비면碑面에 석회가 발라졌고, 석회 속에 문자가 씌어져 있는 상태로 보아 석회를 발랐을 때, 원문자原文字와 상이한 문자를 써넣은 경우가 있다는 것이 판명되었다. 지금 종래의 쌍구본・탁본은 수정을 요하게 되었다. 당연히 종래의 字句의 읽는 법과 해석에도 수정이 가하게 되었다. 이것은 실지 조사의 성과였지만, 그러나 수정은 부분적인 것이며, 비문 연구의 커다란 줄기를 변경하는 것은 아니었다. 실지 조사를 한 사람이나 그 성과를 이용한 사람들도 고대 일본이 조선에 출병하여 백제와 신라를 신민臣民으로 만들었다는 큰 줄기에 대해서는 아무런 의문도 일으키지 않았다. 그러나 일부 학자는 "이 비문을 사료로 하여 사史를 고증하려는 자는 깊은 경계를 필요로 한다"고 했다.

제4기는 만주국滿洲國 성립의 시기이다. 만주는 일본의 군사적 지배하에 들어갔고 일본인에 의한 유적・유물의 조사는 한층 성하였다. 광개토왕릉 비가 있는 집안을 방문하는 자가 많아졌고 또 탁본도 많이 만들어졌다. 그 속에서도 浜田耕作(하마다 고사쿠)・池內 宏(이케우치 히로시) 등의 조사단은 1935년에 현지에 가서 비문을 조사했다. 그 결과는 일만문화협회日滿文化協會 『通溝』(1938)에 수록되었으나, 이 조사에서 비문에 대한 새로운 발견은 없었다.

일본의 패전 때까지의 비문 연구의 발자취를 더듬어 보았는데, 거기에는 일관된 경향이 있다. 즉 첫째, 비문 연구가 일본의 대륙침략과 대응하여 성장했고, 둘째, 연구내용이 고대 일본의 조선 출병, 남부 조선 지배를 입증하는 것이었다. 고대의 왜가 한반도에 출병하여 남하하는 고구려의 대군과 싸우고, 조선을 지배한다는 역사의 발자취는 현실의 대륙정책과 잘 부합된다. 참모본부가 최초에 비문 연구에 착수한 것은, 그것이 대륙정책의 추진에 활용가치가 있다고 생각했기 때문이었다. 그 후 계속된 많은 학자들의 연구도, 대륙정책과 무연無緣일 수는 없었다. 일본의 근대사학, 특히 조선・만주・중국 등에 관한 연구에서는 대륙정책과의 결부가 문제인데, 광개토왕 비문의 연구에서는 이 점이 특히 문제였다.

전후戰後 일본에서의 비문 연구는 정체했으나, 일찍이 형성된 견해는 역사 교과서에 채택되었다. 전전戰前에는 신공황후神功皇后의 「신라정벌新羅征伐」이 교과서에 게재되어 있었으나, 그런 불확실한 전설에 대신하여 광개토왕 비문이 고대 일본의 조선출병, 남부 조선 지배의 확실한 자료로써 역사 교과서에 채택되었다. 이 점에서 생각한다면 이 비문은 전전戰前보다 전후에 있어서 일본 국민 속에 일반화 되었다고 말해도 좋다. 메이지 이래의 오랜 전통을 가진 비문 해석이, 지금 광범하게 일본인 속에 정착했다고 보아도 좋으리라. 일본 고대사에 관한 교육은, 전후戰

後 크게 변화했지만 그 과정에서 비문의 전통적 해석이 역사 교과서에 그대로 오늘날까지도 채택되어 있는 것이다.(사료 ①)

전후의 비문 연구에 있어서 주목할 것은 한국인 학자들에 의한 전연 새로운 견해가 발표되었다. 메이지明治 이래의 일본인의 통설을 비판하고 독자적인 신설新說을 발표한 것은 정인보鄭寅普의 「廣開土境平安好太王陵碑文釋略」[4]이다. 이것은 1955년에 간행된 『白樂濬博士 還甲記念 國學論叢』에 발표되었는데, 그 집필은 훨씬 이전의 것으로 생각된다. 한문으로 씌어진 짧은 논문이지만, 旗田 巍(하타다 다카시)는 일본인으로 생각지도 못했던 연구인데, 경청할 만한 점이 있다고 지적했다. 즉 鄭氏는 비문의 논리를 생각하여 만약 일본인들이 말하는 것처럼 왜가 침공해 와서 고구려의 속민屬民인 백제와 신라를 격파하고 신민臣民으로 했다면, 적은 왜이기 때문에 왜를 치고 백제·신라를 구하는 것이 도리이지, 왜를 방치해 두고 곤경에 빠진 백제를 친다는 것은 태왕太王의 공적이 되지 못한다. 또한 백제·신라가 왜의 신민이 되었다는 것이 죄가 된다고 한다면 백제와 신라는 같은 죄과가 되어야 하는데 태왕이 백제만을 친다는 것은 수상하다. 그래서 고구려와 왜가 전쟁 상태에 있을 때, 원래 속민인 백제가 왜와 결탁하여 신라를 침범했기 때문에, 태왕이 노하여 백제를 쳤다고 해석하는 것이 바르다는 내용이다.(뒤에 나오는 사료 ②, ③ 참조)

旗田 巍는, 이것은 탁발卓拔한 발상이며 종래의 연구는 허를 찔린 느낌이 있다. 이 논문의 결함을 찾아서 일률적으로 부정할 것이 아니라, 배워야 할 점을 취해야 한다는 생각이라고 논평했다.

그 후 1963년 북한의 사학자들은 현지에 가서 비碑의 실지조사實地調査를 했다. 이것은 2차 대전 후에 있어서 최초의 실지조사였다. 이 때 면밀한 조사와 새로운 탁본이 작성되었고, 그것을 기초로 하여 박시형朴時

---

4) 지금은 『薝園 鄭寅普全集 5』(서울 : 延世大學校出版部, 1983), pp. 251~263에 수록되어 있다.

亨의 『광개토왕 릉비』가 1966년에 발간되었으며, 또 이 조사에 참가했던 김석형金錫亨은 『초기 조일 관계사 연구』[5](1966, 일역日譯, 1969) 속에서 비문을 논의했다.

박시형의 저서는 실지조사의 결과와 문헌자료를 사용하여, 비문의 현황, 비문 발견의 유래, 광개토왕 시대의 국제관계를 논하고, 비문의 자구字句에 상세한 주석을 가하여, 종래의 일본인에 의한 비문 연구를 신랄하게 비판했다. 이 저서에 의하면, 비문의 문자에 대해 종래의 탁본의 잘못이 약간 지적되었으나, 대체로 종래의 탁본에 따르고 있다. 읽는 법과 해석에 대해서는 일본인의 전통적 견해를 비판했고, 고대 일본의 남부 조선 지배를 사실의 왜곡으로 부인하고 있으며, '辛卯年'의 기사의 해석에서는 전술前述한 정인보의 견해를 거의 전면적으로 계승하고 있다.

김석형金錫亨의 저서는, 고대 한일관계사의 광범한 문제를 다루었으며, 일본인의 통설을 전면적으로 비판하고, 고대 일본에 있어서 한국인 도래인渡來人이 정치적 · 문화적으로 지배적 지위에 있었다는 것을 논의했는데, 그 속에서 광개토왕릉 비문에 대해서 독자적인 견해를 보였다. 그는 비문 조사를 바탕으로 하여 현재 읽을 수 없는 문자가 있다는 것을 지적하고, 가령 종래의 탁본에 따른다면, 하는 한정을 붙여서 신중한 태도로 비문을 해석했다.

이처럼 정인보 · 박시형 · 김석형 등의 신설新說이 나왔으나, 그것은 일본의 학계에 쉽게 수용되지 않았다. 겨우 1971년이 되어, 먼저 中塚明는 「近代日本史學史에서의 朝鮮問題－廣開土王陵碑를 둘러싸고－」(『思想』 3월호)에서, 일본에서의 비문 연구의 본연의 자세를 일본 근대사학의 체질의 문제로 다루고, 비의 쌍구본이 군 간첩에 의해 가져왔고, 참모본부에서 해독 · 해석되어, 그것이 원형이 되어 일본인의 정설定說이 생겨났

5) 한국에서도 김석형, 『고대한일관계사』(서울 : 한마당, 1988)가 출간되어 있다.

음을 밝혔다. 이어서 1972년 佐伯有清는 「廣開土王陵碑文再檢討를 위한 序說－參謀本部와 朝鮮硏究」(『日本歷史』 287호)에서 中塚가 제기한 문제를 한층 더 깊이 있게 다루어, 비문을 가져 온 것과 연구에서 일본 군부의 역할을 명확히 실증하고, 더욱이 초기의 조선사 연구에서 점한 군부의 지위를 밝혔다. 계속하여 그는 「高句麗廣開土王陵碑文의 再檢討－특히 「辛卯年」의 倭關係記事를 둘러싸고」(『續日本古代史論集』 上, 1972)에서, 예例의 '辛卯年'의 기사를 중심으로 하여 종래의 일본의 통설을 비판하고, 그것을 한국인 학자의 새로운 설과 대비하여 더 나아가 자신의 견해를 제시했다.

中塚·佐伯의 연구로 일본에서 비문 연구의 경과, 그 체질이 밝혀졌다. 또 거기서 생겨난 연구 성과의 내용에 대하여 새로운 의문이 제출되었다. 한국인 학자들이 제기한 문제가 비로소 일본인 연구자에 의해 일본학계의 문제로서 정면에서 다루어지기 시작했다.

그런데 1972년 10월, 한국·일본 양 학계에 커다란 충격을 준 재일在日 한국인 이진희의 『廣開土王陵碑의 硏究』(東京 : 吉川弘文館)가 간행되었다. 이 책은 일본이 고대에 한국 남부를 지배했다는 것을 뒷받침하는 일본 측의 금석 자료로서 이 비문을 이용해 왔으나, 그 동안 일본의 참모본부가 3차에 걸쳐 획책했다. 특히 청일·노일 양 전쟁 사이에, 비문을 개찬改竄하기 위해 '석회도부작전石灰塗付作戰'을 했다는 구상 하에 비문 연구의 재검토를 요청했다.

이진희의 제안을 받아 한국에서 김정배金貞培 「古代韓日關係史의 一斷面」(『新東亞』 1972, 8월호), 천관우千寬宇 「韓國史의 潮流」 제7회(『新東亞』 1973, 1월호), 이병도李丙燾 『韓國古碑文의 解釋－廣開土王碑와 北漢山碑를 중심으로－』(『アジア公論』, 1973) 등 고대사·고고학의 연구자들이 이 비문을 다루었다. 이들의 비문 연구는 비문의 기초 연구보다 비문의 왜倭 관계기사를 새로운 한국사의 입장에서 재검토하는 데 역점을 두고 있었다.

그 후 한국에서 이 비문에 대한 연구는 한국 고대사를 추구하는 원점으로 중시되어 비문의 국제관계 기사, 특히 왜倭관계기사의 검토를 중심으로, 고대의 한일관계사를 재검토하고 있다. 그 주요한 논문은, 천관우 「廣開土王陵碑文 再論」(1979), 정두희鄭杜熙 「廣開土王陵碑文 辛卯年記事의 再檢討」(1981), 김정학金廷鶴 「廣開土王碑文에 나타난 韓日關係」(1981), 서영수徐榮洙 「廣開土王陵朝貢記事의 再檢討」(1982~1983) 등이 있다. 이러한 연구 가운데서도 비문의 기초 연구인 자형字形의 검토도 함께 이루어진 데, 주목해야 한다. 즉 김영만金永萬 「廣開土王碑文의 新研究(1)」(1980), 심재완沈載完 「廣開土王碑書體攷」(1980), 이형구李亨求 「廣開土大王陵碑文의 所謂 辛卯年에 대하여」(1981), 그리고 김창호金昌鎬 「廣開土太王碑辛卯條의 再檢討」(1989) 등이 있다.

광개토왕 비문에 관한 단행본으로는, 이유립李裕岦 『廣開土聖陵碑文譯註』(1973), 이진희 저 · 이기동李基東 역 『廣開土王碑의 探究』(1982), 王健群著 · 林東錫 譯 『廣開土王碑研究』(1985), 이형구 · 박노희 『廣開土大王陵碑新研究』(1986), 『韓國史 市民講座』(제3집-특집 廣開土王陵碑-1988) 등이 있다.

중국에서의 비문 연구는 별로 활발치 못했으나, 1980년경부터 관심이 높아졌으며, 박진석朴眞奭 「試論廣開土王碑의 '辛卯年記事'」(1980)가 발표되었다. 여기서는 비문의 연구사를 중심으로 일본과 남북한 양 학계의 관심의 상위相違를 소개하고 고대에 있어서 일본의 조선 지배는 사실과 부합하지 않는다고 지적했다. 다음에 王健群 「好太王碑的發現和捶拓」(1983~1984)이 간행되었고, 1984년 가을 『好太王碑의 研究』가 중국과 일본(번역본)에서 동시에 출판되었다.

일본에서 최초로 광개토왕릉 비문의 연구사研究史를 새로운 시각에서 상세히 추구했던 中塚 明는 앞에 게재된 논문에서, 지금까지의 "연구의 방법을 발본적拔本的으로 극복하는 연구는 유감스럽게도 오늘날까지 나타나지 않았고, 뿐만 아니라 광개토왕릉비에 관한 이러한 일본에서의 '연구'는 근본적인 반성이 없기 때문에 이 능비를 둘러 싼, 지금도 비문의 개찬이나 자의적恣意的으로 읽는 방식이 여전히 계속되어, 재생산마저 되고 있다"[6]고 20여 년 전에 지적하였는데, 지금도 여전하다.(사료 ①)

이진희는 최근에 "일본 고대사의 큰 변화로서는 오늘 「임나일본부」설을 전제로 고대사나 한·일 관계사를 다루는 논문은 자취를 감추었다는 것을 지적할 수 있다. 또한 일본의 고대 국가 형성 시기를 6세기 후반으로 보는 것이 학계의 주류로 되었다"[7]고 했다. 그리고 白崎昭一郎(시라사키 쇼이치로)는, "한국의 학자가 「임나일본부」 문제를 따로 떼어서 허심탄회 하게 이 비문을 연구하기 바란다.… 辛卯年條에 있어서 '왜'는 고구려에 대해 백잔百殘·신라를 신민으로 했지 않았을까 생각할 정도의 강력한 존재였다"[8]고 주장하고 있다.

필자는 광개토왕의 대외 정복활동對外征服活動의 공적을 기록하는 과정에 왜가 등장하는 것을 알았다. 따라서 작전상의 왜의 활동과 그 결과에 대한 해석은 군사사적軍事史的 연구방법의 관점에서 규명하는 것이 더 바람직하다고 생각했고 또 아직까지 아무도 시도하지 않았기에 '신고찰新考察'이라 했다.

2. 비문의 해독解讀과 해석解釋 -倭를 중심으로-

가. 辛卯(391)·丙申年(396)에 대하여

일본 육군 참모본부 편찬과원編纂課員 橫井忠直의 비문의 해독·해석

---

6) 中塚 明, 「近代日本史學史における朝鮮問題－とくに「広開土王陵碑」をめぐって－」『思想』561, 岩波書店, 1971, p. 77.

7) 李進熙, 「廣開土王陵碑를 둘러싼 근년의 論爭」『韓國史學論叢』上(서울 : 探求堂, 1992), p. 194.

8) 白崎昭一郎, 『広開土王碑文の研究』(東京 : 吉川弘文館, 1993), pp. 356~357.

은 다음과 같다.

사료 ② 百殘新羅舊是屬民, 由來朝貢, 而倭以辛卯年來渡海, 破百殘□□□羅以爲臣民. (『會餘錄』第五集)

(해석) 百殘(濟)과 新羅는 예로부터 屬民으로서 조공을 해왔다. 그리고 倭는 辛卯年(391)에 바다를 건너와 百殘(濟)과 新羅를 파하고 臣民으로 삼았다.

사료 ③ 百殘新羅 舊是屬民 由來朝貢 而倭以辛卯年來 渡海破 百殘[聯][侵][新]羅 以爲臣民 以六年丙申 王躬率水軍 討利殘國 (정인보)

(해석) 百濟와 新羅는 원래 高句麗의 屬民으로 고구려에 조공하였다. 그런데 倭가 辛卯年에 고구려에 침입하니 고구려가 바다를 건너 倭를 격파하였다. 이때 百濟가 倭와 연합하여 新羅에 침입하니, 百濟는 원래 고구려의 臣民이라 永樂 6年 丙申에 廣開土王이 친히 水軍을 거느리고 가서 百濟를 정벌하였다.[9]

사료 ④ (해석) 백제와 신라는 우리 고구려의 오랜 속민들로서 이전부터 조공을 바쳐 오던 것들이다. 倭가 신묘년에 침입해 왔기 때문에 우리 고구려는 바다를 건너가서 그것들을 격파하였다. 그런데 백제는[倭를 끌어들여] 신라를 침략하고 그것을 저의 신민으로 삼았다. 이리하여 대왕은 6년 병신에 친히 水軍을 거느리고 가서 백제를 토벌하여 승리하였다.[10]

사료 ⑤ 倭, 以辛卯年來, 渡海, 故(或'因', '時', '而'), 百殘, [將侵](或[欲

9) 鄭寅普, 前揭書, pp. 251~263.
10) 朴時亨, 『광개토왕릉비』(평양 : 사회과학원출판사, 1966), p. 163. 비문의 해독은 史料 ③을 따르고 있다.

取]) 新羅以爲臣民. (천관우)

(해석) 百濟가 끌어들인 倭가 辛卯年 이래로 바다를 건너 百濟로 온 故로, 이 倭와 연계한 百濟가 新羅를 공격하여 新羅를 臣民으로 삼으려고 하였다.[11)]

사료 ⑥ 百殘新羅舊是屬民, 由未朝貢, 而倭以辛卯年來侵. 㴞破百殘□□新羅, 以爲臣民. (김영만)

(해석) 百濟와 新羅는 옛날 우리 高句麗의 屬民이었는데도 朝貢을 하지 않고, 倭는 辛卯年부터 來侵하였다. 그래서 王은 百濟와 [ ]를 휩쓸어 격파하고 新羅를 [ ]하여 臣民을 爲하였다.[12)]

사료 ⑦ 百殘, 新羅, 舊是屬民, 由來朝貢. 而倭以辛卯年來, 渡海破百殘, □□[新]羅, 以爲臣民, 以六年丙申, 王躬率水軍, 討伐殘國. (王健群)

(해석) 百濟와 新羅는 以前, 우리 고구려의 屬國이었다. 종래부터 우리들에게 朝貢을 바쳐오다가, 辛卯年부터, 倭寇가 바다를 건너 百濟와 新羅를 격파하고 臣民으로 했기 때문에, [그때부터 百濟와 新羅는 우리들에 대해 臣으로 服從하거나 朝貢하지 않게 되었다. 그 때문에] 永樂太王六年에 해당하는 丙申年에, 好太王은 스스로 水軍을 이끌고 百濟를 討伐했다.[13)]

사료 ⑧ 百殘新羅舊是屬民 由來朝貢而[後] 以辛卯年 [不][貢][大] 破百殘 [倭][寇] 新羅以爲臣民 以六年丙申王躬率[水]軍討[伐]殘國 (이형구・박노희)

---

11) 千寬宇, 1979『加耶史硏究』(서울 : 一潮閣, 1991), p. 120.

12) 金永萬, 「廣開土王碑文의 新硏究(1)」『新羅伽倻文化』 第11輯, 嶺南大學校 新羅伽倻文化硏究所, 1980, p. 44.

13) 王健群, 『好太王碑の硏究』(京都 : 雄渾社, 1984), p. 225 및 p. 227.

(해석) 百殘(濟)과 新羅는 예로부터 [고구려] 속민으로서 조공을 바쳐 왔는데, 그 후 辛卯年(391)부터 조공을 바치지 않으므로 [廣開土王은] 百殘(濟)·倭寇·新羅를 파하여 이를 신민으로 삼았다. 6年丙申(396)에 大王은 친히 水軍을 거느리고 殘國을 토벌하였는데…[14]

사료 ⑨ 百殘新羅舊是屬民 由來朝貢 而倭以辛卯年來 渡浿破百殘 東□新羅 以爲臣民 (손영종)

(해석) 백잔(백제)과 신라는 옛적에는 속민이였고 그전부터 조공을 바쳐오던 것인데(백제의 책동으로) 왜가 신묘년에 왔으므로(고구려 <왕>은) 패수를 건너가서 백잔을 치고 동쪽으로 신라를(초유하여) 신민으로 삼았다.[15]

사료 ⑩ 百殘, 新羅舊是屬民, 由來朝貢, 而倭以辛卯年來, (高句麗)渡海破百殘, 往救新羅, 以爲臣民. (박진석)

(해석) 백잔, 신라는 예전에 속민이였으므로, 이전부터 조공하였다. 그런데 왜가 신묘년에 왔다. (고구려가) 바다를 건너 백잔을 격파하고 가서 신라를 구원하고 신민으로 삼았다.[16]

(討)

사료 ⑪ 百殘新羅舊是屬民由來朝貢而倭以辛卯年來渡海破百殘更□新羅以爲臣民以六年丙申王躬率大軍討伐殘國 (白崎昭一郎)

(해석) 百殘·新羅는 예로부터 우리 高句麗의 屬民이었고, 원래부터 朝貢하고 있었다. 그런데 倭가, 辛卯年에 바다를 건너와서, 百殘을

14) 李亨求·朴魯姬, 『廣開土王陵碑新硏究』(서울 : 同和出版公社, 1986), p. 72 및 p. 74.

15) 손영종, 「광개토왕릉비 왜관계기사의 올바른 해석을 위하여」『력사과학』(평양 : 사회과학출판사, 1988) 제2호, pp. 30~33.

16) 박진석, 「호태왕비문을 통하여 본 임나일본부의 존재여부 문제(1)」『력사과학』, 1989, 제1호, pp. 33~35. (朴眞奭은 中國延邊大學 朝鮮問題硏究所 室長임).

파하고, [더욱이] 신라를 [쳐서] 兩者를 臣民으로 간주하였기 때문에, 그래서 永樂六年丙申에, 王은 스스로 大軍을 이끌고 百殘國을 討伐했다.[17]

나. 己亥年(399)에 대하여

사료 ⑫ 九年己亥. 百殘違誓. 與倭和通. 王巡下平穰. 而新羅遣使白王云. 倭人滿其國境. 潰破城池. 以奴客爲民. 歸王請命. 太王□後稱其忠□. □遣使還告以□□ (朴時亨)

(해석) 그러나 그 후 백제는 맹세를 위반하고 왜와 더불어 화통하였다. 왕은 9년 기해에 백제를 치기 위한 준비 차로 평양으로 행차를 하였는데 그 때에 신라 왕이 사신을 파견하여 왕에게 보고하기를, '왜인들이 신라 국경에 가득 쳐들어 와서 성들을 격파하고 있습니다. 신라 왕인 저 노객(奴客)은 고구려 왕인 당신의 백성이 되여 있으므로 왕에게 귀의하여 구원을 청하나이다'라고 하였다. 대왕은 신라 왕의 충성이 기특하다고 말씀하고 곧 그에게 사신을 파견하여 고구려 군대가 구원 차로 가리라는 것을 고하였다.[18]

사료 ⑬ 九年己亥, 百殘違誓, 与倭和通, 王巡下平穰. 而新羅遣使白王云, 倭人滿其國境, 潰破城池, 以奴客爲民, 歸王請命. 太王恩慈, 矜(稱)其忠誠, 特遣使還, 告以密計. (王健群)

(해석) 9年 己亥가 되자, 百濟는 자기의 誓言을 배반하고 倭와 修好했다. [百濟를 警戒하기 위해] 好太王은 남하하여 평양을 순시했다. 그때 뜻하지 않게 신라 왕이 파견한 使者가 왔다. 使者는 好太王에게, 국내의 여러 곳에 倭

17) 白崎昭一郎, 前揭書, p. 140, p. 163, p. 169.
18) 朴時亨, 前揭書, p. 187.

人이 가득차고 城은 격파되었고, 好太王의 신하인 신라 왕은 賤民이 되어, 신라 왕은 好太王에 귀순하여, 好太王의 指示를 받기를 바라고 있습니다,고 말했다. 好太王은 자비롭게도 신라의 충성을 칭찬했다. 그래서 好太王은 특히 신라의 使者에게 비밀의 計略을 주어 돌려보냈다.[19)]

사료 ⑭ 九年己亥百殘違誓与倭賊通王巡下平穰而新羅遣使白王云殘人滿其國境潰破城池以奴客爲民歸王請命太王恩後稱其忠誠請遣使還告以□□ (이형구·박노희)

(해석) 九年己亥(399), 이 해에 百殘이 맹세를 어기고 倭賊과 통하였다. 大王이 순시차 평양에 갔더니 신라에서 사절을 보내어 大王에게 고하기를, '殘人이 저희 영토에 가득히 들어와서 성과 못을 파괴하고 있으니 이 奴客(奈勿尼師今)을 [大王의] 백성으로 여기고 계시므로 大王께 구원을 요청합니다'고 하였다. 大王은 은혜를 베풀고 충성을 받아들여 사절을 돌려보내 □□를 고하도록 하였다.[20)]

사료 ⑮ 九年己亥百殘違誓与倭和通王巡下平穰而新羅遣使白王云倭人滿其國境潰破城池以奴客爲民歸王請命太王恩慈稱其忠誠□遣使還告以□計 (白崎昭一郎)

(해석) 九年己亥에, 百殘은 맹세를 어기고 倭와 和親했다. 그래서 왕은 평양까지 순시 남하했다. 그 때 신라는 使者를 파견하여 太王에게 말씀 올렸다. 倭人이 신라의 국내에 가득하여, 성벽과 濠를 파괴하고, 고구려의 신하

19) 王健群, 前揭書, p. 227, p. 229.
20) 李亨求·朴魯姬, 前揭書, p. 85.

인 신라인을 백성으로 여기고 있습니다. 그래서 신라 왕은, 大王에게 歸服하여 명령을 기다리고 있습니다. 大王은 은혜 깊게 신라 왕의 충성을 평가하여…使者를 돌려 보내어 □計를 신라왕에게 고하도록 하였다.[21]

다. 庚子年(400)에 대하여

사료 ⑯ 十年庚子. 教遣步騎五萬. 住救新羅. 從男居城. 至新羅城. 倭滿其中. 官兵方至. 倭賊退…來背急. 追至任那加羅從拔城. 城卽歸服. 安羅人戍兵拔新羅城. □城倭滿. 倭潰城□. (박시형)

(해석) 10년 경자에 왕은 명령하여 보병과 기병 도합 5만 명을 파견하여 신라를 구원하게 하였다. 고구려군이 남거성으로부터 신라성에 이르니 거기에 왜인들이 가득 차 있었다. 관병(官兵, 고구려군)이 막 도착하자 왜적들은 퇴각하였다.… 고구려군이 그 뒤를 급히 추격하여 임나가라 종발성에 이르니 성이 곧 항복하였다. 그 뒤에 안라인 위수병들이 신라성을 함락시켰고, □성에는 왜인들이 가득 차 있었다. 왜인들이 붕괴하니, 성…[22]

사료 ⑰ 十年庚子, 教遣步騎五万, 住(往)救新羅. 從男居城至新羅城, 倭滿其中. 官兵方至, 倭賊退. 自倭背急追至任那加羅從拔城, 城卽歸服, 安羅人戍兵. 拔新羅城, 鹽城, 倭寇大潰, 城內十九, 盡拒隨倭, 安羅人戍兵. 新羅城…殘倭潰逃. (王健群)

(해석) 10年庚子, 好太王은 步兵과 騎兵 5万名을 파견하여 신라를 구원했다. 男居城으로 부터 新羅城에 이르는 사이에 倭人이 가득 차 있었다. 官軍이 도착하자 倭寇는 퇴각을 시작했다. [官軍은] 倭寇를 추격하여, 任那加羅의

21) 白崎昭一郎, 前揭書, pp. 212~223.
22) 朴時亨, 前揭書, pp. 191~192.

從拔城까지 뒤쫓았다. 이 성은 곧 항복했기 때문에 신라인에게 이 성을 수비케 했다. [더욱이 또] 新羅城과 鹽城을 공략하여 倭寇는 大敗했다. 城內의 신라인의 9割까지 倭人에게 따라가는 것을 거부하여, [고구려의 군대는 또 이들 성을] 신라인에게 수비시켰다. 新羅城…殘余의 倭寇는 敗走했다.[23)]

사료 ⑱ 十年庚子教遣步騎五萬往救新羅從男居城至新羅城倭□其中官[軍]方至倭賊退…[來]背急追至任那加羅從拔城城卽歸服安羅人戍兵□新羅城[農]城倭[寇]□潰城…盡□[隨]來安羅人戍兵… (이형구・박노희)

(해석) 十年庚子(400)에 步兵과 騎兵 5만을 보내어 新羅를 구원하였다. 男居城으로부터 新羅城에 이르렀다. 倭□가 그 중에 있었는데, 그 중에서 官[軍]이 倭賊를 퇴각시켰다… 뒤에서 급히 추격하여 任那加羅에 이르러 城을 함락하니 城이 復屬하고 安羅人戍兵이 新羅城・[農]城에서 倭[寇]를 궤멸시켰다…[24)]

사료 ⑲ 十年庚子教遣步騎五萬住救新羅從男居城至新羅城倭滿其中官軍方至倭賊退自倭背急追至任那加羅從拔城城卽歸服安羅人戍兵□新□城鹽城倭[寇]委潰城內十九盡拒隨倭安羅人戍兵捕… (白崎昭一郎)

(해석) 十年庚子에 步騎五万을 파견하여 신라를 구원했다. 남거성으로부터 신라성에 이르니, 거기에 왜인이 가득 차 있었다. 官軍이 막 도착하니 왜적들은 스스로 퇴각하였다. 倭의 背後에서 급히 추격하여, 任那加羅의 從拔城에 이르렀다. 城은 곧 (고구려)에 歸服했다. 安羅人의 戍

---

23) 王健群, 前揭書, pp. 229~231.
24) 李亨求・朴魯姬, 前揭書, p. 88.

兵은, 新□城 鹽城을 □했다. 倭寇는 힘이 없어져 潰敗하였고, 城의 10명중 9명은 倭에 따르는 것을 거부했다. 安羅人戍兵은…을 잡아서…[25]

라. 甲辰年(404)에 대하여

사료 ⑳ 十四年甲辰. 而倭不軌. 侵入帶方界. …石城□連船…平穰…相遇. 王幢要截盪刺. 倭寇潰敗. 斬煞無數. (박시형)

(해석) 14년 갑진에 왜들이 무지하여 법도를 지키지 않고 대방지경으로 침입하였다.…石城…배들을 연접하여…평양…서로 조우하여 왕의 군대가 그것을 맞아 좌우로 충격하니 왜구는 분쇄되었다. 살상한 것이 무수히 많았다.[26]

사료 ㉑ 十四年甲辰, 而倭不軌, 侵入帶方界, 和通殘兵□石城, □連船□□□, 王躬率住(往)討, 從平穰□□□鋒相遇, 王幢要截盪刺, 倭寇潰敗. 斬煞無數. (王健群)

(해석) 14年甲辰, 倭는 다시 양국의 관계를 파괴하여 帶方地方에 침입하여, 백제의 군대와 연합하여 石城을 함락했다.…好太王은 스스로 군대를 지휘하여 討伐을 행했다. 평양에서 출발하여, 선두부대가 적과 조우했다. 好太王의 군대는 적의 진로를 차단하여, 적군을 무찔러 倭寇는 敗退했다. [우리 군은] 다수의 적군을 섬멸했다.[27]

사료 ㉒ 十四年甲辰而倭□□侵入帶方界…石城□連船…率□□平穰□□□鋒相遇王幢要截盪刺倭寇潰敗斬煞無數 (이형구・박노희)

25) 白崎昭一郎, 前揭書, pp. 223~237.
26) 朴時亨, 前揭書, p. 198.
27) 王健群, pp. 231~232.

(해석) 十四年 甲辰(404)에 倭□□帶方邊界 …石城을 침입하였다. □連船…을 이끌고…平穰□□□鋒 相遇하여 大王의 군대가 倭寇를 盪刺하여 潰敗시켰는데, 참살된 [倭寇가] 무수하였다.[28]

사료 ㉓ 十四年甲辰而倭不軌侵入帶方界和□殘□至石城□連船□□□王躬率□□從平穰□□□鋒相遇王幢要截盪刺倭寇潰敗斬殺無數. (白崎昭一郎)

(해석) 十四年甲辰, 倭는 不法하게도 帶方界에 침입하여, [殘과 和通하여] 石城에 이르러, 배를 연하여 …했기 때문에, 好太王은 스스로 …를 이끌고, 평양으로부터 … [적의 先]鋒과 조우했다. 왕의 친위대는 [적을] 요격하여 절단해서 종횡무진으로 무찔렀다. 그래서 왜구는 완전히 敗하여, 斬殺된 자가 무수하였다.[29]

한·중·일의 비문 연구가들의 왜와 관련된 비문의 해독·해석을 소개하였다. 비문의 해독이 달라지면 그 해석이 달라질 뿐만 아니라, 비록 해독은 동일하지만 해석에 있어서 주어를 누구로 할 것인가에 따라 내용이 달라짐을 보았다. 비가 건립된 지 1,570여년이 경과했음에도 불구하고, 필자가 1992년 7월 31일에 답사했을 때, 비는 비교적 잘 보존되고 있었다는 인상을 받았다. 그러나 그동안 이 비는 자연적·인위적 요인에 의해 비문이 훼손되었다는 것도 사실이다. 따라서 비문의 해독·해석이 학자에 따라 달라진다는 것도 당연하리라.

특히 일본에서의 통설通說이 되어 온 '辛卯年'의 해석(사료 ②)에 대해 박시형은 다음과 같이 논파論破하였다.

---

28) 李亨求·朴魯姬, 前揭書, pp. 93~94.
29) 白崎昭一郎, 前揭書, pp. 251~260.

첫째 : 이 비에 씌어진 한문 문장이 문리에 맞지 않는다. 일본인들의 말대로 왜들이 바다를 건너 왔다면 문장은 「倭以辛卯年渡海來」로 되어야 한다. 그런데 비문은 「…來渡海…」로 되어 있는 것이다. 이것은 곧 왜가 바다를 건너온 것이 아니라 력사적 사실과 부합되게 왜는 신묘년에 왔고 고구려가 바다를 건너 가서 그것(왜)을 친 것으로 하여야 한다는 것을 의미한다.

둘째 : 이 문단의 전체 글 내용과 맞지 않는다. 신라와 백제는 원래 다 같이 고구려의 속민인데 만일 왜가 건너 와서 이 두 나라를 격파하여 저의 신민으로 만들었다면, 광개토왕은 당연히 누구를 쳐야 하겠는가. 그것은 구태여 물어볼 것도 없이 침략자 왜를 쳐야 하는 것이다. 광개토왕과 같이 큰 사람이 자기의 속민을 침략한 왜를 치지 아니하고 누구를 치겠는가.

셋째 : 엄연한 력사적 사실과 부합되지 않는다. 신묘년이나 또는 기타 해를 물론하고 력사 상에 왜가 건너와서 백제와 신라를 쳐서 저의 소위 신민으로 만들었다는 사실은 전혀 없다.[30)]

그리고 치열한 논쟁점이 되고 있는 '辛卯年'에 대한 佐伯有淸의 재검토한 논지를 요약하면 다음과 같다.[31)]

첫째 : 광개토왕 비의 제1면 제9행에 보이는 「百殘□□□羅」의 탈락된 부분에 「任那」 혹은 「加羅」의 문자를 넣기는 불가능하며 또한 잘못이다.

둘째 : '辛卯年'에 왜가 渡海해 와서, 백제·신라를 격파하고 '臣民'으로 했다는 史實은 생각할 수 없는데 반하여, 고구려의 경우는, 백제를 격파하고 신라를 '臣民'으로 했다는 것을 史實로 생각할 수 있다.

30) 朴時亨, 前揭書, pp. 168~169.
31) 佐伯有淸, 『研究史 広開土王碑』(東京 : 吉川弘文館, 1974), p. 275.

셋째 : 「渡海破百殘」의 주어는 박시형·김석형이 지적하는 것처럼 고구려였다고도 생각할 수 있다.

정인보·박시형은 일본인들의 '辛卯年'의 해석과 주장에 대해 허점의 핵심을 찔렀다고 생각된다. 그러나 그 후 우리의 비문 연구가들은 '辛卯年'에 너무 관심을 집중한 나머지, 비문의 왜의 전반적인 활동경과와 결과 그리고 그 왜가 일본열도에서 과연 건너온 왜인가, 하는 문제에 대해 소홀하게 다루어 온 것이 아닐까?

한편 비에 등장하는 왜는 왜적·왜구로 표현되고 있는데, 그 왜가 어디서 왔는지 또 고구려와 싸운 왜의 병력이 어느 정도의 규모인지 비문은 명확히 표현하고 있지 못하다. 그러나 한 가지 분명한 것은 고구려와 싸운 왜는 한 번도 승리하지 못 했을 뿐만 아니라, 마지막에 궤멸 당했다는 사실史實이다. 이 점에 대해 비문 연구가들의 해석은 모두 일치하고 있으나, 왠지 이 문제에 대해 지금까지 대체로 소홀하게 다루어져 온 것으로 생각된다. 예컨대,

사료 ㉔ 우리들은 여기서 그 승패는 그만 두고 4세기의 말기에 일본군이 大軍을 가지고 조선반도에 깊숙이 들어와서 작전 행동을 했다는 사실에 주목해야 한다. 이만한 대군이 해협을 건너, 말하자면 적지에 상륙해서 수 년에 걸쳐 작전 행동을 계속했다는 실력, 즉 병력의 보강, 수송용의 선박, 병사의 식량의 보급 등을 할 수 있는 군사력과 경제력을 당시의 일본이 보유하고 있다는 것을 뜻한다. 그러기 위해서는 이미 일본열도의 통일이 완료되고, 강력한 국가체제와 지배체제가 정비되어 있지 않으면 안 되는 것이다.[32]

32) 水野 祐, 『大和王朝成立の秘密』(東京 : kkベストセラーズ, 1992), p. 107.

사료 ㉕ 辛卯年條에 있어서 '倭'는 고구려로 하여금, 백잔·신라를 신민으로 만들지 않았나 생각케 할 정도의 강력한 존재였다. 또 永樂 9~10년에는, 1년 가까이 新羅領內를 점거하여 고구려로 하여금 5만의 대군을 동원케 할 정도의 강력한 병력을 보유하고 있었다. 더욱이 이 전투에서 대패를 하고서도, 4년 후에는 다시 대거하여 帶方界에 침입할 정도의 강인한 활력을 가지고 있었다. 이만한 동원력, 해상 수송력, 보급력을 가진 세력으로서는, 역시 지방의 해적들이 아니라, 한 국가의 정부의 정규군이라는 생각을 누르기 어렵다.[33)]

사료 ㉔는 승패에 대해 관심을 두지 않고, 다만 고구려와 싸운 일본군(왜군)이 대군이며, 이를 한반도에 파견하자면, 일본열도에 강력한 국가체제와 지배체제를 갖춘 고대 국가가 존재하고 있었다는 것을 역설하고 있다. 그리고 사료 ㉕는 당시 이미 야마도 조정에 의한 일본이 통일되어 있었다는 것은 불가능하고, 비문의 왜는 北九州(기타큐슈) 일대의 해적·지원 세력으로 보는 견해[34)]에 대한 반론反論인 동시에 한 국가의 정규군이라 주장한다.

고구려의 보·기병步騎兵 5만과 싸운 왜는 대군이요 또 이 대군을 파견하자면 일본열도에는 4세기 중반에 이미 강력한 고대 국가가 존재하고 있었다는 것이 일본 고대 사학계의 대체적인 정설이며, 사료 ㉔, ㉕도 이에 속한다. 그러나 왜가 일본열도만을 지칭하게 된 것은 5세기 이후요, 北九州地方·신라와 육속陸續된 임나지방 혹은 일본열도 내의 倭(야마도 조정)로 보기에는 검토가 필요하다는 견해도 있으니,[35)] 먼저 비문

33) 白崎昭一郎, 前揭書, pp. 356~357.
34) 王健群, 前揭書, pp. 184~185, 金錫亨, 前揭書, p. 375, p. 400.
35) 井上秀雄, 『古代朝鮮』(東京 : 日本放送出版協會, 1972), p. 139. 및 上田正昭, 『倭国の世界』(東京 : 講談社, 1976), pp. 66~67.

의 왜가 일본열도에서 건너온 왜라는 것이 실증되어야 한다. 즉 장기간(391~404)의 작전수행을 위해 바다를 자유롭게 건너다니기 위한 제해권의 획득을 위한 강력한 수군의 존재와 대군의 수송과 병참선을 유지하기 위한 수송선(구조선)의 존재, 작전수행을 위한 무장과 병법 등의 실증實證이 전제되어야 한다. 그런데 필자의 과문한 탓인지는 몰라도, 이에 관한 일본 학계에서 발표된 연구 성과를 유감스럽게도 아직 발견치 못하고 있는 실정이다.

> 사료 ㉖ 조선 출병은 조선의 선진 문화지대의 기술과 더불어 풍부한 노동력을 가져왔다.… 조선 출병은 야마도 조정의 철제무기를 풍부하게 했을 뿐만 아니라, 그 관개사업灌漑事業을 비약적으로 발전시켜, 양자가 합하여 국가 권력의 확립에 기여했다.[36]

군사작전에 있어서 승패는 가장 중요시 되고 있다. 그 이유는 전쟁에 의해 획득코자 하는 성과의 득실은 승패에 의해 좌우되기 때문이다. 프러시아의 전쟁철학자 클라우제비츠(1780~1831)는 고대 전쟁에서 나폴레옹 전쟁까지의 전쟁사戰爭史와 자신의 전쟁체험을 토대로 장기간 연구하고 사색하여 다음과 같이 주장했다.

> ◈ 전쟁이란 적을 굴복시켜 자기의 의지意志를 강요하기 위해 사용되는 일종의 폭력행위이다.… 이 목적을 달성하기 위해서는 적의 저항력을 무력화無力化해야 하며 이것이 모든 군사적 행위의 목표이다.… 전쟁수행의 개개의 경우, 어떤 형태를 취하든 또 그 결과 무엇을 필연적인 것으로 간주해야 하든, 전쟁의 개념만 상기想起한다면, 우리들은 확신을 가지고 다음과 같이 말할 수 있다.

---

36) 井上光貞, 1960『日本国家の起源』(東京 : 岩波書店, 1991), p. 220.

첫째 : 적 전투력의 격멸은 전쟁의 주요한 원리이며, 적극적으로 행동을 취하는 측에는 목표에 도달하는 가장 주요한 수단이다.
둘째 : 적 전투력의 격멸은 주로 전투에 의해서만 달성된다.
셋째 : 대규모의 전반적인 전투만이 커다란 성과를 가져온다.[37]

◈ 전쟁은 적군의 격멸, 적의 자원의 약탈, 적 국민을 굴복케 하는 세 가지 주요 목표를 달성하기 위해 실시된다. 따라서 적의 주력부대, 수도首都, 중요한 요새나 보급시설을 파괴토록 작전을 수행해야 한다. 대승리를 하여 수도를 점령한다면 여론은 우리 측으로 오게 마련이다.[38]

따라서 만약 왜가 391년 백제와 신라를 파破하고 신민으로 삼았다면(사료 ②), 먼저 백제, 신라 그리고 고구려와의 대규모 전투에서 승리해야 하고, 다음에 백제·신라의 수도는 점령했어야 군사이론상 타당한데, 이런 내용은 비문이나 사서史書(『삼국사기』, 『삼국유사』, 『일본서기』 등)에도 전연 없다. 그리고 적의 자원의 약탈·적 국민을 굴복케 하자면 먼저 적 저항력의 무력화無力化, 즉 적 주력군의 격멸이라는 전제가 있어야 한다. 가령 신묘년(391)에 왜가 백제·신라를 신민으로 만들었다고 가정하더라도, 그 후 비문의 왜는 전적으로 패배(400)·궤멸(404) 당했기 때문에, 근거지의 상실로 인하여 더 논의의 대상이 되지 못한다. 즉 왜가 노동력·철제무기를 가져가거나 임나일본부의 설치는 주장할 근거가 없는 것이다.

그런데 사료 ①, ㉖은 작전의 승패는 아예 도외시 하고, 조선 출병을 함으로써 기술자와 철제무기 등을 노획해 일본열도로 가져왔다는 것이다. 일제日帝는 군사력을 배경으로 1932년 만주국을 창설했으나, 제2차

---

37) 클라우제비츠, 『戰爭論』 李鍾學 譯, 1974 (서울 : 一潮閣, 1989), p. 2. pp. 107~108.
38) Peter Paret, *Clausewitz and State* (Oxford : Oxford University Press, 1976), p. 195.

대전 말기, 만주의 일본 관동군은 소련군에 의해 대패 당하자 만주국은 곧 소실되었다. 그런데 그 관동군은 만주의 기술자와 최신 소련제 무기를 노획하여 일본으로 귀국했는가? 그리고 그 후에도 일본은 계속 만주국을 통치했는가? 소련군에 의해 패배당한 관동군은 시베리아의 포로 수용소에 끌려가서 장기간 강제노동을 강요당했고, 요행히 생존자만이 거지꼴로 귀국할 수 있었다.

적지 않은 일본 사학자들은 광개토왕 비문의 倭를 자의적恣意的으로 해석하며, 또한 倭의 패배와 궤멸을 소홀하게 다루거나 불문不問에 붙이고 논리를 전개하면서, 조선에서 풍부한 노동력과 제철무기 등을 노획해 왔고 또 남부 조선 지배(임나일본부)와 4세기 중엽의 야마도 정권 일본 통일의 증거로 삼아 왔는데, 이것은 상술上述한 바와 같이 군사이론에 대한 무지無知에서 비롯된 허구요 또한 어불성설이라 하지 않을 수 없다.

그리고 江上波夫(에가미 나미오)의 다음 견해는 경청할 가치 있다고 본다. 즉 야마도 조정의 일본과 남부조선이 어떤 특별한 관계가 없는 한, 당시의 야마도 조정이 남부조선의 정복활동을 시작할 필연성이 충분히 있다고는 생각되지 않기 때문이다. 또 일반적으로 농경민족이 해외에 정복활동을 행하는 예는 극히 드물 뿐만 아니라, 전기前期 고분문화의 내용으로 보아도, 그것을 감당하여 정복활동을 하기 위한 무력적 요소가 결여되어 있고, 그와 같은 전기 고분 문화인이, 이미 동북 아시아계의 기마민족문화를 가지고, 더 고도로 무장된 조선에 진출하여 정복활동에 성공해서, 그 기마민족문화를 가져온다는 것은, 분명히 역사의 통칙에 위배되기 때문이다.[39] 필자는 다음 기회에 군사사적 연구법에 의한 비문의 倭의 실체를 규명해 보려고 한다.

---

39) 江上波夫, 1967『騎馬民族国家』(改版) (東京 : 中央公論社, 1991), p. 157. 그러나 그의 「倭韓連合国」說(pp. 184~185.)에 대해서 필자는 전연 견해를 달리한다.

3. 비문의 변조설變造說

1972년 이진희는 「広開土王碑文의 수수께끼－初期朝日關係研究上의 問題點－」(『思想』575, 昭和 47年 5月), 「広開土王陵碑研究史上의 問題點－1910年代까지의 中國에서의 研究를 둘러싸고－」(『考古學雜誌』58-1, 同年 7月)의 두 가지 논문을 잇달아 발표하고, 더욱이 이러한 성과를 바탕으로 하여, 『広開土王陵碑의 研究』(同年 10月, 吉川弘文館刊)로 정리하여, 이진희의 신론新論을 체계적으로 공표했다. 지금 『広開土王陵碑의 研究』에 의하여 이진희의 신설新說의 결론을 여섯 가지로 정리하면 다음과 같다.[40]

(1) 광개토왕 비가 재발견된 것은 1880년(光緒 6, 明治 13)이며, 당초는 쌍구본이 작성되었다. 본격적인 탁본이 작성된 것은 1887년(光緒 13, 明治 20)이었다.
(2) 酒匂景信가 쌍구본을 일본으로 가져온 것은 1884년(明治 17) 2월 이전이다.
(3) 酒匂景信는 쌍구본을 작성함에 있어서 비문을 바꾸어 쳤다.
(4) 쌍구본을 가져와서부터, 참모본부에 있어서 横井忠直가 중심이 되어, 많은 학자가 참가하여 비문의 해독·해석이 행해졌다.
(5) 1900년 전후에, 참모본부는 酒匂景信의 비문 바꿔치기를 은폐하기 위해 「석회도부작전石灰塗付作戰」을 실시했다.
(6) 그 후, 얼마 되지 않아 제3차의 가공을 비면에 가하여, 참모본부가 「石灰塗付作戰」 때의 잘못된 곳에 수정을 가했다.

이러한 결론에 이르기까지, 이진희는 酒匂 雙鉤本을 비롯하여, 많은

40) 佐伯有淸, 前揭書, pp. 276~277.

비의 탁본, 비의 사진, 제가諸家의 석문 및 중국에서의 광개토왕 비의 탁출사拓出史를 검토하여 지금까지 누구도 시도하지 않았던 상세한 분류·편년編年을 행하여, 상기上記와 같은 대단히 충격적인 소론所論을 전개했던 것이다.

이진희의 소론에 대한 일본 학계에서는 많은 공방전이 벌어졌고 또 지금도 진행 중이다.[41] 旗田 巍는 「僞作의 思想的 意味－好太王碑文과 『南淵書』－」(「讀賣新聞」 1972年 6月 3日付)에서 이진희의 신설을 염두에 두고, "호태왕 비문(광개토왕 비문)이 고대 일·조 관계사日朝關係史를 해명하는 데 가장 중요한 사료의 하나이며… 일본인 학자는 이 비문에 의해 고대 일본의 조선 출병, 남부조선 지배(임나일본부)를 입증해 왔다. 근년 이것을 조선인 학자가 반론하여, 일본인과 전연 상이相異한 비문의 해독·해석이 나타나고, 최근에는 비문 그 자체에 일본인의 작위作爲가 가해졌다는 견해도 나왔다. 비문 연구는 금후에도 철저히 할 필요가 있다"[42]고 논했다.

한편 한국의 학계에도 반응을 가져 왔으며, 김정배는 「古代韓日關係史의 一斷面－廣開土王陵碑의 問題點－」(『新東亞』 1972년 8월호)을 발표했고, 그 후 많은 논문이 나왔으며 또 세미나도 개최되었다. 20여년이 지난 오늘날에 와서는 비문 연구가 약간 교착상태에 빠진 느낌이다. 이진희는 최근 그가 1985년 7월 이후 3차에 걸쳐 비를 참관, 적외선 사진을 촬영함으로써 연구를 심화시켜 자신의 설을 고수하고 있고 또 일본 고대사의 큰 변화로서 오늘날 '임나일본부'설을 전제로 고대사나 한·일관계사를 다루는 논문은 자취를 감추었다고 했다.[43]

이 비가 석회 가공을 받은 것에 대해서는 關野貞·今西龍의 증언에 의해 의문의 여지가 없다. 문제는 그것이 일정한 의도에 바탕을 두고

41) 白崎昭一郎, 前揭書, pp. 1~30. 및 星野良作, 『広開土王碑研究の軌跡』(東京 : 吉川弘文館, 1991) 참조.
42) 佐伯有淸, 前揭書, p. 282.
43) 李進熙, 「廣開土王陵碑를 둘러싼 근년의 論爭」, pp. 181~194.

계획적이었던가, 혹은 현지 탁공 등의 우발적 행위였던가 하는 점이며, 이것은 국제적 논쟁의 주요한 테마의 하나가 되어 있다.[44] 이 문제에 대한 중국인 王健群의 견해는 다음과 같다.[45]

사료 ㉗ ㉮ 우리들의 조사연구의 결과, 분명하게 말할 수 있는 것은, 호태왕 비의 표면에 석회를 바르고, 문자에 손을 가하고, 문자를 보전補塡 등을 한 것은, 탁본을 업으로 삼고 있던 중국인, 구체적으로 말하면 初天富親子에 지나지 않는다.

㉯ 필자는 석비의 북쪽에 살고 있는 95세(1981년 당시)의 李라는 노인에게, 일본인이 석회를 바르거나 탁본의 작업을 하는 것을 보았는가를 물었다. 그는 「만주국」 때, 어느 일본인이 탁본을 시도했으나, 본격적인 것이 아니었다. 그 이전에 일본인이 작업하는 것을 전연 보지 못했으며, 일본인이 석회를 바른 일은 절대로 없다고 증언했다.

이상으로 보아 석회를 바르고, 석회를 사용하여 문자를 고치거나, 보전한 것은 初親子임에 틀림없다.

㉰ 상상하고 있었던 酒匂景信에 의해 개찬이나, 참모본부에 의한 「석회도부작전」은 실재實在하지 않았다. 그러나 이러한 논쟁 가운데, 많은 학자가 연구에 노력함으로써, 酒匂가 취한 행동이나 육군 참모본부의 당시의 음모를 밝혔다는 것은 대단히 유익하였다.

王健群의 결론은 좀 성급한 것이 아닌가 한다. 그 이유는 필자로서는 다음과 같은 의문이 아직 남아 있기 때문이다.[46]

---

44) 白崎昭一郎, 前揭書, p. 2. 및 王健群, 前揭書, p. 47.
45) 王健群, 前揭書, p. 52. pp. 56~57. 및 p. 62.
46) 필자가 소유하고 또 참고한 제한된 문헌에 의한 의문점이다.

첫째 : 酒匂景信가 가져온 쌍구본을 가지고 참모본부의 横井忠直가 주동이 되어 비문의 해독·해석을 주도해 왔고, 그것이 일본 사학계에서도 그대로 수용되어 왔는데, 그렇다면 과연 참모본부는 王健群이 즐겨 사용하는 실사구시實事求是의 태도로 고대사를 연구하는 기관인가? 비문의 해독·해석을 공개적으로 연구하지 않고, 참모본부 요원이 주동이 되어 왜 비밀히 연구했는가?

둘째 : 酒匂가 1884년 가져온 쌍구본은 어떻게·누구로부터 입수했으며, 그것을 가지고 참모본부가 연구를 시작하여 1889년 『會餘錄』 제5집에 그 내용을 발표했는데, 그 동안의 연구경과가 구체적으로 밝혀지지 않았다.

셋째 : 참모본부원으로 공무 중에, 酒匂景信가 비문의 쌍구본을 일본으로 가져왔는데 그것은 당연히 참모본부의 소유물－井上賴國(이노우에 요리쿠니)는 「참모본부의 원본」이라 했다－인데, 「황실에의 헌상獻上」에 있어서 酒匂景信의 이름으로, 마치 개인의 소유물인 형식으로 그것을 행한 이유는 무엇인가? 1897년 3월 酒匂에게 「金五百円」의 파격의 은전恩典을 베푼 이유는 무엇인가?[47)]

넷째 : 酒匂가 다만 쌍구본을 일본으로 가져온 것 만이라고 한다면, 그의 본명本名이 1972년에 밝혀질 때까지[48)] 비밀로 감추어 둔 이유는 무엇인가? 『대지회고록對支回顧錄』(1936)에 의하면, 그가 1891년 3월 종 6위가 수여된 후 경력이 분명치 않고, 따라서 죽은 연월 및 유족의 상태도 밝히지 못함을 유감이라 했는데,[49)] 사망연월과 사인死因은 무엇인가?

다섯째 : 1893년 참모본부의 倉辻(구라츠지) 대위가 종자 2명을 데리고

47) 佐伯有淸, 前揭書, pp. 268~269.
48) 上揭書, p. 264.
49) 佐伯有淸, 『広開土王碑と參謀本部』(東京 : 吉川弘文館, 1976), pp. 210~212.

집안輯安으로 가서 '고구려의 비를 구경'했다는 데,[50] 거기에 간 진정한 목적은 무엇이며, 종자 2명의 신분과 전문직종은 무엇인가? 문헌상에 나타나지 않은 '고구려의 비를 구경'하러 간 참모요원은 더 없을까?

필자는 참모본부에 의한 「석회도부작전石灰塗付作戰」을 실시했는지의 여부에 대한 판단은 상술上述한 의문이 규명될 때까지 보류키로 한다. 그러나 참모본부가 무엇을 하는 곳이며, 왜 비문의 해독·해석을 비밀리에 했는지 철저히 밝혀져야 한다는 입장이다.

참모본부의 업무란 출사계획出師計劃, 군의 편성 및 배치, 작전계획, 일반교육 및 이런 여러 사항의 준비적 작용으로서의 외국 군제軍制의 조사, 지리정지地理政誌, 첩보, 측량 등이다.[51] 첩보활동이란 한 국가의 모든 정보활동의 일부이며, 그것은 여러 외국의 활동을 비공공연하게 관찰하는 것을 의도하는 것으로 외국의 세력·동태·행동 등을 확실하게 파악하여 그 정보를 해당 기관에 전달하며, 첩보활동에 종사하여 제일선에서 활동하는 자를 간첩이라 부른다. 간첩은 주어진 임무를 수행하기 위해 살인, 유괴, 매수, 비밀문서의 위조·복사·훔치는 일 등 수단 방법을 가리지 않는다는 것은 주지의 사실이다. 그러니 허허벌판에 감시자도 없는 비에 대해 어떤 공작을 한다는 것은 어려운 일이 아니리라.

1910년경 신채호는 집안현輯安縣을 방문했을 때, 英子平이라는 소년과 필담筆談을 하고 다음과 같이 적었다.

사료 ㉘ 그 비문 중에 고구려 토지를 침탈한 자구字句는 모두 도부刀斧로 쪼아 내어 인식할 만한 字句가 없어진 것이 많고, 그 뒤에

---

50) 李進熙, 『広開土王碑と七支刀』(東京 : 學生社, 1980), p. 207.
51) 中野登美雄, 『統帥權の獨立』(東京 : 原書房, 1936), pp. 454~455.

> 일본인이 이를 차지하여 영업적으로 이 비문을 박아 팔매 왕왕 字句가 완결刓缺한 곳을 석회로 발라 인식할 수 없는 字句가 도리어 생겨나 진적眞的한 사실事實은 삭제되고 위조한 사실이 첨조添造된 듯한 감도 없지 안하다 하더라.[52]

그래서 필자는 다섯 가지 의문점과 사료 ㉘을 바탕으로 다음과 같이 추론推論을 시도해 본다. 즉 酒匂景信가 최초에 가져온 쌍구본을 가지고 참모본부의 横井忠信 등이 주동이 되어 비문의 활용가치를 연구한 결과, 몇 곳의 글자를 쪼아서 불명확하게 만들어, 거기에 새로운 글자를 넣어 그 곳을 다시 쌍구본을 만들기로 했으리라. 이 업무를 수행한 자가 바로 酒匂이며, 그는 비문의 글자를 쪼아 불명하게 만드는 작업을 스스로 했으나, 석회를 발라서 바라는 글자를 넣어 쌍구본을 다시 만드는 일은 최초 쌍구본을 구입한 자를 매수하여 만들었으리라. 그리고 그는 이 공이 인정되어 쌍구본의 「황실에의 헌상」이 이루어졌는데, 이것은 그를 모살하기 위한 전주곡이었으며, 죽은 후 유족에게 「金五百円」의 파격의 은전이 베풀어졌는데, 이것은 모살에 대한 보상이리라. 그리고 그를 모살한 이유는 비문 변조의 진상을 영원히 감추기 위한 조치로 추정된다.

• 맺음말

광개토왕 비문의 연구와 논쟁은 아직도 꾸준히 진행되고 있다. 일본 고등학교에서 사용하는 『상설 일본사詳說日本史』(再訂版)에서는 비문의 '辛卯年'條를 근거로 하여 일본(야마도 정권)이 조선반도의 진보된 기술과 철

---

52) 申采浩, 『朝鮮上古史』(서울 : 鐘路書院, 1948), p. 206.

자원을 획득하기 위해 조선반도에 출병하여 고구려의 세력과 대항했고 또 그 출병으로 풍부한 노동력과 철제무기를 가져 왔다. 그리고 고구려의 보·기병 5만 명과 대항한 왜는 해적이 아니라 정부의 정규군이요, 또 대군을 조선반도에 파견할 정도라면, 이미 일본열도에는 통일이 완료된 강력한 고대 국가가 존재하고 있었다고 생각하는 것이 오늘날 일본 고대 사학계의 주요한 흐름인 것 같다. 그러나 필자는 지금까지의 논의를 통해 다음 사항을 밝혔다.

첫째 : 비문의 왜가 일본열도에서 건너온 정규군의 대군이라고 주장하려면, 먼저 장기간(391~404)의 작전수행을 위해 제해권制海權의 획득을 위한 강력한 수군의 존재와 「대군」의 수송과 병참선의 유지를 위한 많은 선박(구조선)의 보유, 작전수행을 위한 무장과 병법 등을 실증해야 하는데, 이에 대한 구체적인 연구성과가 아직 없음을 지적했다.

둘째 : 비문의 왜가 일본열도의 야마도 정권이요, 신묘년(391)에 백제·신라를 신민으로 만들었다고 가정한다 해도, 고구려군에 의해 결국 최후의 결전에서 궤멸(404) 당했기 때문에 작전기지의 상실로 인하여, 임나일본부설의 근거가 될 수 없고 또 노동력·철제 무기를 가져갈 수 없음을 군사이론과 사례史例를 통해 실증했다. 따라서 사료 ②, ㉖의 내용은 허구요, 어불성설임을 밝혔다.

셋째 : 비문의 변조설은 아직 논쟁이 진행 중이요, 또 연구의 초보단계에 지나지 않는다. 그래서 필자는 다섯 가지 의문점이 밝혀질 때까지 그 여부에 대한 입장을 보류키로 한다.♣

(『自由』 自由社, 1993. 10월호)

6. 廣開土王碑文의 辛卯年記事의 檢討

-軍事史學的 硏究方法에 의한-

• 머 리 말

필자는 「고구려 군사사상의 연구」[1](1992)를 집필하는 과정에서 광개토왕 비문(이후 비문으로 약칭함)의 내용을 소개해야만 했고, 또 거기에 등장하는 왜倭도 언급을 해야 했다. 그런데 비문 연구가 시작된 지 110여년, 정인보鄭寅普가 일본인들의 통설에 반론을 제기한 지 반세기가 다가오고 있지만, 오늘날까지 왜의 실체는 아직 규명되지 않은 상태요, 또 이 문제는 고대 한·왜 관계사古代韓倭關係史의 정립에 있어서 핵심적 과제임을 알았다. 더욱이 中塚 明(나카츠카 아키라)의 다음 글은 필자로 하여금 이 연구를 하도록 분발케 했다.

> 오늘날 일본의 역사가로, 특수한 사람을 제외하고, 『古事記』나 『日本書紀』에 담겨져 있는 천황제天皇制를 권위 있게 하기 위해, 여러 가지 신화적神話的 기술記述을 역사적 사실로서 그대로 신용하는 자는 거의 없을 것이다. 그러나 천황제에 대한 비합리적인 기술에 대해 비판적이지만, 한편 記·紀(『古事記』·『日本書紀』의 약칭)의 서술을 그대로는 아닐지라도, '4세기 중반에 야마도 조정大和朝廷을 주축으로 하는 일본이 조선의 남부를 예속시켰다는 것은 명확한 사실이며, 이것은 의심할 여지가 없는 것'이라는 '확신'이, 널리 역사가뿐만 아니라, '국민적 상식'으로 존재하며, 그것을 의식하든 안 하든 관계없이, 군대에 있어서 일본 군국주의·제국주의의 조

---

1) 李鍾學, 『新羅花郎·軍事史硏究-附廣開土王碑文의 倭硏究-』(경주 : 서라벌군사연구소, 1995), pp. 167~197.

선에 대한 침략, 식민지 지배와 이중으로 겹쳐져, 일본은 조선보다 '어느 시대에도 진보된 나라'라는 관념이, 이 현대의 일본에서도 아직 널리 퍼져 있는 것이 아닐까… 모든 면에 걸쳐 근본적으로 재검토되어야 한다. 아무튼 메이지明治 이래 백년, 혹은 더 말한다면 記·紀 성립 이래 1,200년 이상의 일본의 조선 멸시의 풍조 속에서 형성된 일본의 학문이기에…[2)]

약간 장황하게 인용했지만, 이것은 일본인들의 학문분야 뿐만 아니라, 요즘 정치인들의 한국에 대한 역사 왜곡의 망언 등의 근본적 유래를 명시한 내용으로 생각된다. 더욱이 이 논문은 일본인 학자들로 하여금 비문을 연구하게끔 계기를 만들어 주었다는 점에서 높이 평가되어 왔다.

지금까지 한·중·일 등의 각 국 사학자들의 비문 연구의 방법은 주로 문헌 사학적·고고학적·금석학적 연구방법을 구사하고 있다는 것을 알았다. 그러나 비문의 왜는 언제나 전투에 참가하고 있었기 때문에, 전쟁의 준비·수행·결과에 대한 분석·해석·평가는 군사사학적軍事史學的 연구방법을 구사하는 것이 비문 연구에 더 적합하고 바람직하다고 생각하여, 그동안 연구해서 그 성과를 발표했다. 즉

첫째 : 비문의 신묘년 기사辛卯年記事(이후 記事로 약칭함)는 일본 학계의 정설, 즉 "倭는 辛卯年(391)에 바다를 건너와 백제와 신라를 파하고 신민으로 삼았다"고 해독·해석하여도 임나일본부설任那日本府說의 근거가 될 수 없다는 것을 군사 이론적 관점에서 논증했다.[3)]

둘째 : 4세기 후반의 일본열도의 왜는 바다를 건너 한반도 남부에서 정복전쟁을 수행할 능력이 없었다는 것을 논증했다.[4)]

---

2) 中塚 明, 「近代日本史學史における朝鮮問題－とくに「広開土王陵碑」をめぐって－」『思想』561號, (東京 : 岩波書店, 1971), p. 65 및 p. 79.

3) 李鍾學, 前揭書, pp. 221～215.

4) 上揭書, pp. 230～242.

셋째 : 신라・백제에서 사신을 보낸 왜국은 對海國(對馬島)이며, 당시 그들은 임나가라의 세력권 하에 있었으며, 그들의 동원 가능한 병력은 1,000명 내외로 추정된다. 비문의 왜(군)의 실체는 임나가라군이 주축인 對海國軍과의 합동군으로 생각한다.[5]

이상과 같은 연구결과에 따라 記事에 대한 관심은 약간 줄었지만, 그래도 국제적 논쟁의 초점이 되어 왔던 32자로 구성된 이 문장은 지난 110여 년 간 사학자들의 머리를 괴롭혀 왔다고 해도 과언이 아닐 것이다. 특히 記事 가운데서도 논쟁의 핵심은, 「渡海破百殘□□□羅以爲臣民」이며, 이것은 주어가 도해작전渡海作戰에 의해 정복전쟁을 수행했다는 것을 뜻한다. 그런데도 지금까지 이 문제에 대한 연구는 자형字形・문맥文脈・어법語法의 관점에서만 1세기 이상 연구하여 오늘에 이르렀지만, 과연 이것은 바람직하고 타당성이 있는 연구방법이었을까?

이 문제는 전쟁수행 능력의 유무有無에 관한 논의를 거치지 않고서는 결국 해결할 수 없는 과제이리라. 최근에 이르기까지, 이러한 관점에서 논증을 거친 바도 없고 또 사학회에서는 記事의 해독・해석을 둘러싸고 반세기 가까이 논쟁・연구를 했지만, 사람들을 납득시킬만한 설명이 아직 나타나지 않은 이유는 여기에 있었던 것이 아닐까!

필자는 비문의 10年庚子條의 새로운 해석에 의해 記事의 논쟁점을 해결할 실마리를 찾은 듯한 생각이 들어, 문제가 되어 왔던 주어의 논쟁, 결자 보충缺字補充 그리고 기본 성격의 규명을 시도해 보고자 한다.

1. 주어主語의 논쟁

비문의 쌍구본雙鉤本을 처음으로 일본으로 가져간 것은 1883년 가을

5) 上揭書, pp. 242~251.

육군 참모본부의 酒匂景信(사카와 카게아키) 포병 중위였고, 그 직후부터 참모본부 편찬과원 겸 육군대학 교수인 橫井忠直(요코이 타다나오)가 중심이 되어, 여러 학자들을 동원하여 상세한 연구가 진행되었다. 그리하여 1889년 6월 『회여록會餘錄』 제5집이 비문 연구의 특집호의 형태로 간행되었으며, 거기서 記事의 석문釋文은 다음과 같다.

百殘新羅舊是屬民, 由來朝貢. 而倭以辛卯年來渡海, 破百殘□□⺦羅以爲臣民. (『會餘錄』 第五集)

橫井忠直는 「高句麗古碑考」에서, "…辛卯渡海, 破百殘新羅爲臣民數句, 是也…"(明治21年10月 橫井忠直 識)[6]이라고 적었다. 일본에서의 종래의 해석은, "百殘(濟)과 新羅는 속민으로서 조공을 해왔다. 그리고 倭는 辛卯年(391)에 바다를 건너와 百殘(濟)과 新羅를 파하고 臣民으로 삼았다"고 했다. 記事의 후반에 있어서, 일본에서의 통설通說은 倭가 주어主語이며, 3결자缺字 가운데 마지막 한자를 新으로 한 것은 橫井忠直이라는 것은 거의 확실하리라.

이처럼 일본에서의 전통적인 해석에 대해 근본적인 비판을 제출한 것이 정인보이다.[7] 그는 記事의 후반을 다음과 같이 해독・해석하였다.

而倭以辛卯年來. 渡海破. 百殘聯侵新羅. 以爲臣民.
(그런데 왜가 신묘년에 왔다. [고구려가] 바다를 건너서 [倭]를 파했다. 百殘이 신라를 聯侵하여 臣民으로 삼았다.)

이것은 '辛卯年에 왔다'의 주어는 倭이지만, '바다를 건너서 파했다'의

---

6) 橫井忠直, 「高句麗古碑考」『會餘錄』第五集 (東京 : 亞細亞協會, 1889), p. 50.
7) 鄭寅普, 1955「廣開土境平安好太王陵碑文釋略」『薝園 鄭寅普全集』 5, (서울 : 延世大學校 出版部, 1983), pp. 251~263.

주어는 고구려로 하고, '파했다'의 목적어는 倭이다. 다음은 또 백잔이 주어가 된다. 이것은 어법상 주어가 너무 자주 바뀐다는 난점을 면치 못하며, 해석에 있어서, [ ]를 제거한다면, 그 내용은 이해하기 어려우리라.

비문 연구에 있어서 최초로 종합적인 견지에서 단행본의 저서를 출판한 것은 박시형朴時亨의 『광개토왕릉비』(1966)일 것이다. 그는 정인보와 같은 입장을 취했는데, 그의 해석은 다음과 같다.

> 그런데 倭가 辛卯年에 고구려에 침입하니 고구려가 바다를 건너 倭를 격파하였다. 이때 百濟가 倭와 연합하여 新羅에 침입하니…[8)]

한편 김석형金錫亨은 그의 저서, 『초기 조일관계사 연구』(1966)에서 다음과 같이 해독·해석하였다.[9)]

> 而倭以辛卯年來. 渡海破百殘. □□□羅以爲臣民.
> (倭가 辛卯年부터 와서, 바다를 건너서 百濟를 파하고, 新羅를 □□하여 臣民으로 삼았다.)

그는 바다를 건넌 주어는 역시 고구려이지만, 「破」의 목적어를 백제로 하였다. 즉 고구려군은 백제를 격파했을 뿐만 아니라, 다시 더 나아가 신라와 접촉하여 이 나라도 자기편으로 끌어들였던 것으로 보인다고 했다.

佐伯有清(사에키 아리키요)는 「高句麗廣開土王陵碑文의 再檢討－특히 「辛卯年」의 倭關係記事를 둘러싸고－」(1972)에서, 지금까지의 記事를 검토하여 다음과 같이 요약했다.

---

8) 박시형, 『광개토왕릉비』(평양 : 사회과학원 출판사, 1966), p. 163.
9) 김석형, 『고대한일관계사』(서울 : 한마당, 1988), pp. 398~401.

(1) 광개토왕릉비의 「百殘□□□羅」의 박탈된 부분은 「任那」 혹은 「加羅」의 문자를 넣는다는 것은 불가능하고 또 잘못이며,

(2) 신묘년에 倭가 도해渡海하여 백제 · 신라를 파破하여 신민으로 삼았다는 것은 사실史實로 생각할 수 없는데 반하여 고구려의 경우는 백제를 파하고 신라를 신민으로 삼았다는 것이 사실史實로 생각할 수 있고,

(3) 「渡海破百殘」의 주어는 박시형이나 김석형의 지적처럼 고구려라고 생각할 수 있다.[10)]

한편 記事의 후반에 있어서, 구두점을 어디에 찍는가 하는 것이 문제가 된다. 즉 「而倭以辛卯年來渡海, 破百殘…」 혹은 「而倭以辛卯年來, 渡海破百殘…」이다. 이 문제에 대하여 박시형은 날카롭게 다음과 같이 분석했다.

> 첫째로 이 비에 씌어진 한문 문장의 문리에 맞지 않는다. 일본인들의 말대로 왜들이 바다를 건너 왔다면 문장은 「倭以辛卯年渡海來」로 되어야 한다. 그런데 비문은 「…來渡海…」로 되여 있는 것이다. 이것은 곧 왜가 바다를 건너 온 것이 아니라 력사적 사실과 부합되게 왜는 신묘년에 왔고 고구려가 바다를 건너가서 그것(왜)을 친 것으로 하여야 한다는 것을 의미한다. 만일 또 일본인들의 말대로 「왜」를 꼭 「來(왔다)」자 밑의 자들까지 미치는 주어로 보아야 한다면 왜는 조선으로 일단 왔다가 또 바다를 건넜으니, 그것은 곧 그대로 저이 나라로 돌아갔다는 것 밖에 되지 않는다. 그렇다면 또 소위 백제와 신라를 격파한 것은 누구란 말인가! 도무지 말이 되지 않는다.[11)]

한편, 김석형은 "일본 사람들은 '왜가 신묘년(391년)에 바다를 건너와서 백제와 신라를 격파하고 이 나라들을 신민으로 만들었다'고 해석한

10) 佐伯有淸, 『広開土王碑と參謀本部』(東京 : 吉川弘文館, 1976), p. 175.
11) 박시형, 前揭書, p. 168.

다. 이 문장의 주어를 倭로 잡고 특히 '來渡(海)'를 '바다를 건너왔다'고 푸는 것이다. '바다를 건너왔다'의 한문 글이 '來渡海'로는 되지 않을 것이며, 그렇게 된다고 하더라도 다음의 '破百殘…'의 주어가 倭일 수는 없다"[12]고 주장했다.

佐伯有淸에 의하면, "그렇지만, 아무리 사실史實과 맞아 떨어진다 할지라도 '渡海'의 주어를 고구려로 하여 비문을 읽어내려 갈 수 있을까 하는 기본적인 문제가 최후로 남는다. 전술한 바와 같이 藤田生大(도우마세이다이)가 '갑자기 이 문장의 주어가 고구려가 되는 부자연스러움에 대하여는 석연치 않다'고 했는데, 누구나 이 점에 의문을 가지리라"[13]고 했다. 이 문제에 대해서는 차후에 밝히고자 한다. 지금까지의 논의는 60~70년대의 견해였다. 그런데 80년대 후반의 일본인의 견해는 초기의 견해, 즉 통설로 뒤돌아 가는데 우리들은 주목해야 하리라. 대표적인 것이 武田幸男(다케다 사치오)의 견해이다.

> 이 신설新說을 종래의 통설에 대비시키면, 말할 필요도 없이 통설과의 상위대립점相違對立点만 한층 현저하다. 통설에서는 왜의 활약을 강조하고, 왜가 백잔·신라를 신민으로 삼았다는 데 대해, 신설에서는 고구려가 주도적 역할을 수행하고, 倭는 무시되거나(金·佐伯說), 오히려 고구려의 격파 대상이 된다(鄭·朴說). 통설을 왜倭 주도형으로 해석한다면, 신설은 모름지기 고구려 주도형의 해석으로 특색이 있다. 고구려 주도형의 신설의 등장을 맞이하여, 왜 주도형의 통설적 해석은 근본적으로 재검토되어야 한다.… 이것으로 '渡'字의 주체는 비문에서 이미 판독되었던 '倭'에 지나지 않는다는 것이 확정적으로 되고, 또 이 왜를 무시하고, 감히 주어의 '고구려'를 보입補入하여야 한다는 신설성립新說成立의 근거는 소멸됐다.[14]

12) 김석형, 前揭書, p. 408.
13) 佐伯有淸, 前揭書, p. 165.
14) 武田幸男, 『高句麗史と東アジア』(東京 : 岩波書店, 1989), p. 157, p. 160.

그러나 왜가 백제·신라를 파하여 신민으로 삼았다는 통설적 해석을 채택한다면, 사실史實·사리事理(비문 내부에서의 인과관계) 그리고 정복전쟁에 대한 왜의 전쟁수행 능력의 근거를 제시하는 것이 더 근본적인 재검토가 아닐까? 그리고 전술前述한 바와 같이 구두점에 대해서는 王健群의 견해를 소개한다. 즉 일본의 일부 학자는 「來渡海」로 연독하여, 「來」를 동사로 보고 있으나, 이것은 물론 올바르지 않다. 두 개의 동사(「來動」)가 연속되어 있으나, 연동구가 아니면, 이해하기 어렵다는 것도 당연하다. 왜는 이미 조선에 와 있는(來) 이상 또 바다를 건너게 되면 전연 뜻이 통하지 않는다. 와서 또 바다를 건너서 돌아간다면 어떻게 백제와 신라를 파할 수 있는가. 이것은 모두 「來」의 해석을 잘못 했기 때문이다.[15] 김석형은 "고구려가 바다를 건너서 백제를 파하고…"(渡海破百殘…)로 해독·해석했다는 것은 비문의 연구사상 특기할만하고 그의 공적은 높이 평가해도 좋으리라. 그러면 記事를 세 문단으로 나누어 고찰키로 한다.

(A) 百殘新羅舊是屬民由來朝貢

(B) 而倭以辛卯年來

(C) 渡海破百殘□□□羅以爲臣民

(A)의 주어는 고구려이고, (B)의 주어는 왜라는 데는 이론異論이 없으나, (C)의 주어는 위에 말한 바와 같이 왜와 고구려로 나뉘어져 논쟁의 초점이 되어 반세기가 되었다. 전술한 것처럼, 記事의 자형字形·문맥·어법의 문제는 초보적·기초적 연구단계인 동시에 금석학·문헌사학의 영역이지만, (C)의 주어는 정복전쟁을 수행했다는 뜻이다. 이것은 국제관계, 특히 군사정세를 바탕으로 하는 전쟁수행 능력의 유무가 논쟁의 초점이며, 이것은 군사사학軍事史學의 영역에 속한다. 지금까지 군사사학의 관점에서 문제점을 규명한 논저論著는 없는 것으로 안다.

---

15) 王健群, 『好太王碑の研究』(京都 : 雄渾社, 1984), p. 179.

이 문제는 당시의 군사정세의 정확한 판단이 전제가 되어야 한다. 당시 한반도의 역사무대에 있어서의 주역은 고구려와 백제이며, 그들 국가는 3~5만의 병력을 동원하여 보·기步騎 합동작전을 구사하고 있었다. 한편 그 무대의 조역助役으로서 신라는 전자에, 임나가라·倭는 후자에 속하여 투쟁을 연출하고 있었다.[16] 그래서 필자는 다음과 같은 척도를 가지고 논의를 하고자 한다.

(1) 비문의 조사·탁본·사진에 의한 충실한 판독

(2) 문맥이나 어법

(3) 사리事理

(4) 사실史實(다른 자료에 의한 역사적 사실事實과의 연관)

(5) 전쟁수행 능력

橫井忠直는 쌍구본을 바탕으로 하여 (C)의 주어를 왜로 하고, 또 마지막 결자를 新羅로 판독했고, 그것이 일본에서의 통설通說의 원조元祖가 되었다. 그러나 쌍구본은 1959년 水谷悌二郎(미즈다니 데이치로)가 지적할 때까지[17] 비문의 탁본으로 잘못 알고 있었던 대용품이었다. 엄밀히 말해서, 쌍구본은 탁본이 아니며, 그것은 학문적 자료로 활용할 수 없는 것이고, 결자缺字의 新자도 근거가 명확치 않다. 그리고 문맥과 어법은 무난하지만, 왜가 백제·신라를 파하고 신민으로 삼았다는 것은 어느 사료에도 없을 뿐만 아니라, 백제와 왜는 우호·협력관계에 있었다는 것을 생각하면 사리에도 위배된다. 예컨대, 永樂 6年丙申(396)條에 광개토왕이 스스로 수군을 지휘하여 백제를 토벌했고, 백제왕은 무릎을 꿇고 이제부터 영구히 고구려 국왕의 노객奴客이 되겠다고 항복할 때, 왜병이 전연 출현하지 않은 이유는 무엇인가? 9年己亥(399)條에 의하면, "백제는 맹세를 위반하고 倭와 더불어 화통和通하였다"고 기록되어 있

16) 李鍾學, 前揭書, pp. 223~230 참조.
17) 水谷悌二郎, 『好太王碑考』(東京 : 開明書院, 1977), pp. 13~14.

는데, 이것은 백제가 왜에 정복되어 있는 상태가 아니라는 확실한 증거이다. (C)의 주어를 왜로 해서는 사리에도 위배됨을 알 수 있다.

당시 일본열도의 왜가 백제・신라를 파하고 신민으로 만들 만한 전쟁 수행능력을 보유하고 있었을까? 오늘날에 이르기까지, 일본에서 많은 논저論著가 발표되었지만, 이에 대한 사실史實이나 논거는 아직 제시된 바가 없었다. 필자는 이 문제에 대하여 사회적・산업적・경제적・군사 이론적・해상 세력적 요인 분석에 의해, 4세기 후반의 일본열도의 왜가 대군을 한반도에 출병시켜 정복전쟁을 수행한다는 것은 불가능했다는 것을 논증했다.[18] 따라서 (C)의 주어는 왜가 될 수 없다고 생각한다.

정인보는 (C)의 주어를 고구려로 하고, 또 마지막의 결자를 新羅로 했다. 그러나 1963년, 광개토왕 비를 현지 답사한 박시형・김석형은 (C)의 3결자를 불명으로 처리했다. 정인보・박시형의 해석에는 문맥・어법에 결자의 보충과 연관하여 주어가 자주 바뀐다는 점에서 난점이 있으나, 김석형의 해석은 필자의 척도의 관점에서 고찰해 보았을 때, 가장 타당성이 있다고 생각한다.

주어의 문제에서 초점이 되어 있는 고구려의 전쟁 수행능력에 관한 사료는 다음과 같다.

사료 ① (392) 秋7月, 남진하여 백제의 10城을 攻略했다. 冬10月, 백제의 關彌城을 함락했다. (『三國史記』18, 廣開土王 元年條)

② (392) 高句麗王 談德(廣開土王)은 4万의 군대를 지휘하여 北部辺境을 침공해 와서 石峴城 등 10여 성을 함락했다. (上揭書 25, 辰斯王 8年條)

③ (394) 秋7月, 백제가 침입해서 왔기 때문에 왕은 정예한 騎兵隊 5천명을 지휘해 요격해서 격파했다. (上揭書 18, 廣開土王 3年條)

18) 李鍾學, 前揭書, pp. 230~242.

④ (395) 秋8月, 王은 백제와 浿水에서 싸워 크게 파하고 8천여 명을 사로잡았다. (同上, 4年條)

⑤ (396) 永樂6年 丙申에 왕은 친히 水軍을 지휘하여 백제를 토벌했다.… 백제왕이 곤경에 빠져 男女의 포로 1,000명과 細布 1,000필을 내어 왕에게 항복하고 이제부터 영구히 고구려 국왕의 奴客이 되겠다고 맹세하였다. (碑文)

⑥ (400) 永樂10年 庚子, 왕은 步騎 5万을 파견하여 신라를 구원하게 하였다.… 官軍은 倭賊을 배후에서 急追하여 任那加羅의 從拔城에 이르니, 城은 곧 항복했다.… 倭寇는 大潰당했다. (碑文)

⑦ (404) 永樂14年 甲辰, 倭는 법도를 지키지 않고 帶方地域에 침입하였다.… 왕은 스스로 군을 지휘하여 토벌을 행했다.… 倭寇는 潰敗되고, 살상된 자가 무수히 많았다. (碑文)

상술한 사료①~⑦은 고구려가 사리・사실史實을 만족시키고 또 적측인 백제・임나가라・왜를 격파했을 뿐만 아니라, 전쟁 수행능력을 보유하고 있었기 때문에 (C)의 주어가 마땅히 되어야 한다. 그리고 이 비는 비문 속에 명기되어 있는 것처럼 광개토왕의 훈적勳績을 후세에 남기기 위해 세웠다는 점에 유의해야 한다.

2. 결자보충缺字補充

기사記事의 결자 부분, 즉 「渡海破百殘□□□羅以爲臣民」은 지금까지 다음과 같은 보충의 견해가 있다.[19]

19) 佐伯有淸, 『研究史・広開土王碑』(東京 : 吉川弘文館, 1974), 千寬宇, 『加耶史研究』(서울 : 一潮閣, 1991), 王健群, 前揭書 등 참조.

橫井忠直, □□新
管 政友, 擊新新
那珂通世, 任那新 또는 加羅新
大原利武 又伐新
水谷悌二郎, □□新
橋本增吉, 又服新
林屋辰三郎, 故服新
朴時亨, 招倭侵 또는 聯侵新
榮禧, 隨破新
王健群, □□新

3결자의 변천과정을 면밀히 조사·연구했던 前澤和之(마에자와 가즈시)는 다음과 같은 결론에 도달했다. 즉 이상과 같이 얼른 봄으로 느끼는 것은, 판독에 있어서 명확하게 「□□新羅」로 하는 것은 적고, 한편 「□□□羅」로 제3자를 판독 불능으로 하는 것이 많다. 그럼에도 불구하고, 해석에 있어서 이것을 '新羅'로 하고, 그리고 "百殘·新羅를 臣民으로 삼았다"고 제1·2자의 보완·해석을 무시하는 것이 많고, 그 해석의 근거를 명시한 것은 거의 없다. 이것은 '통설'의 성립을 생각하는 데 있어서 특필해야 할 현상이다. 『會餘錄』 第五集에서의 판독·석판사진石版寫眞에서의 소개 및 橫井의 '해석'이 이와 같은 결과를 가져오는 기점이 되었다고 추측하는 것은 지나친 것일까? 결론으로 말할 수 있는 것은, 결자부의 보완, 특히 제3자를 「新」으로 판독하는 데는 퍽 불안이 수반되고, 하물며 판독의 근거를 명시하지 않고 제1·2자를 무시하고, 「百殘·新羅」를 신민으로 삼았다고 해석하는 것은 허용되지 않는다. 이 부분의 판독은 금후 비문의 과학적 조사가 이루어지는 것을 기다려 신중히 검토되어야 한다.[20)]

20) 前澤和之, 「広開土王陵碑文をめぐる二·三の問題－辛卯年部分を中心として－」『續日本紀研究』159, 1972, p. 20.

前澤和之의 견해는 타당하며, 제3자처럼 불명한 字는 판독 불능으로 하여 결자로 해야지, 판독의 근거도 제시하지 않고, 결자를 스스로 보충하여 논증의 중요한 기둥으로 삼는다는 것은 엄중히 경계해야 한다. 특히 제3자를 新으로 한 것은 그 후의 기사의 연구에 악영향을 미쳤을 뿐만 아니라, 橫井忠直의 함정에 빠졌다 해도 과언이 아니리라.

필자의 결자 보충에 대한 견해는 다음과 같다.

(1) 필자의 현지조사(1992. 7. 31)・周雲臺拓本(1981年採拓)[21]・『廣開土王碑原石拓本集成』[22]의 사진에 의해서도, 제3자의 판독은 불가능하며, 斤의 흔적도 확인되지 않았다. 따라서 3자는 결자로 한다. 필자는 최근 三宅米吉의 논문을 읽었는데, 그는 최초 「破百殘□□新羅」로 판독했으나, 직후 古松宮 拓本에 의한 「高麗古碑考追」에서는 「破百殘□□□羅」로 해독되어 있다는 것을 확인했다.[23]

(2) (C)의 주어가 고구려인 경우, 마지막 결자에 新羅의 보충은 불가능하다. 그 이유는 당시 신라와 고구려는 동맹・복속관계에 있었기 때문에, 그 신라를 파하고 신민으로 만들었다면, 그것은 대왕의 훈적이 되기보다는 오히려 배신행위가 되기 때문이다.

(3) 비문의 10年條는 다음과 같이 해석한다.

> 10年庚子에 왕은 步兵과 騎兵 5만 명을 파견하여 신라를 구원하게 했다. 고구려군이 男居城으로부터 新羅城에 이르니 거기에 倭人들이 가득 차 있었다. 官兵(고구려군)이 막 도착하자 倭賊들은 퇴각하였다. 官軍은 倭의 背後로부터 급히 추격하여 任那加羅(金海)의 從拔城에 이르니 城이 곧 항복하였다.… 倭寇를 크게 궤멸시켰다.[24]

21) 王健群, 前掲書, p. 251.
22) 武田幸男 編著, 『広開土王原石拓本集成』(東京 : 東京大學出版會, 1988), pp. 18~19.
23) 三宅米吉, 「高麗古碑考」『考古學會雜誌』 1898年 4月号, p. 43 및 同誌 9月号, p. 187.
24) 十年庚子教遣步騎五萬往救新羅從男居城至新羅城倭滿其中官軍方至倭賊退自倭背急追至任那加羅從拔城城卽歸服…倭寇大潰…(王健群의 釋文, 前掲書, pp. 160~161.)

필자는 이 비문을 읽고 두 가지 의문점이 생겼다. 첫째는 고구려가 5만의 병력을 신라·임나가라에 파견할 수 있었던가? 둘째는 파견 경로가 육로·해로 어느 것일까? 주지하는 바와 같이, 비문은 당대의 기록으로 일등 사료의 가치를 지니고 있기 때문에 아무도 이의를 제기하지 않았다. 특히 일본인 사학자들은 고구려군 5만과 대적한 왜군은 대군이었고 또 대군이어야 한다는데 주력하여 왔다. 그러나 문헌기록에 의하면, 광개토왕은 392년(391년의 기록일 것이다) 4만의 병력을 동원하여 백제를 침공해서 石峴城 등 10여 성을 함락했다(사료 ②). 광개토왕이 즉위하기 이전까지 백제가 약간 우세했다는 것을 감안했을 때, 이 4만의 병력은 고구려가 동원할 수 있었던 총병력으로 짐작된다. 그렇다면, 신라를 구원하기 위해 파병한 5만 명의 병력은 고구려의 동원 가능한 총병력인데, 이들을 한반도 최남단인 신라와 임나가라에 파병 후, 서북방면의 후연後燕·거란과 남쪽의 백제가 수도인 集安을 공격한다면, 고구려는 어떻게 대처할 것인가? 따라서 고구려는 적의 침공에 대비하여, 주력군은 본국에 주둔시켜 두고 1~1.5만의 병력을 파견했으리라고 추정하는 것이 필자의 견해이다.

다음은 파견 경로에 대해 비문은 전연 밝혀 놓지 않았는데, 비문의 찬자撰者는 한문漢文 전문가는 되겠지만, 분명한 것은 군사 전문가가 아닌 것만은 확실하다. 그 이유는 비문의 정복기사 내용으로 보아서 그렇게 판단한다.[25)]

파견 경로에 대한 지금까지의 견해는 다음과 같다. 즉 신라의 도성인 경주에의 진군조進軍條에 男居城이 있다. 어느 쪽인가는 불명이지만, 평

---

25) 碑文은 그 시대에 기록한 一等史料이기는 하지만, 碑文을 작성한 撰者와 碑文에 대해서도 史料批判을 해야 한다고 생각한다. 碑文이 名文인지 아닌지에 대해서는 學者들 간에 見解가 엇갈리고 있다. 碑文에 대한 名文의 여부는 그 기준이 모호할 뿐만 아니라, 필자의 力量 외에 속한다. 그러나 碑文의 征服記事의 내용을 본다면, 소홀한 점이 많은데, 이 문제에 대해서는 다음 기회에 발표할 예정이다.

양에서 경주로 가는 도중에 있다는 견해,[26] 그리고 광개토왕은 보병과 기병 5만을 파견하여 신라를 구했으니, 평양에서 신라의 땅까지 가자면 백제의 영역을 통과해야 한다. 그리하여 아마도 죽령이나 조령을 넘어 신라의 땅에 들어갔으리라.[27] 동북아의 패주覇主인 광개토 대왕도 신라를 구원하기 위하여 무려 5만의 보·기를 파견하였다. 이 때는 물론 육로의 행군이었을 것이 분명하다.[28] 왕이 고구려와 동맹관계에 있던 신라를 구하기 위해 步·騎 5만을 낙동강 방면의 신라성으로 보내고 이어 임나가라(김해? 고령?)까지 추지追至시켜 안라安羅(함안)·왜의 연합군을 토벌한 것으로 파악된다(지도 참조).[29] 천관우는 경로를 밝히지 않았으나, 「광개토왕의 정복활동과 영역(추정)」의 지도에 의하면, 분명히 육로로 명시되어 있다. 지금까지의 학자들의 견해는 육로로 생각되어 왔으나, 필자의 견해는 다르다.

만약 고구려군이 육로를 택하여 集安 → 平壤에서 신라로 가자면, 당시 백제의 수도는 한성漢城(광주廣州로 비정)이고 보면, 백제의 영토를 통과해야 하고 또 죽령·조령을 통과하자면, 백제군의 측방공격·후방차단을 당하고 말 것이리라. 따라서 작전상의 관점에서 육로를 택한다면, 작전의 성공은 불가능하고, 또 백제군에 의해 궤멸당하고 말리라.

고구려군은 동해의 해로를 택하여 신라를 구원하기 위해 병력을 파견했으리라 생각하며, 그 근거는 다음과 같다.[30]

첫째 : 비문의 영락 6년조(396)에 의하면 광개토왕은 친히 수군을 지휘하여 백제를 침공해서 많은 성과 부락을 탈취하고 백제왕의

26) 酒井改藏, 「好太王碑面の地名について」『朝鮮學報』第8輯, 1955, p. 60.
27) 金廷鶴, 『百濟と倭國』(東京 : 六興出版, 1981), p. 128.
28) 李亨求·朴魯姬, 『廣開土大王陵碑新硏究』(서울 : 同和出版公社, 1986), p. 135.
29) 천관우, 「廣開土王의 征服活動」『韓國史市民講座』제3집, 一潮閣, 1988, pp. 50~51. 지도, p. 53.
30) 李鍾學, 前揭書, pp. 251~253 참조.

아우와 그 대신大臣 10명을 볼모로 잡아 개선했다고 하니, 그 수군의 병력 수송능력은 상당한 규모였으리라 추정된다.

둘째 : 王都 集安에서 동해의 함흥지역까지 병력 이동이 가능한 육로가 있었다. 즉 고구려는 동옥저東沃沮에 대해 租稅로 貊·布·魚 등을 운반시켰고, 동천왕은 246년 관구검의 공격을 받아 남옥저까지 도망쳤으며, 관구검군은 거기까지 추격했다.

셋째 : 대마도의 승문시대의 해인海人이 소지하고 있었던 어로구漁撈具

廣開土王의 征服活動과 領域(추정)

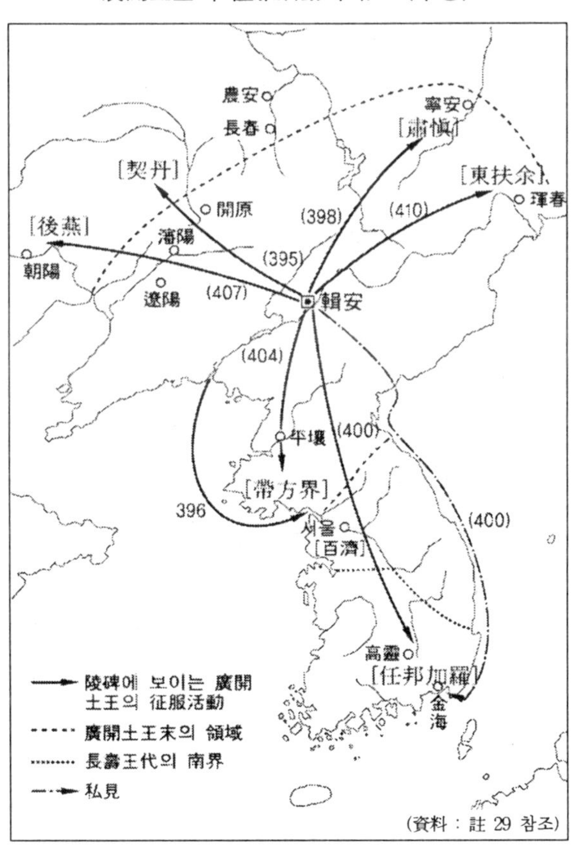

(資料 : 註 29 참조)

는 동해 북부에서 한반도 동해연안으로 남하해 온 문화의 흐름으로 보이는 것이 많으며, 유라시아 북부에 발생한 다양한 골각기骨角器(재질은 동물의 뼈이며, 낚시 바늘, 화살촉, 뼈창 등)를 수용하고 있다. 8월 초가 되면 한류寒流(리만 해류)의 세력이 확장하여 대마도까지 미치게 되었으며, 북방의 고대인은 이 해류를 이용하여 대마도까지 갔던 것이 확실하다.

넷째 : 비문 10년조에 의하면, "官軍은 倭의 背後로부터 급히 추격하여 任那加羅의 從拔城에 이르니 城이 곧 항복하였다"고 했는데, 이것은 고구려의 구원군이 적의 후방, 즉 부산 부근에 기습적인 상륙작전(渡海作戰)을 했다는 상정을 해야만 이해가 가능하다고 보며, 또 비문 9년조에, "왕은 신라의 使者에게 密計를 주어 돌려보냈다"고 했는데, 아직 밀계密計가 무엇을 뜻하는지 아무도 밝히지 않았지만, 그것은 적의 배후에 대한 기습적 상륙작전을 뜻하는 것으로 생각한다.

따라서 필자는 신라를 구원하기 위한 고구려 파견군은 集安에서 동해로 진출하여 함흥 부근에서 해로를 이용하여 동해안을 남하해서 부산 부근에 기습적 상륙작전을 감행하여 임나가라를 항복시킨 것으로 해석한다. 그런데 필자는 永樂 10年庚子條의 도해작전渡海作戰을 기사記事와 곧 연결시키지를 못 했다. 그 이유는 기사가 일본에서의 통설처럼 전연 「임나일본부」설의 근거가 될 수 없다는 것을 이미 논증했기 때문이다.[31] 그래서 기사에 대해 별로 흥미를 가지고 있지 않았는데, 1995년 5월 30일 갑자기 다음과 같은 착상이 뇌리에 번쩍하였기에 이 논문을 집필하게 되었고, 그 내용은 다음과 같다.

---

31) 註 3)과 동일함.

渡海破百殘(丙申條)＋渡海破任那加羅(庚子條)

＝ 渡海破(百殘＋任那加羅)

→ 渡海破百殘[任][那][加]羅 (C)

고구려의 적측은 百殘·任那加羅·倭였고, 고구려가 渡海作戰으로 破한 것은 百殘과 任那加羅(뒤에 나오는 表 A 參照)이었기 때문에, 3결자는 당연히 [任][那][加]羅가 되어야 할 것이다.

前澤和之에 의하면, "이런 경우, 대단히 빈약한 근거에 지나지 않지만, Ⅳ(10年庚子年條)에서 '任那·加羅'에 '倭'의 거점이 있는 것처럼 기록되어 있기 때문에, '[任][那][加]羅'로 보완할 수 있다고 생각하지만, 이것도 어디까지나 해석의 가능성의 하나를 제시할 따름이다"[32]고 했다. 任那加羅에 왜의 거점이 있었다면, 왜 '渡海破' 해야 하는가? 일본의 '任那加羅經營'을 4세기의 중엽 내지 그 이전으로 한다면, 비문에 보이는 신묘년 391년에 "倭가 百濟·任那(加羅)·新羅를 臣民으로 삼았다"는 것과 모순되기 때문에, 많은 학자들은 비문의 「百殘」 아래 두 결자 부분에 「任那」 혹은 「加羅」의 문자를 넣는 것을 피했으리라,[33]는 견해는 橫井忠直가 [新]字를 넣어 수수께끼로 만든 이유를 설명해 주는 것이리라.

김영하金瑛河에 의하면, "결자 부분을 잠정적이나마 '任那加'羅로 보입할 것에 대하여 논증하였으므로, 여기서는 任那加羅가 고구려의 신민으로서 복속관계가 성립되는 기사까지의 정복작전이 辛卯年記事에 수렴되는 범위일 것으로 생각된다. 이러한 비문 이해의 맥락에서 10年庚子條의 정복작전은 주목을 받기에 충분하다. '至任那加羅從拔城城卽歸服'에서 歸服을 임나가라의 고구려에 대한 귀왕복속歸王服屬의 뜻으로 이해한다면 이것은 바로 辛卯年記事에 서술된 고구려와 임나가라의 주종적

---

32) 前澤和之, 前揭論文, p. 21.
33) 佐伯有淸, 『広開土王碑と參謀本部』, pp. 144～145.

신민관계의 성립으로 볼 수 있을 것이다"[34]고 했는데, 이것은 대단히 훌륭한 견해였으나, 그 후 별로 주목을 받지 못한 것이 안타까웠다. 그러나 여기서도 문헌사학의 한계로 적극적인 근거, 즉 10年庚子條가 渡海作戰이라는 것을 제시하지 못한 점이다. 기사에 있어서 3결자가 오랫동안 수수께끼로 남았고 또 6年丙申條의 전치문前置文으로 오해된 것도 여기에 원인이 있었기 때문이리라. 따라서 필자는 다음과 같이 記事를 해독·해석한다.

> 百殘新羅舊是屬民由來朝貢. 而倭以辛卯年來. 渡海破百殘[任][那][加]羅以爲臣民…
>
> (百殘과 新羅는 예전부터 屬民으로 高句麗에 조공하였다. 그런데 倭가 辛卯年(391)부터 왔다. 高句麗가 바다를 건너 百殘과 [任][那][加]羅를 파하고 臣民으로 삼았다…)

3. 기본적 성격

記事에 대한 올바른 해독·해석을 하고자 한다면, 먼저 記事의 기본적 성격을 규명해야 한다. 그런데 記事의 논쟁이 지금까지 장기간 계속된 주요 이유는, 처음부터 記事의 기본적 성격을 규명하지 않고, 자의적恣意的으로 해독·해석을 하고서 다음에 기본적 성격을 합리화하려고 시도한 데서 기인된 것이리라. 예컨대 記事를 편년체적 본문과 대등하게 해석하여 사실史實로 수용하려는 것 등이다.

지금까지 기사의 기본 성격에 관한 견해를 검토해 보고자 한다. 末松保和(스에마츠 야스가즈)에 의하면, "이 辛卯年云云의 記事는 6年丙申의 好

34) 金瑛河, 「廣開土大王碑와 倭－辛卯年記事의 缺字補入을 中心으로－」『弘益史學』創刊號, 1984, p. 85.

太王出師討殘의 記事를 도출하기 위한 前提를 형성하며, 말하자면 副次的인 一句이다.… 百殘新羅舊是屬民云云의 一句는, 永樂6年의 好太王出師의 이유를 나타내는 동시에, 다른 편에서는 그 당시의 반도 중부 이남의 대세를 개괄한 一句라고도 해석된다"[35]고 주장했다. 그는 기사를 6年丙申條의 출사出師의 전제・이유를 나타내는 동시에, 그 후반에 있어서 한반도 중부 이남의 정세를 개괄槪括하는 一句라 해석함으로써, 기사의 기본 성격의 규명에 접근하는 듯 생각되었다. 그러나 그 후의 저서에 의하면, 더 이상의 발전은 없었던 것 같다. 즉 "이 一句(기사)에 대한 문헌적 해석은 기술旣述한 바와 같다고 한다면, 이 一句는 그 자체 독립된 사실史實을 기재記載한 것이 아니라, 다음에 이어지는 丙申年(396년, 고구려의 영락 6년)의 기사의 전치前置이다."[36]

기사가 비문 전체의 구조 속에서 본다면, 왕의 훈적을 얘기한 삽입문이라는 것을 최초로 주장한 前澤和之는 비문의 훈적 부분을 다음과 같이 나누고 분석했다.

Ⅰ.「永樂五年歲在乙未…田猎而還」
Ⅱ.「百殘新羅…以爲臣民」
Ⅲ.「以六年丙申…施師還都」
Ⅳ.「八年戊戌…以來朝貢論事」
Ⅴ.「九年已亥…還告以□□」
Ⅵ.「十年庚子…□□朝貢」
Ⅶ.「十四年甲辰…斬殺無數」
Ⅷ.「十七年丁未…□□城」

35) 末松保和,「好太王碑の辛卯年について」『史學雜誌』第46編 第1號, 1935, pp. 107~108.
36) 末松保和,『任那興亡史』(東京 : 吉川弘文館, 1956), p. 71.

이 Ⅱ의 짧은 기술記述이, 다음 점에서 다른 부분과 다르다는 것을 느낄 것이다.

(a) Ⅰ은 永樂五年(395)의 사적事蹟을 기록하고, Ⅲ은 永樂六年(396)의 사적事蹟을 기록하고 있다. Ⅱ는 그 중간에서 「辛卯年」이라는 연호를 기록하고 있고, 五年과 六年 사이에 있다.

(b) 「辛卯年」의 기사는 방식은 다른 것이 「元號年+干支年」인데 대하여 간지년干支年만이 있다.

(c) 다른 것이 그 해의 사적을 기록하고 있는데 대해, Ⅱ는 신묘년 이전의 상태와 신묘년의 사태와를 인과관계를 가지고 기록하고 있다.

(d) Ⅰ, Ⅲ～Ⅷ이 전투의 경과 등을 비교적 구체적으로 상술詳述하고 있는데 대하여, Ⅱ에서는 그런 방법으로 이루어져 있지 않다.

이상의 여러 점이 확인된다면, Ⅱ가 다른 것과 상이相異하고, Ⅲ 이하를 기술하기 위한 삽입문이라는 것은 쉽게 이해할 수 있으리라. 즉 Ⅲ 이하의 고구려의 對百濟·新羅·倭관계의 전개를 기록함으로써 왕의 훈적을 명시하고, 후세에 전해야 하는 현창비顯彰碑의 도입부로 만들어진 삽입문이다.[37)]

이것은 기사의 기본 성격을 잘 명시한 내용으로 경청할 가치가 충분한 것으로 평가한다. 기사의 기본 성격에 대한 학자들의 견해는 다음과 같다.

자료 ① 비문은 「王躬率(王巡下)」의 본문을 中核으로 하고, 이 大王의 親征(巡下)에 이른 전제를 말하는 「前置文」을 이 본문에 선행시켜 한 組로 한 표현과, 이 組에 「教遣」의 본문을 부수시킨 표현과의 양자로, 廣開土王 時代의 일련의 征討(救援)戰과, 그 후의 領土擴大戰를 銘記하고 있다.… 史官은 百濟親征이나 新羅救援·倭寇潰敗戰에 이른 大前提로서, 虛構의 「辛卯年」의

37) 前澤和之, 前揭論文, pp. 16～17.

한 節을 넣어, 이 한 節에 그러한 南下策과 고구려의 역사적 정통성을 실현(碑文의 文脈에 따라 회복)시키기 위한 聖戰였다는 것과, 이것을 합리화할 뿐만 아니라, 立碑 이후에도 계속될 南下策에 정통성을 부여하는 기능을 부가시키고 있다.[38)]

② 종래의 일본 학자들은 이른바 「辛卯年」記事가 丙申年記事의 前提文이라고 하였다. 그 이유는 이 기사가 완결된 기사가 아니라는 점과 丙申年記事의 첫머리가 「以六年丙申王躬水(大)軍…」으로 되어 '以'가 접속사의 역할을 하는 것으로 보았기 때문이다.… 이른바 「辛卯年」記事는 丙申年을 포함하여 十四年甲辰에 이르기까지의 百濟·新羅·倭에 대한 征服事業 전체를 요약하여 그에 명분과 의의를 부여한 내용이라는 점을 분명히 해 둘 필요가 있다.[39)]

③ 辛卯年記事는 六年과 八年의 征服戰의 수행 명분을 나타내는 도론적 성격의 전제문인 동시에 九年 이후에 기술된 복잡한 南進征服의 사실을 集約記述한 성격을 함께 지니는 기사라 생각된다.[40)]

④ 국제적으로 많은 학자들은 이 부분을 「辛卯年條」라고 부르고 있으나, 엄밀히 말하면 이것은 올바르지 않다. 이것은 「六年丙申條」에 속하는 것이다. 즉 이 부분은 六年丙申의 百濟討伐의 理由로 기록된 것이지, 독립된, 年代順으로 편집한 기사가 아니다.[41)]

⑤ 辛卯年條의 성격은 첫째로, 그 자체가 完結的인 독립된 비문이 아니고, 다른 主文의 내용(광개토왕의 훈적)을 도입하는 기능을 가진 비문, 말하자면 '前置文'에 지나지 않는다는 점이다.… 辛

38) 浜田耕策, 「高句麗広開土王陵碑文の研究－碑文の構造と史臣の筆法を中心に－」『朝鮮史研究會論文集』第11集(東京：龍溪書舍, 1974), pp. 31～32.

39) 金永萬, 「廣開土王碑文의 新研究(1)」『新羅伽倻文化』第11輯, 嶺南大學校, 1980, pp. 30～31.

40) 徐榮洙, 「廣開土大王陵碑文의 征服記事 再檢討(上)」『歷史學報』 제96집, 歷史學會, 1982, pp. 33～34.

41) 王健群, 前揭書, p. 176.

卯年條의 두 번째의 성격은, 그것이 永樂六年條 固有의 前置文이라는 것을 근거로 하여, 더욱 그 이후의 百濟·新羅·倭關係의 各年=各條 전부에 걸리는 前置, 말하자면 '大前置文'이라는 점이다.… 그 핵심은 辛卯年 이래의 왜의 한반도 진출에 대해, 고구려가 반격하여 격퇴시켜야 할 필연성, 정당성의 근거를 약간 장기적인 전망 하에서 명시하는 데 있었다.[42]

⑥ 신묘년조의 사료는, "백잔(백제), 신라는 옛부터 (고구려의) 속민이었다. 그런 까닭에 조공하여 왔다. 그런데 왜가 신묘년 이래 바다를 건너 백잔, □□, 신라를 치고 신민으로 삼았다"라고 해석된다. 이러한 해석은 종래부터 일본인 학자들이 하여 온 것이다. 여기서 한 가지 분명히 할 것은 신묘년조의 기록과 역사적인 사실이 다르다는 점이다. 거듭되지만 앞에서 정리한 것과 같이 신묘년조의 기록은 영락 6년 고구려의 백제토벌의 이유를 밝힌데 의미가 있으며, 그 자체는 역사적인 사실을 허구로 만들어 기록한 데 불과하다.[43]

필자는 이상의 여러 견해에 대해 수용하는 부분도 있고 또 견해를 달리하는 내용도 있으나 논평할 생각은 없다. 가장 중요한 이유는 연구 접근법과 자료의 해석에 있어서 입장을 달리하고 있기 때문이다. 그리고 광개토왕에 의해 수행된 비문의 정복기사를 순서·내용에 따라 작성한 것이 [표 A]이며, 記事의 기본 성격을 이해하는 데, 도움이 되리라.

비문에서의 왕의 전공戰功은 연대순으로 記述되어 있고 또 전쟁의 대상, 원인, 정복방법, 작전지역, 작전형태, 결과 등이 기록되어 있다. 그런데 [표 A]에서 보는 바와 같이, 記事는 전공기술방법戰功記述方法과는 전연 다른 형식이며 또 독립적인 삽입문의 성격을 나타내고 있다는 것을

42) 武田幸男 編著, 前揭書, pp. 235~236.
43) 李鍾旭, 「廣開土王陵碑의 辛卯年條에 대한 해석」『한국 상고사 학보』10호, 1992, p. 196.

알 수 있으리라. 그렇다면 어떤 성격의 삽입문인가를 밝혀 보려고 한다.

〔表 A〕 **碑文征服記事一覽表**

內容 / 區分	年代	對象	原因	方法 / 兵力數	作戰地域	作戰形態	結果	備考
①	五年乙未 (395)	碑麗	不歸	王躬率	太子河 上流		往伐/破其三部洛六七百營牛馬群羊	
②	辛卯(元年) (391)							而倭以辛卯年來渡海破百殘□□□羅以爲臣民
③	六年丙申 (396)	百濟		王躬率	漢江·廣州	渡海上陸	討伐/從今以後永爲奴客	
④	八年戊戌	帛愼		敎遣	江原道 (?)		觀/自此以來朝貢論事	
⑤	九年己亥 (399)	百濟	違誓与倭和通	王巡			巡下平穰/新羅以奴客爲民歸王請命	
⑥	十年庚子 (400)	任那加羅 倭	往救新羅	敎遣 / 步騎5万	蔚山·金海	渡海上陸	至新羅城/任那加羅城卽歸服/倭寇大潰	
⑦	十四年甲辰 (404)	倭	不軌	王躬率	黃海道 (帶方界)		率…平穰/倭寇潰敗斬殺無數	
⑧	十七年丁未 (407)	百濟		敎遣 / 步騎5万			斬殺蕩盡/所穫鎧鉀	
⑨	二十年庚戌 (410)	東夫餘	不貢	王躬率	豆滿江 下流		往討/王恩普覆	

"바다를 건너 百殘과任那加羅를 파하고 臣民으로 삼았다"(C)는 것은, 6年丙申條와 10年庚子條의 征服戰爭의 결과에 대한 요약이며, 또

丙申條와 직접 연결되어 있기 때문에 주어인 고구려가 생략되어 있는 것으로 해석한다. 따라서 갑자기 주어가 고구려로 변하는 부자연스러움에 대한 의문은 해소되리라 짐작한다.

"倭가 辛卯年부터 왔다"고 했는데, 무엇 때문에 그리고 어떻게 되었는가는 비문에 잘 명기되어 있다. 즉 任那加羅와 對馬倭는 協同作戰으로 新羅侵攻을 위해 왔으며, 또 그것을 실행했으나, 고구려군의 배후로부터의 기습적인 渡海上陸作戰에 의해 大潰되었다(10年庚子條). 또 百濟와 聯合作戰으로 황해도의 帶方地域에 上陸作戰을 감행했으나, 대왕의 군대에 의해 潰敗되었고 많이 살상 당했다(14年甲辰條).

따라서 任那加羅는 大潰·潰敗당한 倭寇로서, 마치 百濟를 百殘으로 격멸하는 표현을 사용하고 있다. 倭의 實體, 즉 주역은 任那加羅이고 보조역으로 對馬倭가 참가했으리라. 그 이유는, 당시 對馬島는 任那加羅에 귀속되어 있었고, 또 10年庚子條(400)에 등장하는 '倭'에 대한 高句麗軍의 공격 목표가 임나가라의 從拔城(김해의 盆山城으로 비정)이었기 때문이다.

"百殘과 新羅는 예전부터 屬民으로 高句麗에 조공하였다"(A)는 論難이 많은 내용이다. 지금까지 비문 연구자들은 문헌을 통해 예전부터 백제와 신라가 고구려의 속민이 된 적이 없으며, 이것은 碑文이 현창비顯彰碑이기 때문에 과장·허구라는 것이 대부분의 견해이다. 그러나 '예전부터'(舊是)란 과거를 표현하고 있지만, 반드시 辛卯年 이전까지 확대 해석할 필요는 없다고 생각한다. 碑文의 찬자撰者는 비를 건립한 414년을 기점으로 하여, 왕의 즉위년인 辛卯年 이후를 '舊是'로 표현한 것으로 해석한다. 따라서 백제왕이 곤경에 빠져 남녀포로 1,000명과 細布 1,000필을 내여 왕에게 항복하고 이제부터 영구히 고구려 국왕의 奴客이 되겠다고 맹세하였고(6年丙申條), 이전에 신라왕은 스스로 조공을 하지 않았으나… 광개토왕이(이번에 신라를 구원하고 倭寇를 破했기 때문에) 신라왕은… 스스로 조공하러 왔다—이 부분은 文字의 脫落이 심해 불완전하지만, 내용은 이런 뜻이리라ー(10年庚子條)고 했기 때문에, 414년을 기점으로 하여 고구려 남진정책의 명분과 의의를 부여하고 또한 丙申年(396)부터 庚子年(400)까지의 공적내용을 요약한 것으로 생각한다.

• 맺음말

과거 1세기 이상이나 연구・논쟁의 초점이 되어 왔던 記事에 대해 필자는 다음과 같이 해독・해석한다.

> 百殘新羅舊是屬民由來朝貢. 而倭以辛卯年來. 渡海破百殘[任][那][加]羅以爲臣民…
>
> (百殘과 新羅는 예전부터 屬民으로 高句麗에 조공하였다. 그런데 倭가 辛卯年(391)부터 왔다. 高句麗가 바다를 건너 百殘과 [任][那][加]羅를 파하고 臣民으로 삼았다…)

記事의 후반부(C)의 주어는 戰爭遂行能力의 관점에서 보았을 때, 당연히 고구려이며, 3缺字는 고구려가 渡海作戰에 의해 破한 敵側은 百濟와 任那加羅였기 때문에 [任][那][加]이며, 거기에는 결코 [新]羅가 보충될 수 없는 이유를 명시했다.

倭는 辛卯年부터 왔지만(B), 전투에 참가했으나 大潰・潰敗당했던 任那加羅를 지칭했다.

記事의 첫머리(A)는 414년을 기점으로 하여 고구려 남진정책의 명분과 의의를 부여하고 또한 丙申年(396)부터 庚子年(400)까지의 공적내용을 요약한 것이다.

따라서 辛卯年記事의 기본적 성격은 丙申年부터 庚子年까지의 공적

내용을 총괄적으로 요약하고, 그것의 명분과 의의를 부여하는 내용인 동시에, 광개토왕의 남진정책의 유지遺志를 계승한 장수왕의 결의와 당위를 표명한 독립적(編年體的 本文과 相違한)인 삽입문挿入文으로 생각한다.

前述한 바와 같이, 日本史學界의 通說처럼 辛卯年記事를, "倭는 辛卯年(391)에 바다를 건너와 百濟와 新羅를 파하고 신민으로 삼았다"고 가정해도, 이것은 전연 任那日本府說의 근거가 될 수 없다. 왜냐하면, 倭는 庚子年(400)과 甲辰年(404)에 大潰·潰敗당했기 때문이다. 전쟁에서의 정치적 목적(영토·자원·인력 등의 획득)의 달성 여부는 최후의 승리에 의해 결정된다는 것이 경험·군사이론의 관점이다. 즉, 클라우제비츠의 『전쟁론』(1832)에 의하면, "이러한 전쟁의 형태에 있어서, 영광은 최후의 승리자에게 주어진다는 것을 언제나 기억해 두어야 한다"(제8편 제3장). 예컨대 나폴레옹의 戰例 및 일본 관동군에 의한 만주국의 창설과 소멸로도 알 수 있다. 지금까지 문헌사학자들은 이 점을 간과해 왔던 것이다.

그동안 필자는 古代韓倭關係史의 정립에 있어서 가장 귀중한 사료인 비문의 倭에 대하여, 지금까지 日人史學者들에 의해 야기된 역사 왜곡의 근본문제요, 반세기나 끌어왔던 논쟁의 초점에 대해 규명을 시도함으로써 논쟁에 종지부를 찍겠다는 생각을 가지고 연구하여 3部作의 논문을 완성했다. 이제 그 결과에 대한 가부는 독자들이 판단할 문제이며, 지도편달을 바란다.♣

(『軍史』 32호, 국방군사연구소. 1996. 6.)

7. 廣開土王碑文10年 庚子條의 新考察

-蔚山地域 積石塚의 수수께끼를 벗긴다-

• 머 리 말

일전에 울산방송국(ubc)의 한 간부로부터 전화가 왔다. 즉 울산지역에 고구려 묘제墓制인 적석총積石塚이 발견되어 있지만, 그 유래가 전연 알려지지 않은 수수께끼로 싸여 있는 데, 거기에 대해 질문한다는 것이었다. 솔직히 말해서 필자는 즐거운 충격을 받았으며, 그 분과 함께 적석총을 답사했다.

고구려의 전성시대(장수왕, 재위 413~491) 신라와의 국경은 어디에 있었을까? 진흥왕 12년(551) 거칠부居柒夫 등은 승승乘勝하여 죽령 이북, 고현高峴(?) 이내의 10군郡을 취했고,[1] 선덕善德 11년(642) 고구려 왕이 신라의 사자 김춘추에게, "죽령은 본시 우리의 영토이니, 네가 만일 죽령 서북의 땅을 돌려주면 원병援兵을 보내겠다"[2]고 했다. 눌지 마립간 34년(450), 고구려의 변장邊將인 실직悉直(삼척)이 들판에 와서 사냥을 하자, 신라의 아슬라何瑟羅 성주城主 삼직三直이 군사를 내어 그를 살해했다.[3] 장수왕 56년(468) 왕은 말갈의 병사 1만 명을 지휘하여 신라의 실직성을 함락시켰다.[4] 장수왕 63년(475), 왕은 3만의 병력을 지휘하여 백제의 왕도王都, 한성漢城을 함락시켰다.[5] 이러한 사료를 검토해 보건대, 남진정책南進政策

---

1) 『三國史記』 卷第44, 居柒夫.
2) 上同, 卷第5 善德王.
3) 上同, 卷第3, 訥祇麻立干.
4) 上同, 卷第18, 長壽王.
5) 上同.

을 추구했던 장수왕 시대에 있어서 신라와 고구려의 국경은, 삼척－죽령－조령 선이며, 그 이남까지는 미치지 못했다는 것을 알 수 있으리라.

고구려 고유의 장속葬俗은 적석총이며, 그것의 축조방법은, 초기의 소형인 경우는 먼저 지면의 부토층을 걷어내고 고르게 정지한 후 냇돌로 기초가 되는 기단墓壇(묘대墓臺)을 만들고, 그 위에 곽실槨室을 만든 후 그 위와 주위에 적석積石하여 분구를 만든다. 이러한 적석총은 통구 고분군洞溝古墳群 속에는 현재 1,700여 기나 있고, 대동강의 평양 부근에도 분포되어 있으나, 압록강 유역에 비하면 수도 적고 또 규모도 빈약하다.[6)]

그런데 이와 같은 적석총이 30여년 전만 해도 울산지역에 6기 정도 있었으나, 현재는 2기가 완전하게 보존되어 있고, 1기는 절반정도 파괴되어 있는 데, 이런 적석총이 울산지역에 존재하는 이유 등의 조사가 전연 이루어지지 않고 있다는 것이다. 필자는 수수께끼에 싸인 적석총의 존재 이유와 비문 경자조庚子條의 몇 가지 의문점에 관해 규명을 시도해 보고자 한다.

1. 울산지역에 적석총이 존재하는 이유는?

전술前述한 바와 같이, 문헌사료에 의해서는 울산지역에 적석총이 존재하는 이유를 설명·해석하기란 거의 불가능하리라. 그러나 광개토왕 비문 경자조는 수수께끼의 비밀을 풀어주는 열쇠를 가지고 있는 듯 하다.

필자는 고대의 한반도 남부(임나가라任那加羅)와 대마도·北九州는 '동일문화권'에 속하며, 『삼국사기』 신라 본기에는 가야(가라加羅；가양 加良)와

6) 姜仁求, 『韓半島의 古墳』(서울：아르케, 2000), pp. 152~153 및 王健群外, 『好太王碑と高句麗遺跡』(東京：讀賣新聞社, 1988), p. 215.

高句麗救援軍의 作戰

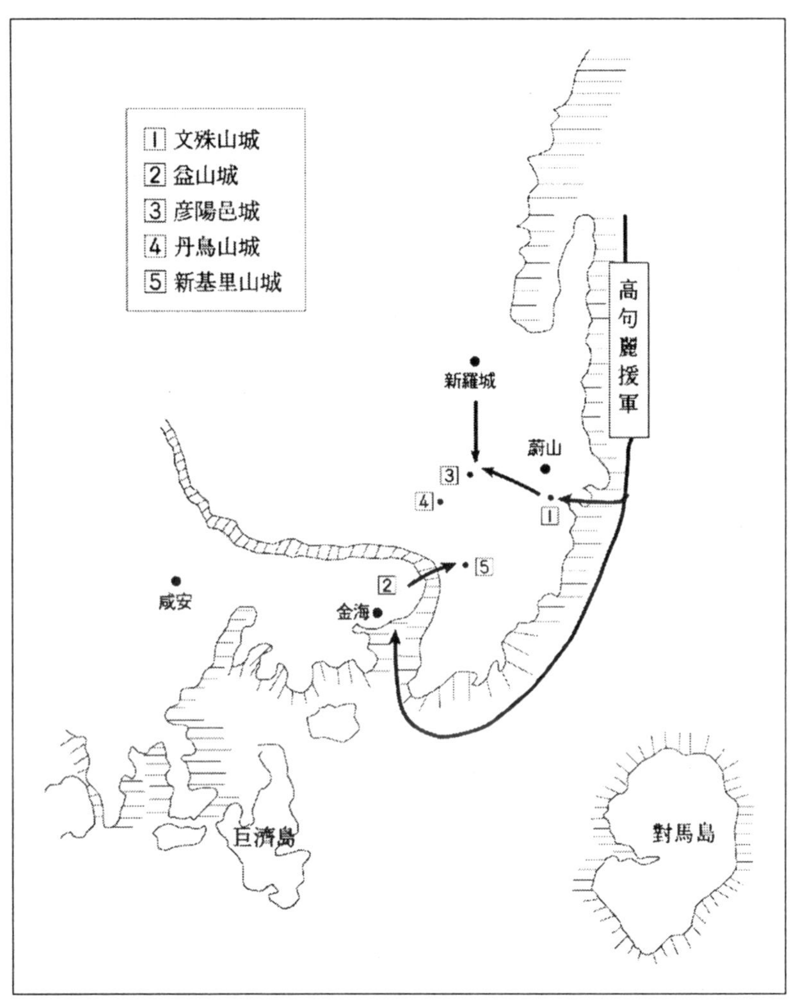

왜倭는 병용併用되어 있었기 때문에 비문에서의 왜의 실체는 임나가라가 주력이고(고구려군의 공격목표였기 때문에), 거기에 1,000명 정도의 대마왜對馬倭가 편입되어 있었다고 추정했다. 한편, 고구려는 보·기병步騎兵 5만 명을 파견했다고 기록하고 있으나, 사료 비판에 의해 실제의 파견병력

은 1만~1만 5천 명 정도이며, 파견군은 육로가 아니라, 해로에 의해 부산방면에 기습 상륙하여 종발성從拔城(김해의 분산성盆山城)을 공략했다,[7]고 주장했다.

그 다음의 논문에서는, 고구려 파견군의 일부 병력은 남거성男居城(울산의 문수산성으로 비정) 부근에 상륙했고, 주력군은 김해에 상륙해서 종발성까지 추격하니 왕은 곧 항복했다. 양 군의 주전장主戰場은 언양(언양읍성)－양산(신기리 산성) 사이에서 전투가 전개되었다,[8]고 주장했다.

적석총은 울주군 웅촌면 검단리에 소재하고 있으며, 주전장이었던 울산－언양－양산의 삼각형의 거의 중심에 위치하고 있으니, 고구려군의 전사자를 한 곳에 모아 매장한 것으로 추정한다. 물론 앞으로 적석총을 발굴·조사하여 고구려군의 철제무기 등이 등장하면 완벽한 증거가 되겠지만 필자가 기쁨의 충격을 느낀 것은, 고구려군의 일부 병력이 울산방면에 상륙했고 또 주전장으로 상정했던 곳에서 유적의 증거인 적석총이 나타났다는 사실이었다.

2. 비문10년 경자조의 재검토

(비 문)

十年庚子, 教遣步騎五萬,(가) 往救新羅, 從男居城至新羅城,(나) 倭滿其中.(다) 官軍方至, 倭賊退,(라) 自倭背急追至任那加羅從拔城,(마) 城卽歸服, 安羅人戍兵.(바) 拔新羅城,(사) 鹽城, 倭寇大潰,(아) 城內十九, 盡拒隨倭, 安

7) 李鍾學, 「広開土王碑文の倭の実体」『東アジアの古代文化』 85号, 大和書房, 1995, pp. 164~166.

8) 李鍾學, 「軍事史學으로 본 碑文의 征服戰爭」『廣開土王碑文의 新硏究』(경주 : 서라벌군사연구소, 1999), pp. 126~132.

羅人戍兵. 新羅城□□其□□□□□□□言□□且□□□□□□□□□□□□□□□□□□□□□辭□□□出□□□□□□□殘倭潰逃, 拔□城, 安羅人戍兵. 昔新羅寐錦,(자) 未有身來論事, □□□□廣開土境好太王□□□□寐錦□家僕句請□□□朝貢. (王健群의 釋文)

〔주 석〕

(가)「敎遣步騎五萬」

지금까지의 비문 연구자들은 육로로 보·기 5만 명을 파견한 것으로 해석했으나, 사료 비판에 의해 해로로 10,000~15,000명을 파견했다는데 유의할 필요가 있다.[9] 비문은 그 당시에 기록한 일등 사료이다. 그러나 비문을 작성한 찬자撰者와 비문에 대해서는 철저한 사료 비판을 반드시 해야 한다. 그러나 지금까지 비문 연구자들은 이 문제에 대해 소홀하게 생각한 것 같다. 비문이 명문名文인지 아닌지는 학자들의 견해가 엇갈리고 있지만, 이 문제는 필자의 역량 밖에 속한다. 하지만 비문의 정복기사의 내용을 검토해 보면, 찬자는 한문漢文 전문가이기는 하지만, 군사 전문가는 아닌 듯 하다. 특히 경자조는 군사사학적軍事史學的 관점에서 기술되어 있지 않기 때문에 이해·해석하기가 대단히 어렵게 되어 있다.

(나)「從男居城至新羅城」

남거성과 신라성은 경자조를 해명하는데 대단히 중요한 단어이며, 지금까지 연구자들의 견해는 다음과 같다.

---

9) 上揭論文, pp. 103~104.

- 이 두 성은, 금월金月(금성 · 월성을 뜻함)의 양 성인 것처럼 보이지만, 증거가 없으면 결정하기 어렵다.[10)]
- 남거성은 백제의 성명城名일 것이다. 신라성은 신라의 국도國都인 금성을 말한다.[11)]
- 남거성이 있다. 어느 쪽인가는 불명하지만, 평양에서 경주까지 오는 길가에 있을 것이며, 전에 백제를 침공하여 공략한 경기도 북부부터 행군했을 것이기 때문에, 장단군 내長端郡內의 여미餘尾 등이 고려될 여지가 있다고 믿는다.[12)]
- 신라성은 신라의 왕도王都. 비문에서 보면, 국명國名을 성의 이름으로 했던 성은 어느 것이나 국도國都이다.… 전문全文에서 보면, 남거성은 변경에 있고, 그 곳은 왕도에서 멀리 떨어져 있으며, 이러한 지역에까지 왜인들이 넘쳐 있었다고 하니 정세의 중대함을 엿볼 수 있는 동시에, 고구려가 신라를 구원하는 중요성을 알만 하다.[13)]

남거성과 신라성의 위치 문제는 임나가라(김해)로부터 신라 왕도王都(경주)에 이르는 침공로와 그것을 저지하려는 고구려 · 신라의 작전계획에 의해 결정되어야 할 문제이리라. 김해에서 경주에 이르는 침공로는 세 개가 있다.

㉠ 김해 → 양산 → 언양 → 경주

㉡ 김해 → 양산 → 울산 → 모화 → 경주

㉢ 김해－(해로) → 대본(감포 부근) → 양북 → 황덕동 → 경주

임나가라의 입장에서 본다면 ㉢의 침공로는 고려할 수 없으리라. 그 이유는 선박의 준비가 필요하고, 이 방면의 지형은 대단히 험해서 병력의 투입에 제한이 뒤따르는 동시에, 경주 길목에 명활산성이 도사리고

10) 菅 政友, 「高麗好太王碑銘考」『史學會雜誌』 第24號, 1891, p. 49.
11) 那珂通世, 「高句麗古碑考」『上同』 第49號, 1893, p. 32.
12) 酒井改藏, 「好太王碑面の地名について」『朝鮮學報』 第8輯, 1955, p. 60.
13) 王健群, 『好太王碑文の研究』(京都 : 雄渾社, 1984), p. 229.

있기 때문이다. ㉡의 침공로는 옛날부터 대마왜가 울산에 상륙하여 쉽게 왕도에 접근이 가능하기 때문에 신라는 모화에 관문성關門城을 구축해 두었다. ㉠의 침공로는 임나가라군의 주공방향主攻方向이기 때문에 신라는 언양에서 양산에 이르는 사이에 여러 산성을 구축해 두었다. 나물마립간(356~402) 당시만 해도, 이미 낙동강 동쪽 일대는 신라가 지배하고 있었다.

그런데, 399년경부터 임나가라와 대마왜가 전면적으로 침공해 왔기 때문에, 신라의 사자는 "倭人滿其國境, 潰破城池"라 말하고, 고구려왕에게 원군을 요청했던 것이다. 그렇다면, '倭人滿其國境'이란 어디였을까? 신라가 위기에 처해 고구려에 원군을 청할 정도의 국경선이란, 모화(관문성)－치술령－열박산의 고개마루(峠)를 잇는 선이었으리라.

왕도로부터 관문성까지는 25킬로미터 밖에 되지 않기 때문에 신라로써는 이 새로운 국경선이 최후의 저지선으로 간주하고 있었으리라.

이런 상황 속에서 광개토왕이 신라 사신에게 알려준 '밀계'란 六年丙申條에서 수군으로 백제 왕도를 공략한 것처럼, 이번에도 임나가라의 주력군은 국경에서 신라군과 대치하고 있어서 그들의 왕도(김해)를 수군으로 공략한다는 목표를 세운 것과 동시에, 국경의 배후인 울산에도 기습적 상륙작전을 감행하여 적의 주력군을 격멸한다는 것도 겨누었으리라. 따라서 신라성은 왕도가 아니고, 국경의 또는 임나가라군에 점령당한 신라의 성으로 해석한다. 만약 신라성을 왕도로 해석한다면, 다음의 '倭滿其中'이고 보면, 왕도는 이미 적에게 점령당한 것이 되어버려, 고구려군과의 연합작전은 불가능하리라. 여기서의 신라성은 모화의 관문성이고, 남거성은 울산지역에서는 가장 높은 해발 600미터의 문수산성으로 비정하며, 답사해 본 결과 정상에 가까운 곳에 삼국시대의 성지城址가 아직 남아 있었다.

(다)「倭滿其中」

울산의 문수산성으로부터 모화의 관문성에 이르기까지 왜병이 가득 차 있다고 해석한다.

(라)「倭賊退」

위에 말한 왜적은 후퇴했다는 뜻인데, 언양 방면으로 후퇴했을 것이며, 이 내용은 (사)와 연결된다.

(마)「任那加羅從拔城」

경자조庚子條의 어려운 점의 하나는, 고구려군이 임나가라에 무슨 교통수단으로 침공했는가를 밝혀 놓지 않았고, 많은 연구자들은 육로로 파병한 것으로 생각했다. 그러나 필자는 작전상 해로로 파병했으며, 거기서 뜻하지 않게 신묘년조辛卯年條의 결자缺字를 보충할 수 있었다. 즉,

渡海破百殘(丙申條)＋渡海破任那加羅(庚子條)
＝渡海破(百殘＋任那加羅)
→渡海破百殘任那加羅(辛卯年條)[14]

辛卯年條에서 왜 □□□의 세 글자가 결자인가는 차후 상론詳論코자 하며, 이것은 임나가라의 종발성, 즉 왕도의 뜻이나, 위치에 대해서는 연구자에 따라 엇갈리고 있다. 즉 "이 성은 남거성이다"[15]라고 강변하는 연구자가 있는가 하면, "종발성은 어느 성인지 생각나지 않는다"[16]

---

14) 拙稿,「軍事史學으로 본 碑文의 征服戰爭」, pp. 103~106.
15) 菅 政友, 前揭論文, p. 49.
16) 那珂通世, 前揭論文, p. 33.

고 솔직히(?) 말한 연구자도 있다. 필자의 답사에 의하면, 이것은 임나가라(김해)에 있는 분산성盆山城으로 비정比定하며, 삼국시대의 성지城址가 아직 남아 있었다.

(바) 「安羅人戍兵」

이 내용은 많은 비문 연구자들을 논쟁으로 휘몰아치게 한 것이며, 그들의 견해는 다음과 같다.

- 왜국倭國에서 임나任那의 진鎭으로서 안라국安羅國에 배치된 장사將士.[17]
- 안라인이 왜국 장수의 명을 받아 신라의 여러 성에 둔수屯戍하게 된 자.[18]
- 문자대로 안라인으로써 조직된 변방군邊防軍에 틀림없으나, 행동은 일본군의 별동대別動隊로서였고, 반격하여 신라성을 탈취한 것으로 보인다.[19]
- 가야제국加耶諸國 중의 하나인 안라가라安羅加羅(함안에 자리 잡음) 사람들은 다른 신라 성들을 함락시켰다.[20]
- 이름 그대로 안라인들의 수戍(守)병이었을 것으로 생각된다.[21]
- 안라인 수병은 안라인으로 구성된 안라국의 군대로 이해하였다.… 기존의 견해와는 달리 안라인 수병을 백제와 왜의 동맹군으로 파악하는 것보다 고구려와 신라 측에서 활동했던 군대로 이해하고자 한다.[22]

이러한 통설을 부정하는 견해도 나타났다.

---

17) 菅 政友, 前掲論文, pp. 49~50.
18) 那珂通世, 前揭論文, p. 33.
19) 末松保和, 『任那興亡史』(東京 : 吉川弘文館, 1956), p. 74.
20) 박시형, 『광개토왕릉비』(평양 : 사회과학원출판부, 1966), pp. 195~196.
21) 박진석, 『호태왕비와 고대조일관계연구』(연길 : 연변대학 출판부, 1993), p. 81.
22) 南在祐, 「廣開土王碑文에서의 '安羅人戍兵'과 安羅國」 『成大史林』 12 · 13, 成大史學會, 1997, p. 32.

- 가령 왜인이 「阿羅伽耶」를 「安羅」라고 불렀다 해도, 고구려인도 마찬가지로 「安羅」라고 불렀다고 말할 수 없다. 「安羅人戍兵」은 명사가 아니고 구句이며, '신라인에게 수비시킨다'고 해야 한다고 생각한다.… 이 句를 분석해 보면, 고구려의 군대(官軍)는 주어이고, 「安」은 동사이고, 「羅人」은 목적어이며, 「戍兵」은 술어이며, '[고구려의 군대가 某城을 탈취한 후] 신라인에게 수비시킨다'고 밖에 해석할 수 없는 것이다.[23]
- 고구려가 적대세력에 대해서는 백잔, 왜적, 왜구 등의 좋지 않는 표현을 사용했는데, 안라에 대해서만 '安羅人'이라든가 '戍兵'이라는 좋은 표현을 사용할 이유가 없다.[24]
- 「羅人」=邏人으로 해석할 수가 있다. 나인邏人이란, 邏兵, 邏卒, 邏士 등과 마찬가지로 순라병巡邏兵 혹은 유병遊兵의 뜻이다. 따라서 「羅人」은 고구려의 遊兵의 뜻으로 이해할 수 있다. 『삼국사기』 진덕왕 2년조에 「春秋還至海上 遇高句麗邏兵」이라 했는데, 그것을 증거하고 있다.[25]

「安羅人戍兵」에 대한 필자의 견해는 다음과 같다.

첫째 : 前述한 바와 같이 고구려군의 작전구역은 남거성(울산)－언양－양산·김해 사이에서 전투가 수행되었기 때문에 안라국安羅國(함안)의 개입할 기회는 전연 없었다. 통설의 비문 연구자들은 고구려군과 임나가라군의 작전구역을 전연 고려하지 않고, 「安羅」라는 문자에만 지나치게 구애된 것이 아닌지?

둘째 : 비문에는, 「步騎五萬」이라 되어 있는데, 만약 유병遊兵도 파견했다면 「步騎遊五萬」이라 기록하지 않은 이유는 무엇인가? 또

23) 王健群, 『好太王碑の研究』, pp. 198~199.
24) 鈴木英夫, 「加耶・百済と倭」 『朝鮮史研究会論文集』 24, 1987, pp. 70~71.
25) 高寛敏, 「永樂10年 高句麗広開土王の新羅救援戦について」 『朝鮮史研究論文集』 27, 1990, p. 161.

진덕왕 2년(648), 고구려에 나병제도邏兵制度가 있었다 하여도, 시기적으로 보아 400년 광개토왕 시대에도 존재했다는 증거가 되기는 어려우리라.

셋째 : 고구려 파견군의 실제 병력은 1만 5천 명 정도이고, 「安羅人戍兵」의 句가 세 곳에 있으니, 전투 병력의 감소를 방지하기 위해 점령했던 성에는 신라인에게 수비시켰다는 것은 적절한 조치였다고 생각한다. 따라서 필자는 王健群說을 수용하는 바이다.

(사) 「拔新羅城」

王健群은, "고구려의 군대가 신라성(왕도)을 점령했다는 것을 가리킨다"[26]고 해석했으나, 역사적으로 보아 신라의 왕도가 倭에 의해 포위된 일은 있었지만, 점령된 일은 없었다. 그리고 작전구역으로 보아도, 이 신라성은 倭에 점령당했던 신라의 성이며, 언양읍성으로 비정한다면, 비문의 내용이 더 명확해 진다고 본다.

(자) 「新羅寐錦」

신라 초기에 왕은 '이사금' 또는 '마립간'이라 부르기도 했다. 여기서 '매금寐錦'은 신라왕을 가리킨다. 신라의 鳳巖寺 智證大師塔碑에도 「姓參釋種 遍頭居寐錦之尊」이라 되어 있다.

〔 역 〕

10年庚子, 왕은 보병과 기병 5만 명을 파견하여 신라를 구원했다. 남거성(문수산성)으로부터 (국경의) 신라성(관문성)에 이르는 사이에는 왜인이

26) 王健群, 前揭書, p. 230.

가득 차 있었다. 관군(고구려군)이 바야흐로 도착하자 왜적은 퇴각하였다. 관군은 왜의 배후로부터 급히 추격하여 임나가라의 종발성(분산성)에 이르니, 성주城主가 곧 항복하였기에 이 성을 신라병에게 수비시켰다. (점령된) 신라성(언양읍성)과 염성塩城을 탈취하여 왜구를 크게 궤멸시켰으며, 성내의 신라인의 9할까지 왜병에게 따라가는 것을 거부했고, (고구려군은 이 성을) 신라병에게 수비케 했다. (점령된)신라성… 나머지의 왜구는 패주했다. □성을 탈취하여 신라병에게 수비케 했다. 옛적에는 신라왕이 몸소 고구려에 와서 보고도 하고 명령에 따른 일이 없었는데, 廣開土境好太王에 이르러 (이번의 파병으로 왜구를 격파하여 신라를 구원하니) 신라왕은… (스스로 와서)조공朝貢하였다.

3. 10년 경자조에 문자의 탈락이 많은 이유는?

王健群의 조사·연구에 의하면, 비문의 총문자 수는 1,775자이며, 그 가운데서 탈락되어 판독할 수 없는 것이 141자라 했다.[27] 결자의 백분율은 8%이지만, 경자조의 총문자 수는 180자 속에서 탈락된 글자 수는 57자로, 결자의 백분율은 32%이다. 오늘날에 이르기까지 비문의 변조·삭제설이 논쟁의 초점이 되어 왔었다는 것을 생각했을 때, 이것은 우연의 일로만 넘겨 버릴 수 없는 내용이리라. 이 수수께끼를 풀 수 있는 실마리는 『日本書紀』 권제9, 神功皇后 49년(차후 '49년조'라 약칭함)의 기록에 숨겨져 있는 것이 아닌지?

> 49年春3月, 荒田別, 鹿我別을 장군으로 삼았다. 久氐들과 함께 군사를 갖추어 卓淳國에 건너가서 장차 신라를 치려고 하였다. 이 때에 어떤 사

---

27) 王健群, 上揭書, p. 29.

람이 "군사가 적으면 신라를 격파할 수 없다. 沙白·蓋盧를 보내 증병을 요청하라"고 말했다. 木新斤資와 沙沙奴跪에 명하여 精兵을 거느리고 沙白·蓋盧와 함께 파견했다. 모두 卓淳國에 모여 신라를 격파하였다. 그리고 比自炑(昌寧), 南加羅(金海), 喙國(慶山), 安羅(咸安), 多羅(陜川), 卓淳(大邱), 加羅(高靈)의 7國을 平定하였다.

『日本書紀』 교주자校註者의 설명에 의하면, 위에 말한 내용은 아마도 백제기百濟記에 바탕을 둔 글이며, 간지干支를 2운運 낮추면 서기 369년의 사실史實을 포함하고 있다. 내용은 7국國 평정으로, 池內 宏(이케우치 히로시)는 6세기 경, 임나일본부任那日本府의 관하管下의 여러 작은 나라의 복속기원服屬起源의 얘기로 보았다. 末松保和(스에마츠 야스가즈)는 이것을 사실史實로 본다,[28] 고 했다.

일본열도의 倭가 4세기 후반이라 할지라도 백제·신라를 정복하기 위해서는 적어도 3만 명 이상의 병력과 무기·장비 및 식량 등을 수송하기 위해서는 외해용外海用의 구조선構造船의 존재가 전제되어야 한다. 그러나 오늘날까지 문헌이나 유적을 검토해 보아도 통나무 배나 준구조선準構造船 밖에 존재하지 않았으니, 倭가 대군을 한반도에 출병시켜 정복전쟁을 수행한다는 것은 불가능하다,[29] 고 주장했으며, 따라서 '49年條'는 사실史實이 아니라 허구의 기사이다.

그러나 일본에서 비문의 연구를 시작한지 110여 년이 경과한 오늘날까지 많은 비문 연구자들은 '49年條'를 사실史實로 생각하고, 비문의 辛卯年條·10年庚子條 등을 그것의 논거나 합리화를 위한 자료로 분석·해석하려고 노력해 왔다는 데, 문제의 심각성이 도사리고 있었던 것이 아닐까?

---

28) 『日本書紀』 上(東京 : 岩波書店, 1967), p. 355.
29) 拙稿, 「軍事史學으로 본 碑文의 征服戰爭」, pp. 56~69.

구체적으로 예를 든다면, 비문을 가지고 「임나일본부」설의 논거로 삼고자 한다면, 辛卯年條의 任那加羅와 庚子條에서 고구려군이 임나가라군의 소탕전을 전개한다는 것은 치명적인 모순을 나타내는 것이리라. 왜냐하면, '49年條'에 의하면, 일본열도의 倭는 이미 369년 한반도 남부의 7개국, 특히 남가라南加羅(김해)를 평정했는데, 倭가 391년(신묘년)에 또 任那加羅를 파하여 신민으로 삼았다든가, 또 고구려군이 임나가라군을 상대로 소탕전을 전개했다고 한다면, 이치에 전연 맞지 않기 때문이다. 앞에 말한 바와 같이 菅 政友(칸 마사토모)가 「任那加羅從拔城」에서 "종발성은 남거성이다"고 주장한 것은 이러한 배경에서 연유된 것이리라.

따라서 10년 경자조에서 탈락의 문자가 많은 이유는 '49年條'의 논거·합리화를 위해 육군 참모본부의 横井忠直(요코이 타다나오)·酒匂景信(사카와 카게아키) 등에 의해 비문이 변조·삭제되었다고 추정한다. 사학자 신채호(1880~1936)는 일찍이 광개토왕 비를 구경하기 위해 집안현輯安縣에 들려 旅店에서 滿人英子平이란 소년을 만나 필담筆談으로 비에 관한 얘기를 남겼다.

> 碑가 오랫동안 풀숲에 묻혔다가 최근에 榮禧(또한 滿人)가 이를 발견할 새 그 비문 중에 고구려 토지를 침탈한 자구字句는 모두 도부刀斧로 쪼아내여 인식할 만한 자구가 없어진 것이 많고, 그 뒤에 일본인이 이를 차지하여 영업적으로 이 비를 박아 팔매 왕왕 자구가 완결刓缺한 곳을 석회로 발라 인식할 수 없는 자구가 도리어 생겨나 진실한 사실事實은 삭제되고 위조한 사실이 첨조添造된 듯한 감도 없지 안 하다.[30]

비문의 어느 부분을 도부刀斧로 쪼아 내였는지 명확하지 않지만, 도부

30) 申采浩, 『朝鮮上古史』(서울 : 鐘路書院, 1948), p. 206.

로 쪼아낸 것만은 사실이리라. 석회에 의한 변조설이 사학계뿐만 아니라 국제적 학술논쟁의 초점이 된 적도 있었다. 특히 경자조에 있어서 王健群에 의해 「倭寇大潰」(아)로 석문釋文된 글자는, 쌍구본(1883) 이래의 석문은 「倭滿倭潰」였으니, 이것은 변조설의 확실한 논거가 되리라.

비문 연구에 흥미를 가진 이래, 佐伯有淸(사에키 아리키요) 著, 『研究史・広開土王碑』(1974)를 읽으며 뇌리에서 떠나지 않는 문제는 쌍구본을 일본으로 가져간 참모본부의 간첩, 酒匂景信 大尉의 사인死因이었다. 의문점은 다음과 같다.

1) 酒匂景信가 쌍구본을 일본으로 가져갔고, 참모본부에서 연구가 이루어졌다는 점이다. 주지하는 바와 같이, 참모본부는 실사구시實事求是의 입장에서 역사 연구를 하는 기관이 아니고, 국가를 위해서라면 모든 행위・모략이 정당화된다고 생각하는 국가정책수행의 두뇌집단이다. 酒匂 大尉가 다만 쌍구본을 가져간 것 만이라면, 그의 이름이 최근에 이르기까지 숨겨진 이유는 과연 무엇인가?

2) 酒匂景信는 1888년 12월에 쌍구본을 '황실에의 헌납獻納'한 일이 있다. 참모본부원으로 공무 중에 酒匂가 광개토왕 비문의 쌍구본을 일본으로 가져갔고, 그 책은 당연히 참모본부의 소유물인데, '황실에의 헌납'에 있어서 酒匂景信의 이름으로 마치 개인의 소유물인 것처럼 해서 그것을 행한 것이다.[31]

3) 酒匂가 공상功賞되었던 시점, 즉 1897년 3월 31일 전후에는 '明治 27・8년 전역戰役의 공功에 의하여'(청일전쟁), 전사자 및 생존자에 대한 포상 및 상여금 수여가 잇달아 시행되었지만, 1897년 3월 31일 발령이 실려 있는 『관보官報』(제4121・4125호)를 조사해 보아도 酒匂景信의 것은 게재되어 있지 않다. 또 일시 상여금은 '일금 4백원'

31) 佐伯有淸, 『研究史・広開土王碑』(東京 : 吉川弘文館, 1974), p. 268.

(육군 보병대위 大庭雄貴에 대한 것, 『官報』 號外)을 최고로 하고, 그 이하의 금액이 많은 가운데, 酒匂景信에 대한 '일금 5백원'은 파격의 은전恩典이었다는 것을 알 수 있으리라.[32)]

4) 그가 죽은 후, 3년을 거친 뒤에 수행된 청일전쟁에 도움을 준 생전의 공이 포상되고 있으나, 그 공이란 어떤 것인가… 酒匂景信는 그의 체재 중에 세상에 알려지게 된 비문에 주목하여, 참모본부의 자료를 가져와서 활용하고자 했으나, 이 탁본 그 자체는 참모본부에서 酒匂景信의 공으로 포상되는 청일전쟁에 도움이 많이 되는 자료로써 중시重視되었다고는 생각할 수 없다.[33)]

5) 1936년 4월에 발간된 『대지회고록對支回顧錄』 하권의 소전小傳에 의하면, 酒匂는 舊島津藩士, 1850년 8월 15일 宮埼縣에서 탄생하여… 1891년 3월 종6위從六位가 수여된 이후, 군君의 경력은 분명치 않다. 따라서 사망한 연월 및 유족의 상황도 밝히지 못함을 유감으로 생각한다.[34)]

酒匂景信 육군 포병대위는 1850년에 태어나 1891년에 사망했다. 간첩으로 외국에 파견하기 위해서는 엄밀한 신체검사를 거쳐 선발되었을 터인데, 40세의 젊은 나이로 죽었다는 것은, 돌발적인 사고가 없는 한, 의문시 되는 것이 아닌지? 특히 1), 2), 3), 4), 5)의 의문점을 고려했을 때, 비문의 변조·삭제와의 직접적 연관에 의하여, 그 비밀을 영원한 수수께끼로 감추기 위해 그는 모살되었다,고 가정한다면 이해가 가능하지만, 이 문제는 앞으로의 연구 과제임을 지적해 둔다.

32) 上揭書, pp. 268~269.
33) 上揭書, pp. 266~267.
34) 佐伯有清, 『広開土王碑と參謀本部』(東京 : 吉川弘文館, 1976), pp. 210~212.

• 맺음말

문헌사료에 의해서는 울산지역의 고구려 묘제인 적석총이 존재하는 이유를 설명하기는 어렵지만, 庚子條의 분석·해석에 의해, 그것은 신라를 구원하기 위해 파견된 고구려군의 전사자를 매장한 것에서 유래된다고 해석이 가능하리라, 물론 앞으로 발굴·조사가 필요하지만.

경자조 해석에 있어서의 난점은 고구려 파견군의 병력, 파병 경로, 남거성, 신라성, 종발성, 안라인 수병戍兵 등이 있다. 필자는 사료비판과 군사 사학적 관점에서 파견군의 병력은 1만~1만 5천 명 정도로 추산하고, 육로가 아닌 해로로 울산·김해방면에 기습적 상륙작전을 수행했다고 생각한다. 그리고 남거성은 울산의 문수산성, 신라성은 왕도가 아니고, 국경부근 또는 점령된 신라의 성, 종발성은 김해의 분산성으로 비정했다. 안라인 수병戍兵은, 王健群說에 찬성하여 신라인에게 수비시켰다고 해석했다. 이러한 관점에서 경자조의 새로운 해석을 시도해 보았다.

경자조에 문자의 탈락이 특히 많은 이유는, 『日本書紀』 神功皇后 49년조의 내용, 즉 한반도 남부의 7개국의 평정은 허구인데도 사실史實로 생각하여 광개토왕 비문의 연구는 '49年條'의 논거 또는 합리화를 위해 연구가 진행되었다는 데서 유래한 것으로 본다. 과거 국제적으로 사학계에서 비문이 변조·삭제 등이 논쟁의 초점이 되었는데, 그 배경에는 임나일본부설의 뿌리인 '49年條'가 있었기 때문이라 생각한다.

쌍구본을 일본으로 가져간 간첩, 酒匂景信 大尉에 관해서는 여러 가지 의문점이 많으니, 그의 사인死因은 앞으로의 연구 과제임을 지적해 둔다.♣

(『경주사학』, 동국대학교, 1999년 12월)

8. 周留城·白江의 位置比定에 관하여

-軍事史學的 研究方法에 의한 고찰-

• 머 리 말

7세기 후반의 한반도는 고구려·백제·신라의 삼국 대립의 최종단계에 이르렀다. 백제의 공세攻勢에 의해 위기에 몰린 신라는 당唐의 협력을 얻어, 660년 먼저 백제를 항복시켰다. 그러나 옛날부터 백제와 긴밀한 관계에 있었던 왜국倭國은, 백제 부흥군의 활동을 지원하여 출병했으나, 663년 백강白江[1] 해전海戰에서 참패를 당했다.

나·당 연합군과 백제부흥·왜군에 의한 백강·주류성[2]을 무대로 하는 백제 최후의 결전장은 여러 가지 이유가 있어서 지명 비정地名比定에 혼선이 있고, 그것이 현재의 어디인가에 대해서 아직도 정설定說이 없다. 그렇다면 그 원인은 무엇일까? 그것은 고전장古戰場의 위치 비정의 규명에는 군사이론을 바탕으로 하는 군사사학적軍事史學的 연구방법[3]을 전연 고려하지 않았기 때문이 아닐까? 군사이론의 필요성을 조금이라도 시인한 것은, 今西 龍(이마니시 류)가 "나는 군사에 무식하지만 상식적

---

1) 『三國史記』에는 「白江」, 「白沙」로, 『日本書紀』에는 「白村江」, 『唐書』에는 「白江」, 「白江口」로 표기되어 있다.

2) 『三國史記』에는 「豆良尹城」, 「豆陵尹城」, 「豆率城」으로, 『日本書紀』에는 「州柔城」, 「疏留城」으로, 『唐書』에는 「周留城」으로 표기되어 있다.
『新增東國輿地勝覽』(1530)의 扶安縣에 의하면,
- 禹陳巖 : 변산 꼭대기에 있다. 바위가 몸은 둥글면서 높고 크고, 바라보면 눈(雪)빛이다. 바위 밑에 3개의 굴이 있는데…
- [備考] 禹金城 : 禹金巖 기슭에 있다. 둘레는 10리인데, 妙香寺가 그 안에 있다. 그 후, 「禹陳古城」, 「遇金山城」, 「位金岩山城」으로 불렸으나, 1994년 3월 발행 이후의 國立地理院 5만분의 1 지도에는 「周留山城」으로 기재되어 있다.

3) 拙著, 『韓國軍事史序說』(경주 : 서라벌군사연구소, 1989), pp. 11~77.

으로 생각하여…"[4] 하는 정도이고, 많은 연구자들은 고전장의 위치 비정에 군사이론의 필요성, 그 자체를 알지 못하고 있었던 것이 아닐까.

병법兵法에 의하면, "싸우는 장소, 싸우는 일시日時를 적보다 먼저 알고 있다면, 가령 천리의 길을 원정해도 적과 싸울 수 있다"[5]고 했고, 또 나폴레옹은 "전쟁이란 위치의 상거래이다"[6](War is a business of positions)고 주장했는데, 이것은 전략지점戰略地點의 점유는 전쟁·작전의 성공을 결정하는 중대사이며, 새삼스럽게 전례戰例를 소개할 필요도 없이 시골장터에서 아낙네들의 자리다툼을 보더라도 알 것이다.

필자는 주류성·백강의 위치 비정에 관해 흥미를 가지고 있었지만, 그동안 현지답사의 기회를 얻지 못하다가, 금년(2003) 6월 3일, 일본 방위청 방위연구소의 林 吉永(하야시 요시나가)(전사부장戰史部長)와 부안군청의 문화재 전문위원 김종운金鍾云 박사의 안내로 함께 조사·답사를 했는데, 이것은 그 결과이며, 군사사적軍事史的 연구방법에 의한 주류성·백강의 위치 비정에 관한 시도이다.

1. 종래의 여러 견해

1) 안정복安鼎福에 의하면 두량윤성豆良尹城은 지금의 정산定山(충청남도 청양군 정산면)이고… 고사비성古沙比城은 지금 미상未詳이라 했다.[7]

2) 津田左右吉(츠다 사우기치)에 의하면, 주류성의 위치는 명확하지는 않

4) 今西 龍, 1930「白江考」『百濟史研究』(東京 : 國書刊行會, 1970), p. 358.
5) 孫武, 『孫子』(513 B. C.?) 虛實 第6.
6) Alfred T. Mahan, *Naval Strategy* (Westpoint, Conneticut : Greenword Press, 1911), p. 127.
7) 安鼎福, 1778『東史綱目』 第4 上, 辛酉年.

지만, 금강 하류의 서안西岸에 있는 것 같다. 『구당서舊唐書』에 후년後年 주류성을 함락시킨 모습을 기록하여, 「劉仁軌…率水軍及糧船, 自熊津江往白江, 以會陸軍, 同趨周留城, 仁軌遇扶餘豊之衆於白江之口, 四戰皆捷, 楚其舟四百艘, 賊衆大潰, 扶餘豊脫身而走」라 말하고,… 문무왕文武王의 서書에, 「行至周留城下, 此時倭國船兵來助百濟, 倭船千艘停在白沙, 百濟精騎岸上守船, 新羅驍騎爲漢前鋒, 先破岸陣, 周留失膽, 遂卽降」이라 말한 것도 이를 가리킨다. 이러한 글에서 미루어보아, 주류성 함락의 원인은 백강의 패전에 있었으니, 따라서 주류성의 위치가 백강의 연안임을 알 수 있으리라. 백강은 제기濟紀에 기벌포伎伐浦의 별명別名이라 하니, 금강의 하구, 또는 하구에서 멀지 않은 하류일 것이다.… 州柔가 周留이어야 하는 것은 『일본서기日本書紀』에 이것을 가지고 복신福信이 풍장豊璋을 옹립하여 거수據守시킨 백제군의 근거로 만들었다는 것을 알기 때문에… 백강촌白村江은 소위 백강으로서, 또한 그것이 금강의 하구 부근이라는 것은 일본군이 해로海路로 곧 도달할 수 있는 지점이라는 것으로도 알 수 있다. 그렇다면 백강의 패전에 의해 곧 함락한 州柔, 즉 周留城의 위치가 금강의 하류이어야 한다는 것, 『일본서기』도 또한 이를 증명하고 있다.… 또 문무왕의 서書에, 「福信起於江西」라 했는데, 소위 강서江西의 근거지는 주류성인 것으로 보이는 것으로도 알 수 있다.… 나는 여전히 주류성을 가지고 한산韓山 부근이라 하고, 또 이것을 두량윤성이라 기록했다는 가정설을 유지한다.[8)]

3) 小田省吾(오다 쇼고)에 의하면, 백강, 이 강명江名은 종래 보통의 책에는 금강錦江, 즉 웅진강熊津江의 하류라 부르고 있지만, 나는 이에 동의할 수 없다. 왜냐하면, 금강의 강구江口는 『삼국사기』에 웅진강구熊津江口 또

8) 津田左右吉, 1913「百濟戰役地理考」『津田左右吉全集』第11卷(東京 : 岩波書店, 1964), pp. 172~173, p. 177.

는 웅진강이라 하고, 백강의 하내河內는 별도로 백강구白江口로 기록되어 있고, 결코 동일한 하천으로 볼 수 없기 때문이다. 또 동서同書 주류성 포위조包圍條에, "유인궤劉仁軌 등 수군 및 양선糧船을 이끌고 웅진강으로부터 백강으로 나아가, 거기서 육군과 만나…"라고 기록되어 있는 것을 보면, 당의 수군은 웅진강구를 나와 백강으로 향한 것이 틀림없다. 두 강은 분명히 각각 다른 것이어야 한다.

그렇다면, 백강은 어느 강에 해당하는 것일까? 다행히 『삼국사기』에 "백강 혹은 기벌포라 한다"고 되어 있다.… 생각컨대, 주류성 공격 때, 劉仁軌의 당 수군은 웅진강구를 나와 백강구, 즉 동진강구東津江口로 향했으리라. 따라서 나는 백강구, 즉 기벌포를 현재의 동진강 하구로 비정하고자 한다.… 이미 동진강구를 백강으로 시인한다면, 나는 지금의 부안읍扶安邑 혹은 그 부근의 고성지古城址를 주류성으로 비정하는 것을 가장 타당하다고 생각한다.[9)]

4) 池內 宏(이케우치 히로시)에 의하면, 이들 양 설兩說을 보건대, 津田氏가, "『통감通鑑』 및 『구당서』에 당군이 웅진강구에서 백강으로 향했다는 것은, 상류에서 하항下航했다는 뜻이며, 웅진 부근을 웅진강이라 말하고, 하구 부근을 백강이라 칭했다"고 주장한 데 대하여, 小田氏는 "당의 수군은 웅진강구를 나와 백강으로 향한 것이 틀림없다. 두 강은 분명히 각각 다른 것이어야 한다"고 주장했다. 견해의 가장 현저한 차이는 여기에 있다. 어느 것을 택할 것인가 하면 나는 전설前說의 타당함을 믿는다.

전게前揭의 『구당서』 백제전百濟傳에 "도침道琛 등이 웅진강구에 양책兩柵을 세워 관군官軍을 막았다"고 하는 이상, 소위 웅진강은 금강의 하구를 가리키는 것이어야 한다. 즉 웅진강의 명칭은 금강의 하류에 적용되

---

9) 小田省吾, 1927『朝鮮史大系』(上世史)(東京 : 原書房復刻版, 1975), pp. 194의 1~196.

고 있는 것이다. 또한 웅진강의 하류에 대해 백강의 명칭도 있었던 것은, 용삭龍朔 3년의 주류성 공격에 관하여 백제전百濟傳에 「劉仁軌…自熊津江往白江, 以會陸軍」이라 하고, 『통감』에는 「仁軌…自熊津入白江, 以會陸軍」으로 되어 있는 것으로도 안다.… 나는 주류성의 위치를 부안읍 혹은 그 부근이라는 小田氏의 설을 부인하고, 津田氏의 견해에 따라 이 명성名城의 고지古址를 금강 하류의 우안右岸 가까운 데서 찾고자 한다.[10)]

5) 今西 龍에 의하면 주류성의 위치는 어디인가. 먼저 얘기한 바와 같이, 그것은 고부古阜 부근에 있는 것에 의심할 여지가 없다. 용삭 3년(663), 이것을 공격하는 데, 웅진 도독부熊津都督府로부터 수륙로水陸路로 나누어, 수군이 웅진강(지금의 금강)을 내려와 백강으로 가서 육군과 만나는 방법을 택한 것, 주류을 평정하자 곧 군대를 돌려 임존任存을 공격한 것을, 「南方已定, 廻軍北伐」이라 기록한 데서도 그 위치의 대강을 추측할 수 있다.… 그렇다면 고부 부근에 산성山城을 구한다면, 고부에 가깝고 그 동남에 위치하는 두승산성斗升山城과 그 서쪽 약 16킬로미터에 있는 우금암산성遇金岩山城이다. 이 두승산이야 말로 주류성이다…[11)]

변산邊山의 동쪽 한 봉오리에 거대한 바위가 서 있으며, 아무데서나 멀리서 바라볼 수 있다. 이 바위가 곧 위금암位金巖이며, 이 바위를 한 모퉁이로 해서 산성지山城址가 있다. 즉 위금암고산성位金巖古山城이며, 내가 오랫동안 찾고 있었던 주류성이다.[12)]

만약 당·나의 육군이 주로 부안방면으로부터 주류성으로 향했다면, 백강은 小田教授가 비정한 것처럼 동진강이 되어야 하지만, 만약 당·나군의 육군이 주로 고부방면을 근거로 하여 주류성으로 향했다면, 전

---

10) 池內 宏, 1934「百濟滅亡後の動亂及び唐・羅・日三國の關係」『滿鮮史研究』上世 第二冊(東京 : 吉川弘文館, 1960), pp. 113~115.

11) 今西 龍, 1930「周留城考」『百濟史研究』(東京 : 國書刊行會, 1970), pp. 346~348.

12) 上掲書, pp. 513~514.

기前記의 두 강 외에 변산반도의 남쪽에 있는 줄포내포茁浦內浦도 가해야 한다.… 나는 만경강萬頃江 · 동진강을 백강의 후보지로 하는 외에, 이 내포도 여기에 가해야 한다고 생각한다.[13]

6) 신채호申采浩에 의하면, 당장唐將 소정방蘇定方은 백강구白江口의 기벌포에 이르러 수리數里 진풀(이해泥海)에 행군할 수 없어 초목草木을 베어다가 바닥에 깔고 간신히 들어오는 데… 의직義直이 중군衆軍을 호령하야 격전하다가 죽으니… 신라인이 의직의 죽은 곳을 이름하여 조용대釣龍臺라 하니… 백촌강白村江은 『해상잡록海上雜錄』에 보인 바, 의직의 죽은 곳이라 함이 가可하니라.[14]

- 주류성周留城(김유신전金庾信傳의 두솔성豆率城이니 금연기今燕岐의 원수산元帥山?)을 …[15]

7) 이병도李丙燾에 의하면, 복신福信 · 도침道琛 등은… 임존성任存城으로부터 남하하여 주류성(한산韓山)에 거據하고 웅진강구熊津江口(백강) 연안에 양 책兩柵을 세워…[16]

주류성은 첫째 험고險高하다는 것과 또 사비성泗沘城과의 거리가 그렇게 멀지 않다는 점, 웅진강(금강)구 부근에 있어 왜국倭國과의 교통이 편리한 점 등을 생각해 볼 때, 나는 흔히들 말하는 바와 같이 이를 지금 서천군舒川郡 한산면韓山面의 건지산성乾芝山城에 비정하고 싶다.[17]

13) 上揭書, pp. 357~359.
14) 申采浩, 1931『朝鮮上古史』(서울 : 鐘路書店, 1948), p. 354.
15) 上揭書, p. 359.
16) 李丙燾, 『韓國史』(古代篇)(서울 : 乙酉文化社, 1959), p. 514.
17) 李丙燾 譯註, 『三國史記』(國譯篇)(서울 : 乙酉文化社, 1983, 4版), p. 429.

이러한 견해는 그 후, 이홍직,[18] 이기백,[19] 이기동,[20] 정효운,[21] 김창석[22] 등에 의해 수용되었다.

8) 전영래全榮來에 의하면, 주류성은 연안지방인 백강구에 기벌포 해안이 있고, 이 일대에 고사비성古沙比城, 피성避城 등이 서로 이웃하고 있다고 전제하고, 기벌포를 백제의 개화현皆火縣으로 후의 부녕지방扶寧地方으로 보아, 고사비성은 고사부리古沙夫里로 현現 고부지방古阜地方이고, 백촌 곧 백강은 백제 소량매현所良買縣인 현 부안군扶安郡 백산면白山面 일대이며, 피성은 백제 벽골군碧骨郡으로 현 김제지방이라 하여, 주류성(두량윤성)의 위치를 현 줄포만茁浦灣을 거느린 부안군 상서면에 있는 위금암산성과 그 주변에 비정하였다.[23]

9) 노도양盧道陽에 의하면, 주류성이란 지명은 661년대에는 지금의 충남 청양군 정산면의 두릉윤성豆陵尹城을 지칭하였고, 662년대에는 지라성支羅城이라고도 하였다. 그러나 일반적으로 또는 역사적으로는 663년 8월에 나·당군에게 함락된 백제 부흥군의 최후의 근거지 주류성을 말한다. 이 주류성의 위치를 전라북도 부안군 변산반도에 있는 위금암산성으로 비정한다. 백강·기벌포·백강구를 지금의 금강의 하류로 보는데는 동의할 수 있으나, 『일본서기』의 「백촌」 및 「백촌강」과는 서로 확실히 다르며, 또 「백촌강」은 부안군의 서부를 흐르는 「두포천斗浦川」이라 주장했다.[24]

---

18) 李弘稙編, 『國史大事典』(서울 : 知文閣, 1963)(上), p. 558 및 (下) p. 1455.
19) 李基白, 『韓國史新論』(서울 : 一潮閣, 1967), pp. 86~87.
20) 李基東, 『百濟史硏究』(서울 : 一潮閣, 1996), p. 35.
21) 鄭孝雲, 「七世紀代의 韓日關係의 硏究－白江口戰에의 倭軍派遣 動機를 中心으로－」(下), 『考古歷史學志』 第7輯, 東亞大學校 博物館, 1991, pp. 219~220.
22) 金昌錫, 「唐의 東北亞戰略과 三國의 對應」『軍史』 第47號, 國防部 軍史編纂硏究所, 2002, p. 252.
23) 全榮來, 「周留城·白江 位置比定에 관한 新硏究」, 1976, p. 65.
24) 盧道陽, 「百濟 周留城考」『明知大論文集』 12輯, 1979~1980, pp. 26~33.

10) 김재붕金在鵬에 의하면, 『일본서기』에 나타나는 소유성疏留城을 주류성으로 보고, 이의 기록을 주안점으로 하여, 이 주류성(소유성)의 백제군 때문에, 당인唐人들이 그들의 당시의 근거지인 사비, 웅진으로부터 북상하여 고구려 남계南界를 칠 수 없었을 뿐 아니라, 신라가 서쪽에 있는 성에 물자를 수송할 수 없었다고 보아, 안성천安城川을 백강 또는 백촌강으로 보고 안성천 하구인 백석포白石浦를 백촌으로 파악하여, 주류성을 전의지구全義地區 일대에 비정하고 두솔성豆率城을 도살성道薩城의 이칭異稱이라 하여, 고려산성에 비정하였다.[25)]

『일본서기』에 전하는 백촌강은 안성천 하구에 위치한 백석포이며, 백촌강으로 표기하고 『일본서기』에서 'ハクスキのエ'로 읽는 것은 백석포를 일본어의 음音으로 읽고 뜻을 붙인 것이라고 생각한다. 'ハクスキ'는 백석에 대한 일본인들의 발음이지만, 'スキ'는 일본고어日本古語에서 '村'이었다. 그리고 'エ'는 江·浦를 의미하는 말이다.[26)]

11) 심정보沈正輔에 의하면, 제2기 이후에는 부흥군의 중심 거점으로, 주류성이 임존성에 대신하여 중요한 지위를 확보하게 되었는데, 그 이유는 주류성이 금강 하류에 위치하였으며, 당 수군의 진입을 견제할 수 있는 지리적 이점을 점하고 있기 때문이라고 할 수 있겠고, 필자의 연구로서는 한산 건지산성 설이 가장 유력시 된다. 그리고 백강구, 즉 기벌포의 위치에 대해서도 역시 금강 하구로 비정하는 것이 가장 타당하다고 믿게 되었다.[27)]

12) 鈴木 治(스즈키 오사무)에 의하면, 백촌강은 백강이라고도 하고, 공

25) 金在鵬, 「全義 周留城 考證」, 1980, pp. 17~18, pp. 30~36.
26) 金在鵬, 「百濟周留城의 硏究」, 1995, p. 24.
27) 沈正輔, 「百濟復興軍의 主要據點에 관한 硏究」『百濟硏究』 14輯, 1983, p. 178.
追記 : 8)은 이 논문에서 재인용함.

주를 흐르는 부근을 옛날에는 웅진강이라 했다. 금강의 중류이다. 조금 내려가면 웅진 다음에 수도가 된 부여가 있다. 옛날에는 사비라 했다. 이 부근에서부터 수류水流가 바위에 부딪쳐 흰 파도가 일어나기 때문에, 지금도 백마강白馬江의 이름이 있다. 백마강은 수직으로 남하한 후, 강경江景으로부터는 거의 직각으로 흐름을 바꾸어, 서해안을 향해 흘러 군산의 북쪽으로 빠진다. 이 사이의 40킬로, 이것이 금강의 하류, 즉 백촌강 혹은 기벌포이다.[28)]

백제군은 朴市田來津(에모메다구츠)의 戰略에 따라 주류성을 근거지로 했다.… 「주류성」이 어디인가에 대해 논의가 있으나, 백촌강 강구 북안北岸의 한산韓山에 비정된다.[29)]

13) 鬼頭淸明(기토 기요아키)에 의하면, 유인궤劉仁軌는… 수군을 이끌고 웅진으로부터 하류의 백강(금강)으로 나아가 육군과 합류하여 주유성(지도에 의하면 한산으로 비정되어 있음－필자)으로 향했던 것이다.[30)]

14) 小林惠子(고바야시 야스코)에 의하면, 기벌포＝웅진강(금강), 백강＝아산만으로 추정하지만, 당군이 산동반도로부터 황해 횡단의 최단 수로最短水路를 택하여 아산만의 덕물도德物島에 도착, 덕물도로부터 아산만 남쪽의 당진부근에 상륙하는 것이 약간의 어려움이 있지만, 백제에 들어가는 가장 가까운 길이라 말할 수 있다.[31)]

15) 川崎 晃(가와시키 아키라)에 의하면, 8월 당·신라의 연합군은 부흥군의 거점인 주류성(주유성·충청남도 금강 하류)에 수륙으로 압박했다. 금강

28) 鈴木 治, 『白村江』(東京 : 學生社, 1972), p. 37.
29) 上掲書, p. 50.
30) 鬼頭淸明, 『白村江』(東京 : 教育社, 1981), p. 150.
31) 小林惠子, 『白村江の戦いと任申の乱』(東京 : 現代思潮新社, 1987), p. 75.

하류의 백촌강(백강)에서 당 수군과 일본 수군이 조우했으나…[32]

필자는 주류성·백강의 위치 비정에 관한 지금까지의 연구 성과를 검토하면서, 연구자의 견해가 엇갈리고 또 정설이 없는 원인을 다음과 같이 분석해 보았다.

가) 주류성·백강의 지명이 각 국의 사서史書에 따라 상이相異하기 때문에 연구자의 머리 속을 혼란케 하고 있다는 점이다. 예컨대, 주류성은 『삼국사기』에는 「두량윤성」, 「두릉윤성」, 「두솔성」으로, 『일본서기』에는 「주유성」, 「소유성」으로, 『당서唐書』에는 「주류성」으로 기록되어 있다.

나) 동일한 사료(한문漢文)에 대한 연구자들의 서로 다른 이해·해석이다. 예컨대 『구당서』의 「劉仁軌…率水軍及糧船, 自熊津江往白江以會陸軍, 同趨周留城」 등이다. 사료의 선택·비판·해석은 역사학 연구의 알파요 오메가(alpha and omega)인 동시에, 이 문제는 사람에 따라 달라지며, 대가大家의 이해·해석이 반드시 옳다고는 할 수 없다. 바로 이 점이 개인의 능력, 사료의 이해·해석방법 그리고 연구대상과 연구방법에 대한 적합성·타당성 등이 검토되어야 하는 과제이다. 예컨대, 오늘날 일본과 한국의 고대사학계에서는 津田左右吉의 학설이 주류를 형성하고 있지만, 거기에는 연구대상에 대한 방법론에 문제점을 내포하고 있다는 것이 필자의 견해이다.

다) 주류성과 백강의 위치는 서로 가까운 곳에 있다는 것은 상술上述한 사료에 의해 모든 연구자들은 동의하고 있다. 그렇다면 사료

---

32) 川崎 晃, 「白村江の戦い」『日本古代史事典』(東京 : 大和書房, 1993), p. 266.

로 그 위치를 확실하게 증명할 수 있는 쪽을 택하는 것이 바람직한 방법이라 생각했다. 그런데 "이 백강에 대한 올바른 해석이, 주류성의 위치 해명을 위한 선결 문제라 하겠다"[33]고 했는데, 동의할 수 없으며, 필자는 주류성의 위치 비정에 필요한 확실한 사료가 더 많기 때문에 이 방법을 택했다.

라) 주류성·백강이라는 고전장古戰場의 위치 비정을 규명함에 있어서, 여러 연구자들은 문헌사학적·고고학적·지리학적 그리고 음운학적音韻學的 연구방법 등을 구사해 왔다. 그런데 군사사학적軍事史學的 연구방법, 즉 군사이론과 역사학을 통합한 학문으로써, 군사문제로 연구한 사람은 아무도 없었기에, 필자는 이 방법으로 문제의 규명을 시도해 보고자 한다.

2. 군사사학적 연구방법에 의한 고찰

가. 제해制海의 관점에서

해양력(sea power)과 해상 통제(control of the sea)가 역사의 흐름이나 정치, 국가의 번영에 미치는 영향이 지대하다는 것은 아득한 옛날부터 알려져 있었지만, 이 문제를 학문적으로 체계화한 것은 미국 해군의 마한 대령(1840~1914)의 명저名著『해양력이 역사에 미친 영향』(1890)이었으며, 그는 다음과 같이 주장했다.

역사가는 대체로 바다의 사정에 어둡다. 그들은 바다에 대하여 특별한 관심이나 지식을 가지고 있지 않기 때문이었다. 그래서 그들은 해상력이

33) 沈正輔, 前揭論文, p. 172.

커다란 여러 문제에 있어서 깊고 결정적인 영향을 미친다는 것을 간과해 왔었다.…

여기서 말하는 넓은 뜻의 해양력이란, 무력에 의한 해상 혹은 그 일부분을 지배하는 해상의 군사력뿐만 아니라, 평화적인 통상通商 및 해운海運도 포함하고 있다. 이처럼 평화적인 통상 및 해운이 있어야만 비로소 해군의 함대가 자연스럽게 또 건전하게 태어나고, 그것이 함대의 건실한 기반이 되는 것이다.[34]

마한 대령은 해양력에 영향을 미치는 주요 조건으로써, (1) 지리적 위치, (2) 자연적 형태, (3) 영토의 범위, (4) 인구의 수, (5) 국민성, (6) 정부의 성격(국가의 여러 제도도 포함)을 다루며 상세하게 설명했으나,[35] 해상 통제에 관해서는 명확한 정의를 내리지 않았다. 그러나 일반적인 견해는, 전시나 비상사태에 임하여 자국自國이 필요로 하는 해상을 자유롭게 사용하는 동시에, 적으로 하여금 자국을 공격하는 목적을 위하여 일정한 해역海域을 자유롭게 사용치 못하게 하는 것을 뜻한다.

진실로 해상을 관제했다 하여도, 제해란 전파 탐지기가 없는 시대에 있어서 적의 단독 행동의 함선이나 작은 전대戰隊도 살며시 항구에 잠입 혹은 탈출할 수 없다거나, 긴 해안선상의 무방비의 지점에 대해 적을 괴롭히는 습격도 가할 수 없다는 뜻이 아니라, 상대적인 성질을 가진다. 어느 국가가 해상 병참선을 이용하여, 혹은 적에 대해 그 이용을 거부할 능력이 전반적인 전략의 견지에서 거의 만족한 상태에 있을 때, 이것을 '제해가 확립되었다'고 말하고, 적의 위협에 의해, 그 국가의 해상 병참선을 이용할 수 없거나 혹은 적의 사용을 거부하는 능력이 감소하여, 그 결과로 그 국가의 전략적 요구가 만족할 수 없는 경우, 이것은

---

34) Alfred T. Mahan, *The Influence of Sea Power upon History, 1660~1783* (Boston : Little, Brawn and Company, 1890), Preface and p. 28.

35) 上揭書, pp. 29~89.

'제해를 상실했다'고 일반적으로 말한다.

제해를 획득하는 것이 해군의 사명이며 또 무력武力에 의해 해상 혹은 그 일부분을 지배하는 해상의 군사력, 즉 우세한 해군력을 확보·유지해야 하는 것이다. 그렇다면, 어떻게 제해를 획득할 것인가? 마한 대령에 의하면, 전쟁에 있어서 해군의 주요 목표는 적의 해군을 격멸하는데 있다. 적은 산재散在하는 전략지점 간의 연락을 유지하기 위해, 그 해군을 필요로 하기 때문에, 이것을 공격한다는 것은, 즉 적의 전략지점에 가할 수 있는 가장 확실한 공격이다,[36)]고 말했다. 그가 만약 클라우제비츠의 『전쟁론戰爭論』(1832)을 읽었더라면, 해군의 주요 목표를 더 상세히 체계화했을 터인데.

당의 수군이 바다를 건너왔을 때, 백제로서는 해상에서 요격하는 것이 최상책이며, 그 다음은 상륙군의 반수가 상륙했을 때 공격하는 것이 유리하며,[37)] 그 다음은 상륙군이 교두보를 설치하고 전비를 갖춘 연후에 공격하는 것으로 이것은 최하책이다.

660년 6월, 13만의 당군이 덕물도에 왔을 때, 태자 법민은 병선 100척을 거느리고 소정방을 맞이했는데, 663년 8월 왜 수군이 백강에서 패배할 때까지, 백제 수군이 전연 등장하지 않는 이유는 무엇일까? 마한 대령의 해양력에 영향을 미치는 주요 조건을 비교했을 때, 신라보다는 백제가 유리했음에도 불구하고, (6) 정부의 성격, 즉 백제 의자왕은 주색酒色에 빠져 수군의 육성에 관심이 없었기 때문이었다.

따라서 당의 성산城山으로부터 신라의 덕물도 그리고 웅진강(금강)을 통하여 사비성(부여)에 이르는 당의 해상 병참선은 안전했으며, 또 당군의 제해가 확립되어 있었다고 보아야 할 것이다. 그렇다면 주류성이 웅진강구 좌측의 한산에, 혹은 아산만의 동남에 주류성(연기군 전의면)이 소

---

36) Alfred T. Mahan, *Naval Strategy*, p. 199.

37) 『孫子』 行軍 第九에는 「令半濟而擊之利」라고 했다.

재한다면, 다음 사료들은 어떻게 해석할 것인가?

(사료 1) 齊明 6년(660) 10월, 백제의 좌평 鬼室福信이 좌평 貴智를 보내, 당의 포로 100여 인을 바쳤다.… 또 군사를 빌고 구원을 청하였다. 아울러 왕자 余豊璋을 되돌려 줄 것을 청하였다.… (『日本書紀』권 제26)

(사료 2) 7년(661) 8월, 前軍의 將軍 大花下 阿曇比邏夫連…들을 보내, 백제를 구하게 하였다. 무기와 식량도 보냈다.

• 9월, 小山下 秦造田來津을 보내 軍士 5,000을 거느리고, 본국에 돌아가는 길에 호위를 하게 했다.

(사료 3) 天智 元年(662) 春正月, 백제의 좌평 귀실복신에 화살 십만 촉, 실 500근, 솜 1,000근, 피륙 1,000단, 다룬 가죽 1,000장, 종자용 벼 3,000석을 주었다.

• 3월, 백제 왕(풍장)에 피복 300端을 주었다.… 그래서 장군을 보내 소유성䟽留城에 웅거하게 하였다.

• 5월, 大將軍…수군 170척을 거느려서, 豊璋 등을 百濟國에 보내고 칙하여, 豊璋에 그 위를 계승시켰다.

• 12월, 州柔(周留)에서 避城(金堤)으로 도읍하였다.

天智 2年(663) 春2月, 신라인이 백제의 남부 四州를 불태우고… 이때 避城은 적에게 너무 가까웠다. 그래서 거기에 있기가 어려워, 도로 州柔로 돌아왔다.

• 3월, 前軍 將軍 上毛野君稚子…를 보내, 27,000명을 거느리고 新羅를 치게 했다.

• 8월 27일, 일본의 수군 중 처음에 온 자와 大唐의 수군과 대전하여 일본이 져서 물러났다.

28일, …진을 굳건히 한 大唐의 군사를 나아가 쳤다. 大唐은 좌우에서 수군을 내어 협격

하여, 눈 깜짝할 사이에 관군이 패적하였다. (『日本書紀』권 제27)

당시의 주류성은 백제 부흥군의 왕성王城·작전기지 그리고 왜로부터 병원兵員·전략 물자의 보급이 계속되었음에도 불구하고, 663년 8월 백강 해전 때까지 당 수군과의 충돌이 전연 없었다는 것은 무엇을 뜻하는 것일까? 이것은 주류성이 당 수군의 제해권 외制海圈外에 소재하고 있었다고 보아야 하리라. 필자는 처음부터 주류성의 한산(건지산성乾芝山城) 설에는 의문을 가졌었다. 그 이유는 사비성으로부터 한산까지는 한나절의 행군 거리 내에 소재하고, 난공불락難攻不落의 지리적 특징도 없는데, 어떻게 3년간이나 버티고 있었을까? 군사작전의 관점에서는 이해하기 어려웠다. 최근 건지산성의 성벽 단면조사城壁斷面調査의 결과에 의하면, 고려 말기의 축조로 보이며, 백제시대까지는 거슬러 가지 않았다는 것이 밝혀졌다.(『韓山乾芝山城』 忠淸埋藏文化財硏究院·忠淸南道 舒川郡, 2001年)

그렇다면 주류성의 위치는 당 수군의 제해권 외의 어디일까? 663년 8월의 백강 해전과 주류성 전투의 양상을 다음 그림에서 살펴보고자 한다.

(사료 4) 이에 孫仁師·劉仁願과 新羅王 金法敏은 육군을 이끌고 진격했고, 劉仁軌 및 別帥 杜爽·扶餘隆은 水軍과 糧船을 거느리고 웅진강으로부터 백강으로 나아가 육군과 합류하여 함께 주류성으로 향하였다. 仁軌는 백강의 입구에서 扶餘豊의 무리들을 만나, 네 번 싸워 모두 이기고 적선 400척을 불태웠으며… (『구당서』 백제)

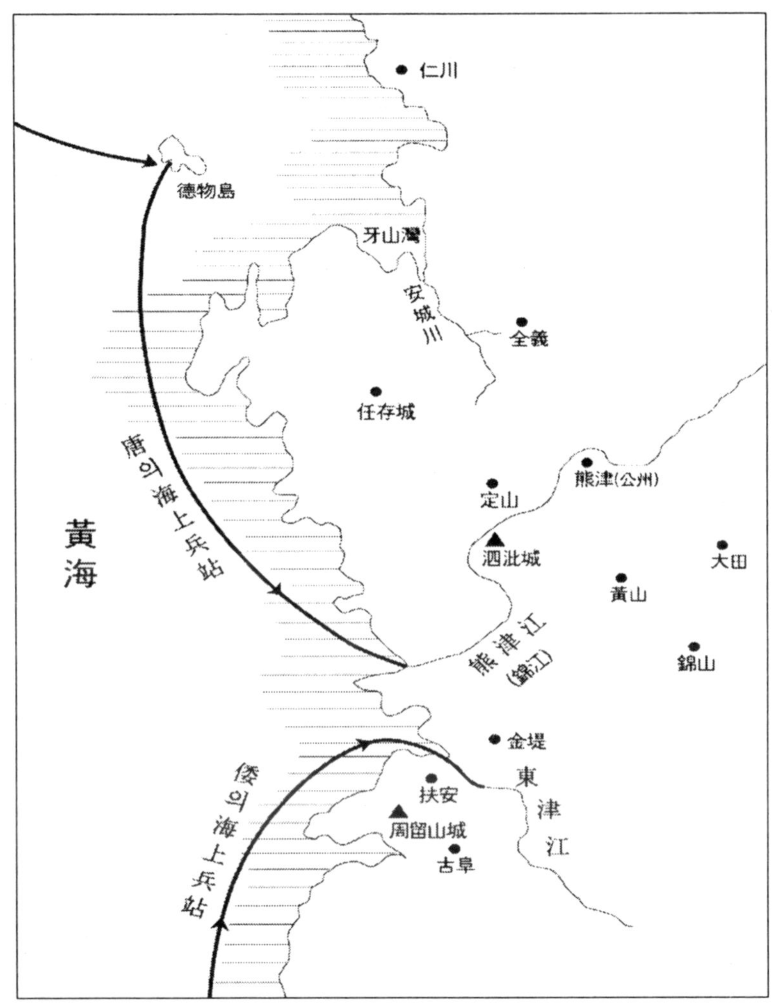

(사료 5) 龍朔 3년(663)에 총관 孫仁師가 군사를 거느리고 熊津府城을 來救할 때에 신라의 兵馬도 출동, 함께 가서 周留城下에 다다랐다. 이때 倭國의 船兵이 와서 백제를 도울 새, 倭船 1,000척은 白沙[38]에 停在하고 백제의 精騎는 岸上에서 그 선함을 수호했

38) 白沙는 白江 근처의 모래사장을 두고 말한 것으로 볼 수 있다. 東津江 하구와 연결되

> 다. 신라의 날랜 騎兵이 唐의 先鋒이 되어 백제의 岸陣을 깨뜨리니, 周留城은 실망하여 드디어 곧 항복하였다. 남쪽이 이미 평정되자, 군을 돌이키어 북쪽을 칠 새, 任存城만이 완강하게도 항복치 아니하므로… (『삼국사기』 신라본기 제7 문무왕 11년)

여기서 중요한 사실은, "劉仁軌는…水軍과 糧船을 거느리고 熊津江으로부터 白江으로 나아가 陸軍과 합류하여 함께 周留城으로 향하였다"고 기록되어 있다는 것이다. 이것은 당의 수군은 웅진강을 나와 백강으로 갔다는 것이며, 이것을 최초로 주장한 것은 小田省吾로써, 탁견이라 말하지 않을 수 없다. 주류성의 위치와 방향은 작전일지作戰日誌를 조사하면 명백해 지리라.

신라군과 당군은 웅진(공주)에서 육군의 연합군을 편성했으며, 663년 7월 17일에 출발하여 8월 13일에 두솔성(주류성)에 도착했고,[39] 17일에 州柔(周留)에 와서 왕성을 포위했다. 27일과 28일의 백촌강의 해전에서 왜 수군은 패배했고, 9월 7일 백제의 주유성(주류성)은 항복했다.[40] 10월 21일부터 임존성을 공격했으나 승리하지 못했다.[41] 남쪽(주류성)이 이미 평정되자, 군을 돌이켜 북쪽(임존성)을 쳤다[42](南方已定, 廻軍北伐)고 했으니, 주류성은 남쪽에 소재하고, 공주로부터 26일간의 행군거리에 있다는 것을 알 수 있다.

전영래는 주류성 함락 이후의 사항을 구체적으로 설명하고 있다. 즉

는 下西面의 모래사장은 짧지만 지금도 규사가 많아 강한 햇빛 아래에서는 희게 보인다. 『三國史記』의 白沙는 어디를 말한 것인지 알 수 없으나, 규사가 있는 모래사장은 扶安郡 下西面 長信里 밖에 없다.(卞麟錫, 「白江口戰爭을 통해서 본 古代韓日關係의 接點－白江 · 白江口의 歷史地理的 考察을 중심으로－」『東洋學』 第24輯, 檀國大學校 東洋學硏究所, 1994, p. 124.)

39) 『三國史記』 卷第42, 列傳第2(金庾信 中)

40) 『日本書紀』 卷第27, 天智天皇 2年.

41) 『三國史記』 新羅本紀 第6, 文武王 3年.

42) 上揭書, 新羅本紀 第7, 文武王 下.

나 · 당 연합군은 9월 7일 주류성 함락 후 10월 21일 임존성을 공격하기까지 자그마치 44일이 흘렀다. 부안 · 주류성으로부터 대흥大興까지는 444리(177.6㎞)라는 엄청난 거리이다. 연기로부터 대흥까지는 공주를 거친다 해도 138리(55.2㎞)에 불과하다[43]고. 이것은 김재붕의 주류성의 연기설에 대한 반론이다.

나. 작전기지 또는 교두보橋頭堡의 관점에서

전쟁의 준비 · 수행에 있어서 기지 · 근거지(base), 작전기지(base of operation) 그리고 교두보(beach-head)는 육 · 해군에 의해 사용되는 용어는 다르지만, 이들의 기능은 동일이다. 기지는 진군 · 공격을 개시하고, 또 사태가 불리한 경우에는 철수할 수 있는 자기 소유의 영토이며, 이곳은 군대의 인적 · 물적 힘의 원천, 즉 병력, 무기와 장비, 보급품, 그리고 식량을 구비하고 있는 장소이다. 이것은 마치 인간의 신체에 혈액을 공급하는 심장과 동일하다.

그래서 본국에서 멀리 떨어져 작전하는 군대는, 작전기지 부근에 본국의 기지와 동일한 조건을 구비한 제2 기지를 설치하고, 또 확실한 병참선(line of communication)에 의해 양편을 연결해야 한다는 원칙이 있으며, 만약 이를 무시하면 패배하는 것이다. 예컨대, 태평양 전쟁 중 솔로몬 군도群島의 가달가날 도島 전투에서 일본군의 패배이다. 제17군의 百武中將 휘하 약 3만 명의 장병 가운데, 적의 포화로 죽은 자는 약 5,000명, 굶어죽은 자는 약 15,000명, 약 10,000명만이 구출되었다.[44] 본국으로부터 멀리 떨어진 해상작전에 대해 미국의 마한 대령은 다음과 같이 주장했다.

---

43) 全榮來, 「周留城 · 白江戰鬪에 관한 硏究」(全州 : 2001), p. 12.
44) 今村 均, 『私記 · 一軍六十年の哀歡』(東京 : 芙蓉書房, 1971), p. 413.

> 본국으로부터 먼 해역에서의 작전은, 다만 일반 작전의 특별한 경우에 지나지 않는다. 즉 전쟁목적에 대해 유용한 지점을 곧 보유하고, 또는 아직 보유치 않은 원양遠洋에서 실시하고, 또 그러한 지점을 보유할 것인가의 여부에 관계없이, 공세적 행동을 취하며, 또한 적의 영토를 점령하고, 혹은 적어도 이것을 관제하기를 바라는 해상원정이다.… 먼저 합리적으로 안전한 본국 국경과, 적과 제해권을 다툴 수 있는 해군의 근본적 조건을 구비하고 있다면, 다음에 취할 조치는, 원정 목적의 달성상 가장 적절한 작전계획을 책정하는 일이다. 작전계획에 있어서 결정해야 하는 것은 기지(base), 목표(objection), 그리고 작전선(line of operation)이라는 모든 작전에 존재하는 세 가지이다.[45)]

본국으로부터 멀리 떨어진 도해渡海 상륙작전에 있어서 교두보를 어디에 설치할 것인가는, 전쟁목적, 군사목표, 작전선을 고려해서 결정해야 하며, 또 작전의 성패에도 중대한 영향을 미치는 문제이다. 문헌사료에 의하면, 당군의 교두보는 백강(기벌포)이지만, 거기는 현재의 어디일까?

> (사료 6) 600년 백제를 토벌하기 위해 군대를 이끌고 蘇定方은 城山(중국 산동성)으로부터 바다를 건너 웅진강구에 이르렀다. 적병은 강을 따라 진을 치고 있으니, 定方은 동쪽 강기슭으로 올라 산 위에 진을 치고 이와 싸워 크게 이겼다. 돛을 달고 바다를 덮으며 꼬리를 물고 들이닥치니 적병은 무너지고 수 천 명이 죽어갔고, 나머지는 흩어졌다.… 도성 밖 20여리를 남기고 적은 온 힘을 기울여 막았으나, 크게 이겨 이를 물리치고 만여 명을 사로잡았다. (『구당서』 열전 소정방)

상술上述한 사료에 의해, 定方은 13만의 대군을 이끌고 성산으로부터

45) Alfred T. Mahan, *Naval Strategy*, pp. 204~205.

곧바로 웅진강구로 상륙하여 적병을 패주시켰다고 해석하는 연구자도 있다. 예컨대, 今西 龍에 의하면 덕물도로부터 나와 금강에 들어가 왕도 王都 부여로 향하는 당 수군이 만경강 혹은 동진강에 들어가 다시 금강에 들어간다는 일은 결코 없기 때문이다.[46] 小林惠子에 의하면, 웅진강을 금강으로, 백강을 동진강으로 하는 설을 취한다면, 「백제 본기」에 당군이 백강을 지났다는 것을 듣고, 서둘러 웅진강을 방어하기 위해 출병했다고 했는데, 당군이 덕물도에 도착한 것은 확실하기 때문에 웅진강(금강)을 지나서 동진강에 가서 다시 북상하여 웅진강에 들어간 것이 된다. 따라서 백강을 금강의 남쪽에 비정하는 설은 모두 성립될 수 없다,[47]는 것이다.

바다를 건너온 상륙군이 최초로 해야 할 중요한 일은, 어디에 교두보를 설치할 것인가이며, 今西 · 小林 양인은 이것을 전연 고려하고 있지 않는 것 같다. 필자는 (사료 6)에는 定方이 덕물도에서 태자 법민을 만난 것과 교두보 설치에 관한 사항이 생략된 것으로 해석한다.

> (사료 7) 6월 21일, 왕이 태자 법민으로 兵船 100척을 이끌고 덕물도에서 定方을 맞게 했다. 定方이 法敏에게 이르기를, "내가 7월 10일에 백제 남쪽에 이르러 大王의 군사와 만나 義慈의 都城을 무찔러 破하려 한다." 하매… (『삼국사기』 신라기 태종왕 7년)

蘇定方이 신라와 합류하는 날자와 장소를 제시했다는 것은 당군의 깊은 계략이 숨겨져 있는 것이 아닐까? 그것도 덕물도에서 금강 하류까지는 일주일간이면 충분히 기습적 상륙작전의 실시가 가능한 데, 13만의 병력과 병선 1,900척(「鄕記」에 의하면 병력 122,711명, 병선 1,900척, 『三國遺事』卷

---

46) 今西 龍, 前揭書, p. 361.
47) 小林惠子, 前揭書, p. 75.

第1 太宗 春秋公)이 20여 일간 어디서 무엇을 하고자 하는 계획일까? 클라우제비츠는 그의 명저 『전쟁론』(1832)에서 다음과 같이 주장했다.

> 전쟁에 의해 또한 전쟁에 있어서 무엇을 달성하려고 하는 이 두 가지 질문에 대답하지 않고서 전쟁을 개시하는 사람은 없을 것이다. 또한 당사자로서 현명하다면 전쟁을 개시해서는 안 될 것이다. 이 질문의 첫째는 전쟁목적에 관한 것이고, 둘째는 작전목표에 관한 것이다. 이 두 가지의 주요 사항에 의해 군사적 행동의 일체의 방향, 사용해야 할 수단의 범위, 전쟁을 수행하는 힘의 정도가 규정된다. 그리고 전쟁계획은 군사적 행동의 극히 사소한 말단에까지 그 영향을 미친다.[48]

蘇定方은 "의자義慈의 도성都城을 무찔러 파破하려고 한다"고 함으로써 작전목표는 명시했지만, 전쟁에 의해 달성하고자 하는 전쟁목적은 명시하지 않았고 또 명시할 수 있는 문제가 아니었다. 그러나 당의 전쟁목적을 알지 못하고 작전의 전반적인 문제를 논의할 수는 없는 일이다.

648년 신라가 백제의 침략에 의해 위기에 직면했을 때, 김춘추金春秋(후의 무열왕)가 당에 가서 원군의 파견을 요청했을 때, 당 태종은 "짐이 지금 고구려를 치는 것은 다른 까닭이 아니라, 그대 신라가 백제 · 고구려에 핍박되어 매양 그 침해를 입어 편안할 때가 없음을 애달피 여김이니, 산천토지山川土地는 나의 탐하는 바가 아니며… 내가 양국을 평정하면, 평양이남, 백제 토지는 다 그대 신라에게 주어 길이 편안하게 하려 한다"[49]고 말했다.

그러나 定方은 백제를 무찌르고 백제왕 및 중신 93명과 병 2만 명을 포로로 잡아 660년 9월 귀국하여 천자에게 포로를 바쳤다. 천자는 그를

---

48) 이종학 편저, 『전략이론이란 무엇인가-손자병법과 전쟁론을 중심으로-』(경주 : 서라벌군사연구소, 2002), p. 237.
49) 『三國史記』 新羅本紀 第7, 文武王 下.

위로하면서, "어찌하여 이내 신라를 치지 않았는가" 하고 물었더니, 定方이 "신라는 왕이 어질고 백성을 사랑하며, 그 신하는 충성으로 나라를 섬기고 아랫사람들이 윗사람 섬기기를 부형父兄과 같이 하니, 비록 나라는 작지만, 도모할 수가 없었습니다"고 하였다.[50] 당은 백제·고구려를 멸망시키고는, 각각 웅진 도독부熊津都督府·안동 도호부安東都護府를 설치했다.

여기서 중요한 것은 원군援軍으로 바다를 건너온 당군의 전쟁목적은 백제뿐만 아니라, 신라마저도 토벌·정복하는데 있었다는 것을 잊어서는 안 될 것이다. 이것은 '以夷制夷이이제이'의 계략에 의한 한반도의 정복에 있었기 때문에 신라와 백제, 신라와 고구려를 처음부터 싸우게 하여 서로 약화·피로케 만들어 그것을 이용해서 전쟁목적을 달성하는 데 있었다. 定方의 6월 21일부터 7월 10일까지의 행동과정에 관해서는 상세한 기록을 아직 보지 못했지만, 다음 사료에 의해 추정이 가능하리라.

(사료 8) 蘇定方이 군사를 거느리고 城山(中國 山東省)에서 바다를 건너 덕물도에 이르니, 신라왕이 김유신 장군을 보내어 정병 5만을 거느리고 백제방면으로 가게 하였다. 의자왕은 이 정보를 듣고 군신을 모아 공·수세攻守勢의 어느 쪽을 택할 것인가를 물었다.

좌평 의직은 말하기를 "당병唐兵은 멀리 바다를 건너왔으므로, 물에 익숙지 못한 자는 배에서 반드시 피곤할 것이니, 처음 육지에 내려서 사기士氣가 안정치 못할 때에 급히 치면 가히 뜻을 얻을 수 있을 것입니다.… 그러므로 먼저 당병과 결전하는 것이 좋을 것입니다"고 했다.…

좌평 홍수가 말하기를, "당병은 수가 많고 군율이 엄격하고…만일 평원광야平原廣野에서 대전하면 승패를 알 수 없을

---

50) 『三國史記』 列傳 第2 金庾信 中.

> 것입니다. 백강(혹은 기벌포)과 탄현炭峴(혹은 심현沈峴)은 아국我國의 요로要路입니다.… 당병으로 하여금 백강을 들어오지 못하게 하고, 신라인으로 하여금 탄현을 넘지 못하게 하소서. 그리고 대왕은 방어를 굳게 하여 적의 군량軍糧이 다하고 사졸士卒이 피로함을 기다려서 이를 습격한다면, 반드시 적병을 깨뜨릴 것입니다"고 하였다.
>
> 대신들은 말하기를 "당병으로 하여금 백강에 들어와서 흐름에 따라 배를 정렬할 수 없게 하고, 신라군은 탄현에 올라서 소로小路를 따라 말을 정렬할 수 없게 한 다음, 이 때를 당하여 군사를 놓아 치면, 마치 조롱 속에 있는 닭을 죽이고, 그물에 걸린 물고기를 잡는 것과 같습니다"고 하니, 의자왕은 대신들의 의견에 찬성하였다.
>
> 그러던 중 나·당의 군사가 이미 백강과 탄현을 거쳤다는 말을 듣고 장군 계백으로 하여금 결사대 5,000명을 거느리고 황산黃山(연산連山)에 나아가 신라병과 싸우게 하였는데, 네 번 싸워 모두 이겼으나 병력이 적고 힘이 꺾이어 드디어 패하고 계백도 전사했다.
>
> 이에 여러 군사를 소집하여 웅진강구를 방어하기 위해 강변에 군사를 포진케 했다. 定方이 강의 좌측 언덕으로 상륙하여 산에 올라 진을 치니 아군이 싸워서 대패했다.… 定方이 보기步騎를 거느리고 그 도성으로 직향直向하여 30리 되는 곳에 머물렀다. 아군은 모든 병력을 다하여 막았으나 또 패하여 사자死者가 만여 명이 되었다. 당병은 승전하여 성으로 육박하니 왕은 면하지 못할 것을 탄식하여 말하기를… (『삼국사기』 백제본기 제6, 의자왕 20년)

蘇定方은 덕물도로부터 직통으로 웅진강구의 좌측에 상륙한 것이 아니라, 백강(기벌포)에 상륙했던 것이다. 그 이유는 의자왕이 대신들을 모아 공·수세의 대책을 논의하여 끝날 무렵, 당군은 백강을, 신라군은 탄현을 통과했다는 보고를 받자, 계백 장군을 먼저 황산에 파견했다는 것은, 백강이 더 멀고 또 위협이 적었기 때문이었으리라. 계백 장군의 군대가 패배하고, 그가 전사한 후에 백제는 여러 군대를 모아서 웅진강구를 방위하기 위해 군대를 포진시켰던 것이다. 따라서 당군의 교두보는 백강이며, 웅진강과는 별도의 강이라는 것을 기억해야 한다. 또 663년 "劉仁軌는… 수군과 양선糧船을 거느리고 웅진강으로부터 백강으로 나아가 육군과 합류하여 함께 주류성으로 향했다"(사료 4)는 기록을 보아도 명확하며, 백강은 주류성의 부근에 위치하고 있다는 것도 알아야 한다.

만약 定方이 6월 21일 태자 법민과 만나, 일주일 후에 웅진강구에 교두보를 설치했다면, 백제의 주력군과 최초로 전투를 해야만 했으며, 이것은 전술前述한 바와 같이 전쟁목적에도 위배되는 조치이리라. 따라서 백강은 사비성의 입장에서 본다면 웅진강구보다 더 먼 위치에 있어야만 했다.

전영래에 의하면, 蘇定方이 다소라도 군사 상식이 있는 장수라면 다음과 같은 이유로 20여 일간을 13만 대군을 만재한 1,900척의 대선단을 그대로 서해바다에 멍청히 띄우고 있지는 않았을 것이다. 즉,

(1) 덕물도에서 보급을 받았다손 치더라도 시량柴糧이 충분치 못하였을 것이며, 특히 여름철에 식수·채소류 등을 20여 일간이나 저장 비축한다는 것은 불가능하다.

(2) 선상의 병사와 말은 좌평 의직이, "물에 익숙지 못한 자는 배 위에서 필시 피곤할 것"이라 한 대로 대부분이 승선에 익숙지 못하므로 하선 즉시 전투한다는 것은 어려움으로 반드시 상륙 후 충분한 휴양과 육상에서의 정비가 필요하다.

(3) 음력 6월 하순~7월 상순까지는 태풍 전선에 들어있으므로 폭풍우가 내습하는 기간에 한 척당 65명을 태울 정도의 소범선 1,900

척을 그대로 해상에 방치해 두지는 않았을 것이다.[51)]

고 주장했는데, 도해상륙군渡海上陸軍에 있어서 교두보의 필요성을 역설한 것은, 이 주제의 연구자에 있어서 최초이며, 탁견이라 행각한다.

필자는 (사료 6)의 “定方은 城山으로부터 바다를 건너 웅진강에 이르렀다…”(定方自城山濟海 至熊津江口)의 내용은, 定方이 성산으로부터 덕물도에 와서 신라의 법민에게 7월 10일 왕도의 남쪽에서 합류하자는 것을 통고하고, 거기서 백강에 들어가 교두보를 설치하고, 병사들의 휴양과 전투준비를 갖추고, 백제·신라의 주력군이 치열한 전투를 개시했으리라는 것을 계산하면서, 천천히 백강에서 웅진강에 도착한 것을 기록한 것으로 해석한다.

660년 9월 3일, 劉仁願이 당병 10,000명, 신라병 7,000명과 사비성을 지키게 되었다. 蘇定方은 백제왕과 왕족·중신 등의 포로를 이끌고 사비에서 배를 타고 당으로 돌아갔다. 그런데 벌써 23일부터 백제의 부흥군이 사비성에 침입하여, 항복한 백제인들을 약탈해 데리고 가고자 했다. 유수역留守役의 劉仁願은 당군과 신라군을 동원하여 그들을 격퇴했다. 당시 백제의 부흥군이 각 지역에서 거병을 했기 때문에 신라군은 그들을 진압하는 것이 급선무였다.

(사료 9) 661년 2월, 백제의 잔적殘賊이 사비성을 공격하므로 왕이 이찬伊飡 품일品日을 대당장군大幢將軍에 임하여… 가서 사비성을 구원케 하였다. 3월 5일, 중로中路에 이르러, 품일이 휘하 군대를 나누어 먼저 가서 두량윤성 남에서 진영(작전기지)할 곳을 살피게 하였던 바, 성중城中의 백제군이 나진羅陣의 정돈되지 아니함을 바라보고 갑자기 나와 기습을 가하매 아군은 놀라 도주했다. 3월 12일, 대군이 고사비성 외古沙比城外에 주둔하여

51) 全榮來, 『白村江에서 大野城까지』(全州 : 新亞出版社, 1996), pp. 30~31.

두량윤성을 공격하였으나, 한 달 엿새가 되도록 이기지 못하였다. (『삼국사기』 신라본기 제5, 태종무열왕)

이 내용(사료 9)은 사비성을 공격하는 백제 부흥군의 소굴이며 근거지인 두량윤성(주류성)을 공격하기 위해 신라군은 그 성의 남쪽, 고사비성 외에 작전기지를 설치하고 공격했으나 실패했다는 기록이다. '3월 5일 중로에 이르러'(至中路)에서 「中路」란 무슨 뜻인가? 백제 도성부근에 도착한 것을 中路에 至하다고 기록했고,[52] 661년 당시 중부라고 하면 웅진성을 의미한 것으로 보아야 하며, 이어서 '中路에 至하다'라는 것도 '백제 도성(웅진성) 부근에 도달한 것'으로 해석해야 하며,[53] 「中路」란 말이 어떤 루트를 뜻하는 게 아니고, 「中方」이란 지방을 달리 적은 표현에 불과하고, 「中方古沙城」은 「國南二百六十里」라 한 거리상으로 보아도 지금 고부古阜가 틀림없다,[54]는 여러 견해가 있다. 필자는 신라의 주력군이 3월 12일 고사비성 외에 작전기지를 설치하여 두량윤성을 공격했으니, 고사비성이 고부라면, 「중로」는 고부, 아니면 그 부근의 지명을 지칭한 것으로 해석한다.

전술前述한 바와 같이, 작전기지는 전쟁목적·군사목표·작전선 등을 고려하여 결정한다고 했는데, 이 작전의 목적·목표는 두량윤성의 타도·격멸에 있었기 때문에, 그 작전기지는 가능한 한 두량윤성의 주변, 즉 1일 행군거리인 20킬로미터[55] 이내에 설치하는 것이 당연하다. 따라

52) 今西 龍, 前揭書, p. 311.
53) 金在鵬, 前揭論文, p. 12.
54) 全榮來, 『白村江에서 大野城까지』, p. 70.
55) 步兵의 一日行軍距離는 부대의 규모·휴대무기와 장비, 도로의 사정·계절·기상 및 장애물(도보로 건널 수 없는 河川) 등으로 인하여 일률적으로 정하기란 어렵지만, 예컨대, 나폴레옹이 지휘한 프랑스軍의 우수성은 20만의 대병력이 하루 평균 20킬로미터씩 행군을 계속하여 800킬로미터의 유럽大陸을 횡단한 그 기동력에서도 알 수 있었다. 李鍾學 外, 『綜合世界戰史』(서울 : 博英社, 1968), p. 157.

서 고사비성의 위치를 규명한다는 것은 두량윤성의 위치 비정에 중요한 근거가 될 것이다.

津田左右吉에 의하면, 인용한 나기羅紀(사료 9)를 보건대, 나군의 선봉이 두량윤성 남에 둔영屯營하니 성병城兵의 출격을 만나 먼저 패하고, 다음에 본군本軍이 고사비성 외에 오는 것을 기다려, 다시 두량윤성을 공격하였으니, 두량윤성은 고사비성과 멀지 않은 지점에 있는 것 같다.… 고부는 금강의 남쪽에 있고, 지금은 전라도에 속한다. 그런데 고사비성을 고부라 하고, 두량윤성을 정산定山이라 한다면, 두 성의 위치가 너무 떨어져, 나기羅紀가 나타내는 것과 같은 관계는 아닌 성 싶다.[56)]

池內 宏에 의하면, 신라의 선봉군 및 잇따라 고사비성 외에 주둔한 본군의 작전목표인 두량윤성은, 의심할 바 없이 「熊津江口의 兩柵」의 본성本城인 주류성 그것이다.… 신라본기의 고사비성은 『통감通鑑』의 고사古泗에 해당하고, 『삼국사기』(권36) 지리지地理志에 「古阜郡, 本百濟古眇夫里郡」으로 설명하고 있는 고묘부리古眇夫里－부리夫里는 성읍城邑을 뜻하는 백제어百濟語－즉 부안의 남쪽에 위치하는 지금의 고부이다,[57)]고 했다.

필자도 고사비성은 지금의 고부라 하는 데는 동의한다. 그러나 津田·池內 두 사람의 견해는 두량윤성(주류성)을 정산과 마찬가지로 금강 하류의 우안右岸(한산지방)으로 비정하고 있는 데, 이것은 신라군의 작전기지와의 거리가 너무 동떨어져 있다. 신라군이 주류성(한산 혹은 정산)을 공격하기 위해, 일부러 먼 고부에 작전기지를 설치하고, 또 동진강·금강은 도보로 도강할 수 없으니 배를 만들어 운반해서 강을 건너 공격했을 것인가?

주류성이 고부(전북 정읍군 고부면)의 주변(20㎞ 이내)에 있다는 것은 신라군의 작전기지의 위치에 의해(사료 9) 수수께끼를 푸는 확실한 근거를 마

56) 津田左右吉, 前揭書, p. 175.
57) 池內 宏, 前揭書, pp. 118~119.

련해 주는 것으로 해석한다.

다. 군사지리軍事地理의 관점에서

필자가 발표한 논문, 「군사학의 이론체계」(1980)에 있어서, 군사지리란 군사작전 및 전쟁 전체의 준비와 수행에 영향을 미치는 입장에서, 여러 국가 · 전장 · 각 지역의 정치적 · 경제적 · 자연적 그리고 군사적 조건의 현황을 연구하는 군사학의 한 구성분야이다. 군사지리는 군사학의 요구에 따라 필요한 자료를 연구하고, 또 영토와 지형 등의 자연 지리적 여러 조건이 전쟁 및 군사작전의 수행에 어떤 영향을 미칠 것인가를 판정한다.[58)]

전쟁 · 군사작전의 수행을 위해 지리적 조건을 고려한다는 것은 전쟁술(전략과 전술)과 거의 같은 시기의 옛날부터 존재하고 있었으리라. 예컨대, 한 장수가 부대를 지휘하여 전투를 하고자 한다면, 적의 부대 혹은 요새의 위치와 그 지형, 접근로, 공격에 유리한 고지 등을 고려하지 않을 수 없기 때문이다. 『손자』에는 지형에 의한 행군 · 전투의 수행법을 다음과 같이 가르치고 있다.

• 고지高地에 진을 치고 있는 적에게 정면 공격은 하지 말아야 한다.
• 무릇 지형에는 다음과 같은 위험한 곳이 있다.
절간絶間－절벽에 둘러싸인 깊은 계곡
천정天井－사방이 높고 가운데가 낮아 물이 괴는 분지.
천뢰天牢－험준한 산에 둘러싸여 좁은 길이 하나만 있는 곳.
천라天羅－초목이 빽빽하여 행동이 자유롭지 못한 곳.
천함天陷－수렁이 된 늪지대로 통행이 어려운 곳.
천극天隙－길고 좁으며, 땅은 울퉁불퉁한 곳.

58) 拙著, 『軍事論文選』(慶州 : 徐羅伐軍事硏究所, 1991), pp. 55~56.

• 대저, 지형이라는 것은 전투를 수행하는 데 있어서 중요한 보조 수단이다. 적군의 정세를 헤아리고 승리를 획득하기 위해서 지형이 험하고 좁고 멀고 가까움을 헤아리는 것은 장수의 용병하는 방법이다. 이것을 알고 싸우는 자는 반드시 승리할 것이며, 알지 못하고 싸우면 패배하는 것이다.[59)]

주류성과 백촌강은 서로 가까운 곳에 위치하고 있고, 또 주류성을 공격하기 위한 작전기지가 고부에 위치했다는 것을 기억한다면, 사료에 의해 지형·위치를 더 많이 명확하게 설명하고 있는 것이 주류성이니, 이에 관련된 사료를 검토하는 것이 더 바람직하리라.

(사료 10) 이 州柔(周留)는 논·밭과 멀리 떨어져 있고, 토지가 척박하다. 농잠할 땅이 아니니다. 방어하고 싸울 장소이다. 여기에 오래 있으면 백성이 기근이 들 것이다. 避城(金堤)으로 옮기자… 지금 적이 함부로 오지 않는 까닭은 州柔가 산험에 가리어 있어서 모든 것이 방어하기에 적합하다. 산이 험준하고 계곡이 좁으니 지키기 쉽고 치기 어렵기 때문이다. 만일 낮은 곳에 있으면, 무엇으로 굳게 지켜 동요하지 않고, 오늘에 이르렀겠는가. (『日本書紀』 卷第27, 天智天皇 元年)

(사료 11) 복신은 거짓 병을 칭하여 굴실窟室에 숨고 부여풍扶餘豊이 병문안 오기를 기다렸다가 기습하여 왕을 살해하려 하였다. 그러나 이를 먼저 눈치 차린 부여풍은 심복을 이끌고 복신을 끌어내어 살해했다. (『구당서』 백제)

(사료 12) 변산은 봉오리들이 백여 리를 빙 둘러 높고 큰 산이 첩첩이 싸이고 바위와 골짜기가 깊숙하며… 우진암은 변산 꼭대기에 있는데, 암체는 둥글고 높고 거대하며 눈처럼 눈부시다. 바위 기슭에는 3곳의 굴이 있어 저마다 승려들이 기거하곤 한다.

---

59) 『孫子』 九變 第8, 行軍 第9 그리고 地形 第10.

바위 정박이는 평탄하여 올라가서 조망할 만 하다. (『동국여지승람』 부안 산천조山川條)

(사료 13) 9월 7일(663), 백제의 주유성이 마침내 당에 항복하였다.… 드디어 전부터 침복기성枕服岐城에 있는 처자들에 가르쳐, 나라를 떠나갈 것을 알렸다. 11일, 牟弖(모데)를 출발, 13일, 弖禮(데레)에 도착하였다. 24일에는 일본의 수군 및 佐平 余自信…아울러 국민들이 弖禮城에 이르렀다. 다음 날 배가 떠나서 처음으로 일본으로 향하였다. (『日本書紀』 卷27, 天智天皇 2년)

전영래에 의하면, 주류성의 지리적 특징을 정리한다면, 그것이 어디인가 하는 수수께끼를 푸는 열쇠가 된다고 생각한다. 주류는 전지와 멀리 떨어져 있고…방어하고 싸울 장소이다. 산이 험준하고, 계곡이 좁으니, 지키기 쉽고 치기 어렵다. 이런 주류의 지리적 조건을 설명한 『동국여지승람東國與地勝覽』 부안현扶安縣 산천조에는, "변산은 봉오리들이 백여 리를 빙 둘러 높고 큰 산이 첩첩이 싸이고, 바위와 골짜기가 깊숙하며…"라고. 거기에다 주류성 안에는 굴실窟室이 있다는 사실이다. 이것은 주류성의 위치를 밝혀주는 결정적인 증거물이다. 우진암은 변산의 꼭대기에 있는데, 바위 기슭에는 3곳의 굴이 있는 것이다. 그리고 9월 7일 주류성이 함락되고 탈출한 망명군亡命軍이 牟弖에 도착한 것은 13일이다. 만약 주류성이 금강 이북에 소재한다면, 걸어서 강을 건너지 못하는 금강 · 만경강 등이 있어서 적어도 7일 이상의 시간이 소요되리라[60]고 했다.

위에 말한 내용은 지리적 조건에 의한 주류성(부안군 상서면 감교리)의 위치 비정으로는 참으로 탁견이며, 필자도 수용하는 입장이다. 今西 龍은 만경강 · 동진강을 백강의 후보지로 하는 외에, 줄포도 여기에 가해야 한다고 주장했으나, 줄포 방면에는 커다란 강이 없다는 것이 결점으로

60) 全榮來, 『白村江から大野城まで』(全州 : 新亞出版社, 1996), pp. 109~110, p. 118, pp. 140~141.

생각하고 있었다. 그러나 지도상으로 보면, 왜로부터 원군援軍이 주류성으로 가는 길은 줄포가 근거리이기 때문에, 안내자 김종운金鍾云 박사에게 질문했다. 그는 "지금은 아스팔트 길이 되어 자동차로 가면 알지 못하지만, 줄포~주류성의 길은 험해서 옛날에는 별로 이용하지 않았으며, 부안~주류성의 길은 평탄하여 잘 이용되고 있었다"는 대답이었다.

661년 3월 신라의 품일 장군이 고부에 작전기지를 설치하고 36일간 전투했으나, 실패했다는 것은 지형, 즉 작전선이 험준한 산길(천뢰天牢)을 택한 것이 주요 원인이라 생각했다. 만약 작전기지를 부안에다 설치했다면?

663년 8월 나·당 연합군의 육군은 부안을 통하여 주류성으로 가서 포위했다는 것이 확실하다. 그 이유는, 왜선倭船이 백사白沙에 정박하고 백제의 기병대가 그 선단을 지키고 있는 것을 신라의 기병대가 안변岸邊의 진지를 격파했다(사료 5)고 기록하고 있기 때문이다. 따라서 백강은 동진강으로 비정하지 않을 수 없는 것이다.

• 맺음말

663년 나·당 연합군과 백제 부흥·왜군의 국제적 결전장인 백강과 주류성의 위치 비정의 문제가 연구자에 따라 여러 가지로 서로 다른 근본적 원인은, 군사이론에 바탕을 둔 군사사학적 연구방법을 도외시 한데서 비롯되었다고 진단함으로써, 그 방법에 의해 규명을 시도해 보았다.

1) 제해制海의 관점에서 중국 산동성山東城의 성산城山으로부터 덕물도, 남하하여 웅진강구를 통과하여 사비성의 해로海路는 당의 해상 병참선이기 때문에, 주류성은 당의 제해권 외制海圈外, 즉 남쪽에 위치하고 있어야 한다. 나·당의 육군 연합군은 663년 7월 17일 웅진(공주)을 출발하여

8월 13일 두솔성(주류성)에 도착·포위하여 9월 7일에 백제 부흥군을 항복시켰다. "남쪽이 이미 평정되자 군을 돌이켜 북쪽을 치다"(南方已定, 廻軍北伐)함으로써, 주류성은 남쪽에, 공주로부터 26일간의 행군거리 내에 소재한다.

2) 작전기지 또는 교두보의 관점에서, 본국에서 멀리 떨어진 도해상륙작전渡海上陸作戰에 있어서, 전쟁목적·군사목표·작전선을 고려하여 최초에 교두보를 설치하는 것이 중요하며, 당군의 최초의 교두보는 백강(기벌포)이었다. 661년 3월 신라군은 두량윤성(주류성)을 공격하기 위해 고사비성 외古沙比城外에 작전기지를 설치했다. 고사비성은 고부이기 때문에, 주류성은 고부의 주변(20㎞ 이내)에서 찾아야 한다.

3) 군사지리의 관점에서 전쟁·군사작전의 준비·수행을 위해 지리적 조건을 고려해야 한다는 것은 주지의 사실이다. 주류성과 백강은 서로 가까운 거리에 위치하며, 고부의 주변에서, 또 문헌사료에 의한 주류성의 지형적 조건과 일치하는 것은 주류산성(부안군 상서면 감교리)이다. 따라서 필자는 지금까지의 연구 성과를 참고하면서, 군사사학적軍事史學的 연구방법에 의해, 주류성은 주류산성으로, 백강은 동진강으로 위치 비정을 하는 바이다.♣

(『軍史』 52호, 군사편찬연구소, 2003년)

9. 新羅兵制의 재조명에 대한 管見

I

1992년 10월 30일 신라문화연구소 주최의 제11회 신라문화학술회의에서 주제가 「신라병제의 재조명」이었고, 거기에 토론 참가자로 참석했던 필자는 시간의 제약상 준비한 내용을 소상히 발표하지 못했다. 그래서 앞으로 신라의 병제뿐만 아니라, 전반적인 신라 군사분야를 연구함에 있어서 참고가 되리라 생각하여 주제 발표자들의 요약문을 기초로 하여 준비했던 내용을 소개하고자 한다.

필자는 솔직히 말해서, 「주제 : 신라병제의 재조명」이 적힌 안내장을 받았을 때, 너무나 가슴이 벅찬 느낌을 가졌다. 왜냐하면 주지하다시피 신라는 전쟁을 통하여 성장・발전하였고, 또 마침내 전쟁이라는 수단을 통해 삼국통일을 완수했다. 그럼에도 불구하고 신라의 군사문제를 주제로 하여 학술회의를 한다는 것은, 과문한 탓인 줄 모르나, 이번이 최초이기 때문이요, 또한 이것이 시발점이 되어 앞으로 신라 군사문제를 활발하게 연구하게 될 계기가 되리라고 기대하기 때문이다.

II

지금까지의 주요한 신라 병제문제의 연구 성과는 아래와 같다.

• 末松保和, 「新羅の軍號「幢」について」 1932

• 李基白, 「新羅私兵考」 1957
• 井上秀雄, 「新羅兵制考」 1957
• 辛兌鉉, 「新羅職官 및 軍制의 硏究」 1959
• 申瀅植, 「新羅兵部令考」 1974
• 李文基, 「新羅6停軍團의 運用」 1986
• 李明植, 「新羅統一期의 軍事組織」 1988
• 李文基, 「新羅中古期의 軍事組織硏究」 1991

末松保和(스에마츠 야스가즈)가 1932년 신라병제에 관한 연구논문을 발표한 이후 지금까지 60년간 신라병제의 연구방법은 일관하여 문헌 사학적 연구법을 구사해 왔고, 또 많은 연구 성과를 획득했다. 그러나 그것은 병제 연구의 초보단계인 부대 명칭의 변천과정을 추적해 왔다고 해도 과언이 아니리라.

이제 신라병제의 성격, 즉 부대의 병원兵員 수, 병종兵種, 무장武裝 운영 실태 등을 규명하기 위해서는 지금까지 애용해 왔던 문헌 사학적 연구방법으로는 불가능하고, 새롭게 군사사학적軍事史學的 연구법을 도입해야 한다는 전환점에 온 것이다. 환언한다면, 병제는 병제의 기본 이론을 바탕으로 해야 한다는 것이다. 이것은 마치 정치사는 정치학을, 경제사는 경제학을 바탕으로 하여 연구해야 한다는 것과 동일한 논리이다. 그렇다면 병제의 기본 이론이란 어떤 것일까?

Ⅲ

사학계에서는 병제兵制란 용어를 사용하고 있지만, 군대에서는 군사제도의 준말로 군제軍制라고 통용하고 있으니, 병제와 군제는 동일한 용어임을 밝혀둔다. 그리고 군제의 기본 이론의 일부를 소개하면 다음과 같다.

1) 군제란 국가가 전쟁수행을 위하여 준비하는 제반설비를 군비軍備라 하고, 군비에 관해서 상세히 규정한 제반제도를 군사제도, 혹은 약칭한 군제, 병제라 한다.
2) 군제학軍制學은 군제의 설정을 탐구하는 원리와 절차를 일컬으며, 국가가 여하히 훌륭한 군사제도를 마련하고 유지하여 건군의 목적을 이상적으로 달성할 수 있도록 할 것인가를 제시해 주는 학문이다.
3) 군제에 포함될 내용
 가) 국방체제
 나) 군대편제
 다) 인사제도
 라) 군사교육제도
 마) 병역 및 동원제도
 바) 군수제도
 사) 연구발전제도

지금까지 신라 병제의 연구는, 사료의 빈곤 탓도 있지만, 주로 나) 군대편제軍隊編制의 초보단계에 머물고 있다. 그리고 군제는 평시와 전시의 운용체제가 근본적으로 서로 다름을 알아야 한다. 예컨대 병부령兵部令(국방장관)은 평시에 왕의 명령에 따라 군정軍政·군령軍令을 대행하지만, 전시가 되면 야전군의 장수가 되거나 아니면 왕의 참모가 되었다.

4) 군제의 근원은 헌법·국가전략 그리고 군사정책과 군사전략이다.
 가) 헌법에는 대통령(왕)이 국군을 통수한다는 것과 국민의 병역의무 등이 포함되어 있다.

나) 국가전략은 국가목표를 달성하기 위하여 전·평시를 막론하고 군사력과 아울러 비군사력인 정치·경제·심리 등 국가가 사용할 수 있는 모든 방법과 수단을 통합하여 사용하는 기술과 과학이다. 특히 화전和戰의 결정은 국가전략의 견지에서 이루어져야 하고 또 최고 통수권자의 권한에 속한다.

다) 군사정책은 군사력의 임무를 더욱 더 군사목표에 적합하도록 구체화하고, 군사운용의 방침을 지시하여 군사전략의 요구에 바탕을 두고 군사력 정비(각 군종軍種의 병원 수兵員數, 무기 및 장비 등의 소요량 결정)의 요령을 구체적으로 정한다.

라) 군사전략은 전쟁의 발생을 억제하기 위해 그리고 일단 전쟁이 개시된 경우에는 그 전쟁목적을 달성하기 위해 국가의 군사력과 기타 여러 역량을 준비, 계획, 운용하는 방책을 말한다.

따라서 군제의 근원이 상술한 내용일진데, 군제의 연구는 군사사적軍事史的 연구법에 기반을 두어야 한다는 이론적 근거는 바로 여기에 있는 것이다.

Ⅳ

필자가 주제 발표자에게 질의하고 싶었고 또 견해를 달리하는 내용은 아래와 같다.

1) 신라에서 마구馬具·무기가 출토된 가장 오래된 고분과 또 적석목곽분의 연도는 언제인가?

2) 『삼국사기』에 의하면, 아달라 이사금 14년(167 A. D.)에 보병 2만 명, 기병 8천기를 동원했다는 기록이 있는데, 고고학적으로 기병 8천기의

문헌의 신빙성을 어떻게 해석 혹은 평가하는가?

3) '부산성富山城'은 백제를 정복한 직후인 문무왕 3년(663 A. D.)에 쌓았으며, 고구려를 정벌하기 위한 전초기지前哨基地였다(p. 11 : 발표 요지문의 페이지이며 이하 동일)고 했는데, 두 가지 점에 대해 견해를 달리하고 있다.

- 첫째, 부산성은 고구려를 정벌하기 위한 전초기지라 했으나, 전초기지라는 군사용어는 없다. 전초前哨란 본대의 정지·숙영 혹은 전투진지에 있는 동안 이를 적의 관측과 기습으로부터 보호하기 위하여 본대보다 약간 앞에 분포된 경계 파견대를 뜻한다. 아마도 이것은 작전기지作戰基地의 뜻으로 해석된다. 작전기지란 그 곳으로부터 공격작전을 개시하고, 불리한 경우에는 이 곳으로 후퇴하는 지역으로 이 지역 내에 보급창들이 편성되어 있다.

  만약 그렇다면 그 위치는 작전상으로 보아 한강 부근이 되어야 한다. 문무왕 7년(667) 8월 왕은 김유신 등 30여명의 장군을 거느리고 서울을 출발하여 9월에 한성정漢城停에 이르렀다 했으니, 아마도 한성정이 고구려 정벌을 하기 위한 작전기지로 추정된다.
- 둘째, 부산성은 백제를 정복한 문무왕 3년(663)에 쌓았다는 기록은 『삼국사기』에 기록되어 있고, 또 부산성지의 게시판에 적혀 있어서 거의 정설이 되어 있으나, 필자는 의문을 제기한다.

  ① 부산성의 기능은 청도와 경산방면으로 침공해 오는 백제군을 저지하기 위한 수도의 나성羅城이다. 그런데 백제가 멸망한 직후 산성의 규모는 성벽 길이가 7.5㎞이고 성안의 면적이 100만평이나 되는 초대형급을 많은 인력과 재원을 투입하여 신축했다는 것은 지략智略이 풍부했던 문무왕이 당시의 전략적 상황으로 보아 납득이 가지 않는다.

  ② 『삼국유사』(권 2)의 효소왕대 죽지랑조竹旨郎條의 내용에 있어서

그가 어느 왕대의 화랑인가는 두 가지 견해가 있다. 즉 효소왕대와 진평왕대이다. 필자는 후자를 택하는 입장이며, 그 이유는 진덕왕 3년(649) 대장군 김유신, 장군 죽지가 출전하여 백제군과 싸웠고, 동왕同王 5년(651) 죽지는 집사중시執事中侍로 임명되었으며, 김유신과 더불어 부사副師가 되어 삼국통일에 활약했으니, 죽지는 김유신보다 6, 7세의 연하로 어림된다. 따라서 그가 화랑으로 활동한 시기는 진평왕 후대에 속하며, 또한 부산성은 그 이전에 이미 축성되어 있었다고 보며, 문무왕 3년의 '축성築城' 기사는 '수축修築'으로 보는 것이 타당할 것이다.

4) '감은사感恩寺는 문무왕이 왜병倭兵을 진압하고자 공사를 시작하였으나, 완공을 보지 못하고 승하하자, 신문왕 2년(682)에 용이 된 부왕父王이 쉴 수 있게 만든 절이라고 한다'(p. 12)의 내용은 『삼국유사』(권 2)의 만파식적조의 사중기寺中記에 의한 것으로 감은사의 유래에 대해 거의 정설이 되어왔고, 감은사지의 게시판, 그리고 사학자들의 저서·논문에도 자주 인용되고 있는 실정이다.

본문은 '제31대 신문대왕의 이름은 정명政明이요, 성은 김씨이다. 개료원년 신사(681) 7월 7일에 왕위에 올랐다. 아버지 문무대왕을 위하여 동해가에 감은사를 창건했다'고 적혀 있다.

감은사의 창건 유래에 관해 본문과 그 주註인 사중기의 기록이 서로 엇갈리고 있다. 일연一然은 서로 다른 사료가 있어 분명하게 진위를 식별할 수 없는 경우, 두 사료를 그대로 수록하는 입장을 취했다. 예컨대 「원광서학圓光西學」에서 『당속고승전唐續高僧傳』과 『고본수이전古本殊異傳』을 함께 게재했다.

그렇다면 감은사는 신문왕이 아버지 문무왕을 기리기 위해 창건한 것인가? 아니면 문무왕이 왜병을 진압하기 위해 절을 짓다가 마치지 못하고 돌아가자 신문왕이 완성한 것인가?

만약 우리들이 전자를 택하는 경우, 다음과 같이 해석할 수 있다. 즉 문무왕은 당의 세력을 한반도에서 축출함으로써 삼국통일을 완성했다. 따라서 그의 왕릉을 신라에서 가장 거대한 것으로 축조한다 해도 온 국민들은 즐겁게 그 요역에 참가했을 것이다 그러나 왕은 유언을 통해 분묘는 재물만 허비하고 또 헛되이 인력만 낭비하는 것이니, 임종 후 화장해서 동해구의 큰 바위에 장사하라고 했다. 그리고 문무왕은 평소에 늘 지의법사智義法師에게, "내가 죽은 후에는 호국대룡護國大龍이 되어 불법을 높이 받들어 나라를 수호하리라"고 했다. 따라서 신문왕은 살아서 삼국통일을 완수하고 또 죽어서도 큰 용이 되어 나라를 지키겠다는 문무왕의 숭고하고도 위대한 정신을 기리기 위해 왕의 해중릉인 대왕암에 가까운 곳에 감은사를 세웠다.

그러나 후자인 사중기를 채택한다면, 먼저 당시 신라와 倭 사이의 군사정세의 평가가 전제되어야 한다. 즉 왜군은 신라를 침공할 능력과 의도를 갖추고 있었던가? 양국의 긴장도는 어느 정도인가? 문무왕은 왜병의 효과적 진압수단이 절을 창건하는 것이라고 생각했을까?

왜의 신라에 대한 침공위협 가능성에 관한 사료는 다음과 같다.

① 이 해(657) 신라에 사신을 보내, "沙門智達 등을 그대 나라의 사신에 딸려서 대당大唐에 보내려고 한다"고 말했다. 신라는 듣지 않았다.… 이 달(658년 7월) 沙門智通·智達이 칙을 받들고 신라의 배를 타고 대당에 가서 무성중생의無性衆生義를 현장법사가 있는 곳에서 배웠다. (『日本書紀』 26, 齊明天皇 3, 4年)

② 663년 백강구白江口에서 왜인을 만나 네 번 싸워 모두 이기고 배 400척을 불태우니 연기와 불꽃이 하늘을 붉게 하고 해수도 붉었다. (『삼국사기』28, 의자왕 19년 및 『日本書紀』 27, 天智天皇 2年)

③ 665년 8월 달솔 答炑春初를 보내 長門國에 성을 쌓게 하였다. 달솔

憶禮福留 등을 筑紫國에 보내 大野 및 椽의 두 성을 쌓게 하였다.… 667년 3월 도읍을 近江에 옮겼다. (『日本書紀』 27, 天智天皇 4, 6年)

④ 676년 사찬 施得은 수군을 거느리고 薛仁貴와 소부리주 기벌포에서 싸워 패전하였으나 다시 나아가 크고 작은 22회의 전투에서 승리하여 적의 머리 4천여 급을 베었다. (『삼국사기』 7, 문무왕 16년)

무열왕 4년(657)에 왜는 신라 사신에 딸려서 그들의 승려를 당나라에 보내려고 했으나, 거절당했다가 다음 해에 당나라에 갔다는 것인데①, 당시 왜는 서해를 횡단하여 당나라에 갈 배와 항해술도 없었다는 것을 말하고 있다.

문무왕 3년(663) 왜는 백제를 돕고자 병원兵員 2만 7천여 명을 파견했으나, 나·당 연합군에 의해 백강 해전白江海戰에서 궤멸당하고 말았다②. 그 후 倭는 나·당 연합군의 침공에 대비하기 위해 백제의 병법가兵法家인 달솔 答炑春初 등에게 명하여 침공 접근로인 지금의 北九州와 島根縣에 성을 쌓게 했을 뿐만 아니라, 수도를 내륙지방인 滋賀縣 近江町으로 옮겼다③. 따라서 당시 왜는 완전히 수세적 태세에 몰려 있었다.

문무왕 16년(676) 신라 수군은 기벌포 해전에서 당의 수군을 격멸함으로써 서해뿐만 아니라 주변 해역의 제해권制海權마저 완전히 장악하게 되었다④. 그리고 신라는 이 해전에서 승리함으로써 당으로 하여금 신라에 대한 재침공의 의욕과 능력을 상실케 만들었다.

법민은 태자시절에 이미 신라의 수군과 육군을 지휘했고, 661년 왕(문무)으로 즉위하자 신라군의 총사령관으로 백제·고구려의 정복 및 당군의 한반도에서의 축출을 위해 진두지휘를 했던 지략智略이 풍부한 대전략가였다. 그는 월성月城의 방위를 위해 663년 남산성과 부산성, 673년 서·북형산성을 수축했다. 여기서 유의할 점은 왜군의 가장 쉬운 접근로인 동쪽의 명활산성과 감은사 뒤편의 성고개의 산성 및 감포성은 수축修築하지 않았다는 사실이다. 이것은 신라 수군이 제해권을 완전히 장악하고 있기 때문에 왜병의 침공은 불가능하다고 판단한 데서 취한 조치였으리라.

그리고 고려시대 몽골군의 침공 때처럼 수도가 강화도로 천도하고 갖가지 군사적 수단을 강구해도 효과가 없자 부처의 힘을 비는 극한 상황이라면 몰라도, 문무왕 때는 그런 상황도 아니었다. 문무왕은 왜병을 진압·저지하는 데 효과적 수단으로 절을 창건하는 전략가는 더욱 아니었고 또 왜병이 침공할 가능성도 전연 없는 시기였다. 따라서 감은사는 신문왕이 부왕인 문무왕을 기리기 위해 세웠던 절로 평가한다.

V

필자는 여기서 한국 고대사 연구에 있어서 중요한 "왜倭의 실체가 무엇인가"를 규명하지 않고는 고대 한·왜 관계사古代韓倭關係史를 바르게 정립시킬 수 없다고 생각한다. 지금까지 『삼국사기』 신라 본기 초기의 기록에 보이는 왜의 신라 침공 그리고 광개토왕 비문의 왜자倭字를 일본열도의 왜倭로만 해석해 왔다. 그러나 필자는 이에 대해 견해를 달리한다. 즉 만약 신라 초기부터 5세기 초까지 문헌에 나오는 '왜倭'를 일본열도의 왜로 해석하고자 한다면, 그 왜가 신라보다도 조선술造船術·항해술, 무장… 등이 신라보다도 더 우세했다는 것이 전제조건으로 실증되어야 한다.

일본 승日本僧 円仁(엔닌)(794~864)은 838년부터 847년까지 당에 체재했다가 신라선新羅船으로 귀국하였는데, 그동안의 견문을 『입당구법순례행기入唐求法巡禮行記』에 기록해 두었다. 이것을 20여년 간 연구한 미국의 라이샤워(1910~1990) 교수는 먼저 그 기록의 문헌비판을 통해 신빙성이 높다는 것을 인정하고 그의 저서, 『엔닌의 당唐 여행기』(1955)에서 다음과 같이 주장했다.

> 엔닌은 견당사遣唐使의 귀국 이야기에 마지막 각주脚註를 붙이고 있다. 그는 초주에 있는 신라인 친구가 보낸 편지를 842년 5월 25일 장안에서 수령했는데, 그것에 의하면 견당대사遣唐大使와 그 일행을 안내한 신라 선원들은 839년 무사히 일본에 도착했다가 다음 해 가을 당唐의 자기네 집으로 돌아갔다는 것을 우리들에게 말하고 있다. 원래의 일본선日本船(일제日製) 4척은 모두 파손되었지만 9척의 신라선新羅船은 전부 무사히 바다를 건너 일본에 도착하였다가 다시 당으로 돌아가는데 성공하였다는 것은 당시 항해술에 있어서 신라인이 우수하다는 것을 분명하게 보여주고 있다. 일본인은 결코 용기가 부족하지 않았으나, 깊은 바다에서 활동하는 선원船員으로서의 기술과 무사로서의 대담성과 어깨를 나란히 하기 위해서는 수 세기를 더 기다려야 했다. 그 무렵이 되면 일본인들은 항해술과 검술에 의해 동지나해의 두통거리(왜구倭寇라는 뜻)라는 달갑지 않은 명성을 얻게 되었다.

라이샤워 교수에 의하면, 840년대에 있어서도 일본인의 항해술과 검술이 결합하여 바다의 왜구가 되기 위해서는 수 백년의 세월이 더 필요했다는 견해인데 타당하다고 본다. 왜냐하면, 해적노릇을 하자면 신라선보다 기동성(조선술造船術)과 항해술이 뛰어나야 하고 또 거기에다 대담한 검술이 결합되어야 가능하기 때문이다(boarding tactics).

그리고 『고려사』 충정왕 2년조(1350)에 의하면, "왜倭가 고성, 거제, 합포에 침입하거늘 이들과 싸워 300여명을 참획하였다. 왜구의 침입이 이에 비롯하였다"고 했는데, 조직적이고 규모가 큰 왜구의 침입은 1350년 즉 고려시대의 후대로 보는 것이 타당할 것이다.

결론적으로 말하자면, 필자는 신라 병제뿐만 아니라, 군사문제는 문헌 사학적 연구법을 지양하고 군사이론을 바탕으로 하는 역사학, 즉 군사 사학적軍事史學的 연구법을 구사해야 하는 전환점에 왔다는 것을 지적해 둔다.

- 부산성富山城은 문무왕 3년(663)에 '축성'한 것이 아니라, 진평왕 후대 이전에 이미 존재하였고, 663년의 '축성'은 '수축'이라 생각된다.
- 감은사는 신문왕이 부왕인 문무왕을 기리기 위해 창건한 절이지, 결코 왜구를 진압하기 위해 창건한 절이 아니다.

그리고 고대 한·왜 관계사의 정립에 있어서 왜의 실체를 규명하기 위해서는 조선술·항해술 등 해양력 이론海洋力理論에 바탕을 두고 재조명되어야 하고, 한반도에 대한 조직적인 왜구의 침입은 고려 후대인 1350년부터 시작되었다는 것이 필자의 해석이다.♣

(『신라문화』 제9집, 동국대학교, 1992)

10. 広開土王碑文の真実

－軍事史学的研究方法による辛卯年記事の検討－

●「渡海作戦」の主体をめぐって

広開土王(好太王)碑文(以後、碑文と略記する)の双鈎本をはじめて日本に将来したのは1883年秋、陸軍参謀本部の酒匂景信中尉であり、その直後から研究が始まってすでに一世紀以上が経ち、また鄭寅普氏が反論を提起してから半世紀近くに及んでいるが、いまだに論争は継続している。周知の如く碑文の研究において国際的論争の焦点になっているのは、いわゆる辛卯年記事(以後、記事と略記する)であったと言っても過言ではないであろう。その理由は、日本の古代史学界では記事をもって'任那日本府'説の論拠としているからである。

これまで碑文の研究は主として文献史学的・考古学的研究方法と金石文研究方法によって行われていた。碑文の研究が謎に包まれ、また解決の糸口が見出されない理由は、研究方法にあるのではなかろうか? 碑文の'倭'はいつも軍事作戦に参加しているので、戦争の準備・遂行・結果に対する分析・解釈は、軍事理論に基礎をおいた軍事史学的研究方法がより適合性と妥当性をもつと考えるのである。研究対象の本質によって研究方法も違ってくるべきであろう。

記事の中でも論争の焦点になっているのは、後半部の'渡海破□□□羅以為臣民'であり、これは主語が渡海作戦によって征服戦争を遂行したことを示している。従ってこの問題は、国際情勢、特に軍事情勢を基にした戦争遂行能力の有無に関する論議をしなければ、主語の問題は確実には解決されない。明らかに軍事史学の領域に属するからである。しかし、これまでこのような観点から論議されたことがないため、筆者は記事の問題点に対して究明を試図するのである。

• 碑文の軍事理論的アプローチ

(史料①) 記事、百残(済)と新羅は旧是れ属民にして由来朝貢す。而るに倭、辛卯の年(391)を以て来りて海を渡り、百残□□新羅を破り、以て臣民と為す。(日本の通説)

(史料②) 永楽10年(400)、王は歩騎五万人を派遣して新羅を救援した。…官軍(高句麗軍)は倭の背後より急追して任那加羅の従抜城に至ったら城はすぐ降服した。…倭寇は大潰した。

(史料③) 永楽14年(404)、倭は不法にも帯方地域に侵入した。…王は自ら軍を率いて討伐を行った。…倭寇は潰敗し、王の軍は無数の敵を斬り殺した。

これまで碑文の研究者たちは、記事の解読・解釈に焦点をおいて'任那日本府'説の可否について論争を展開してきたが、軍事史学的観点では最終決戦の勝敗(史料③)に注目したい。その理由は、戦争とは政治的目的(敵の領土、資源、人力等の獲得)を達成するための手段であり、その政治的目的の達成は最終決戦の勝敗によって決定されるからである。具体的に言えば、倭が391年百残(済)・新羅を破り臣民と為す、と仮定しても、永楽10年(400)と14年(404)に倭は大潰・潰敗されたために、朝鮮半島の南部に足場となる根拠地(作戦基地)の喪失によって'任那日本府'説は全く成立し得ないことになるのである。

例えば、1796年3월、ナポレオンはイタリア方面軍司令官に任命されて

以来、連戦連勝して皇帝に就きヨーロッパ大陸に君臨したが、ワーテルロー決戦(1815)の敗北により南大西洋の孤島セント・ヘレナに配流された。プロイセンの戦争哲学者クラウゼヴィッツは名著『戦争論』(1832)において次のように主張している。

“戦争とは、敵を屈服せしめて自分の意志を強要せんがために用いられる暴力行為である。…戦争は政治の行為であるばかりでなく、真実なる政治的道具であり、異なる手段を用いての政治的活動の継続に他ならない。…このような戦争の形態において、栄冠は最後の勝利者に与えられることをいつも記憶すべきである。”

ここで栄冠とは戦争における政治的目的の達成を意味するものであるが、これまで碑文研究者たちは、このような重大な内容を看過して来たようである。

• 主語は「倭」か「高句麗」か

碑文の双鈎本を日本に将来した直後から参謀本部編纂課員・陸軍大学校教授の横井忠直氏が中心になって詳細な研究が行われた。1889年6月、『会余録』第五集が広開土王碑文研究の特輯号のかたちで刊行され、そこでの記事の解読は次のとおりである。

百残新羅旧是属民、由来朝貢。而倭以辛卯年来渡海、破百残□□□斤羅以為臣民。

横井忠直氏は『会余録』の「高句麗古碑考」の中で、“辛卯渡海・破百残新羅為臣民数句、是也…”(明治21年10月、横井忠直識)と書いたのである。日本での

古代日本と朝鮮の歴史を語る

「広開土王碑文」の真実

――軍事史学的研究方法による辛卯(しんう)年記事の検討――

日本(倭)・朝鮮の古代史の重要史料とされる高句麗の広開土王(好太王)の陵墓碑刻文。中国東北部鴨緑江中流沿岸に建つこの碑は長い風雪にさらされて、文字が欠落。それがために、碑文の解読をめぐっては明治期以来多くの学者によってさまざまな解釈が行われてきた。今回、軍事史学的研究方法というアプローチによりその解釈に挑んでみると、従来の考古学や文献史学では分からなかった古代日本の実像が浮かび上がった

李 鍾 學

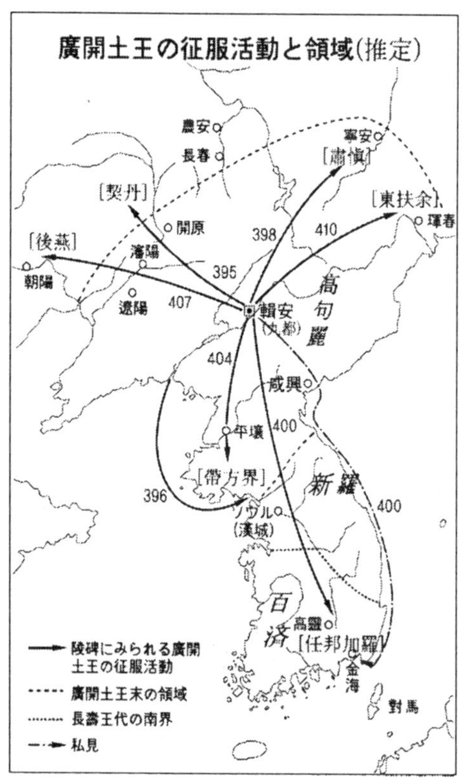

中国東北部鴨緑江岸の広開土王陵墓碑の近影

従来の通説では、記事の後半の主語は倭であり、また三欠字の中で最後の一字を新としたのは横井忠直氏であることはほぼ確実であろう。このような日本での伝統的な解釈に対して、根本的な批判を提出したのが鄭寅普氏である(「広開土境平安太王陵碑文釈略」1955)。彼は記事の後半を次のように解読した。

而辛卯年来・渡海破・百残聯侵新羅、以為臣民…
(而るに倭辛卯年を以て来たり、海を渡って破る。百残(済)新羅を聯侵して、以て臣民となす…)

これは'辛卯年に来た'の主語は倭であるが、'海を渡って破る'の主語は高句麗とし、'破る'の目的語は倭である。つまり、高句麗が海を渡って倭を破ったと解したのである。それから百残(済)が新羅を連侵して臣民としたという意味に解したのである。朴時亨氏も著書、『広開土王陵碑』(1966)において鄭寅普氏のように読んでいるが、三字の欠字に招倭侵の字を当てている点が異なる。一方、金錫亨氏は著書、『初期朝日関係研究』(1966)において次のように解読したのである。

而倭以辛卯年来、渡海破百残、□□□羅
(倭は辛卯年を以て来たり、海を渡って百残を破り、新羅を□□して、以て臣民とした。)

彼は海を渡った主語はやはり高句麗としているが、'破'の目的語を百残(済)としている。すなわち、"高句麗が渡海して百残(済)を破り、さらに新羅と接触し、これを味方に引き入れた"と解したのである。佐伯有清氏はこれまでの記事に対する論議を次のように要約している。

(1) 広開土王陵碑の‘百残□□□羅’の剥落した部分に、‘任那’あるいは‘加羅’の文字を当てるのは不可能であり、かつ誤りである。

(2) 辛卯年の年に倭が渡海して来て百済・新羅などを破って臣民とした史実は考えることができないのに対して、高句麗の場合には、百済を破り新羅を臣民としたことが史実として考えられる。

(3) 広開土王陵碑の‘渡海破百残’の主語は、朴時亨氏や金錫亨氏が指摘されているように高句麗であったと考えられる。

武田幸男氏は、“この新説を従来の通説に対比させると、いうまでもなく通説との相違対立点の方が一層、顕著である”として、次のように主張している。

“通説では倭の活躍を強調、倭が百残(済)と新羅を臣民にしたとするのに対して、新説では高句麗が主導的役割を果たし、倭は無視されるか(金・佐伯説)、むしろ高句麗の撃破対象となる(鄭・朴説)のである。通説を倭主導型の解釈とすれば、新説は総じて高句麗主導型の解釈として特色づけられよう。高句麗主導型の新説の登場に当たって、倭主導型の通説的解釈は根本的に再検討されなくてはならない。…これによって、‘渡’字の主体は碑文にすでに判読された‘倭’にほかならないことが確定的となり、またこの倭を無視してあえて主語の‘高句麗’を補入すべきであるという、新説成立の根拠は消滅した。”

しかし、倭が百残(済)・新羅を破って臣民とした、という通説的解釈を採択するなら、史実、事理(碑文内部における因果関係)、それから征服戦争に対する倭の戦争遂行能力の積極的論拠を提示することがもっと必要なのではなかろうか?

• 焦点は戦争遂行能力の有無

記事の解読・解釈において重要な問題の一つは句読点であろう。日本での通説の如く、'辛卯年来渡海、破百残…'か、あるいは'辛卯年来、渡海破百残…'のどちらであろうか? 王健群氏の見解によれば、日本の一部の学者は'来渡海'と連読し、'来'を動詞とみているが、これはもちろん正しくない。二つの動詞(「来渡」)が連なっているが、連動句でないとなると、理解に苦しむのは当然だ。倭はすでに朝鮮に来ている以上、また海を渡るとなるとまるで意味が通じないではないか。来てまた海を渡って帰ったのならば、どうして百済と新羅を打ち破ることができたのだろう。これらはすべて、'来'の解釈を誤ったためである、と。

結局、一つの文章に二つの動詞が存在することは文の構成上、不合理とみるべきであろう。従って、記事を三つの文段に分けてみる。

(A) 百残新羅旧是属民由来朝貢
(B) 而倭以辛卯年来
(C) 渡海破百残□□□羅以為臣民(以六年丙申…)

(A)の主語は高句麗であり、(B)の主語は倭であるのに対して、(C)の主語は、'倭'と'高句麗'に分かれて半世紀近くもの間、論争の焦点になっている。(C)の主語は渡海作戦によって征服戦争を遂行したことを意味する。このことは国際関係、特に軍事情勢を基にした戦争遂行能力の有無が焦点であろう。

当時、朝鮮半島の歴史舞台においての主役は高句麗と百済であり、かれらは3~5万人の兵力を動員し、歩騎統合作戦を駆使していたのである。一方、その舞台の脇役として新羅は前者に、任那加羅・倭は後者に属して闘争を助演していた。そこで、筆者は次の尺度をもって議論したい。

(1) 碑文の調査、拓本、写真による忠実な判読
(2) 文脈や語法
(3) 事理
(4) 史実(他の資料による歴史的事実との連関)
(5) 戦争遂行能力

横井忠直氏は双鈎本を基にして(C)の主語を倭とし、また最後の欠字を新羅と判読し、それによって日本での通説の元祖になった。しかし双鈎本は1959年、水谷悌二郎氏が指摘するまで碑文の拓本と勘違いされてきた代物である。厳密に言って、双鈎本は拓本でないし、それは学問的資料として利用すべきものではないのである。それから欠字の新も根拠が明確ではない。これまで通説を採択した研究者たちは32字に構成された記事だけを独立的に解読・解釈して、(C)のあとに原因を表す接続詞、'以'をもって丙申条に連結したわけを見逃した。そこに問題点がひそんでいるようである。

391年、倭が百済・新羅を破って臣民としたと仮定するなら、永楽6年丙申(396)条に広開土王が自ら水軍を率いて百済を討伐したとき、百済王が降伏して、倭総督や倭兵が登場しない理由はなんであろうか? 9年己亥(399)条に、"百残(済)は誓いに違い、倭と和を通ず"、"新羅の遣使は王に白して云く、倭人は其の国境に満ち"と記録されていることは、百済・新羅が倭の臣民になっていない確実な証拠であろう。

倭が百済・新羅を破って臣民としたことは、どこの史料にも記録されていないのである。当時、日本列島の倭が百済・新羅を破って臣民にするだけの戦争遂行能力を保有していたであろうか? 今日にいたるまで日

本で多くの論著が発表されたが、それに対する史実やその裏づけになる積極的な論拠はいまだに提示されていないようである。

4世紀後半の日本列島の倭が、対馬海峡を通過して大軍を朝鮮半島に出兵させ、征服戦争を遂行するとすれば、兵力・武器・装備の補給品を輸送するための船舶、すなわち構造船の存在が前提条件であろう。

茂在寅男氏によれば、『日本書紀』応神天皇31年(420)条を基にして、この時に新羅から来た船大工の子孫たちがイナベラであり、おそらく武庫において末永く造船の技術者として活躍したであろうと推測している。また、彼らの居住地が摂津の猪名郡であったことからイナベラの語が生まれたのであり、当時猪名船といわれたのは新羅式の船で、これが日本の造船に大きな影響を与えたものと考える。そして茂在氏は、刳船の要素が全面的に改良された形の構造船の出現は、日本では新羅造船技術の導入などがきっかけになっている、と述べている。

外海の航行は、構造船があって初めて可能であるのに、これまでの文献史料・考古学的遺物等を総合的に点検しても、4世紀後半の日本列島の倭には刳舟、または準構造船しか存在しなかったのである。従って、倭の大軍が朝鮮半島に出兵して征服戦争を遂行する能力は全然なかったはずである。当時の倭は、未開な農耕社会集団であり、また鉄の生産能力も劣っていたため、貧弱な武装しかできなかったに違いない。従って劣勢な軍事力をもって、優勢な相手に対して征服戦を仕掛けるという発想自体がありえなかったのではないか。(拙稿「広開土王碑文の倭に関する一考察」参照)

鄭寅普氏は、(C)の主語を高句麗とし、また最後の欠字を断羅としている。しかし、1963年、広開土王碑を現地踏査した朴時亨・金錫亨氏は(C)の三欠字を不明にしたのである。鄭寅普・朴時亨氏の解釈には文脈・語法に欠字の補完と連関して無理なところがあるが、金錫亨説は筆者の尺度の観点から考察したとき、最も妥当性があると考える。主語の問題で、焦点になっている高句麗の戦争遂行能力に関する史料は次の如くである。

(史料④) 永楽2年(392)7月、 南進して百済の10城を攻略した。(『三国史記』18、広開土王元年条)

(史料⑤) 永楽2年(392)、高句麗の談徳(広開土王)は、4万の軍隊を率いて、北部邊境に侵攻して来、石峴城など10余城を陥れた。(上掲書25、辰斯王8年条)

(史料⑥) 永楽5年(395)8月、王は百済と浿江のほとりで戦い、大敗させ8千余人を捕虜とした。(上掲書18、広開土王4年条)

これまで紹介した史料②③④⑤⑥は高句麗が事理・史実を満足させ、また戦争遂行能力を持っていたことを示すのである。従って、(C)の主語は当然、高句麗であり、またこの碑は碑文の中に明記されているように、広開土王の勲績を後世に示すために建てられたものであることに留意すべきであろう。

• 欠字の補完は困難か

記事の欠字部分、すなわち'渡海破百残□□□羅以為臣民'は、これまで次の如くに補完されてきた。

横井忠直、 □□新

管 政友、 撃新新

那珂通世、 任那新 または 加羅新

大原利武、 又伐新

水谷悌二郎、 □□新
橋本増吉、 又服新
林屋辰三郎、 故服新
朴時亨、 聯侵新 または 招倭侵
千寛宇、 將侵新 または 欲取新
栄禧、 隨破新
王健群、 □□新
朴真奭、 往救新

この三欠字の変遷過程を綿密に調査・研究した前沢和之氏は次のように結論している。

“以上を瞥見して気づくことは、判読において明確に‘□□新羅’とするものは少なく、一方‘□□□羅’と第三字を判読不能とするものが多いということである。それにもかかわらず、解釈においてこれを‘新羅’とし、しかも‘百残・新羅を臣民となした’と第一・二字の補完・解釈を無視したものが多く、その解釈の論拠を明示するものはほとんどない。これは‘通説’の成り立ちを考える上で特筆さるべき現象である。『会余録』第五集での紹介、および横井氏の‘解釈’がこのような結果をもたらす起点となったと推測するのは過ぎたことであろうか。結論としていえることは、欠字部の補完、特に第三字を‘新’と判読することには非常な無理が伴うこと、ましてや判読の根拠を明らかにすることなく、第一・二字を無視し、‘百残・新羅’を臣民となしたなどと解釈することは許されるべきでない。この部分の判読は、今後碑文に科学的精査の加えられるのを待って、慎重に検討されなければならない”と。

前沢氏の見解は妥当であり、第三字のように不明な字は判読不能として欠字とすべきであって、判読の根拠を明示することなく、欠けている字を自分で補って論証の重要な柱とすることは自戒しなければならないことであろう。特に第三字を新としたことは、その後の記事の研究に決定的な悪影響をおよぼしたばかりでなく、横井氏の罠に陥ったと言っても過言ではないであろう。と言うのは、『日本書紀』神功皇后49年条(369)によれば(勿論この内容は虚構であるけれど)、南加羅(金海)はすでに平定されていたからである。次に筆者の見解を述べておく。

(1) 筆者の現地調査・周雲台拓本(1981年採拓)、『広開土王碑原石拓本集成』(武田幸男編著)の写真によっても、第三字の判読は不可能であるし、'斤'の痕跡も確認し得ない。三宅米吉氏は最初'破百残□□新羅'と解読したが、直後、古松宮拓本による「高麗古碑考追加」においては、'破百残□□□羅'と訂正している。従って、三字は欠字と判読する。

(2) (C)の主語が高句麗である場合、第三字の欠字に新羅の補完は不適当であろう。その理由は、当時新羅は高句麗と同盟・服属関係にあったので、その新羅を破って臣民としたとすれば、それは王の勲績というよりも、背信行為になるからである。

(3) 碑文の10年庚子条によれば、歩騎五万人を派遣したと記録されているため、これまで碑文研究者たちは、その兵力が全部新羅・任那加羅に派遣されたと解釈しているが、筆者は史料批判によって、次のように解釈したい。

当時、高句麗の動員可能な総兵力は5万人程度である。この兵力を全部南方の新羅・任那加羅に派遣したと仮定するなら、北方の後燕・契丹または南方の百済が本国に侵攻した場合、どうして対処することができよう。これらの敵対勢力の本国侵攻に対備するための兵力を残したがため、実際の派遣兵力数は、1万~1万5千人程度であろう。また、これまでの碑文研究者たちはみな、高句麗の派遣軍は陸路を選択したと考えてきた。しかし、もし陸路を選択したと仮定すれば、当時百済の首都は漢城(ソウル付近)であったから、百済の領域を通過して竹嶺、または鳥嶺を越えたことになる。そうすれば、百済軍の側方攻撃・後方遮断によって敗北させられる可能性が高かっただろう。従って、作戦上の観点からすれば、陸路の選択は不可能だったと思われる。

• 脳裏にひらめいた新解釈

結局、高句麗の派遣軍は東海(日本海)の水路を選択して新羅・任那加羅に派兵されたのではないだろうか。その理由は次の条件が具備されていたからである。

① 碑文の永楽6年条(396)によれば、広開土王は自ら水軍を率いて百済を討伐した。王は阿利水(漢江)を渡り、その国都を包囲することによって、百済の国王は好太王の前に跪いて、"今後、私は永遠にあなたの奴客になります"と誓ったのである。この内容は当時、高句麗水軍の兵力輸送能力が万単位であったことを示す史料であろう。

② 王都・輯安(丸都)から東海の咸興地域まで兵力移動の可能な陸路があった。例えば、高句麗は東沃沮に対し租税として貊、布、魚等を千里にもなる距離から運搬させ、また高句麗の東川王は、246年、毌丘倹の攻撃を受けて敗北するや南沃沮に逃げ、毌丘倹軍はそこまで追撃したのである。

③ 対馬の縄文時代の海人が所持していた漁撈具は、東海北部から朝鮮半島東岸沿いに南下してきた文化の流れとみられるものが著しく、

ユーラシア北部に発生した多様な骨角器を受容していた。このことは北方の古代人がリーマン海流(寒流)を利用して対馬まで移動した証拠であろう。

④ 永楽10年庚子条(400)によれば、"官軍(高句麗軍)は倭の背後より急追して任那加羅の従抜城に至ると城はすぐ降服した"と記録されている。これは高句麗の救援軍が、敵の背後、すなわち、釜山付近に奇襲的上陸作戦(渡海作戦)を敢行したと想定して、初めて理解が可能であろう。また、碑文の9年条に、"太王は、特に新羅の使臣に密計を授けて帰らせた"と記録されているが、この'密計'とは何であろうか? '密計'は、これまで解明されなかった内容であるが、筆者は前述のように、'奇襲的渡海作戦計劃'のことであると解釈するものである。

従って、筆者は、碑文の10年庚子条による高句麗派遣軍は、輯安から陸路で咸興地域まで進出、そこから水軍の船で南下し、釜山方面の背後(当時、任那加羅軍と倭軍は、新羅の国境付近で対陣していたから)に奇襲的渡海作戦を敢行して任那加羅を降服させたと解するのである。しかし、筆者は暫時の間、記事・6年丙申条・10年庚子条の渡海作戦を連関して考えることができなかった。その理由は、記事が通説のように'任那日本府'説の根拠になり得ないことを知ったが故に興味を失っていたからである。しかるに、1995年5月30日、突然次のような着想が脳裏にひらめいた。

渡海破百残(丙申条)＋渡海破任那加羅(庚子条)
＝ 渡海破(百残＋任那加羅)
→ 渡海破百残任那加羅 (C)

高句麗の敵側は百残(済)・任那加羅であったし、また高句麗が渡海作戦によって破ったのは百残(済)と任那加羅であるが故に、三欠字は当然[任][那][加]羅にならざるを得ないであろう。これまで三欠字が謎に包まれて解明されず、また6年丙申条の前置文と解された理由は、庚子条の作戦形態が究明されなかったためである。そこで筆者は記事を次のように解読・解釈するのである。

百残新羅旧是属民由来朝貢、而倭以辛卯年来、渡海破百残[任][那][加]羅以為臣民…
(百済と新羅は、むかしから属民であり高句麗に朝貢していた。而るに倭は辛卯年(391)から来た。高句麗軍は海を渡って百済と[任][那][加]羅を破って臣民とした…)

● 求められる記事の性格把握

記事を正しく解読・解釈しようとすれば、最初に記事の基本的性格を究明しておかなければならないであろう。記事の論争がこれまで長期間継続して結末をつけることができなかった主な理由は、最初から記事の基本的性格を究明することなく、記事を恣意的に解読・解釈してから基本的性格を合理化しようと試みたことに基因したのではなかろうか。例えば、記事を編年体的本文と対等に解釈して史実を読み取ろうとしたこと等である。

これまでの記事の基本的性格に関する諸見解を紹介する。

① この辛卯年云云の記事は、6年丙申の好太王出師討残(済)の記事を導き出さんとする前提を形成し、いわば副次的な一句である。…百残(済)新羅旧是属民云云の一句は、永楽6年に於ける好太王出師の理由

を示すとともに、他面に於いては、その当時に於ける半島中部以南の大勢を概括した一句とも解せられる。…この一句(記事)に対する文献的解釈が記述の通りであるとすれば、この一句は、それ自体独立して史実を記載したものではなくて、次に引く丙申年(396年、高句麗の永楽6年)の記事の前置きである。(末松保和)

② 以上の諸点が確認されたなら、Ⅱ(記事)が他と異なり、Ⅲ以下(6年丙申、8年戊戌、9年己亥、10年庚子、14年甲辰、17年丁未)を記述するために挿入された文であることは容易に理解できよう。つまりⅢ以下の高句麗の対百済・新羅・'倭'関係の展開を記すことによって王の勲績を明示し、後世に伝うべき顕彰碑の導入部として設けられた挿入文なのである。(前沢和之)

③ 碑文は、'王躬率(王巡下)'の本文を中核として、この大王の親征(巡下)に至った前提を述べる'前置文'をこの本文に先行させて一組にした表現と、さらには、この組に'教遣'の本文を付随させた表現との両者で、広開土王時代の一連の征討(救援)戦と、その後の領土拡大戦とを銘記しているのである。…史官は、百済親征や新羅救援・倭寇潰敗戦に至った大前提として、虚構の'辛卯年'の一節を揚げて、この一節に、そうした南下策は、高句麗の歴史的正統性を実現(碑文の文脈に従えば、回復)させるための聖戦であったとして、これを合理化させるのみならず、立碑以後も続くであろう南下策に正統性を与える機能を付加させているものである。(浜田耕策)

④ 辛卯年条の性格は、第一にそれ自体が完結的な独立した碑文ではなく、他の主文の内容(広開土王の勲績)を導く機能を持つ碑文、いわば'前置文'に過ぎないという点に認められる。辛卯年の第二の性格は、それが永楽6年条固有の前置文であることを踏まえ、さらにそれ以後の百済・新羅や倭関係の各年＝各条すべてにかかる前置、いわば'大前提'でもあるという点に認められる。…その核心は、辛卯年以来の倭の朝鮮半島進出に対して、高句麗が反撃し撃退すべき必然性、正統性

の根拠を、やや長期的な展望のもとで明示するところにあった。(武田幸男)

⑤ 国際的に、多くの学者はこのくだりを'辛卯年条'と呼んでいるが、厳密にいうと、これは正しくない。これは'6年丙申条'に属すべきものである。つまり、この部分は6年丙申の百済討伐の理由として記されているのであって、独立した、年代順に、編集した記事ではないのである。(王健群)

筆者は以上の諸見解に対して受容する部分もあるが、異見の部分もある。記事の基本的性格の問題は、少なくとも当時の朝鮮半島の軍事情勢と倭の実体、記事の後半部(C)の主語と欠字に対する補完が前提として解明されなければ解決しがたい内容であろう。

• 碑文の「倭」とは?

下の表は広開土王によって遂行された碑文の征服戦の記事を順序・内容に従って作成したものである。碑文の王の戦功は年代順に記述されているし、また戦争の相手、原因、征服方法、作戦地域と形態、結果が記録されている。しかしこの表で見るように、記事は戦功記述方法とは全く違った形式であり、また独立的な挿入文の性格を示してもいる。それでは、どんな性格の挿入文であろうか。

"高句麗は海を渡って百済と任那加羅を破って臣民とした"(C)ことは、6年丙申条と10年庚子条の征服戦争の結果に対する要約であり、また原因を表す接続詞、'以'をもって絶妙にも丙申条に連結されているのである。従って、丙申条の主語が高句麗軍であるが故に、(C)の主語も高句麗軍にならざるを得ないであろう。

〔表 A〕 **碑文征服記事一覧表**

区分＼内容	年 代	対 象	原 因	方法 / 兵力数	作戦地域	作戦形態	結 果	備 考
①	五年乙未 (395)	碑麗	不帰	王躬率	太子河 上流		往伐/破其三部洛六七百営牛馬群羊	
②	辛卯(元年) (391)							而倭以辛卯年来渡海破百残□□□羅以為臣民
③	六年丙申 (396)	百済		王躬率	漢江·広州	渡海上陸	討伐/従今以後永為奴客	
④	八年戊戌	帛慎		教遣	江原道 (?)		観/自此以来朝貢論事	
⑤	九年己亥 (399)	百済	違誓与倭和通	王巡			巡下平穣/新羅以奴客為民帰王請命	
⑥	十年庚子 (400)	任那加羅 倭	往救新羅	教遣 / 歩騎5万	蔚山·金海	渡海上陸	至新羅城/任那加羅城即帰服	
⑦	十四年甲辰 (404)	倭	不軌	王躬率	黄海道 (帯方界)		率…平穣/倭寇潰敗斬殺無数	
⑧	十七年丁未 (407)	百済		教遣 / 歩騎5万			?/斬殺蕩尽	
⑨	二十年庚戌 (410)	東夫余	不貢	王躬率	豆満江 下流		往討/王恩普覆	

“而るに倭は辛卯年(391)から来たのである”(B)が、何のために、それからどうなったのか、は碑文に明記されている。倭とは任那加羅のことで新

羅侵攻のために来たのであり、またそれらを実行したが、高句麗軍の背後からの渡海上陸作戦によって大潰されたのである(史料②)。それから再び帯方地地域に侵攻したが、太王の軍隊によって潰敗し、多数斬殺された(史料③)。碑文(十年庚子)に登場する倭は倭賊・倭寇であって、あだかも百済を百残の如く軽蔑した表現をつかっているし、また高句麗軍の攻撃目標は任那加羅であることに留意すべきである。

筆者の研究によれば、碑文の倭とは、主役は任那加羅であり、脇役に海賊的集団の性格を持っていた‘対海国’、すなわち、‘対馬’であり、動員可能な兵員数は1,000人程度であろう。しかし、かれらは時間と場所を自由に選択することができる奇襲上陸集団であったがゆえに、相当な威力を発揮する能力を持っていた。(拙稿、「広開土王碑文の倭の実体」参照)

“百済と新羅はむかしから属民であり高句麗に朝貢していた”(A)というのである。これまで碑文研究者たちの多くは、‘むかしから’(旧是)を辛卯年以前のことまで考えて、これは碑文が顕彰碑であるために誇張したもの、ないしは虚構であるとの見解をとっていた。

‘むかしから’は過去を表現するが、必ずしも辛卯年以前まで拡大解釈する必要はない。碑文の撰者は、碑を建立する414年を基点として、王の即位年である辛卯年(391)以後のことを表現していると解するのである。そこで、このくだりは百済王が広開土王の前に跪いて永遠にあなたの奴客になりますと誓い(6年丙申条)、それ以前は新羅王(寐錦)は自ら朝貢をしなかったが、広開土王が新羅を助けて倭寇を打ち破ったので、新羅王は自ら朝貢に来た－この部分は文字の脱落が多いため不完全であるが内容はこの意味であろう(10年庚子条)－。従って、これを証拠にして記録したと解するのである。

• 成立しない「任那日本府」説

これまで碑文の研究者たちは、記事の解読・解釈、特に文法的解釈に焦点を置いて'任那日本府'説の可否について一世紀以上も論争を重ねてきたが、謎は解明されなかったのである。しかし、軍事理論に基づいた軍事史学的観点は、戦争における政治的目的の達成は最終決戦の勝利によって決定されることを史実によって証明している。倭が391年、百済・新羅を破って臣民と為した、と仮定しても、永楽10年(400)、14年(404)に倭は大潰・潰敗されたが故に、朝鮮半島の南部に足場となる根拠地の喪失によって'任那日本府'説は全然成立し得ないのである。それに、4世紀後半の日本列島の倭は、大軍を朝鮮半島に出兵して征服戦争を遂行する能力もなかった、といわねばならない。

それゆえ、これまで論争の焦点になってきた記事に対して次のように解読・解釈するものである。

> 百残新羅旧是属民由来朝貢、而倭以辛卯年来、渡海破百残任那加羅以為臣民…
>
> (百済と新羅はむかしから属民であり高句麗に朝貢していた。而るに倭は辛卯年(391)から来た。高句麗軍は海を渡って百済と任那加羅を破って臣民とした…)

記事の後半(C)の主語は戦争遂行能力の観点から見れば、当然高句麗であり、高句麗軍が渡海上陸作戦によって破った敵側は百残(済)と任那加羅であったから、三欠字は任那加であり、そこには決して新羅が補完されない理由を明示したのである。倭は辛卯年から来た(B)が、戦闘に介入したものの大潰・潰敗された。記事の最初の部分(A)は414年を基点として高句麗南進政策の名分と意義を与え、また丙申年(396)から庚子年(400)までの功績内容を要約したものである。

従って、辛卯年記事の基本的性格は、丙申年から庚子年までの勲績内容を要約し、高句麗南進政策の名分と意義を与える総括的内容であると同時に、広開土王の遺志を継承した長寿王の決意と当為を表明した、編年体的本文とは違った、独立的挿入文であると解するのである。♣

(『日本及日本人』創刊110年記念号, 1998年春, 及び
『東アジアの古代文化』創刊100号記念特大号, 1999年 再掲載)

— 主要参考文献 —

- 『會餘録』第五集（亜細亜協会、1889)
- 朴時亨、『廣開土王陵碑』(社会科学院出版社、1966)
- 金錫亨、『古代韓日関係史』(ハンマタング、1988)
- 佐伯有清、『広開土王碑と参謀本部』(吉川弘文館、1976)
- 水谷悌二郎、『好太王碑考』(開明書院、1977)
- 茂在寅男、『古代日本の航海術』(小学館、1979)
- 王健群、『好太王碑の研究』(雄渾社、1984)
- 武田幸男、『高句麗史と東アジア』(岩波書店、1988)
- 武田幸男、『廣開土王碑原石拓本集成』(東京大学出版部、1988)
- 永留久恵、『対馬古代史論集』(名著出版、1991)
- 末松保和、「好太王碑の辛卯年について」『史学雑誌』1935。
- 前沢和之、「広開土王陵碑文をめぐる二・三の問題」『続日本紀研究』159号、1972。
- 浜田耕策、「高句麗広開土王陵碑文の研究」『朝鮮史研究会論文集』第11集、1974。
- 拙稿、「広開土王碑文の倭に関する一考察」『東アジアの古代文化』81号、大和書房、1994。
- 拙稿、「広開土王碑文の倭の実体」『東アジアの古代文化』85号、1995。
- 拙著、『韓国軍事史序説』韓国慶州、1990。
- クラウゼィッツ、『戦争論』李鍾學 訳（ソウル：一潮閣、1972)

11. 河内巨大古墳の謎を探る

-5世紀前後を中心とする新仮説-

● はじめに

1991年10月8日、筆者は伽耶の製鉄武器・甲冑・馬具等に興味があって釜山市立博物館で開催された「神秘の古代王国、伽耶特別展」に行ってそれらを観察すると同時にパンフレットをもらってきたのである。その中に“広開土王の南征があって福泉洞遺蹟から大形墳の主槨が木槨墓から石槨墓に変ずる5世紀前半において、金海大成洞遺蹟から首長級の墓が急激に消滅して、その後一時福泉洞の勢力が洛東江河口の中心勢力として浮上するのである”[1]という内容を読んで電気に打たれたような気持がした。それは最初に広開土王碑文(以後‘碑文’と略記する)の内容が浮んだからであった。

(史料1) 百残と新羅は旧是れ属民にして由来朝貢す。而るに倭、辛卯年(391)を以て来たりて海を渡り、百残□□新羅を破り、以て臣民と為す。(日本の通説)

(史料2) 十年庚子(400)、 高句麗王は歩・騎五万人を派遣して新羅を救援した …官軍は倭の背後より急追して任那加羅(金海)の従抜城に到ったら城はすぐ降服した…

(史料3) 十四年甲辰(404)、 倭は不法にも帯方地域に侵入した… 王は自ら軍を率いて討伐を行った…倭寇は潰敗し、王の軍は無数の敵を斬り殺した。

---

1) 国立中央博物館編、『特別展 伽耶』(ソウル、1991)、p。36。

それから、江上波夫の騎馬民族征服王朝説、[2]『宋書』倭国伝にある倭王武の上表文を根拠にして、5世紀に出現した河内の巨大古墳の謎を究明するため次の如く新仮説をたててみた、即ち“400年高句麗軍に降服し、また404年帯方地域に侵入したが潰敗された任那加羅王朝は準備をととのえ408年ごろ騎馬部隊と水軍を率きつれ日本列島の河内地方に上陸し、呪術的・祭祀的な三輪王朝を征服して河内王朝を樹立し、征服王朝として巨大古墳を築造した。これがいわゆる『宋書』倭国伝に登場する倭五王の時代であろう”と。日本古代史学界における河内王朝に関する学説史は次の如くである。

(1) 4世紀末以降。河内に政権が移ったように見えるが、それは大和政権の一時的な河内への進出であって、4~5世紀の政権に断絶はないとする説。(河内政権否定説)
(2) 大陸の狩猟騎馬民族が北九州を経由して4世紀末ごろ大阪平野に上陸し、征服国家を打ち建てたとする説。(狩猟騎馬民族説)
(3) 九州地方の有力者が4世紀末ごろ大阪平野に襲来し、新政権を樹立したとする説。(ネオ狩猟騎馬民族説など。井上光貞説もこれにはいるが、狩猟騎馬民族的要素は重視しない)
(4) 大阪平野を地盤とする豪族が瀬戸内海の制海権を握って強大となり、新政権を創設したとする説。(自生的河内政権説)[3]

直木孝次郎によれば、(1)は在来からある説、(2)は江上波夫、(3)は水野祐・井上光貞、(4)は若干ニュアンスの相違はあるが、筆者と岡田精司・上田正昭両氏が、そぞれの主張者とみてよかろう。各説いずれも論拠があるのはいうまでもないが、私見をもってすれば(1)説では、すでに述べたよ

2) 江上波夫、『騎馬民族国家』(東京:中央公論社、1991、改定)
3) 直木孝次郎、『日本古代国家の成立』(東京:講談社、1996)、p。120。

うに和風諡号の問題や、応神以降の五世紀の歴代の王の陵が河内平野に在ると伝えられていることが説明しにくい。(2)説では、古墳の形態や主体部の構造が在来通りの前方後円形であり竪穴式であることの説明がしにくい。(3)説では、5世紀の河内または大和の政権構成する主要な豪族の出身地が河内または大和であって、九州と関係する豪族のほとんどないことが障害となる。これに加えて前述のように河内政権の本拠が大阪湾に臨む地であることを支持する証拠はいくつもある。私はやはり(4)説が現在のところもっても真実に近いと考えるのである、[4]と。

申敬澈によれば、直接金海大成洞古墳群を発掘調査して、第一は、Ⅱ類木槨墓の北方式木槨墓はその前の時代に墳墓が築かれているにもかかわらず、それを意図的に破壊し、その上に墳墓を築造している点。第二は5世紀前後のⅡ類C型木槨墓を最後に、支配者の墳墓の築造が突然中断されているという点である。[5] 1994年9月6日筆者は一人でのこのこと堺市の大仙古墳を見た瞬間、最初の印象はこのような巨大な古墳の築造は征服王朝の被征服者に対する支配権の威圧的な記念碑であろう、という直観を得たのが、この研究を始めた直接動機であった。

古代の日本において、国家がいつごろ成立したかという問題に対して、多くの人々の承認しうるような定説を生むにいたっていないようであるが、[6] ある程度の統一的古代国家の成立は磐井の乱(527)以後であることだけは確実であろう。従って、5世紀前後の朝鮮半島や日本列島には、いまだに統一国家や民族の概念も存在せず、ただ有力な政治集団がすきな場所に移動して部族国家を造っていた時代であった、と筆者は前提にしている。

新しい政権や王朝の成立には軍事力の基盤があってこそ可能であるこ

---

4) 上掲書、pp。120~121。
5) 申敬澈、「金海礼安里160号墳に対して」『伽耶考古学論叢』(駕洛国史蹟開発研究院、1992)、pp。166~167。及び『巨大古墳と伽耶文化』(東京:角川書店、1992)、pp。42~43。
6) 吉田 晶 ほか、『日本と朝鮮の古代史』(東京:三省堂、1989)、p。12。

とは、周知の事実であるので軍事史学徒である筆者はこの問題の究明に挑戦したのであるが、河内王朝の問題はおよそ1,600年前の出来事であるがため、歴史学はもちろんであるが人類学・考古学・言語学等の学際的研究方法が要請されるのである。それで先達たちの英知と努力による研究成果を援用することにし、ある程度引用文が冗長になるかもしれないが、私が彼らの研究成果・理論を代弁するよりも、彼ら自身をして語らせた方がより適切であると考えたのである。

Ⅰ。広開土王碑文の辛卯年記事

碑文の双鈎本をはじめて日本に将来したのは1883年秋、陸軍参謀本部の酒匂景信中尉であり、その直後から参謀本部の横井忠直が中心になって研究し、1889年6月、『会余録』第五集が碑文研究の特集号のかたちで刊行され、そこでの辛卯年記事(以後'記事'と略記する)は次の如く解読された。

(史料1) 百残新羅旧是属民、由来朝貢。而倭以辛卯年来渡海、破百残□□□新羅以為臣民。
(百残と新羅は旧是れ属民にして由来朝貢す。而るに倭、辛卯の年(391)を以て来りて海を渡り、百残□□新羅を破り、以て臣民と為す。)

この32字によって構成されている記事は、その後日本古代史学界では一貫した定説として、朝鮮出兵と「任那日本府」説の論拠となったのである。「任那日本府」説とは何か? "任那(みまな)とは4~6世紀に、南朝鮮にあった日本の植民地。4世紀後半、弁韓と馬韓・辰韓の一部が日本の勢力下に入り、これを日本では任那と称して半島経営の基地とし、新羅・百済を保護して高句麗に対抗した。しかしその後、高句麗の圧力が強まり、新羅・百済は任那の地を侵略したので、日本の勢力は次第に縮小し、任那は562年ついに新羅に滅ばされた”[7]と。

文部省検定済の歴史教科書によれば、“高句麗の好太王の碑文には、倭が朝鮮半島に進出して高句麗と交戦したことが記されている。これは、大和政権が朝鮮半島の進んだ技術や鉄資源を獲得するために加羅(任那)に進出し、そこを拠点として高句麗の勢力と対抗したことを物語っている”[8]と紹介されているが、最近にも、“4世紀末には日本は朝鮮半島に進出し、百済や新羅を破って、さらに北上して高句麗に敗退したことが高句麗好太王碑文に示されており、任那日本府の支配を確立するなど、かなり積極的な行動を展開しているのであるから…”[9]と主張されている。それから5世紀に登場した乗馬の風習や馬具、鉄製武器等も朝鮮出兵の結果として解釈されたのである。例えば、

> ・応神による朝鮮出兵とその結果としての朝鮮人の帰化とは、古墳文化の前期と「後期」との、文化的な異質性を説明するのに十分であろう。この異質性は、北方騎馬民族の征服という解釈をいれなくても理解されるのである…
>
> わが大和朝廷は、4世紀中葉に始まった朝鮮経営にあたって、この亡命官人の知識や技術を利用しようとして、将軍らに命じてその貢上を要求したのであろう…乗馬の風習が朝鮮経営の結果、にわかに盛んになったのも、文献の上にこのように説明されるのである。[10]

7) 山本達郎 編、『世界史－東洋－』(東京：岩波書店、1969)、p。211。
8) 井上光貞 ほか、『詳説 日本史』再改定版(東京：山川出版社、1991)、p。25。
9) 西尾幹二、『国民の歴史』(東京：産経新聞社、1999)、p。93。
10) 井上光貞、『日本国家の起源』(東京：岩波書店、1960)、p。216、p。212、p。214。

一方、これとは別な見解がある。

・4世紀のヤマトの王権は、強固な統一政権であったわけでない。それぞれの地域な、「地域国家」的独自性をもって、ヤマトの王権と結びっいていたと考えられる。統一政権としての支配体制がはっきりかたまるのは、5西紀後半から6西紀前半以降であろう。[11)]

周知の如く碑文研究において、記事は国際的論争の焦点であった。これまで碑文の研究は主として文献史学的・考古学的研究方法と金石文研究方法によって行われていた。碑文の研究が謎に包まれ、また解決の系口が見出されない理由は研究方法にあると考えた。碑文の「倭」はいつも軍事作戦に参加しているので、戦争の準備・遂行・結果に対する分析・解釈は、軍事理論に基づいた軍事史学的研究方法がより適合性と妥当性をもつと考え、その方法を適用した研究成果は次の如くである。

第一：4世紀後半の日本列島の倭は、社会的・産経的・経済的・軍事理論的・海上勢力的要因分析によれば、大軍を朝鮮半島に出兵して征服戦争を遂行する能力がなかった。[12)]

第二：記事を通説の如く、倭が391年百済·新羅を破り臣民と為す、と仮定しても、400年(史料2)と404年(史料3)に倭は大潰・潰敗されたため、朝鮮半島の南部に足場となる根拠地(作戦基地)の喪失によって「任那日本府」説は全く成立し得ないのである。プロイセンの戦争哲学者クラウゼヴィッツは名著、『戦争論』(1832)において、“このような戦争の形態において、栄冠は最後の勝利者に与えら

11) 大和岩雄、「邪馬台国と初期ヤマト政権」「東アジアの古代文化」63号、1990、p。133。
12) 拙稿、「広開土王碑文の倭に関する一考察－軍事史学的方法による－」上掲書、81号、1994、pp。76~87。

れることをいつも記憶すべきである"[13]と言ったが、戦争における政治的目的の達成は最後の勝利者に与えられるのである。[14] 従って記事は「任那日本府」説の論拠になりえないのである。碑文研究者たちは、これまでこのような重大な内容を看過してきたのである。

第三：碑文に登場する倭とは、主力軍は任那加羅であり、脇役として対馬倭が参加したであろう。その理由は、400年(史料2)高句麗軍の攻撃目標は任那加羅の従抜城であったからである。[15]

第四：記事の解読・解釈は次の如くである。[16]

百残新羅旧是属民由来朝貢。而倭以辛卯年来。渡海破百残任那加羅以為臣民…

(百済と新羅はむかしからの属民であり高句麗に朝貢していた。而るに倭は辛卯年(391)から来た。高句麗軍は海を渡って百済と任那加羅を破って臣民とした…)

第五：記事の基本的性格は碑を建立した414年を基点として高句麗南進政策の名分と意義を与え、また丙申年(396)から庚子年(400)までの勲績内容を要約した、編年体本文とは違った独立的挿入文であると解する。[17]

筆者は記事の解読・解釈によって、高句麗軍が海を渡って百済(396)と任那加羅(400)を破って臣民としたこと。それから10年庚子条(400)は高句麗救援軍と新羅軍の作戦地域が金海－蔚山－彦陽の三角地帯で遂行さ

---

13) Carl Von Clausewitz、*ON WAR*、trans。Micheal Howard and Peter Paret (Princeton University Press、1976)、p。582。
14) 拙稿 、「広開土王碑文の真実－軍事史学的研究方法による辛卯年記事の検討－」『東アジアの古代文化』100号、1999、pp。97～99。
15) 拙稿、「広開土王碑文の倭の実体」『東アジアの古代文化』85号、1995、pp。148～167。
16) 上掲書、pp。103～106。
17) 上掲書、pp。110～111。

れ、この地域の中心地である蔚州郡熊村面検丹里には高句麗戦死者の墓と推定される積石塚が確認されたのである。[18]

王健群の調査・研究によれば、碑文の総文字数は1、775字であり、そのうち欠け落ちて判読できないものが141字であるという。[19] 欠字の百分率は8%であるけれど、庚子条の総文字数は180字であり、欠字数が57字で、欠字の百分率は32%になる。記事の任那加羅の3字と庚子条に欠字が多い理由はなんであろうか?

日本の通説の如く、記事の後半部の主語を「倭」とした場合、即ち「倭は海を渡り百済と任那加羅を臣民と為す』とすれば、聖典と考える『日本書紀』巻第9、神功は皇后49年と矛盾になる。干支を2運さげて369の史実と考えた場合、任那加羅は征服されているのに、また391年に征服する結果となるからである。

周知のように、陸軍参謀本部は歴史の真実を研究する機関ではなく、国家目標を達成するため軍事力をいかに運用し、また謀略を専門に駆使する機関である。横井忠直を中心に5年間の研究結果は、記事の後半部の主語を「倭」とし、3字を欠字に作り(□□□)、新羅と読むよう誤導すると同時に、任那加羅地域の戦闘を記述した10年庚子条の文字を削除したであろう。この仕事の下手人が酒匂景信中尉であり、彼は40歳の若さて死んだのであるが、碑文の削除・変造に直接関係したがため、この問題を謎にするため謀殺されたであろう。[20]

---

18) 拙稿、「広開土王碑文10年庚子条の新考察－蔚山地域積石塚の謎を探る－」上掲書、110号、2002、pp。64~76。

19) 王健群、『好太王碑の研究』(東京:雄渾社、1984)、p。29。

20) 五つの理由によって謀殺されたと推測する、拙稿、「広開土王碑文10年庚子条の新考察」、pp。74~76。

Ⅱ。人 類 学－日本人の起源－

“世界の人種のなかで、日本人ほど、その起源について興味を抱かせる人種はいない”とエドワ－ド・モ－スは、明治12年(1879)に発表した論文、「大森介墟古物篇」の冒頭にこう記録したのである。外国人学者を始め日本学者も加えて日本人の起源に関する研究はきわめて多数にのぼったのであるが、埴原和郎は次の如く分類したのである。

① 人種交代説
② 混血説
③ 移行説(変行説または連続説)
④ 渡来説

人種交代説は、日本列島の中で人種が1回ないし2回入れ替わったという考えであり、混血説は、縄文時代いらいの土着集団が、弥生時代以後に種々の近隣集団と混血することによって現代日本人を生じたという考えである。これに対して移行説は、縄文時代以来、日本列島では大規模な人種の交代や混血はなく、縄文人そのものが小進化をとげつつ現代人に変化してきたと主張する。

最後の渡来説は、弥生時代以後に主として朝鮮半島から多くの人が渡来し、在来の縄文人と混血したと考える。これは混血説と似ているようだが、混血説では相手の集団が必ずしもはっきりしていない。これに対して渡来説は、在来系集団との混血の相手が、日本歴史にも明らかな渡来人集団だと考える点が異なっている。実は、私がこの本で明らかにしようとする‘二重構造モデル’も渡来説の一種である。[21)]

埴原和郎は人類学の歩みを振り返り、旧石器時代や縄文・弥生、アイ

---

21) 埴原和郎、『日本人の成り立ち』(京都：人文書院、1995)、pp。18～19。

ヌ・沖縄人の人骨調査を通して日本人の起源に関する'二重構造モデル'の仮説の要点を次のように提示したのである。

① 少なくとも2万年ほど前から日本列島に住みつき、現代の日本人集団の基層となったのはおそらく東南アジア系の原アジア人集団だった。
② このような日本列島に、主として弥生時代以後、大量の北アジア系集団が渡来してきた。この渡来は7世紀ころまでのほぼ1000年間にわたって続いた。
③ 渡来系集団は、まず北部九州を中心とする地域に住みついたが、その数を増すにしたがって近畿地方にまで広がり、ついに朝廷を成立させ、同時に在来系集団と徐々に混血した。
④ 渡来系集団の一部は、弥生時代から古墳時代にかけて東日本にも進出し、大和政権の勢力を拡大した。
⑤ 在来系・渡来系集団の混血は西日本では濃く、東日本ではやや薄い。また西日本の中でも、南部九州や四国では混血の影響が比較的少ない。
⑥ 渡来系集団との混血の影響がもっとも少ないのは、アイヌと沖縄の集団である。
⑦ 在来系・渡来系集団の混血は現在も進行中であり、日本人集団の二重構造は今も維持されている。日本列島にみられる身体的・文化的地域性は、これら二集団の接触の濃淡によって生じたと思われる。[22)]

問題は、'この1000年間に何人くらいの渡来人がきたか?'ということである…1000年間の渡来人口が約150万、7世紀始めの時期での縄文系と渡来系の人口の 割合は1対8.6となる。[23)]

22) 上掲書、pp。286~287。
23) 上掲書、p。271、p。274。

筆者は埴原和郎の'二重構造モデル'を受容する立場である。その理由は、日本歴史や日本文化論の中で多く謎とされているさまざまな問題や、また河内巨大古墳の由来と主体勢力の問題を解く鍵を与えてくれるように思えられるからである。筆者は任那加羅と日本列島の倭に関して次の如く見解を述べたことがある。[24)]

日本列島から人類の元祖が自生したという考古学的証拠がないかぎり、例えば縄文人も日本列島に渡来した先住人であろう。彼等は採集・狩猟・漁撈を生業とした縄文文化をもっていたのである。そこに紀元前3世紀頃日本列島の北九州地方に水稲農業と金属器の使用を特徴とする弥生文化が登場したのである。この弥生文化が縄文文化の中で自力で切りひらいたと主張することは困難であろうし、日本の学界でも外部から伝来したと認めるが、その伝来ルートには諸見解があるようである。日本の文部省検定済の日本史教科書には次のように説明されている。

> 日本でもこのような大陸の文化の影響力をうけて、紀元前3世紀ころ、九州北部に新しい文化がおこり、農耕社会が成立した…さらに西日本の弥生前期の人骨には、縄文人にくらべて背丈が高く、朝鮮半島の人々の身長に近いものがあることからみると、弥生文化は、朝鮮南部で形成された文化の影響のもとに九州北部でまず成立し、全国に広がったものと考えられる。[25)]

野山や海で食糧を獲得していた縄文人にとって、自分達の領域に侵入して土地を占領し、水田耕作をする弥生人をだまって黙認したであろうか? 縄文人と弥生人のあいには、生存権を賭けた血みどろの戦闘が必然的に勃発せざるをえない、とみるべきであろう。

---

24) 拙稿、「広開土王碑文の倭の実体」『東アジア古代文化』85号、pp。154~155。
25) 井上光貞 ほか、『詳説日本史』(東京:山川出版社、1991)、pp。16~17。

板付遺跡における築造当時の状況を推定すると、幅6メ-トルに深さ3~3.5メ-トルと規模が大きい。このよろな構造をもち、稲作の開始とともに出現した環濠集落は、定住化した集団を防御するものであったことを物語るにじゆうぶんであろう。両者の戦闘様相は…これまでみてきた銅剣・石剣等の人骨への嵌入例、先端のつぶれた石剣等の切先・鏃等である。

ここで、銅製は弥生人、石製は縄文人が使用した武器であると考えられるのである。水稲農業は水田・水路等を作るため集団的な労動力を必要としたため集落の規模も拡大し、村落の定住化、村落の支配者登場、それから部族国家が出現したであろう。指揮者のある銅製武器で武装された弥生人集団と生業のため分散·移動しながら石製で武装した縄文人集団との戦闘において、前者が勝利するのは火をみるよりもあきらかであろう。前述したごとく、九州北部でまず成立した弥生文化が全国に広がった理由はここに基因するのである。このことは弥生人が縄文人を征服·支配したことを意味するのである。これは日本列島の主人公が交替する大変革と解釈されるし、また日本民族と文化の形成の問題を考えるにも根本的な重要性をもつであろう。

要するに、日本文化は、「日本の統治民族」、つまり「天つ神」のもたらした文化であり、その根幹をなすのは稲作文化である。これが、本居宣長から柳田国男が受け継いだ基本理念であったのである。[26] 日本の弥生文化の故郷は朝鮮南部、特に加耶地域(金海)であったことは、考古学的遺物だけでなく、伝来ル-ト、即ち 舟(造船術と航海術)の観点からみると、金海－対馬－壱岐－唐津ル-トが当時としては安全・唯一の幹線ル-トであった。したがって、古代の北九州は、朝鮮南部とは「同一文化圏」の地であっ

26) 上山春平・渡部忠世 編、『稲作文化』(東京：中央公論社、1985)、p。4。

たといわれたし、特に弥生時代から5世紀頃まで日本列島(倭)は任那加羅の分国・植民地であったとみるのが当然であろう。このことは碑文(広開土王)の倭の実体の究明に関連する基本的関係であると考えるのである。

筆者は初めて「分国・植民地」の造成語を使用したが、これは当時任那加羅人が集団的に移住して部族国家を形成したが、故国とは血縁的・精神的つながりはあっても、政治的・行政的直接なつながりはなかったと解する意味で使用したのである。“すでに紹介した礼安里(金海)の骨は、土井ヶ浜人に酷以している。そこで土井浜や三津は、朝鮮半島から渡来した人たちのコロニーそのものだったという可能性もあるのである。”[27] ここで日本列島と渡来人との関係について上田正昭の見解を紹介する。

近頃、日本列島のなかの渡来文化の役割がしだいに重視されるようになってはきたが、渡来文化の伝播は認めても、渡来とその集団の実在を軽視する見方や考え方は、なおいぜんとして根強い。あしき「島国史観」の克服は、まだまだ不十分といわねばならぬ。文化は風媒花ではない。文化の歴史には人間の実在がある。渡来文化の実りをもたらす背景には、人間と人間、集団と集団の交渉があり、だびだびの渡来の波と渡来人たちの活躍があった。渡来文化を是認しても、渡来の集団を否定する見解では、人間不在の歴史論や文化論になりかねない。[28]

Ⅲ。言 語 学－日本語の由來－

ある民族や人種の起源を探るにあたって重要な手段の一つは言語であることは周知のことである。というのは、日本語はどこから来たか? こ

27) 埴原和郎編、『日本人の起源』(東京：朝日新聞社、1984)、p。204。
28) 上田正昭、「渡来人と古代日本」『渡来人』(東京：河出書房新社、1985)、p。65。

の問題は日本人はどこから来たかという問題とも密接に関係する問題である。日本語に関する言語学者の見解には次のようである。

・日本語の文法構造は何といっても北方語的であって、言語学者でこれを否定する者はないでありましよう。構造的には日本語は「ウラル・アルタイ諸語」と共通点が多いが、系統的にみると、このような広範な言語圏とではなく、アルタイ系諸言語、特にツングース・満州語の関係が深いことが、しだいに明らかになってまいりました。朝鮮語も大筋ではアルタイ系言語に加えてよいでしよう。…

日本語は形態論から見てアルタイ系言語のうちツングース・満州語と深い関係があることが明らになってきたのですが、それでは日本語起源の問題はアルタイ比較言語学によって解明しつくされる見通しがあるかといいますと、「否」と答えなければなりません。南方語の構成要素が日本語において多く見られることが明らかになってきたからであります(ここに南方語というのは南島語族‘オーストロネシア’とかマライ・ポリネシア語族とか呼ばれる語族に属する言語を提します)[29]

・縄文式文化の担い手と弥生式文化のそれとが異なる民族であるとするならば、日本祖語の話し手たちは、たとえば南朝鮮から渡来してまず北九州に地盤を作り、さらに日本列島の異民族を征服して行ったと考えることができよう…

人口の稀薄であったと考えられる紀元後数世紀間の畿内に、すぐれた弥生式文化の担い手たちが、北九州から移住してきた場合に、そこに行われていた方言－それは日本祖語とは多少違っていたものであろう－は、すみやかに新来者の言葉に同化していったことが、容易に想像される。豊かな新天地に定着したこれらの日本人は古墳文化を発達させる

29) 村山七郎、「南方語と日本語」『日本人の起源を探る』(東京：新人物往来社、1994)、pp。334~335。

ともに、その言語と文化は四囲の地方にひろまっていったであろう。このように考えてくると、日本祖語はだいたい弥生式文化の言葉であったということができる。

日本語と同系であることの証明のできているのは琉球語だけであって、その他の諸言語との親族関係は未証明である。しかし日本語と同系である蓋然性のもっとも大きいのは、朝鮮・アルタイ諸言語(すなわち満州〃トゥングース諸言語・蒙古諸言語・チュルタ諸言語)であると考えられると、くり返し説かざるをえない。[30]

日本語の文法的ならびに構文的構造は、韓国語を含むアルタイ言語型に属するのは、北アジア系集団が支配者であり、また南方語が見られるとの言語学者の見解は、東南アジア系集団は被支配者を意味するであろう。このことは埴原和郎の'二重構造モデル'の内容と比較した場合一致すると考えられる。しかるに大野 晋は別な内容の見解を発表したのである。

・南インドのドラヴィダ語と日本語との間に系統的関係があるという論は、もともと私が言い始めたものではない。すでに1856年、イギリス人宣教師コールドウエルがその主著、『ドラヴィダ語すなわち南インドの言語族の比較文法』の中で、日本語と度々引き合い出して、これがドラヴィダ語と関係を持つことを述べている。これが嚆矢である。…

私はドラヴィダ語と日本語の系統論的研究を日本人として4番目に始めた。私は、私のそれまでの朝鮮語・アイヌ語などとの比較研究の経験から、ドラヴィダ語全体を対象とせず、その中の一言語であるタミル語を限定的に選択し、かつその古典語について研究した。…

私はただ儀礼を通して文化を見較べ、言語の面からはタミル語と日本語との間に、厳密な「音韻対応の法則」に支持される単語が存在し、かつ

---

30) 服部四郎、「日本語の系統」上掲書、p。309、p。305。

> タミル語のB.C. 200年頃の言語とA.D. 800年頃の万葉集の言語との間に、助詞・助動詞が音韻法則に支持されて、かつ、ほぼ同一の用法をもって存在することが判明したと、ここに報告するのである。これは、現在の他の学問、あるいは既成の固定観念によって否定し去ることはできない一つの事実である。[31)]

日本はアジアの東端にあり、タミルはアジア中央部の南のインド亜大陸の最南端に位置している。しかるに大野晋は、① 日本とタミルの交流関係があったとすれば、それは、一体いつのことなのか? ② タミル人と日本人は陸路で結ばれたのか、それとも海路か、に対しては全然論拠を提出しえず、ただ、"今後、文化人類学、考古学、歴史学が、これらの宿題に、それぞれの答えを提出しなくてはならなくなるだろう"[32)]と言ったのである。

ドラヴィダ語と朝鮮語を連関させて主張した外国人学者がいたが、彼等はダルレ(Ch. Dallet、1874)、ハルバート(M. B. Hulbert、1863~1949)等である。フランスの宣教師ダルレは1874年『朝鮮教会史』の結論、'朝鮮語'系において、文法上の九つの特徴をとりあげ朝鮮語がタタール(韃靼)語族に属すると論証しながら、その文法はドラヴィダ語とよく以ていると主張した。米国人宣教師ハルバートは1895年『朝鮮民族の起源』II、(The Korean Repository)の中で、ドラヴィダ語とは同系説を主張したばかりか、『朝鮮語とドラヴィダ語の比較文法』(1906)という該博な著書を出刊したのである。[33)] しかし彼等もドラヴィダ族がいて、どんなにして朝鮮半島の人達と文化交流をしたかに対しては論拠を提示することが出来なかったので、あまり説得力がなかったようである。

しかるに考古学者金秉模によれば、首露王はA. D. 48年阿踰陁国の王

31) 大野 晋、『日本語以前』(東京：岩波書店、1994、5刷)、pp。5~6、p。336。
32) 上掲書、p。336。
33) 姜吉云、『古代史の比較言語学的研究』(ソウル：セムン社、1990)、pp。271~272。

女と結婚したことが『三国遺事』(駕洛国記、巻第三)に記録されているし、首露王陵に刻みつけられている双魚文、それから王妃の名前は許黄玉であり、陵碑にある諡号は「普州太后」等をもとにして30余年間研究・調査した結果、印度コサラ国の中心都市であった阿踰陁(Ayodhya)に住んでいたブラマン(Brahman)階級の一団が北方のクシャン(Kushan)王朝の侵入によって彼等は印度を去って普州(中国四川省嘉陵江流域、今の重慶附近)に住んでいたが、許一族(巫師階級)20余名は舟に乗って楊子江をくだりA. D. 48年7月金海に到着したことを明らかにしたのである。[34)]

この研究結果を受容した言語学者 姜吉云は印度の阿踰陁(Ayodhya)と駕洛国は連関があったことは明らかであるから、阿踰陁で使用したドラヴィダ語がわれらの国語に、せまくには伽耶諸国に影響を及ぼしたことだけはまちがいないだろう… このように日本王室と駕洛国または伽耶(彼等の支配族はドラヴィダ語をつかっていた)の関係は比較語彙を通してみたとき一体感を与え、日本王室を伽耶系だと断定しても過言でないだろう、[35)]と。

筆者はこれらの研究成果を基にして、日本語がドラヴィダ語(大野 晋はその中の一言語であるタミル語を限定的に選択したけれど)と直接関係をもつようになったのは任那加羅王朝と彼等の政治集団が408年頃兵船で金海を出発し日本列島の河内に上陸してその後河内王朝を建立したからであると解すれば合理的に理解されるであろう。

---

34) 金秉模、「駕洛国 許黄玉の出自」(『三佛 金元竜教授停年退任記念論叢』(1)、1987)、「駕洛首露王妃誕生地」『韓国上古史学報』 第9号、1992、p。203。及び『金首露王妃 許黄玉』(ソウル：朝鮮日報社、1994)、pp。272~275。

35) 姜吉云、前掲書、p。273、p。117。

Ⅳ。考古学

－騎馬部隊の軍事指導者はどこからきたか－

最近の高等学校歴史教科書には古墳文化の発展に対して次のように紹介している。

> 4世紀末から5世紀にかけての中期古墳になると、数もいちじるしくふえ、東北地方南部から九州地方南部にかけてひろく分布している。この時期の古墳としては誉田山古墳(伝応神天皇陵)・大仙古墳(伝仁徳天皇陵)などは有名である。墳丘はいっそう大きくなり、濠をめぐらし、やがて横穴式石室があらわれ、副葬品も馬具・鉄製武器などが主となっていった。支配者の性格が司祭者から軍事的指導者にかわったのであろう。[36]

同一王朝が捕獲品等によって支配者の性格が司祭者から軍事指導者に変わることはありえないことであり、ここに社会的一大変革が起ったことを意味するのであるが、これまで日本の古代歴史家たちはまちがった記事の解読・解釈を根拠にして日本国内自体での変化・発展と主張することによって謎をつみかさねてきたのである。

1948年5月東京・御茶の水で行われた座談会で、「日本民族＝文化の源流と日本国家の形成」という題目で討論した内容が翌1949年2月に復刊された雑誌、『民族学研究』に掲載されて有名になったのである。その座談会に参加された方の中に、東洋史の江上波夫の発表した内容が、いわゆる「騎馬民族日本征服説」であった。この座談会の性格が学術的に意義があったのは、日本民族の起源や国家の成立について、それまでの日本国内に限定されていた見方を改め、周辺アジアからヨ-ロッパまでも含めた、

---

36) 児玉幸多 外、『日本の歴史』(東京：山川出版社、2001)、p。16。

比較文化史的研究の最初の出現と認められたのであるが、その壁を打破するためには今後も、もっと努力と情熱が必要なようである。江上波夫は、その後発表内容を補完し、その理論的基礎を次のように主張したのである。

私には、(1) 前期古墳文化と後期古墳文化とが、たがいに根本的に異質的なこと、(2) その変化がかなり急激で、そのあいだに自然な推移を認めがたいこと、(3) 一般的にみて農耕民族は、自己の伝統的文化に固執する性向が強く、急激に、他国あるいは他民族の異質的な文化を受けいれて自己の伝統的な文化の性格を変革させるような傾向はきわめてすくなく、農耕民である倭人のばあいでも同様であったと思われること。

(4) わが国の、後期古墳文化における大陸北方系騎馬民族文化複合体は、大陸および半島におけるそれと、まったく共通し、その複合体の、あるものが部分的に、あるいは選択的に日本に受けいれられたとは認められないこと。いいかえれば、大陸北方系騎馬民族文化複合体が、一体として、そっくりそのまま、何人かによって、日本にもちこまれたものであろうと解されること。

(5) 弥生式文化ないし前期古墳文化の時代に、馬牛のすくなかった日本が、後期古墳文化の時代になって、急に多数の馬匹を飼養するようになったが、これは馬だけが大陸から渡来して、人はこなかったとは解しがたく、どうしても騎馬を常習とした民族が馬を伴って、かなり多数の人間が、大陸から日本に渡来したと考えなければ不自然なこと。

(6) 後期古墳文化が王侯貴族的・騎馬民族的な文化で、その弘布が、武力による日本の征服・支配を暗示させること。

(7) 後期古墳の濃厚な分布地域が軍事的要地と認められるところに多いこと。

(8) 一般に騎馬民族は陸上の征服活動だけでなく、海上を渡っても征服慾を満足せしめようとする例がすくなくないこと(たとえばアラブ・ノルマン・蒙古などの例)、したがって南部朝鮮まで騎馬民族の征服活動がおよんだばあいには、日本への侵入もありえないことでないこと。

—だいたい以上の八つの理由によって、私は前期古墳文化人なる倭人が、自主的な立場で、騎馬民族的大陸北方系文化を受けいれて、その農耕民的文化を変質させたのではなく、大陸から朝鮮半島を経由し、直接日本に侵入し、倭人を征服・支配したある有力な騎馬民族があり、その征服民族が以上のような大陸北方系文化複合体をみずから帯同してきて、日本に普及させたと解釈するほうが、より自然であろうと考えるのである。[37)]

四世紀前半、朝鮮半島中部に始めて東北アジアの夫余系騎馬民族出身の辰(秦)王朝が成立し、韓人諸国(馬韓・弁韓・辰韓など)の大半を支配した。その中心が最初は馬韓(百済)にあったが、後に弁韓に遷り、最後に筑紫(北九州)に上陸した。『古事記』や『日本書紀』に記された天孫降臨はこれを指すものと考えられ、御肇国天皇といわれる崇神天皇がこの最初の建国の主人公であろう。 当時はまだ朝鮮南部の伽耶に本拠地を置いていて、九州の筑紫までを支配する倭韓連合王国であった。これがそもそも「日本」の始まりと考えられる。そして五世紀になると、応神天皇が伽耶から北九州に渡り、勢力を増して畿内に東征した。さらに雄略天皇の代になると奈良に都を移し、かの地の豪族たちと連合して大和朝廷をつくり、関東から九州までの日本列島の大部分を統治するようになったのである。[38)]

日本の後期古墳時代を特徴づけた武器や馬具なども加羅(伽耶)の古墳から普遍的に出土しており、彼我の同系を示している。一方、九州北部の福岡市、甘柿などの古墳からも、共通な構造の石蓋墓や伽耶式といわれる硬質土器が副葬品として発見されていて、東北アジア系騎馬民族の日本列島渡来のミッ

---

37) 江上波夫、『騎馬民族国家』(東京：中央公論社、1991、改版)、pp。157~159。
38) 江上波夫編、『日本民族の源流』(東京：講談社、1995)、pp。11~12。

シングリンクがこれらによって完全につながったと私は見ている。[39]

以上が江上波夫の辰王朝による騎馬民族日本征服説(以後「騎馬民族説」と略記する)の大要であるが、「騎馬民族説」の理論的基礎である八つの内容は妥当性のある論拠のため筆者は受容する。しかし彼の「騎馬民族説」の主体は辰王朝であるが、筆者はA. D. 42年金首露王が建国した駕落国(任那加羅)の子孫であると考える。文定昌の研究によれば、伽耶の金首露及び新羅の金閼智は、西暦紀元前120年漢武帝によって捕虜になった匈奴族休屠王の長男、金日磾の子孫であることを明らかにした。[40]

新羅建国の王族は北方系住民の後裔である。すなわち、彼らの青銅器の中には動物形帯鈎、細文鏡、棒頭飾、銅剣、特に触角形柄銅剣など北方形の遺物があり、そうした様式が本来スキタイ族の活動を通して東方シベリアに広がったということは常識になっている。また新羅の金冠が鹿の角と樹木の硬化した立飾りからなっており、これがシベリアを通してやはり黒海北岸の、ノボチェルカスク古墳出土の写実的樹木、鹿形飾りの金冠(西紀開始前後)と究極的に結びつくのも周知の事実である。また今度の第155号墳(天馬塚)から出た彩画障泥に描かれた馬体内部の三日月形文もスキト・シベリアの動物文に広く見られる伝統である。そして初期の新羅王たちが麻立干とよばれ、官称に角干があるのはトルコ・蒙古語のハンより由来することも常識である。以上のように古新羅の文化には濃い北方色があるのであるが、これは新羅人がそのつど北方から影響を受けて成りたったものではなく、北方族である新羅支配者階級が生来の文化伝統として身につけて慶州の地にやって来たものである。[41]

---

39) 上掲書、p。11。
40) 文定昌、『加耶史』(ソウル:柏文堂、1978)、pp。22~36。
41) 金元竜、「新羅に潜むスキタイ文化」江坂輝弥編、『韓国の古代文化』(東京:学生社、1978)、pp。215~216。

伊藤秋男の研究にすれば、中国東北地区の銅鍑(ケットル)と同じ型式のものが、近ごろ朝鮮半島南端の伽耶古墳から発見されるようになった。金海市大成洞29号墓と47号墓から各一個ずつ、…しかも、これら伽耶の出土例は、例外なく3世紀の古い土壙槨墓から発見されるもので、伽耶の基層文化の形成に北方騎馬民族が、何らかの形で深く関与していたのではないかと考えたい、[42]と。

任那加羅の金首露王は匈奴王族系であり、許黄玉王后は印度コサラ国の阿踰陁(Ayodhya)の出身であり、彼らは西紀48年に結婚したのである。彼らの子孫は北九州に渡って邪馬台国を樹立しであろう。それから金首露王の直系子孫が高句麗との戦争で敗北したので(史料2・3)、408年頃騎馬部隊を率きつれ金海から日本列島畿内の河内地域に上陸して三輪王朝を征服したのである。これが、『宋書』に記録されている「倭王讃」であるというのが筆者の前述した仮説である。この匈奴という民族こそ、北アジア史上最初に登場した騎馬遊牧民族であったことは周知の事実である。匈奴に関しては、司馬遷の『史記』(匈奴列伝第五十)に次の如く記録されている。

> 壮者は、その力はよく弓をひきこなし、全員が武装騎兵になった。その習俗として、平時は牧畜に従事するかたわら、禽獣を射殺して生計をたて、戦時には全員が軍事を習練して、侵略・攻伐にあたったが、これは、ほとんどその天性であった…父が死ぬと、子が継母を妻とし、兄弟が死ぬと、遺った兄か弟がその妻を取って、自分の妻とした…
>
> 五月には、籠城(匈奴が天を祭る処)で大集会をひらさ、先祖、天地の神、鬼神を祭った。
>
> 死者を送る場合には、屍を棺(ひつぎ)・槨(棺の外箱)に入れ、金銭・衣裳を

---

42) 伊藤秋男、「騎馬民族は来たのか?」『日本古代史「王権」の最前線』(東京：新人物往来社、1997)、p。211。

その中につめた…主君の死にあたっては、寵愛された臣妾で殉死する者が、多いときには数十人から百人にのぼった。

1。日本列島の馬文化

森 浩一は国家の形成と武器の関系、とくに大和政権が日本列島の大半を統治するとすれば馬の活用が前提である、[43]と主張したことは卓見である。しかし彼は広域の国家形成に馬の活用が何故必須であるかに対しては、その説明を省略したので、添加することにする。

第一、馬の活用は効果的な征服戦争を可能にするのである。領土をひろめるための征服戦争の遂行には騎馬戦術が必須条件であったからである。例えば、15世紀、スペインは少数の騎馬隊をもって広大な新世界を征服する力を誇示したのである。コルテス(Cortés)の騎兵隊は250騎だけでメキシコ全域を征服し、ピザロ(Pizarro)はそれよりもっと少数の50騎だけでペル-を征服したのである。

戦闘の結果を決定する要素は次の四つである。即ち ① 機動性(敵の側面に向って遠方から騎兵部隊を移動させること) ② 奇襲 ③ 側面攻撃 ④ 槍騎兵突撃の猛烈性は次の10世紀のあいだ騎兵戦術の根幹になったのである。[44]

第二、馬の迅速は機動性は、1837年無線電信器が発明されるまで一番はやい通信手段であり、1825年実用的な気関車、1886年ガソリン自動車が登場するまで一番はやい交通手段であった。迅速な通信・交通手段なくして広域の統治権行使は大変困難であろう。蒙古のジンギスカンが、アジア・ヨーロッパの両大陸にまたがる史上最大の帝国の建設と統治権行

43) 森 浩一、『古代日本と古墳文化』(東京：講談社、1991)、pp。130~131。
44) Trevor T. Dupuy、*The Evolution of Weapon and Warfare*、HERO Books、1984、p。40。

使を可能にしたのは騎馬の活用にあったことは周知の史実であろう。

しからば日本列島の馬文化のはじまりはいつ頃であり、どんな経路でやって来たであろうか?

古墳時代の中期に、日本列島に伝えられた馬の文化というのは、すなわち人の集団移住に直接かかわる問題です。ですから、乗馬の風習ということだけでなく、馬の殉葬や祭祀のような精神面のことも含めて、統合的に考える必要があります…

朝鮮半島の南部では、4世紀の前半にすでに馬具が使用されていたということが、ここでのいちばんのポイントです。日本列島での最も古い馬具は4世紀の第4四半期以降ですから、Ⅲ段階にあてはまり、半世紀ほどの年代差があるわけです。これらの馬具は、洛東江の下流地域の金官伽耶にふくまれる、金海・大成洞古墳群と釜山・福泉洞古墳群から出土しています…

桃崎祐輔さんの研究によれば、列島に馬がもたらされるのと同時に、5世紀前半からはじまり8世紀まで続き、特に牧の推定地に集中しているということです。つまり、馬の飼育にかかわった集団によって受け継がれた伝統的な儀礼と考えられ、その源流は朝鮮半島南部の新羅・伽耶にたどれるようです…[45]

金海大成洞遺跡から、4世紀のものから多量の騎乗用の甲冑、馬具が発見されたのである。このことは任那加羅がすでに4世紀頃から強力な騎馬戦団をもっていたことを意味する。[46]

日本列島の馬文化のはじまりは5世紀前半であり、その源流は朝鮮半島南部の新羅・伽耶であり、またこれは人の集団移住に直接かかわる問題

45) 千賀 久、「日本列島の馬・文化のはじまり」『東アジアの古代文化』87号、1996、p。76、p。85。88号、p。91。

46) 申敬澈、「4·5世紀の金官伽耶の実像」『巨大古墳と伽耶文化』(東京：角川書店、1992)、p。38。

であるとの結論であるが妥当性があるのである。しかし初期における馬の活用は支配的権力集団の領域に属するが、それが如何にして渡海が可能であり、馬の運搬手段はなんであったか、という具体的内容が欠けているのが残念である。

しかるに、前述した井上光貞の見解や、また“騎馬の風習が、さらにさかのぼるのか否かは別として、4世紀末から5世紀初めに騎馬の風習のあったことは確かであろう。その受入れは…わが国の朝鮮半島への出兵が直接の契機といえよう。”[47] いまだに碑文の記事(391)を論拠にして、“広開土王碑文にもみられるように、倭国が利害を同じくする百済などとともに、高句麗軍の接触したことは確実であろう。このような高句麗の騎馬軍団との直接の戦闘が、倭人たちに馬匹や乗馬技術に対する強い関心を引き起こしたであろうことは想像に難くない。騎馬文化の受容は、騎馬民族の渡来を考えなくても十分説明がつくのである。”[48]等の見解がある。日本古代史学界の一般的見解は鉄資源の獲得、乗馬の風習も大和による朝鮮出兵の結果であるとの主張であるが、前述したが如く、4世紀後半の日本列島の倭は朝鮮半島出兵の能力がなかったのである。

最近の金海・大成洞を墳群と釜山・福泉洞古墳群から出土された馬具によって、江上波夫は“私の仮説でミッシングリンク(欠けた連鎖)と見られるところは、やがては一連のものとして、全面的に新発見資料によって充足され、私の騎馬民族説が仮説ではなく、真実なものとして実証される日の来ることを確信し、期待し続けました。そうして30年以上経った今日、その期待はほぼ完全に達成されたのです”[49]と。

しからば、任那加羅(金海)から日本列島の河内地域までどんなに馬を運

47) 坂本美夫、『馬具』(東京：ニュー・サイエンス社、1985)、p。99。
48) 白石太一郎、『古墳の語る古代史』(東京：岩波書店、2000)、p。66。
49) 江上波夫、「騎馬民族説は実証された!」『幻の加耶と古代日本』(東京：文芸春秋、1994)、p。32。

搬したであろうか? 筆者は碑文の十年庚子条に、"王は歩兵と騎兵5万人を派遣して、新羅を救援した"とあることから、歩・騎兵を東海(日本海)の水路によって派遣した、[50]と解した。当時馬を船で運搬しようとすれば船の安定上巨大な構造船が必要なので、造船術に問題があるけれど、筏船であれば可能であり、また8月下旬になれば北から浦項－釜山方面に寒流の勢力が強まるので海流を利用したであろう。また任那加羅も高句麗の馬の輸送方法を習って、それを日本列島に馬を運搬するのに実地に活用したであろう、と考えている。たまたま長崎大水産学部 紫田恵司教授らの実験によれば古代馬はイカダに乗せられて朝鮮半島から日本へ渡ってきたことが実証されたのである。[51]

騎馬部隊と鉄製武器を豊富に保有していた任那加羅の軍事指導者が河内地域に上陸して、司祭的性格をもった三輪王朝を征服した、と考えるのが合理的ではないだろうか。

2。須恵器の源流

・須恵器は、古墳時代中期以降、我国で生産された陶質の土器をさす。古墳時代の土器には、土師器と須恵器の二者がある。土師器は、縄文・弥生土器以来の伝統的な土器製作技法を継承した軟質の土器である。これに対し、須恵器は、これら在来の技法とは全く系譜的に異なる新技術により生産された。その技術上の大きな特徴は、製作時に於けるロクロの使用と窖窯による還元焔焼成に代表される。この技術の導入に伴い、土器はその大量生産が可能となり、又、生産に係わる専門工人を生むことになった。[52]

50) 李鍾學 ほか、『廣開土王碑文の新研究』(慶州：徐羅伐軍事研究所、1999)、pp。126～128。
51) 金達寿、『日本の中の朝鮮文化』⑪ (東京：講談社、1994)、pp。39～42。
52) 『日本古代史事典』(東京：大和書房、1993)、p。118。

須恵器のは在来の技法と全く異なる新技術であるが、“この技術の導入に伴い”とはどんな意味であろうか? どこから如何に技術を導入したのか、が明確にされていない。私は前述したが如く、上田正昭の見解が思い出された。即ち 近時、日本列島の中の渡来文化の役割がしだいに重視されるようになってはきたが、渡来文化の伝播は認めても、渡来人とその集団の実在を軽視する見方や考え方は、なおいぜんとして根強い、と。古代、特に4世紀末の前後には朝鮮半島や日本列島には統一された国家や民族も形成されていなかった時代であり、強力な政治集団が小規模の部族国家を自由に作っていた時代であったことを見逃してはならないであろう。

・古墳時代の中ごろ堺市域の遺跡はその全容はわからないにしてもかなり専工的な遺跡が多いことに気がつく。彼らは自からの専工業に従事することによって彼らの消費する食糧および生活物資の供給は支配者より受けていたのであろう。そしてこのことより明確にする遺跡として、泉北丘陵およびその周辺地域に作られた古墳時代中期より平安時代にまでつづくわが国における一大須恵器生遺跡である陶邑古窯跡群があげられる。陶邑に見られるいま一つの重要な点は、須恵器という新しい陶質土器(朝鮮半島より伝わる)の技術が伝わり、生産されたということでなく、工人集団の渡来によって生産されたという点である。そしてこれらの人々が渡来したことは古墳時代およびそれ以後のわが国の歴史、文化に大きな影響をあたえた…堺にかぎらず巨大古墳については、いまだ歴史は厚いベ-ルを脱ごうとしないが、いつの日か私達にその姿を見せてくれるであろうことを願っている。[53]

・須恵器の源流が朝鮮半島南部の陶質土器であることはほぼ意見の一致するところである… 洛東江流域の諸特徴を持ったものが多く存在、

53) 堺市博物館編、『堺の遺跡と出土品』、1985、pp。70~71。

大筋では伽耶地域と考えられるが… 朝鮮半島の各地の工人が畿内政権のお膝元である陶邑に結集された結果の所産であろうと考えられる…その成立には4世紀末～5世紀にかけての朝鮮半島での国際的な緊張が深く関与しているものと推察される。[54)]

・特殊須恵器は、装飾付須恵器と共に、その大半が葬祭供献用のうつわである… 角杯は、北方騎馬民族の金属器がその原型とされるが、陶質土器製のものが朝鮮半島南部の古墳から出土していて、神酒を捧げる明器であるという。国内では6世紀前半代に集中して、18～23㎝の高さの大形器が豪族級の横穴石室墳や、集落内では祭祀的場所から出土している。[55)]

・陶邑は大坂府堺市・和泉市・大坂狭山市の丘陵地帯に展開する日本最大の須恵器生産遺跡である。その構成は約1,000基と言われる須恵器焼成窯址を中心に、陶器千塚をはじめとする古墳群、深田遺跡などの集積場としての性格をもつものを含む集落址を包括する複合遺跡群である。[56)]

須恵器の源流が朝鮮半島南部の伽耶地域の陶質土器であり、この新しい陶質土器は工人集団の渡来によって生産され、その工人集団が畿内政権のお膝元である陶邑に巨大な約1,000基と言われる須恵器焼窯址があり、作った須恵器の中には北方騎馬民族が使用した角杯等を考えるとき、この工人集団は巨大古墳の主人公が伽耶地域から引きつれてきた、と解するのである。

54) 富加見泰彦、「陶質土器と初期須恵器の系譜」『考古学』第42号(東京：雄山閣、1993)、pp。17～20。
55) 柴垣勇夫、「様々なかたち－特殊な器形の須恵器－」上掲書、pp。38～39。
56) 樋口吉文、「陶邑」上掲書、p。51。

3。巨大古墳の謎

巨大古墳として有名な誉田山古墳(伝応神陵)や大仙古墳(伝仁徳陵)のように墳丘長が400mをはるかに凌駕する場合には想像を絶するような大土木工事が展開されたものと考えられる。梅末治の計算によれば、1人1日の労力を、1㎥の土量運搬距離250mと仮定して、大仙古墳の全土量に要する人員を1,406,000人に近いものと考え、1日1,000人使役して4年に近い年月が必要だという。[57] 筆者はこの古墳を写真では見たが、1994年9月6日堺市の大仙古墳を見て圧倒されてしまったのである。こんなばかけた巨大古墳は新来の征服王朝でないと築造不可能であろう、というのが第一印象であり、これは研究すべき内容であると確信したのである。征服王朝が巨大古墳を築いた意図には、新しく倭の大王になった所以を内外に誇示するための政治・外交上の必要性があったからであろう。

4世紀以来、大王陵を初めとする大形古墳の築造は、各地の有力首長の政権の授受の証としても解釈されている。呪術的な性格の濃い数々の副葬品にとりかこまれて葬られた首長は、祭りと政ごとが、一体であったいわゆる司祭者的な性格の所有者であった。古墳築造の事業は、次代の首長として財力・技術力をはじめ、組織動員力など、彼の周辺の安全度と統率力が試される場であったともいえるであろう。墓づくりが単なる土木技術の問題のみに終るものではなく、古墳の築造が次代の首長と社会にとって、きわめて政治的な色彩の濃いものであったと思われる。それゆえにこそ、古墳の築造それ自体が政治でもあり、まつりごととして重要な役割を担っていたと見なければならない。[58]

57) 堀田啓一、「巨大古墳の築造技術」『考古学』 第3号（東京：雄山閣、1983)、p。29。
58) 大塚初重、「古墳の築造と技術」上掲書、p。14。

> 陶質土器としての須恵器の出現や乗馬の風習の開始を物語る馬具の副葬なども巨大古墳の世紀にはじまっているし、古墳前期での三角縁神獣鏡を中心にした大型銅鏡や鍬形石・車輪石・石釧などとよばれる碧玉・製腕輪あるいは腕輪型宝器などいわば呪術的な品物が重視された副葬品に代って、実用的な甲冑や武器、あるいは馬具が重視されはじめ、古墳の副葬品や埋納物が激変しているのは見落せない。これをいいかえると、それらの品々を身につけた場合、支配者たちのよそおいが古墳前期と一変しているのも事実である。さらに大仙古墳や誉田山古墳でいくつかの実例をみたように、金製品や金色にたいする愛好が急激にあらわれることも見逃せない。つまり巨大古墳の被葬者たちが、古市古墳群や百舌鳥古墳群形成の最初からか途中からかは今後の研究にまつとしても、朝鮮半島をも含めての東北アジアの騎馬文化の強烈な影響をうけたことは否定できない。[59]

同じ時代に同じ形状の前方後円墳でありながら、規模が異った古墳が築造され、とくに副葬品の性格が全然異なることは、単に捕獲品、趣味・趣向の問題ではなく、その背後にある被葬者とそれをとりまく集団の政治的・思想的・社会的な本質や意義を追求する必然があるだろう。

> 河内の巨大古墳を考えると、騎馬民族征服王朝説を無視できない… 江上説を念頭において古市古墳群と百舌鳥古墳群をみると、それぞれの古墳群での最大規模の古墳、誉田山古墳と大仙古墳が、前方後円墳という日本列島で発達した墳形であり、しかもどちらの古墳もともに古墳群形成の最初に造営されたとみられる形跡はとぼしく、古墳群形成の途中で出現したと推定されることが問題である… 以前になかった巨大古墳の出現は江上説を有利にしているようでもあるが、寺院とは違い、こと墓制・葬制の点で民族の伝統を失ってしまうかどうかは、さらに検討をつづけねばならない…[60]

---

59) 森 浩一、『古代古墳の世紀』(東京：岩波書店、1981)、pp。228~229。
60) 上掲書、pp。227~228。

森 浩一は江上波夫が主張する河内王朝の騎馬民族と三輪王朝の民族を別に考えて、騎馬民族が彼等の墓制・葬制の伝統を失ってしまうのを疑問にしているようである。しかし前述した人類学の立場からみたとき、三輪王朝も、また筆者が主張する河内王朝も同じく任那加羅(金海)からの渡来政治集団である。ただ日本列島への渡来時期が先後であるだけで墓制・葬制の伝統は問題視する必要はないことであろう。

奥野正男によれば、3世紀後半から4世紀の初めごろ、前方後円墳は大和に突如として出現した、といわれる…その考古学的な結論は、まだ完全に統一的な見解には至っていないものの、古墳にあらわれる文化の諸相はすべて'西から東へ'移動しているということである。つまり、前期古墳のもつさまざまな特徴ー墳形(前方後円)・埋葬施設(竪穴式石室)・祭祀用土器(ハニワ)・副葬品(鏡・装飾品・鉄製品)ーこれらは大和における弥生社会が、自生・発展して到達したものではなく、すべて九州北部から瀬戸内(吉備)を経て大和にいたる諸地域の古墳祭祀の様式が総合されたものであるということである。これは九州北部にあった邪馬台国の勢力が、吉備など瀬戸内沿岸諸国との経済・文化・政治にわたる結びつきを強めながら拡大し、大和に新しい王権とその都をつくったというー邪馬台の東遷を裏づける考古学的事実にほかならない、[61]と。これは'二重構造モデル'の観点からも容易に理解されるし、またこの初期大和政権が、すなわち三輪王朝であろう、と筆者は解する。

堀田啓一によれば、誉田山・大仙古墳は日本国を代表する二大前方後円墳であり、これは二大古墳の被葬者は『宋書倭国伝』にみられる「倭の五王」の二人であろう、[62]と言った。筆者は墳丘486mの大仙古墳は倭王讃(425年死)、墳丘430mの誉田山墳は倭王珍の陵であろうと推測する。

61) 奥野正男、『邪馬台国は古代大和を征服した』(東京:JICC出版局、1990)、pp。2~3。
62) 堀田啓一、前掲論文、p。31。

V。文献史学–君父の仇とは?–

三輪王朝は中国との対外関係に対して無関心であったが、新来の河内王朝は対照的にも積極的で、東晋に義熙9年(413)にはもう使者を派遣したのである。

> 高句麗王高璉は征東将軍などの官爵号を授与され、しかもやがて来る宋王朝の樹立によって、征東大将軍に進号されることになった。ところがこれに対して、倭国王には義熙9年時はもとよりのこと、宋の建国時にまったく官爵授与という対応がなされなかった。しかも『太平御覧』所引の『義熙起居注』には、倭国からもたらされたものが貂皮と人参という、およそ日本の産物らしからぬものを持参したと記されているのである。この倭人は当時の倭王とは無関係のもので、おそらく好太王碑の伝える高句麗と倭軍の戦闘の結果、高句麗の捕虜となった倭人の一員で、これを高句麗王が自国の強大さを誇るために「従属する倭国の使者」などと偽って東晋に連れて行ったものと思われる。[63)]

西紀413年倭王が東晋に送った特産物が日本の産物らしからぬ「貂皮と人参」であることから、当時の倭王とは無関係であるばかりか、偽った倭国の使者であるとの解釈は外交史上ありえないことであり、また論理の飛躍ではなかろうか? 朝鮮半島南部の任那加羅から倭に来て4、5年しかたたない倭王讃は、朝鮮伝来の趣向が抜けなくて「貂皮と人参」を最高の貴重品であると考えて東晋王に送ったと解すべきであろう。

史料価値の高い沈約(441~513)の『宋書』倭国伝にはまた貴重な史料、「倭五王」がある。すなわち、高祖武帝の永初2年(421)と太祖文帝の元嘉2年

63) 坂元義種、「東アジアと倭の五王」『日本古代[王権]の最前線』、p。14。

(425)に倭王讃、ついで倭王珍が、また元嘉20年(443)と同28年(451)に倭王済が、世祖孝武帝の大明6年(462)に倭王興が、順帝の昇明2年(478)に倭王武が、それぞれ使を派遣したのである。これに応ずる同書の本紀には、元嘉15年(438)4月号の安東将軍、同28年(451)の安東将軍等の記録がある。これまで日本の古代史研究家たちは、「倭の五王」が『日本書紀』のどの天皇に当てるか、また日本古代国家形成史論に重点をおいて研究してきたのである。[64)]

しかし、筆者は特に倭王たちが宋に使を派遣して送った上表文の内容分析に興味をもったのである。この問題は、当時南朝の宋は北魏に対する、牽制策として周辺諸国の冊封要請に応じ、自国の影響が及ばない地域に対する形式的な称号が除される傾向があったこと、と日本列島の倭、特に三輪王朝は朝鮮半島への出兵能力が全然なかったことを前提として考察すべきである。

(史料4) (425) 讃が死んで弟の珍が立った。使を遣わして貢献し、みずから使特節都督倭・百済・新羅・任那・秦韓・慕韓六国諸軍事、安東大将軍、倭国王と称し、上表文をたてまつって除任されるよう求めた。詔して安東将軍・倭国王に除した。[65)]

(史料5) (478) ⓐ 封国(倭国をさす)は偏遠で藩を外になしている。昔から祖禰がみずから甲冑をきて、山川を跋渉し、ほっとするひまさえなかった。東は毛人(蝦夷・アイヌ)を征すること55国、西は衆夷(クマソ・隼人など)を服すること66国、渡って海北(朝鮮半島)を平げること95国…

ⓑ 道は百済をへて、もやい船を装いととのえた。ところが高句麗は無道であって、見呑をはかることを欲し…臣の亡父済は、

64) 笠井倭人、『研究史 倭の五王』(東京：吉川弘文館、1973)
65) 『宋書』 倭国伝。

じつに仇かたきが天路をふさぐのを怒り、弓兵百万が…まさに大挙しようとしたが、にわかに父兄をうしない、垂成の功も失敗に終った。
ⓒ 詔して、武を使特節都督倭・新羅・任那・加羅・秦韓・慕韓六国諸軍事、安東大将軍、倭国王に除した。[66]

第一：この『宋書』によれば、高句麗は463年(大明7年)に車騎大将軍(第2品)、百済王は457年(大明元年)に鎮東大将軍(第3品上階)に除されたが、倭王武は478年(昇明2年)に安東大将軍(第3品下階)に除され、百済よりいつも下位であったのである。これは当時東アジアの国際秩序の序列であり、この文献史料によっても日本古代史学界の通説であった碑文の辛卯年記事による「任那日本府」説は虚構である証拠になるであろう。それに明治以来、日本の考古学者たちが任那日本府の遺跡を金海地域で探したけれどなかったのである。[67] それから考古学者森 浩一にすれば、“4世紀の後半に、大和朝廷が朝鮮半島に鉄を求めて進出した。そして任那という植民地を作っていたなどと、実年代を入れている。これは、今年の一番新しい教科書である。4世紀から5世紀にかけて、日本が朝鮮を軍事的にも政治的にも支配していたというような証拠は、ほとんどない”[68]と。

第二：“昔から祖禰がみずから甲冑をきて、山川を…東は毛人を征すること55国、西は衆夷を服すること66国”と言ったが、これは倭王武の祖先代からの軍事的業績であるが、“4西紀の末年、正確にいうと391年までに日本列島の統一は完了していて”[69]と主張したけれど、5世紀後にも国内

66) 上掲書。
67) 李進熙、『好太王碑と任那日本府』(東京：学生社、1977)、pp。202~208。
68) 司馬遼太郎 ほか、『日韓理解への道』(東京：中央公論社、1987)、pp。82~83。
69) 水野 祐、『大和王朝成立の秘密』(東京：KKベストセラーズ、1992)、p。107。

統一戦争が遂行されていたことを物語っているのである。東の毛人とは関東地方のエゾを指し、西の衆夷とは九州地方のクマソを指すのである。前述した井上光貞説の如く、九州地方の有力者が4世紀末ごろ大坂平野に襲来し、新政権を樹立したとすれば、東の毛人を征するのは理解されるが、西の衆夷を服するとはどんなに解すべきであろうか? ましてや当時の日本列島の倭は朝鮮半島に出兵して征服戦争の遂行能力がないのに“渡って海北(朝鮮半島)を平らげること95国”はいかに解すべきか? 筆者は任那加羅から渡来してきた河内王朝が碑文に記録されいるがごとく(史料2,3)、新羅・帯方地域を攻略したことであり、また前述した東西の征服戦は河内地域に上陸してからの国内統一戦争遂行を記録したと解するのである。従って、この文献的史料は河内王朝の出自が任那加羅である確実な論拠であると解するのである。

第三：倭王武以前から高句麗が朝貢するのを妨害することを「無道」であると誹謗し、父は高句麗を討伐しようとしたけれど、にわかに亡くなったと記述した(史料5のⓑ)。河内王朝と高句麗とは全然交渉・利害関係がないのに、なぜ朝貢を妨害し、またそれを外交文書に「無道」であると批難したか? 高句麗討伐戦まで考えたということをどんなに解したらよいだろうか? 碑文によれば、十年庚子(400)、任那加羅は高句麗軍に従抜城を抜かれて降服し、また十四年甲辰(404)、帯方地域に侵入したが、高句麗軍に撃破されたがため、故国を離れ日本列島に来て河内王朝を樹立した倭五王、特に武は高句麗に対し敵対感・怨みをもって上表文を書いたと解する。

第四：歴代の倭王は、しっこくも“百済・新羅・任那…”(史料5のⓒ)の支配権を主張した理由はなんであろうか? もちろん百済は除外されたけれど。この問題については、“新羅・任那・加羅…の支配権を宋から承認してもらったことを意味する。武の外交は成功といってもよい。けれど、そうした称号を得たことと、実際に支配権をもつことは別である。宋としては、それらの国々は自国と交渉がないから、朝貢してきた倭王の顔を立てて、請願をみとめただけのことだろう"[70]という見解もある。

歴代の倭王はしっこくも宋から承認をもらうことを請願した理由は、彼らの祖先が朝鮮半島の南部(任那加羅)の王家であったことを根拠にして、その縁故権を主張したかったからではなかろうか。筆者の河内王朝の仮説の一部分は上述した内容分析から由来するのである。

『日本書紀』には任那が新羅に滅ぼされたとき次の如く記録している。

(史料6) 欽明天皇二十三年(562)春一月、新羅は任那の官家を打ち滅ぼした…

夏六月、詔して、「新羅は西に偏した少し卑しい国である…太子・大臣らは助け合って、血に泣き怨をしのぶ間柄である。大臣の地位にあれば、その身を苦しめ苦労するものであり、先の帝の徳をうけて、後の世を継いだら、胆や腸を抜きしたたらせる思いをしても奸逆をこらし、天地の苦痛を鎮め、君父の仇を報いることが出来なかったら、死んでも子としての道を尽せなかったことを恨むことになろう」といわれた。[71] (宇治谷 孟訳)

日本古代史学界の通説の如く、任那が倭の植民地であり、それが新羅によって滅ぼされたのをもって、何がゆえに"君父の仇を報いることが出来なかったら、死んでも子としての道を尽せなかったことを恨むことになろう"と言ったであろうか? 日本の古代史研究者たちは、いままでこの貴

70) 直木孝次郎、『日本古代国家の成立』、p。135。
71)『日本書紀』巻十九、欽明天皇二十三年。

重な信憑性のある『日本書紀』の内容(史料6)を無視、または埋没してきた理由はなんであろうか?

上田正昭によれば、1965年、桓武天皇の母は高野新笠という方で、「和氏譜」やその崩伝にみえるように、出身は武寧王の流れをくんでいる。桓武天皇の母の父、つまり外祖父は、日本名を和乙継という方で、まぎれもなく百済王族の流れをくんでいる人物である… すると、当時、右翼の皆さんがえらく怒られ、大日本不敬言動調査会などから、「近く天誅を加える」とか「京都大学を去れ」という抗議を三通いただいた。家宝として大切に保存しているが、32年前というと、そういうことを書くことが不敬とされた。しかし、これは歴史の事実であり、いまは国民の常識になっている、[72]と。

上田正昭が歴史の事実を表明したら右翼の国体から脅迫を受けたことは、学問ばかりでなく、日本国家の発展の観点からみても望ましき態度ではないであろう。最近朝日新聞の報道(2001. 12. 23)によれば、"天皇は記者会見において、私自身としては、桓武天皇の生母が、百済の武寧王の子孫であると続日本紀に記されていることに、韓国とのゆかりを感じています…さらに過去を正確に知ることに努め、個人個人としての互いの立場を理解していくことが大切であり、両国民の間に理解と信頼感が深まることを願っております"と。

筆者は全く同意・受容する立場であり、特にこのことは古代史研究において歴史的事実は事実として認めるという態度の転換点になることをせつに望んでいるのである。同時に学問とは真実を探求する行為であるから。

---

72) 上田正昭 編著、『司馬遼太郎回想』(東京:文英堂、1998)、p。164。

(史料7) かれここに天の日子番のニニギの命、天の石位を離れ…筑紫の日向のの高千穂の霊じふる峰に天降りましき…ここに詔りたまはく、「此地は韓国に向ひ…朝日の直刺す国、夕日の日照る国なり。かれ此地ぞいと吉き地」と詔りたまひて…[73)]

神話において述べられている真実とは、歴史的事実でもなければ科学的真理でもない。それは、神話的真実である。[74)] 神話的真実がなんであるかは明確には知らないが、それは先祖のだいたいの考え方とか望みを語ったことであろう。上田正昭によれば、"すでに多くの神話学者が指摘してきたように、記録の天孫降臨神話には、北方アジア的要素が強い…記紀神話には、北方アジア的要素とともに、海洋民族神話の伝統が生き残っていた"[75)]と言った。これは埴原和郎の'二重構造モデル'の観点からみても当然であろう。"記紀神話の高千穂は、あくまでも日向と結合している…実際に『古事記』に描く日向の地は、'韓国に向'うところで'朝日の直刺す国、夕日の日照る国'とのべられているではないか。もし日向を宮崎県地方としたり、鹿児島県地方としたのでは、それらの地は'韓国に向'うところとはなりえない。しかも、筑紫の日向の高千穂とする所伝は、その峰を、'久士布流多気'(『記』)・'槵触峰'(『紀』第一の一書)・'槵日の高千穂の峰'(第二の一書)としるす。加羅の神話が太古の世亀旨の峰に始祖が降ったとするのといかにも似通っいる"[76)]と。

大和岩雄によれば、高千穂峯を『日本書紀』の一書は「添山峯」と書くが、「ソホリ」は新羅の始祖伝説で始祖王の閼智が天降りした地である。また「久士布流多気」(『日本書紀』一書の第一の「槵触峯」)について、日本思想大系『古事

---

73) 『古事記』 上つ巻。
74) 大林太郎、『神話学入門』(東京：中央公論社、1993、22版)、p。179。
75) 上田正昭、『日本神話』(東京：岩波書店、1993)、p。191。
76) 上掲書、pp。193~195。

記」の補注は、「三国遺事・駕洛国記にみえる首露王の亀旨峯への天降り神話の亀旨峯と同名」と書く。このように新羅・加羅(駕洛)の始祖王伝承で天から降臨した山の名が、わが国の天孫降臨神話にそのまま使われているのは、大隅の秦王国の降臨神話を原典にしているからである、[77]と。

徐廷範によれば、"西暦927年に完成した『延喜式』神名帳によれば、宮内省に坐す神三座のうち、韓神社二座とあり、また神楽歌に'韓神'があって、本末共に'われ韓神の、韓招ぎせむや'とある…またニニギの命が高千穂の久士布流多気に降臨してから都を定するにあたって、'此地は韓国に向ひ…朝日の直刺す国、夕日の照る国なり。故、此地いとよき地'といったことである。何故に韓国に向かっている所が、よき地であるといい切ったのであろうか。このような資料からみて、天孫系は韓国で、高天原は韓国を指しているのではないだろうか"[78]と。

任那加羅(駕洛)の始祖である金首露王が「亀旨峰」に降りたように、[79]ニニギの命が「久士布流多気」に天降るが、これは加羅の神話と「似通っついる」のではなく同一の神話とみるべきであろう。その理由は、久士布流のクジ(久士)はクヂ(亀旨)と対応し、布流は「峯」の意で韓国の古代語であるポル(pol、峯)と同根語である。「久士布流多気」はクッ(kut、祭儀)・フル(huru、峯)・タケ(take、岳・獄)の意[80]をもっているからである。従って、任那加羅からきた河内王朝の倭王讃はもとより、その後の天皇家も天孫系であり、このような観点から史料7の「君父の仇…」はもっと明確に理解されるであろう。

---

77) 大和岩雄、「'日本にあった朝鮮王国'をめぐって」『東アジアの古代文化』109号、2001、p。71。

78) 徐廷範、『韓国語で読み解く古事記』(東京：大和書房、1992)、p。11、p。19。

79)『三国史記』巻第二、紀異第二。駕洛国記。

80) 徐廷範、前掲書、p。208。

● おわりに

日本の古代史に謎が多い理由は、三つの要因、即ち ① 古代の造船術と航海術、② 記・紀の史料批判、③ 碑文の辛卯年記事にあると考え、検討を試みたのであるが、都合によって①、②は省略した。特に、5世紀に出現した巨大古墳、馬文化と須恵器等の登場に対して、日本の古代史学界では、碑文の解釈に基づいた大和政権による朝鮮半島への大規模な出兵と「任那日本府」に論拠が置かれていたのが特徴であった。

この問題に対し、4世紀後半の日本列島の倭が大軍を朝鮮半島に出兵して征服戦争を遂行する能力がなかったこと、それから日本古代史学界での通説の如く、辛卯年記事によって倭が391年百済・新羅を破り臣民と為すと仮定しても、400年、404年に倭は大潰・潰敗されたため、朝鮮半島の南部に足場となる根拠地(作戦基地)の喪失によって「任那日本府」説は全く成立し得ないのである。従って広開土王碑文の記事の通説(史料1)を基にした日本古代史は虚構であることを指摘するのである。

これまで仮説にそった論議によって、次のような結果を得たのである。

1) 筆者は日本人の起源に対して、埴原和郎の'二重構造モデル'を受容した。すなわち渡来系集団は、まず北部九州に住みついて、その数が増すにしたがって近畿地方にまで広がり、ついに朝廷を成立させたことは、大和王朝の主体勢力が任那加羅からの渡来系の政治集団であると解した。

2) 日本語の文法的ならびに構文的構造は、韓国語を含むアルタイ言語型に属するが、特に南インドのドラヴィダ語と系統的関係を持つことは外国人宣教師らによって指摘されてきた。この問題は韓国語においても同じ現象であったが、伝来ル-トに対する証拠がなくてこれまで説得力があまりなかったのである。しかるに金首露王の皇后許黄玉が印度コサラ国の中心都市であった阿踰陁(Ayodhya)の出身であることが最近究明されることによって、言語上からみても、日本王室は伽耶系であろうとの言語学者の見解は河内王朝の出自を示すよき証拠になるであろう。

3) 江上波夫は辰王朝による騎馬民族日本征服説を主張したが、その理論的基礎である八つの根拠に対して筆者は全面的に受容する。しかし征服王朝の主体、渡来・征服時期に関しては見解を異にする。任那加羅の金首露王は匈奴王族系であり、その直系子孫が高句麗との戦争で敗北したので(史料2、3)、408年ごろ騎馬部隊と水軍を率きつれ朝鮮半島南部(金海)から日本列島畿内の河内地域に上陸して呪術的な三輪王朝を征服したであろう。その論拠として ① 馬文化、② 須恵器の源流、③ 河内巨大古墳の築造等である。特に大仙古墳は倭王讃(425年死)、誉田山古墳は倭王珍の陵であろうと推測する。

4) 『宋書』倭国伝の倭王武の上表文(史料5)は貴重な史料である。① 倭王武の祖先が“東の毛人を征し、西の衆夷を服した”とは、出自が日本列島外からの征服王朝であり、また5世紀初に国内統一戦争を遂行した証拠であろう。② “渡って海北(朝鮮半島)を平げること95国”、また高句麗を「無道」であると誹謗したことにより、征服王朝の出自が碑文によって(史料2、3)任那加羅であることが確実である文献史料と解する。

5) 『日本書紀』(史料6)によれば、任那(高霊)が新羅によって滅ぼされたとき、"君父の仇を報いることが出来なかったら、死んでも子としての道を尽せなかったことを恨むことになろう"と言ったこと、また任那加羅の始祖である金首露王が「亀旨峰」に降りたように、ニニギの命が「久士布流多気」に天降りした神話が同一であることは、河内王朝及び天皇家の出自は伽耶であろう。

従って任那加羅(建国は西紀42年)の金首露王は匈奴王族系であり、許黄玉王后は印度コサラ国の阿踰陁のブラマン階層出身で、彼らは西紀48年に結婚をした。その任那加羅は、広開土王碑文に記録されているように、西紀400年と404年高句麗との戦争で敗北したので西紀408年ごろ豊富な鉄製武器・騎馬部隊と水軍を率きつれ朝鮮半島南部(金海)から日本列島畿内の河内地域に上陸し、呪術的な三輪王朝を征服して河内王朝を樹立した。それから彼らは新しい王朝のため須恵器・土木工人集団をも任那加羅からつれてきたし、425年以後、河内に築造された巨大古墳は河内王朝の大王たちのであり、『宋書』倭国伝に記録されている「倭の五王」であろう、というのが、筆者の仮説的結論である。

これまで仮説の論証を試みたのであるが、賛否の判断は読者の領域に属し、また読者諸賢の叱正をえたい。♣

(『東アジア古代文化』113・114号、2002、2003年)

공군전우회에서의 안보강연회(서울공군회관, 2005. 5. 20)

문무대왕의 화장터로 알려진 능지탑

대왕암이 있는 東海口

대왕암의 비석

대왕암(문무대왕의 산골처)

東海口의 利見亭

利見亭에서 바라본 대왕암

感恩寺의 3층 석탑

장보고의 해상왕국, 청해진의 완도(1992. 10)

완도속의 초라한 祠堂

中國 山東省에 있는 法華院의 正門(1992. 8. 3)

法華院의 내부

法華院의 아랫마을(옛 新羅坊)

日本防衛廳 防衛研究所에서의 학술활동(2005)

日本防衛廳 防衛研究所에서의 학술활동(2001, 2002)

日本클라우제비츠學會 郷田 豊會長과 著者
(독일 시골에 서 있는 작곡가 바흐의 동상 앞에서, 2000. 10)

충남대 평화안보대학원의 풍석 문고실

天皇陛下、W杯で交流に期待

「韓国とのゆかり感じています」

「桓武天皇の生母、百済王の子孫と続日本紀に」

きょう68歳、会見で語る

天皇陛下は23日、68歳の誕生日を迎えた。これに先立って記者会見し、深刻化する経済情勢が国民生活へ与える影響を案じ、この1年を振り返った。日韓共催のサッカーワールドカップ（W杯）との関連で、人的、文化的な交流について語る中で「韓国とのゆかりを感じています」と述べた。「残念な」歴史にも触れ、両国民の交流が良い方向へ向かうよう願う気持ちを示した。

（4面に発言要旨など）

W杯の共同開催国、韓国に対する関心や思いを問われ、陛下は、両国からの移住者らが文化や技術を伝えたことに触れ「私自身としては、桓武天皇の生母が百済の武寧王の子孫であると続日本紀に記されていることに、韓国とのゆかりを感じています」と語った。

一方、「残念なことに韓国との交流はこのような交流ばかりではありませんでした」と語り、「このことを私どもは忘れてはならない」と述べた。さらに過去を「正確に知ることに努め、個人個人としての互いの立場を理解していくことが大切」とし、W杯を通し「両国民の間に理解と信頼感が深まることを願っております」と話した。

経済情勢の深刻化に触れ「失業率も高まり、国民の暮らしに大きな影響が生じていることを深く案じています」と話した。戦後の復興を例に、経済情勢など日本が抱える問題を「国民が必ずや乗り越えていくものと期待しています」と語った。

皇太子ご夫妻の赤ちゃんについては「健やかに育っていくことを願っています」と喜んだ。

日本天皇의 記者會見 (朝日新聞, 2001. 12. 23)

제 III 부

지정학적으로 본 한민족의 생존전략

12. 지정학적으로 본 한민족의 생존전략

지리적 위치와 역사적 발전은 외교정책 · 국가전략의 요소를 결정하는데 커다란 영향을 미치기 때문에 정부형태의 변화에도 불구하고 그것은 일반적이고 기본적인 노선으로 돌아가려는 자연적인 경향을 지니고 있다는 것은 주지의 사실이다.

70년대 중반부터 대륙국가와 해양국가의 전략에 관한 저서 · 논문은 볼 수 있었으나, 반도국가半島國家의 전략에 관한 자료는 구할 수가 없었다. 그러나 역사적 사례로, 반도국으로 가장 강력한 국가를 건설한 로마제국은 2,000여년을 유지했고, 3국을 통일한 신라는 거의 1,000년을 유지했는데, 이것은 세계사世界史에서도 드문 예이다. 특히 신라는 675년 20여만 명의 당군唐軍을 매소성買肖城 전투에서 격파하여 요동성遼東城으로 축출하였고, 676년 기벌포 해전伎伐浦海戰에서 당 수군을 격파함으로써 서해의 제해권制海權을 완전히 장악했으며(왜 수군倭水軍은 663년 백강 해전白江海戰에서 격멸 당함), 이로 인해 장보고張保皐(?~846)의 해상왕국이 출현했다. 그 후 국력의 쇠약으로 한반도는 대륙국가와 해양국가의 각축장으로 변했고, 급기야 한 번 싸워보지도 못하고 일제日帝에 의해 침략·정복당하고 말았다.

재래식 전쟁에 있어서는 병원兵員과 전투용 운반수단(항공기, 전차, 대포, 군함 등)과 그것을 지원하는 거대한 중공업 시설에 의해 전쟁(전투가 아님)의 승패가 결정되어 왔다. 우리의 국력으로 보아 대륙국가의 육군 하나만 대적하여도 방위하기가 대단히 어려운데, 거기에다 해양국의 해군마저 대적하기 위한 2중의 군비軍備를 갖추어야 하니 한반도 방위의 어려움은 바로 여기에 기인한다. 이리하여 통일 이후의 한국은 주변 강대국의 침략을 억제하기 위해 ;

첫째 : 전술핵무기체계戰術核武器體系를 보유하고,

둘째 : 기동성이 높은 소규모의 재래식 상비군을 보유하며,

셋째 : 범국민적 민병대의 조직을 갖춘다.

이리하여 국토는 좁고, 자원은 풍부하지 못하지만 우수한 두뇌를 가진 한민족은 3면의 해양을 충분히 활용하고, 고도의 과학기술을 개발하여, 공업국가로서 세계무대를 상대로 한 무역을 통해 복지국가를 이룩하며, 나아가서 국위를 선양할 수 있으며, 그렇게 되면 세계가 우러러보는 동방의 밝은 등불이 될 것이다.(이 내용은 「일제의 침략과 한민족의 생존전략」(1978)이라는 논문의 요약이다.)

요즘 한국의 '동북아의 균형자'가 논의되고 있는데, 이것은 우리가 어떤 선택을 하느냐에 따라 앞으로 동북아 세력판도가 바뀌게 될 것이며, 또한 동북아의 평화와 번영을 위한 균형자 역할을 해나갈 것이라 한다. 이렇게 되기를 바라지 않는 한국인은 아무도 없으리라. 그러나 '균형

자'(balancer)가 되기 위해서는 주변국이 인정하는 '경제력에 바탕을 둔 전쟁수행 능력'(차후 '힘'이라 표현함)이 전제조건이다. 국민총생산(GDP)을 보면 세계 1위는 미국, 2위는 중국, 3위는 일본이고, 한국은 10위에 위치하고 있다. 거기에다 북한과 대치하고 있는 상황에서, 이 '균형자'의 논의는 통일 후에 해도 늦지 않을 것이다.

북한은 지난 2월 10일 외무성 성명으로, 6자회담 참가의 무기한 중단과 핵무기 보유를 선언했다. 미국 측은 '6자회담은 영원히 지속될 수 없다'(힐 국무부 차관보)며, '인내심의 한계'를 거론하는 것이 미국 내의 분위기이다. 『손자병법』에 의하면, "저 편의 능력과 의도를 알고, 이 편의 그것을 알고 있으면, 백 번 싸워도 위태롭지 않다"(知彼知己, 百戰不殆)고 했는데, 만고의 진리이다.

먼저 북한의 '의도'를 살펴보면, 그들의 노동당 규약에는 아직도 '한반도 공산화'가 정치적 목적이며, 북한군과 예비 전력은 목적을 달성하기 위한 수단으로써 '조선 노동당의 혁명적 무장력'이라고 명시하고 있다. 2003년도판 북한의 정신교육자료인 소위 「학습제망學習提綱」에 의하면, "남조선 괴뢰도당은 마지막 한 놈까지 철저히 소멸해야 할 우리의 원수이며 적이다"고 밝히고 있다. 그리고 지금까지의 경험에 의하면, 북한은 타국과의 약속·협정·조약 등을 체결해도 그들에게 이익이 되면 준수해도, 그렇지 않으면 휴지로 돌려버린다는 것을 알아야 한다.

북한군은 117만여 명의 상비 병력과 770만 명의 예비 병력 등 방대한 재래식 전력을 보유하고 있다. 그리고 상비 병력의 70%를 전진배치하고 있다. 즉, 전방에 4개 군단, 그 후방에 2개 기계화군단과 1개 장갑군단, 그리고 1개 포병군단 등 평양~원산선 이남 지역에 지상군 전력의 70%를 배치하고 있어, 유사시 재배치 없이도 기습공격이 가능한 능력과 태세를 갖추고 있다.

(표 1) 주변 4강의 국력 및 군사력 비교

구 분	미	일	중	러	한 국	(남+북)/북한
영토(㎢)	963만	37.8만	959.7만	1,707.5만	9.9만	22만/12만
인구(명)	2억9,000만	1억2,700만	12억9,000만	1억4,5000만	4,850만	7,000/2,150만
GDP(달러) (PPP)	10조9,800억	3조5,670억	5조7,000억	1조2,870억	9,310억	9,537/227억
병력(명)	143만	24만	240만	110만	69만	179만/110만
군사비(달러)	3,990억	425억	600억	290억	140억	192억/52억
• 영통(한국의 비교 배수) : 러(170, 미(96), 중(96) • 인구(한국의 비교 배수) : 중(26), 미(6), 러(3), 일(2.5)			• 경제(한국의 비교 배수) : 미(12), 중(6), 일(4) • 군사비(한국의 비교 배수) : 미(28), 중(4), 일(3)			

※출처 : 『군사논단』(제41호, 2005년 봄, p.81.)

남북한의 군사력 비교

	병력	전차	장갑차	야포	전투함	상륙함	전투기	헬기
한국	68만1천명	2,300여대	2,400여대	5,100여문	120여척	10여척	530여대	690여대
북한	117만여명	3,700여대	2,100여대	8,700여문	430여척	260여척	830여대	320여대

(출처 : 2004 국방백서)

한국 현대사에 관하여 자타가 공인하는 석학, 미국의 브루스 커밍스 교수는 『한국전쟁의 기원』(하, 1990)에서 "누가 한국전쟁을 시작했나? 이 의문에 답할 수 없다"고 주장했는데, 최근의 『북한 : 별다른 나라』(2004)에서, "1991년 이후 공개된 소련 문서를 연구하는 전문가들에게는 스탈린이 일으킨 전쟁이었다.… 이런 시각에서 보면 1950년 6월 25일을 전쟁이 발발한 날로 단정해야 한다. 북한이 이 날 남한을 침공한 것은 분명하다"고 했다. 그러나 그는 6·25전쟁의 성격을 '내전內戰'이라 했고, 북한은 '조국 해방전쟁'이라 하고 있지만, 그것은 소련의 '대리전쟁'으로 보아야 할 것이다.

필자는 이들의 주장은 허구虛構이며 동의할 수 없다. 왜냐하면 1950년

6월 남북한에는,

① 현대전을 수행하는 데 필요한 무기와 장비 등의 생산능력

② 10만 이상의 병력을 동원하여 전쟁을 수행하는 전략·작전계획의 수립가

③ 1개 사단 이상 지휘한 실전 체험자

이 세 가지 조건을 전연 갖추지 못하고 있었기 때문이다. 그래서 김일성은 스탈린의 '승인'을 얻고 또 마오쩌둥毛澤東의 '동의'를 얻어 한국전쟁을 일으켰다. 스탈린의 '승인'이 필요한 것은 현대전을 수행하는 데 필요한 상술上述한 세 가지를 갖추기 위해서였고, 마오쩌둥의 '동의'는 스탈린의 강력한 요구사항으로 '동의'를 얻지 못하면 남침계획南侵計劃의 '승인'을 취소한다는 것이었는데, 이는 미국의 전쟁 개입에 대한 심오한 예비 조치였다.

1966년 3월 김일성은 평양을 방문한 일본 공산당 宮本顯治(미야모토) 서기장에게 한국전쟁에 관하여, "소련은 무기를 보내어 원조한다고 결정했다. (그러나) 유상有償의 값비싼 무기였다. 6·25전쟁에서 돈을 번 것은 소련이었다. 조선과 중국의 희생으로 극동으로 뻗어오는 미국의 힘을 일시 밀어붙였다"고 소련을 비난했다. 그가 일으켰던 한국전쟁은 3년 1개월에 걸쳐 인적 피해는 남북한의 2,256,000여명, 중공군의 972,000여명, 유엔군의 545,908명이었으며, 전 국토는 철저히 황폐해졌고, 온 민족이 헐벗고 굶주리게 된 분단의 고정화, 상호간의 불신과 증오, 그리고 민족사상 최대의 비극을 초래한 데 대한 책임은 실로 중대하다.

오늘날 한반도를 둘러싼 4대 강국四大强國은 어느 나라도 한반도의 통일을 바라고 있지 않을 뿐만 아니라, 더욱이 무력에 의한 통일에는 개입하지 않을 수 없는 상황이다. 그리고 남북한은 국제법상 '종전終戰'이 아니라, '정전停戰'상태로 군사적으로 첨예하게 대치하고 있다. 그럼에도 불구하고 지난 반세기 동안 전쟁이 재발하지 못한 이유는 세계 최강의

미군이 주둔하고 있었기 때문이라는 사실은 아무도 부인하지 못하리라.

국제정치는 위정자가 큰 소리로 외친다고 해서 상대편이 수용하는 것이 아니라, 조용히 말해도 '힘'의 뒷받침이 있으면 상대편이 수용한다는 것을 알아야 할 것이다. '자주 국방', '동북아의 균형자'론 등은 남북통일 후에 한 논제로 채택하여 논의해도 늦지 않으며, 지금은 미국과의 동맹관계를 굳건하게 다져나가는 것이 한국의 국가 이익과 안전보장 그리고 평화적 통일에 보탬이 된다는 것을 강조하는 바이다.

우리들은 6자회담에서 북핵 문제가 대화를 통해 평화적으로 해결되기를 바라지만, 최악의 상황에 대비해야 한다. 2004년 11월 7일 저녁, 충격적인 소식이 연합뉴스를 타고 서울에 타전되었다. 미국이 유사시 북한의 주요 군사시설에 핵무기를 사용하는 시나리오를 마련했으며, 1998년 1월에는 실제로 미 본토美本土에서 대북對北 핵공격核攻擊에 대한 모의훈련을 실시했다는 내용이다. 그리고 일본의 大野(오노) 방위청 장관은 금년 4월 8일의 각의 후의 기자회견에서, 북한의 미사일 기지를 전투기로 공격하는 '적 기지 공격敵基地攻擊'의 가능성을 1994년에 방위청이 연구하고 있었다는 것을 밝혔다.(「朝日新聞」, 2005. 4. 8.)

북한의 수뇌자들은 한반도에서 또다시 전쟁을 일으키고자 결정하기 전에, 그 전쟁의 결과가 어떻게 될 것인가를 깊이깊이 생각하기 바란다. 한반도는 강대국들의 최신 무기의 시험장이 될 것이며, 전 국토는 철저하게 황폐화될 뿐만 아니라, 새로운 휴전선이 생기게 되리라. 그리고 북한 수뇌들은 30여 년 전의 월맹越盟의 전철을 결코 밟지 말기를 바라며, 그들 민족은 오늘날까지 그 전쟁 후유증에 시달리고 있기 때문이다.(補記참조)

"평화를 바란다면, 전쟁을 이해하고, 이에 대비하라."

이것은 반세기 동안 군사학을 연구해 온 한 노병老兵의 외침이다.♣

(「공군전우회 강연」, 2005년 5월 20일)

◆ 補 記 ◆

잘 알다시피 우리나라에서는 시골에서 농사짓는 총각은 결혼하기가 어려워, 외국 처녀들을 맞이하는 실정이다. 얼마 전 TV에서 본 얘기인데, 전라도 농촌에 20대의 베트남 처녀가 시집을 왔는데 몇 년 후, 아이 하나를 남기고 남편이 죽었다. 그런데 그녀는 베트남에 돌아가지 않고 시부모를 모시고 농사지으며 살겠다는 얘기를 듣고 필자는 심히 충격을 받았다.

미국이 월남전쟁에 직접 개입한 것은 1964년 8월 2일의 북베트남 어뢰정에 의한 미 구축함에의 공격으로 인해 동 4일 미국의 보복폭격으로부터 시작하여 1973년 1월 27일의 파리협정 조인, 3월 9일의 미군 철수의 완료, 1975년 4월 30일 사이공의 함락으로 베트남 전쟁은 일단 종식되었다.

미국의 전사자는 50,000여 명, 전상자는 30여만 명이며, 미국의 요청에 응하여 파병한 한국군은 1965년~1973년(8년간)까지 전사자 5,000여 명, 부상자 11,000여 명, 고엽제 환자 10만여 명이나 되었다.

미국이 베트남에서 소비한 전비戰費는 적어도 1,500억 달러, 간접경비를 포함한다면, 2,400억 달러에 이른다. 현재의 가치로 환산한다면 5,000억~6,000억 달러에 상당한다고 했다.

한편 베트남이 입은 손실은 전사상자의 총계는 300만 명에 육박하고, 민간인의 희생도 400만 명을 넘으며, 행방불명자는 30만여 명, 고엽제의 피해자는 100만여 명이나 된다.

미 공군이 투하한 폭탄량은 6·25전쟁에서 311만 톤, 제2차 대전에서 610만 톤인데, 1965~73년에 걸쳐 베트남 반도에는 1,400만 톤의 폭탄이 투하되었다. 약 33만 평방킬로미터에 지나지 않는 베트남 국토에는 지금도 2,000만 개의 구덩이가 입을 벌리고 있고, 200만 개의 불발탄이나 지뢰가 묻혀있어 환경 파괴를 재촉하고 있으며, 베트남의 피해액은 3,500억 달러를 넘는다고 한다.

"난 헤밍웨이처럼 극한 체험을 겪고 나서 소설을 쓰기 위해 베트남전에 지원했다"는 경력을 가진 소설가 안정효는 2002년 '한국·베트남의 수교 10주년'을 맞이하여 한 방송사의 베트남 현지취재에 참여했다. 베트남 무력통일의 주무참모인 군사전략가 지압 대장大將을 만났으며, 그 해 아흔 다섯 살인 그는 여전히 별 네 개가 군복 어깨에 반짝이는 종신 대장으로 있는데,

> 간단한 인사 소개가 끝난 다음 장군은 등나무 의자에 자리를 잡고 앉았다. 한국과 베트남의 수교 10주년을 '쭉멍(축하)'한 그는 "지속적인 교류를 통해 남북한이 평화적인 통일을 이루도록 기원"했다.
>
> —안정효 지음, 『지압장군을 찾아서』(2005)—

1975년 4월 사이공을 함락하고 통일을 이룩한 그들은 커다란 승리의 기쁨과 자부심에 가득 찼으리라. 그러나 그 승리는 베트남 인명의 피해, 국토의 황폐화, 소련으로부터의 무기와 장비의 대금을 현금으로 지불할 수 없어 인력人力을 수출해야 했고 또 베트남의 공군기지와 항구를 빌려주어야 했다. 그래서 30여년의 세월이 지난 오늘날에 와서도 전쟁의 후유증으로 가난에 시달리고 있으니, 무력통일이 과연 최적전략最適戰略인가, 아니면 전략의 빈곤 내지 부재不在를 뜻하는 것일까? 지압 대장은 아마도 이제 와서 후자의 관점에서 '남북한이 평화적인 통일을 이루도록' 우리들에게 진지한 충고를 한 것으로 필자는 해석하고 수용하는 것이다.

신라 경순왕 9년 10월에 왕은 군신회의를 열고 고려에 귀속歸屬하기를 제의하였을 때, 가 · 불가의 논의가 분분했다. 특히 왕자(속칭 마의태자麻衣太子)는 비분한 어조로 말하되, "나라의 존망存亡에는 반드시 천명天命이 있으니 오직 마땅히 충신과 의사義士로 더불어 민심을 수습하여 스스로 나라를 굳게 하다가 힘이 다한 때에 말 것이니 어찌 천년 사직社稷을 하루아침에 쉽사리 남에게 내어 줄까보냐." 하였다. 왕은 이에 대하여 "외롭고 위태함이 이와 같아 형세는 능히 온전히 할 수 없으니… 죄 없는 백성들을 참혹하게 죽게 하는 것은 내가 차마 하지 못하는 배라" 하고 이에 시랑侍郎 김봉휴金封休로 하여금 국서를 가지고 고려에 가서 귀속하기를 청하게 했다. 그리고 11월에 신라왕은 백관을 거느리고 친히 고려 태조太祖를 방문했다. 태조도 의장儀仗을 성대히 하고 친히 마중하였고, 그 후 편히 살 수 있도록 배려해 주었다.(경순왕 9년 · 태조 18년, 935)

지금 한반도의 문제는 남북한뿐만 아니라, 국제문제로 얽혀져 있다. 그러니 김정일 국방위원장은 현안으로 떠오른 핵 문제와 위조지폐 문제를 원만히 그리고 조속히 해결하고, 어렵겠지만 단호한 결단을 내려 수뇌들을 설득하여, 옛날 우리 조상인 신라 경순왕이 고려 태조에게 권력을 넘겨주듯이, 북한의 통치권을 남한 정부에 넘겨주고, 몇 명의 참모들을 거느리고 제주도의 조용한 곳에서 여생을 보내는 방안이 있다.

이 방안에 대한 가능성 · 적합성 · 수락성은 현재의 관점에서는 잠꼬대 같은 생각으로 느낄지 모르나, 이 방안만이 4대 강국의 개입을 허용하지 않을 뿐만 아니라, 김정일 국방위원장과 가족, 그리고 더 나아가 한민족의 통일 · 평화 그리고 번영에 직결된다는 것을 확신하기 때문이다.

이 제안에는 세 가지 근거가 있다.

첫째는, 사유재산과 시장경제를 인정하지 않는 국가체제는 국가경제의 붕괴를 가져온다는 것을 자원 부국인 구소련의 붕괴가 이미 실증했고,

둘째는, 국내 총생산(GDP)에 있어서 남한은 9,310억 달러이고, 북한은

227억 달러라는 통계숫자는 고사하고라도 한반도의 야간 위성사진을 본다면(동아일보, 2005. 11. 3), 휴전선 이남은 전역이 밝게 빛나고 있지만, 이북은 평양지역만 불빛이 보일 뿐 암흑천지이기 때문이며,

셋째는, 미국 국방부가 금년(2006년) 2월 3일 공개한 4년 주기로 작성하는 「국방전략 보고서」(QDR)에 의하면, 북한은 이란과 함께 대량살상무기를 보유했거나 추구하고 있다며, 잠재적 적대국가로 지목했고, 또한 적대국가의 대량살상무기 확보나 사용에 대한 예방 조치가 실패할 경우 무력행사를 할 수 있다고 경고하고 있기 때문이다.♣

13. 文武大王은 海洋力의 先覺者인가

I

미술사학자美術史學者 고유섭(1904~1944)은 1940년 8월 1일 「고려시보高麗時報」 지상紙上에 「경주기행의 일절一節」이란 글을 실었다.

> 경주에 가거든 문무왕의 위적偉蹟을 찾으라. 구경거리의 경주로 쏘다니지 말고 문무왕의 정신을 길러보아라. 태종무열왕의 위업偉業과 김유신의 훈공勳功이 크지 아님이 아니나, 이것은 문헌에서도 우리가 가릴 수 있지만 문무왕의 위대한 정신이야말로 경주의 유적에서 찾아야 할 것이니 경주에 가거들랑 모름지기 이 문무왕의 위적을 찾아라. 건천의 부산성富山城도 남산의 신성新城도 안강의 북형산성도 모두 문무왕의 국방적國防的 경영이요, 봉황대의 고대高臺도 임해전의 안압지도 사천왕의 호국찰護國刹도 모두 문무왕의 정경적政經的 치적治績이 아님이 아니나, 무엇보다도 경주에 가거든 동해의 대왕암大王岩을 찾으라.[1]

고유섭은 문무대왕(재위 661~681)의 위대한 정신을 경주의 유적에서 찾아야 하며, 특히 동해의 대왕암을 찾으라고 당부했다.

무릇 감은사는 신라의 국찰國刹이다. 통일의 영주 문무대왕께서 '욕진왜병欲鎭倭兵'코자 시창始創하사 '미필이붕未畢而崩'하심에 그의 아들 신문왕 개력 2년(682)에 이르러 낙성을 본 것이다.[2]

---

1) 黃壽永, 『韓國의 佛教美術』(서울 : 同和出版會社, 1974), pp. 340~341.
2) 상게서, p. 329.

과연 문무대왕은 왜병을 진압하고자 감은사를 창건하기 시작했을까?

문무대왕의 위대한 정신과 사상은 경주 일원의 유적지 즉, 능지탑, 대왕암 그리고 감은사에서도 찾을 수 있지만, 필자는 지금까지 역사가들이 간과해 왔던 '선부船府'의 별설別設 즉, 문무왕 18년(678) 정월에 선부령船府令 1명을 두어 선박의 사무를 관장케 했다[3]는 사실史實, 신라의 조선술造船術과 항해술 그리고 마한의 해양력 이론을 검토함으로써 더욱 명확히 제시해보고자 한다.

Ⅱ

문무대왕이 어떤 경륜을 쌓아왔는가를 먼저 살펴보아야 할 것이다. 650년 진덕왕은 태평송太平頌을 지어 법민을 보내어 당나라 황제에게 바쳤으며, 당 고종은 그에게 대부경大府卿으로 삼아서 돌려보냈다.[4] 법민의 외교수완도 성과가 있었지만, 그는 국제정세를 보는 안목도 넓혔다. 또한 당으로 왕래할 때 선편船便을 이용했는데, 그는 육로와 해로의 수송수단에 관한 장단점을 체험했으리라.

660년 법민은 병부령兵部令으로 병선 100척을 지휘하여 덕물도에 나아가 소정방蘇定方을 맞이했고, 또 백제정벌을 위한 구체적인 전략계획을 수립했으며, 야전지휘관으로 이례성爾禮城과 사비성, 남령南嶺의 전투에서 공을 세우기도 했다. 그가 수군을 지휘하면서 만약 백제의 수군이 강력했다면, 소정방의 당군唐軍이 바다를 자유로이 건너올 수 있었을까? 또 신라의 수군도 활동할 수 있었을까 하는 문제를 한 번쯤은 병부령으로서 생각해 보았으리라 추정한다. 이것은 요즘의 군사용어로 말하면

3) 『삼국사기』 7, 문무왕 18년.
4) 『삼국사기』 5, 진덕왕 4년.

해상 우세(Sea Superiority)[5]의 중요성을 인식했으리라고 본다.

661년 법민은 문무왕으로 즉위한 다음 신라군의 총사령관으로 직접 백제 고토故土의 평정에 나섰고 또 나·당 연합군의 고구려 원정에도 능동적으로 참가했다. 그러나 당나라는 신라와의 약속을 지키지 않았다. 즉 648년 김춘추가 당 태종을 만나 원병을 청했을 때, 당 태종은 그에게 후한 대접을 했을 뿐만 아니라, 다음과 같은 약속을 했다.

> 짐이 이제 고구려를 침은 다른 까닭이 있는 것이 아니라, 그대 신라가 고구려·백제 두 나라에 핍박되어 매양 침략과 업신여김을 입어 편안할 때가 없음을 가엾게 여긴 것이요. 그러므로 산천과 토지는 내가 탐내는 바가 아니며, 옥백과 자녀도 이것은 내게는 있는 바이니, 내가 두 나라를 평정하게 되면 평양 이남과 백제의 토지는 모두 그대들 신라에 주어서 길이 편안하게 하겠소.[6]

당은 660년 백제 고지故地에 도독부都督府, 668년 고구려를 멸망시키고는 거기에 도호부都護府를 설치하였다. 그래서 문무왕은 당군을 몰아내기 위하여 고구려·백제 유민을 규합하여 대당對唐 투쟁을 계속하게 되었다. 그러자 문무왕 11년(671) 7월 당나라 총관 설인귀薛仁貴는 신라왕에게 항의, 위협적 문서를 보내왔다. 문무왕은 「답설인귀서答薛仁貴書」를 보냈는데, 이것은 대당전쟁對唐戰爭을 이해하는 데 없어서는 안 될 귀중한 문서일 뿐만 아니라, 신라가 결코 당의 힘을 빌려서 삼국을 통일하지 않았다는 사실史實을 말해주고 있다.

이 문서는 648년부터 670년까지 연대별로 당나라의 태도와 신라의 입장을 밝히며, 이미 전개된 신라의 대당전쟁의 불가피성을 명백히 한 문서인 동시에 신라의 대당對唐 선전포고문이요, 자주 의식의 강력한 표

---

5) 이것은 차후 상세히 논의하고자 하며, 註85 참조.

6) 『삼국사기』 7, 문무왕 11년.

시이기도 했다.

관련이 있는 주요 전투는 다음과 같다.

1) 백강구 해전白江口海戰

백강구에서 왜인을 만나 네 번 싸워 모두 이기고 배 400척을 불태우니 연기와 불꽃이 하늘을 붉게 하고 해수海水도 빨갰다(663).[7)]

2) 매소성 전투買肖城戰鬪

당장唐將 이근행李謹行이 군사 20만을 거느리고 매소성에 둔쳤으므로 신라 군사는 이를 쳐서 쫓고 말 3만 3백 8십 필을 얻었으며, 그 나머지의 얻은 무기도 이에 상당했다(675).[8)]

3) 기벌포 해전伎伐浦海戰

사찬沙飡 김시득은 수군을 거느리고 소부리주(부여)의 기벌포에서 당의 설인귀와 싸워 크게 이겼으며, 또 나아가 크고 작은 22회의 전투에서 승리하여 적의 머리 4천여 급을 베었다.(676)[9)]

매소성 전투에서 신라가 승리함으로써 당군을 한반도에서 몰아내는 결과가 되었고, 백강구 및 기벌포 해전을 통하여 신라는 서해와 동해 및 대마도 해협의 제해권을 획득함으로써 신라의 삼국통일뿐만 아니라, 당의 재침의도再侵意圖마저 말살케 했던 것이다.

우리의 역사가들은 기벌포 해전의 의의를 소홀히 다루어왔으나, 필자는 이 해전의 승리가 신라의 삼국통일을 반석 위에 올려놓은 결과라 평가한다. 왜냐하면, 당군이 신라에 침공하자면 군량미를 해상 수송에 의존하지 않을 수 없으며, 그들은 고구려 원정을 통해 이 점을 절실하게

---

7) 『삼국사기』 28. 의자왕. 백강구 해전에 대해서는 『日本書紀』(권27) 天智紀 2년 8월조에 자세히 기록되어 있다. 즉 일본 수군은 2만 7천여 명을 파견했는데, 8월 27일 당의 兵船 170척과 백촌강에서 싸워 패퇴했다.

8) 『삼국사기』 7, 문무왕 15년.

9) 상게서 7, 문무왕 16년.

통감했다. 즉, 662년 김유신이 평양에 가서 소정방에게 군량미를 전해 주자 그는 지금까지 식량이 다하고 군사가 지쳐 힘써 싸우지 못하다가 군량미를 얻게 되자 당으로 귀국하고 말았다.[10)]

신라가 당의 침략을 무력으로 물리치고 독립을 쟁취했다는 사실은 커다란 의의를 지니고 있다. 왜냐하면 통일신라의 영토와 주민 및 그들이 이루어 놓은 사회와 문화가 한국사의 주류를 형성하였고 또 한민족의 원형도 여기서 비롯되기 때문이다.

문무대왕은 당군을 한반도에서 몰아내는 전쟁을 계속하면서도 당과의 외교관계는 결코 단절하지 않고 유지했으며, 또 당이 김인문(문무왕의 동생)을 일방적으로 신라왕에 임명하는 굴욕을 참고 견디었고, 신라군의 수륙 야전지휘관과 총사령관으로 활약하여 삼국통일을 완수했으니 한민족의 역대 왕 가운데 이만한 경력을 가졌던 왕은 없는 것으로 평가된다. 『삼국사기』는 이렇게 평하고 있다. 즉 법민은 외모가 영특하고 또 머리가 총명하고 지략이 많았다.[11)]

Ⅲ

676년 문무왕은 당군을 한반도에서 축출함으로써 통일을 완수했으나, 신라는 해결해야 하는 어려운 문제를 많이 안고 있었다.

17년간의 통일전쟁으로 인해 헐벗고 굶주리고 피로에 지친 백성들을 어떻게 하면 편안하게 살 수 있게 해 줄 수 있는가? 전쟁에서 전공戰功을 세운 자들의 논공행상論功行賞을 어떻게 해야 그들이 만족할 것인가? 백제 및 고구려의 고관으로 통일전쟁에 협조한 자들에게 무슨 관직과

10) 상게서 42, 김유신(중),
11) 상게서 6, 문무왕(상), 즉위년.

논공행상을 어떻게 할 것이며, 그들 백성들의 마음은 어떻게 어루만져야 할 것인가? 통일국가로서의 율령체제律令體制는 어떻게 정비해야 하는가?

문무대왕이 이런 어려운 문제를 해결하기 위한 국가의 진로에는 두 가지가 있다고 생각했으며, 하나는 대륙정책이요, 다른 것은 해양정책였으리라.

대륙정책을 추구한다면, 옛 고구려의 국토를 찾기 위해 그 곳에 살고 있는 거란·말갈족과 전쟁을 하지 않을 수 없으리라. 만약 희생의 대가를 치르고 승리하여 고구려의 옛 땅을 차지한다면 다음에 당과 국경을 접하게 되어 또 대결할 가능성이 많으리라. 농경민인 신라인들에게 압록강 일대와 그 이북의 땅은 벼농사에 적합할까? 거란족과 말갈족으로부터 수용할 수 있는 문물제도는 무엇이 있을까?

해양정책을 추구한다면 이미 해상 우세를 확보하고 있는 신라에 대해 당·일본의 침공은 사전에 억제할 수 있고, 매소성 전투 이후 말갈·거란족의 무력 도발은 쉽게 일어나지 않으리라. 당과의 문물교역은 선박에 의한 해상 교통로가 더 편리하고 부를 축적할 수 있으며, 또 젊은이들의 해외진출도 쉽지 않을까?

당시 신라는 반도국의 특성인 수륙 양서국水陸兩棲國의 이점利點, 즉 대륙정책과 해양정책을 마음대로 선택할 수 있는 중앙적 위치에 놓여 있었다. 문무대왕은 신라의 당면한 과제를 해결하기 위해 양 정책을 동시에 추구할 것인가, 아니면 한 쪽을 택해야 한다면 어느 편이 더 바람직한 것일까 하는 문제를 통일전쟁 후 2년간 곰곰이 생각했던 것이다.

그리하여 그는 백성들이 편안히 살 수 있는 길을 택하기로 했다. 즉 유조遺詔에 다음과 같이 기록했다.

> 무기를 녹여 농구農具를 만들어 백성들을 인수仁壽의 경지에로 이끌고,

부세賦稅를 가볍게 하고 요역徭役을 덜어주고 집집이 넉넉해지고, 사람마 다 풍족해지고 인구가 늘면 민간이 안정케 되는 것…[12)]

이러한 목표를 달성하기 위한 적절한 수단은 해양정책이라고 문무대왕은 판단하여, 앞에 말한 바와 같이 678년 '선부'를 별설했던 것으로 추정한다.

선부船府는 전에는 병부의 대감大監과 제감弟監으로서 선박에 관한 일을 관장하였는데, 문무왕 18년(678)에 따로 선부를 설치하였다. 경덕왕이 이제부利濟府로 고쳤더니 혜공왕이 다시 전대로 하였다. 영令은 1인으로 관등은 대아찬에서 각간까지로 하였다. 경卿은 2인으로 문무왕 3년에 두었는데, 신문왕 8년에 1인을 더하였다.…[13)]

원래 신라에 있어서 선박(수군도 포함)에 관한 업무는 병부(국방부, 진평왕 5년(583)) 속에 대감과 제감을 두어 관장케 했는데, 문무대왕이 이제 와서 병부와 동격인 선부를 별설했다는 것은 무슨 뜻일까? 바꾸어 말하면, 국방부 산하에 선박부서를 두고 있었는데, 문무대왕은 국방부와 동격인 '선부'를 두었다는 것이니, 이것은 놀라운 조치일 뿐만 아니라, 그것을 어떻게 해석해야 할 것인가?

이에 대한 사학가들의 논평은 다음과 같다. 즉, 동양을 제패한 당의 수군을 도처에서 격파하여 패퇴시킨 당시의 신라 수군을 볼 때 이 기록은 의의를 가지는 듯 하다.[14)] 이와 같은 조치(선부의 별설)는 통일신라기에 접어들자 일익증폭日益增幅하는 해외교통 및 연해운송 그리고 증대된 국토 연안의 방어에 있어서 함선 운용의 필수불가결의 합리적인 관리와

12) 상게서 7, 문무왕 21년.
13) 上揭書 38, 雜志 7, 職官 上.
14) 李弘稙, 「古代三國史 統一新羅時代」『韓國海洋史』(해군본부, 1955), p. 108.

그 유지 및 운용이 이루어진 것이라 하겠다.[15] 한편 선부를 항해의 관장으로 보는 견해[16]도 있다.

당과 일본에 선부와 유사한 관청은 당에 도수감都水監과 공부工部가 있고 일본에는 없다는 견해[17]도 있다. 그런데 제수감은 수리水利, 관개, 하천 보수를 다루는 부서이고,[18] 공부의 수부사水部司는 국내의 치산治山, 치수 등을 다루는 부서이다.[19] 따라서 신라의 「선부」와는 그 직능이 전혀 다르다. 「선부」는 선박의 사무를 관장한다고 했으니, 병선, 무역선, 어선 등과 수군의 장병, 각종 선박의 선원의 양성과 관리 그리고 조선술과 항해술에 관한 업무를 관장했던 것으로 추정된다.

대륙국가인 중국에 있어서 국가의 존망은 지상군에 의해 좌우되기 때문에 신라의 선부와 같은 부서에는 관심이 적었으리라. 한편 해양국가인 일본은 수군이나 선박을 관장하는 부서가 별설되었어야 마땅하나 없었다. 즉, 8세기에 들어와 대보율령大寶律令의 제정공포(701년경), 더욱이 양로율령(721년경)에 의해 정부의 행정조직이 제정되었을 때, 병부성의 관할하에 「주선사主船司」가 설치되었다.[20]

따라서 신라의 「선부」는 당과 일본의 정부조직의 편제상에도 없는 특유한 것임을 알 수 있다. 문무대왕이 선부를 병부에서 독립시켜 동격으로 만들었다는 것은 통일 후의 신라의 진로가 해양정책을 택했다는 것이며 또 국가전략의 관점에서 본다면, 「육주해종陸主海從」에서 「해주육종海主陸從」 전략사상으로의 전환을 뜻하는 것으로 해석한다.

더욱이 문무대왕은 평시 지의법사智義法師에게 "나는 죽은 후에 나라

---

15) 崔碩男, 『韓國水軍史硏究』(서울 : 鳴洋社, 1964), p. 40.
16) 井上秀雄,「隋唐文化の影響をうけた朝鮮諸國の文化」『隋唐帝國と東アジア世界』(東京 : 汲古書房, 1979), p. 337.
17) 상게서, p. 339.
18) 日・中民族科学研究所篇, 『中國歷代職官辞典』(東京 : 国書刊行会, 1980), pp. 289~290.
19) 상게서, pp. 191~192.
20) 佐藤知夫, 『日本水軍史』(東京 : 原書房, 1985), p. 54.

를 지키는 대룡大龍이 되어 불법佛法을 받들어서 나라를 지키려 하오"[21] 라고 말했다. 681년 7월 1일 왕이 세상을 떠났는데, 여러 신하들은 그 유언에 따라 동해구東海口의 큰 돌 위에 장사지냈다. 민간에서는 왕이 변해서 용이 되었다고 전해오며, 그 돌을 가리켜 대왕암大王岩이라 한다.[22]

문무대왕이 선부를 별설케 했고, 죽은 후에 나라를 지키는 대룡이 되겠다 했으며 또 유언에 따라 동해구의 대왕암에 장사를 하게 한 것은 국가의 방위와 안전, 성장과 번영은 바다 즉, 해양력(Sea Power)의 확보에 있다는 것을 제시한 것으로 해석하며, 이것은 실로 놀라운 그리고 심오한 지략智略을 보여준 것으로 확신한다.

신라의 통일 이후로 안으로 산업의 발달과 밖으로 당과의 교통이 크게 열림에 따라 문화의 향상과 신라인 생활상태의 변화 등은 물품 수요의 증대를 가속적으로 초래한 결과 무역관계에 있어서도 재래형식在來形式의 조공朝貢수단만으로는 시대적 진전에 상부相副하지 못할 것은 명료한 사례라 할 것이다. 그리하여 신라 말기의 민간무역의 완성을 보게 된 것도 이 까닭이다.[23]

골품제에 의하여 중앙의 정치무대에 참여할 수 없었던 지방 세력은 그들의 눈을 해외로 돌렸고 이리하여 그들은 자기들의 중요한 활동무대를 해상무역에서 찾게 되었다. 신라인들의 왕래가 빈번한 산동반도山東半島나 강소성江蘇省 같은 곳에는 신라인의 거류지居留地가 생겼는데, 이를 신라방新羅坊이라 불렀다. 이들 거류지에는 그들을 관할하기 위한 신라소新羅所라는 행정기관이 설치되고, 그 직원은 신라인이 임명되었다.

해상무역을 크게 벌인 대표적인 인물은 청해진(완도)의 장보고張保皐였

21) 『三國遺事』 2, 文虎王 法敏.
22) 『삼국사기』 7, 문무왕 21년.
23) 金庠基, 『東方文化交流史 論攷』(서울 : 을유문화사, 1948), pp. 8~43. 참조.

다.[24] 그 외도 강주康州(진주)의 왕봉규王逢規나 송병松兵(개성)지방의 작제건作帝建(왕건王建의 조부祖父) 등의 이름이 알려져 있다.

> 신라의 전성시대에는 서울에 17만 8천 9백 36호, 1천 360방, 55리, 35금입택金入宅(부유한 큰 집을 말함)…이었다. 봄에는 동야택東野宅, 여름에는 곡양택谷良宅, 가을에는 구지택仇知宅, 겨울에는 가이택加伊宅에서 놀았다. 제49대 헌강대왕 때에는 성 안에 초가집은 하나도 없고, 집은 이웃과 서로 처마와 담이 붙어있었고, 노랫소리와 피리소리가 길거리에 가득하여 밤낮으로 끊어지지 않았다.[25]

위의 글은 신라의 번영과 풍족함을 잘 묘사하고 있는데, 최근의 연구에 의하면 중세 아랍 사학가이며 지리학자인 알 마끄다시(Al-Magdisi)는 966년에 저술한 『창세創世와 역사서』에서 신라의 아름다운 자연경관과 풍요성에 대하여 다음과 같이 묘사했다.

> 중국의 동쪽에 한 나라(신라 : 필자)가 있는데, 그 나라에 들어간 사람은 그 곳이 공기가 맑고, 부富가 많으며 땅이 비옥하고 물이 좋을 뿐만 아니라 주민의 성격이 또한 양순하기 때문에 그곳을 떠나려고 하지 않는다.[26]

그리고 천지학자天地學者 알 디마시끼(?~1327)도 신라에 금을 비롯한 귀중한 보석과 지하자원이 풍부함을 다음과 같이 기록하고 있다.

> 이(신라) 군도는 여러 가지 종류의 강옥鋼玉과 귀중한 보석으로 충만된

---

24) 완도문화원, 『장보고의 신연구』 1985 및 ライシャワー, 『円仁の唐代中國への旅』(東京 : 原書房, 1984), pp. 252~272 참조.

25) 『삼국유사』 1, 진한.

26) 무함마드 깐수, 「중세 아랍-무슬림들의 신라관」『한국중동학회논총』 제11호, 한국중동학회, 1990, p. 152.

좋은 지층을 가지고 있다.… 암모니아 열도와 중국의 하부를 지나서 동쪽 바다에는 신라군도라는 여섯 개의 큰 섬들이 있다. 그 곳에는 강옥과 귀중한 보석이 광산, 지하광地下鑛 및 강바닥에 많이 포함되어 있다.[27]

중세 아랍-무슬림들은 신라를 신비의 이상향으로 선망했다. 즉, 그 아름다운 자연환경, 풍부한 지하자원, 신라인들의 쾌적한 생활상이나 환경으로 인하여 일단 신라에 들어간 사람은 정착해서 떠나지 않았다고 했다. 지금 경주에 있는 괘릉掛陵의 맨 앞에 있는 서역인의 모습을 한 무인석武人石은 아마도 아랍인임에 틀림없으리라.

삼국통일 후의 신라의 성장, 번영 및 안정 그리고 한민족의 역사상 가장 찬란한 신라문화의 창출은 문무대왕의 해양정책에 비롯되었다는 것이 필자의 해석이다.

Ⅳ

문무대왕의 수중릉水中陵인 대왕암에 거의 다 가서 바다에 이르기 직전 왼편에 거대한 3층 석탑 2개가 나란히 서 있다. 이 곳이 감은사지感恩寺趾(경주군 양북면 용당리)이다. 탑 앞으로 흐르는 하천은 대종천大鍾川으로 동해로 흘러간다. 그 곳이 동해구이다.

감은사지에서 바닷가로 조금만 나아가다 오른 편으로 돌면 봉길리 해안이며, 거기서 200m 떨어진 바다 속에 대왕암이 있다.

필자는 감은사의 창건 유래와 시기에 대해 약간의 혼란이 있기에 이를 규명해 보고자 한다.

통일의 영주英主 문무대왕께서 왜병을 진압코자 감은사를 시창始創했

27) 상게서, p. 153.

으나 일을 끝내지 못하고 돌아가심에 그 아들 신문왕이 682년에 완성을 보았다는 견해이다.[28] 그리고 감은사를 시작한 시기와 완성 연대에 대하여서도 사중기寺中記의 소전所傳은 어떤 근거에 의거한 믿을 수 있는 기록으로 생각되는 데, 실상 『삼국사기』에 실려 있는 왜구倭寇관계의 기사를 살펴보더라도 그들 침입로는 항상 이 동해방면으로부터 토함산 줄기의 산령을 넘어 경주평야에 직도直到하였던 것 같은 형적形跡이 뚜렷이 나타나 있는 것이다. 그러므로 문무왕이 삼국을 통일한 후에 있어서도 동쪽 바다 건너 일본에 대해서는 안연晏然치 못하여 그들의 주요 침입로이던 이 동해구에 큰 사찰을 일으켜 불력佛力을 빌어서 그를 진압하려 하였다는 것은 결코 보통 불사佛寺의 창건사적創建事蹟에서 흔히 볼 수 있는 바와 같은 가공의 설화로는 생각되지 않는다. 더욱 문무왕이 평시에 사후死後 호국의 대룡이 되기를 원하고 있었다는 것은 『삼국유사』 권2 문호왕조文虎王條에 명기되어 있는 바로서, 그 유해를 동해구 대석상大石上에 장사케 한 연유도 그러한 왕의 결심에서 이루어진 일이었으므로 이 감은사의 창건이 문무왕 생존시에 왜구를 진압할 목적으로 착수되었다는 것은 아마 틀림없는 사실事實로 믿어진다[29]는 상세히 부연된 견해도 있다. 이런 역사가들의 견해는 타당한 견해로 수용되어 관광 안내서에도 그대로 소개되고 있다.[30]

감은사의 창건 유래에 관한 사료는 다음과 같다.

> 제31대 신문대왕의 이름은 정명이요, 성은 김씨이다. 개요 원년 신사(681) 7월 7일에 왕위에 올랐다. 아버지 문무대왕을 위하여 동해변에 감은

---

28) 황수영, 「감은사지를 찾아서」1950, 『한국의 불교미술』(서울 : 동화출판공사, 1974), p. 329 ; 황수영, 『불국사와 석굴암』(서울 : 세종대왕기념사업회, 1979), pp. 36~39 ; 황호근, 『신라의 미』(서울 : 을유문화사, 1986), pp. 116~117.
29) 김재원 · 윤무병, 『감은사지 발굴조사보고서』(서울 : 을유문화사, 1961), p. 5.
30) 한국일보사, 『경주』, 1989, p. 225.

사를 세웠다.(절의 기록에 이런 말이 있다. 문무왕이 왜병을 진압하려 하며 이 절을 짓다가 마치지 못하고 돌아가자 바다의 용이 되었다. 그 아들 신문왕이 왕위에 올라 개요 2년(682)에 역사를 마쳤는데, 금당의 계하階下에 동쪽을 향해 구멍 하나를 뚫어 두었다. 이것은 용이 절에 들어와서 돌아다니게 하기 위한 것이다. 대개 유언으로 유골을 간직한 곳은 대왕암이라 하고, 절은 감은사라 이름했으며, 후에 용이 나타난 곳을 이견대라 하였다.)[31)]

감은사의 창건 유래에 관해 엇갈리는 견해는 사료에 서로 다른 내용의 기록이 수록되어 있기 때문에 비롯된 것임을 알 수 있다. 일연은 서로 다른 사료가 있는 데 분명하게 진위眞僞를 식별할 수 없는 경우, 두 사료를 그대로 수록하는 입장을 취했다. 예컨대 원광서학圓光西學에 있어서 『당속고승전唐續高僧傳』 제13권과 「고본수이전古本殊異傳」이 좋은 예이다.[32)]

그렇다면 감은사는 신문왕이 아버지 문무대왕을 기리기 위해 창건한 것인가 아니면 문무대왕이 왜병을 진압하기 위해 창건하기 시작한 것인가에 초점을 두고 규명해 보고자 한다.

전략가였던 문무대왕은 수도 서라벌의 방위를 위해 3년(663) 정월에 남산 신성(경주 남산성)에 장창長倉을 짓고 또 부산성(경주 서면)을 쌓았다.[33)] 남산성은 진평왕 13년(591)에 이미 축조된 성이며, 문무대왕은 거기에 식량과 무기를 저장하는 장창을 지었는데, 지금 장창의 터가 세 곳이 있고 거기서 탄화炭火된 쌀이 발견되기도 한다. 장창의 길이가 50보, 넓이가 15보였다. 건복 8년 신해(591)에 남산성을 쌓았는데, 문무왕 때에 와서 다시 수리를 했을 것이다.[34)] 또 처음으로 부산성을 쌓았는데 3년만

31) 『삼국유사』 2, 만파식적.
32) 上揭書 4, 圓光西學.
33) 『三國史記』 6, 文武王 3年.
34) 『三國遺事』 2, 文虎王 法敏.

에 역사役事를 마쳤다.[35] 그러나 죽지竹旨가 자라서 출사하여 유신공庾信公과 더불어 부사副師가 되어 삼한을 통일하고 진덕·태종·문무·신문의 4대에 걸쳐 대신이 되어 나라를 안정케 했는데, 그가 화랑시절에 그의 낭도 득오를 만나러 부산성에 갔다.[36] 따라서 죽지랑이 화랑이었던 시기는 아마도 진평왕대(579~632)라는 견해[37]와 진평왕 말년 또는 늦어야 선덕왕 초년경이라는 견해[38] 등이 있기 때문에 663년 부산성은 신축이 아니라, 증축 겸 수축으로 보아야 할 것이다.

문무대왕 13년(673) 2월에 서형산성을 증축하였고, 9월에 북형산성을 쌓았다.[39] 경주의 서편을 보면 높지 않은 아담한 산이 있는데 이것을 선도산仙桃山 혹은 서형산西兄山이라 하며, 여기의 산성을 서형산성 혹은 선도산성이라 한다. 북형산성은 경주군 강동면 국당 2리 마을 뒷산에 토석성이 남아 있는데, 이곳은 동해안~포항방면에서 오는 말갈군을 저지하기 위한 산성이다.

왕도王都 서라벌을 방위하기 위한 성은 남쪽의 남산 신성, 서쪽의 서형산성, 북쪽의 북형산성 그리고 동쪽의 명활산성이 있었다. 문무대왕은 서형산성의 외성적外城的 역할을 수행하는 부산성을 증축하면서도, 명활산성과 그 외성적 역할을 수행하는 감은사지 뒤쪽의 이름도 없는 산성에 대해 증축을 왜 하지 않았을까? 만약 동쪽에서 왜구가 침공할 가능성이 많았다면, 문무대왕은 산성을 증축했을까? 아니면 감은사를 창설했을까?

전술한 바와 같이 663년 8월 왜 수군은 백강구 해전白江口海戰에서 궤

---

35) 위와 같음.
36) 上揭書 2, 孝昭王代 竹旨郎.
37) 三品彰英,『新羅花郎の研究』(東京 : 三省堂, 1943), p. 60.
38) 李鍾旭,「『三國遺事』 竹旨郎條에 대한 一考察」『三國遺事 特輯』 제2집, 효성여자대학교 한국전통문화연구소, 1986, p. 223.
39)『三國史記』 7, 文武王 13年.

멸되었으며, 문무대왕은 항복한 왜인에게 다음과 같이 말했다.

> 우리나라는 너희 나라와 바다를 사이에 두고 있으면서 일찍이 서로 다투지 않고 다만 우호를 맺고, 강화하여 서로 사신을 보내온 터인데 무슨 까닭으로 오늘날 백제와 나쁜 짓을 같이 하여 우리나라를 침공했느냐? 지금 너희 군졸들은 나의 손아귀에 있지마는 차마 죽이지는 못하겠다. 너희들은 돌아가서 너희 국왕에게 알리고 마음대로 가도록 해라.[40]

문무대왕은 倭를 이미 적대적 상대자로 보지 않고 있다. 그 이유는 만약 왜가 다시 신라에 대해 침공하자면, 전선戰船을 만들기 위해 나무를 벌목해서 말려야 하고, 또 조선造船을 하기 위해 인력과 자원을 투입하고, 병력을 양성하여 원정 함대를 편성하는 데, 수 백년 이상의 시간이 소요될 뿐만 아니라, 전술한 바와 같이 기벌포 해전(676)에서 신라 수군이 당나라의 수군을 궤멸시켜 서해·동해 및 대마도 해협 일대의 해상 우세를 신라가 장악하고 있었으니, 왜의 침공은 거의 불가능한 상황이다. 실제로 왜의 병선 300척(과장된 숫자로 본다)이 침공해 온 것은 성덕왕 30년(731)이며, 이때 신라 수군에 의해 대파大破당하고 말았던 것이다.[41] 그리고 조직적인 왜구의 등장은 고려의 후대인 1350년부터이다.

따라서 절의 기록(사중기寺中記)에 의한 "문무왕이 왜병을 진압하려 하여 이 절을 짓다가…"의 내용은 당시의 군사 정세를 알지 못한 승려가 날조한 기록이라는 것이 필자의 견해이며, 신문왕이 문무대왕을 기리기 위해 감은사를 세운 것이 바르다고 생각한다.

문무대왕은 죽은 후에 나라를 지키는 대룡大龍이 되겠다고 했는데,[42] 감은사지 발굴조사에 의하면 다음과 같이 확인되었다. 즉, "금당의 기단

---

40) 上揭書 42, 金庾信(中)
41) 『三國史記』 8, 聖德王 30年.
42) 註21 참조.

상면에 잔존한 특이한 석재유구石材遺構는 건물의 바닥 밑에 일정한 높이의 공간을 두기 위하여 특별히 마련된 보기 드문 구조임이 밝혀졌다. 이것은 본 감은사의 사적기寺蹟記에 문무왕의 화신인 동해 대룡이 금당으로 들어올 수 있도록 하였다는 기록과 부합되는 것이다."[43]

대왕릉大王陵에 대해서는 비교적 확실한 문헌의 기록이 있다. 앞에 말한 『삼국사기』권7 문무왕 21년조에 "여러 신하들은 그 유언에 따라 동해구의 큰 바위에 장사지냈다.… 그 돌을 가리켜 대왕암이라 한다"고 했고, 『삼국유사』 왕력王曆에는 "제30대 문무왕… 능은 감은사 동쪽 바다 가운데 있다"고 하였다.

1967년 5월 한국일보사 5악 조사단에 의하여 대왕암이 조사되었고, 그 에 따라 단순한 산골처가 아니라, 그의 능이 실제로 그 내부에 경영되어서 그의 뼈가 장골臟骨된 사실이 새롭게 확인되었다. 즉, 돌섬의 중앙에 백설의 일대 판석板石이 중앙에 차지하고 있는데, 그 돌의 크기는 길이 3.7m, 폭 2.06m, 높이 1.45m가 되었다.[44]

필자는 문무대왕의 유적지 즉, 왕의 화장터로 추정되는 낭산의 능지탑, 감은사지, 대왕암 그리고 이현대를 몇 번이고 돌아보고 또 푸른 동해 바다를 바라보면서 깊은 상념에 잠기곤 했다. 문무대왕은 살아서 삼국통일을 완수했고 또 죽어서는 용이 되어 나라를 지키겠다고 했으니 얼마나 위대하고 숭고한 나라 사랑의 마음인지!

V

우리들은 문무대왕의 「선부」의 별설, 수중릉의 대왕암 그리고 대룡을

---

43) 김재원 · 윤무병, 전게서, p. 96.

44) 황수영, 『불국사와 석굴암』, p. 57 및 『한국의 불교미술』, pp. 350~351.

해양력으로 치환置換해서 생각한다면, 그의 해양정책을 더욱 명확하게 이해할 수 있으리라. 그리고 우리의 역사상 가장 빛나는 신라문화를 창조했고 또 황금의 전성시대는 바로 문무대왕의 해양정책에서 연유되었다는 것을 지적해 둔다.

영국, 스페인 그리고 이태리와 같은 도서국이나 반도국은 국력을 신장하기 위해서는 강력한 해양력이 필요하다. 해안선을 가지고 있는 국가는 바다가 곧 국경이다. 따라서 국력은 그 국경의 확장 정도에 의해 주로 결정될 것이다.[45)]

해양은 지구 표면의 4분의 3을 차지하고 있으며 무한한 생물학적·광물자원의 에너지를 보유하고 있다. 많은 세기世紀에 걸쳐 인간들의 해양활용은 상업·어선단의 발전을 가져왔으며, 무역의 확대로 많은 기지基地와 항구의 건설 등 변화를 가져왔다. 대양의 중요성은 국가에 의해 생산적인 힘과 축적된 부로 높이 평가하지 않을 수 없다. 일반적으로 문명은 엄밀히 바다와 대양에 접한 육지에서 형성되었고 발전되었다. 한 국가의 국민이 항해와 관련된 국가는 다른 국가보다 경제적으로 먼저 강대해졌다. 인류 역사의 일정한 단계에서 심각한 요구는 바다의 무진장한 물과 풍요로운 부의 이용 가능성이 많으면 많을수록 한 국가의 경제력과 군사력을 특징짓고 세계무대에서 그 국가의 역할을 강화시켜주는 국가 해양력의 형성과 출현을 결정하는 조건에 의해 그 국가의 우월성이 점점 커진다고 하겠다.[46)]

이러한 관점에서 본다면 문무대왕은 "해양력의 선각자"요 또한 지략智略이 풍부한 대전략가라 해야 마땅할 것이다.

역사가 가운데는 신라에 의한 삼국통일, 즉 반도의 민중이 비로소 한

---

45) Edward M. Earle ed., *Makers of Modern Strategy*, Princeton University Press, 1943, p. 419.

46) S. G. Gorshkov, *The Sea Power of the State*, Oxford, Pergamen Press, 1979, p.IX 및 p.I.

정부, 한 법속, 한 지역 내에 뭉치어 단일 국민으로서의 문화를 가지고 금일에 이른 것은 실로 이 통일에 기초를 가졌던 것이며, 이런 점으로 보아 신라의 반도통일은 우리 역사상에 있어서 큰 의의를 갖고 있다. 그러나 고구려의 활동무대인 만주를 상실했기 때문에 신라의 삼국통일은 불완전하다는 견해가 있다.[47)]

일찍이 해양력 이론을 체계적으로 수립한 바 있는 마한 제독(1840~1914)은 "역사가는 대체로 바다의 사정에는 어둡다. 그들은 바다에 관하여 특별한 관심과 지식을 가지고 있지 않기 때문이다. 그렇기 때문에 그들은 해양력이 커다란 여러 문제에 있어서 심원深遠한 결정적 영향을 미친다는 것을 간과해 왔다"[48)]고 지적하고, "바다가 정치적·사회적 견지에서 가장 중요하고 명백한 점은 그것이 커다란 공로公路라는 것이다. 아니 광대한 공유지公有地라고 말하는 것이 좋으리라. 그 위를 통하여 사람들은 어느 방향으로도 갈 수 있다.… 해로海路에 의한 여행이나 수송은 육로에 의한 것보다 용이하고 값이 싸다.… 생산, 해운 그리고 식민지의 세 가지에서 바다에 연하는 국가의 정책뿐만 아니라 역사의 열쇠를 찾을 수 있다. 생산에 의하여 생산물의 교역이 필요하고, 해운에 의하여 교역품은 운반된다. 식민지는 해운의 활동을 조장 확대하고 안전한 거점을 확보함으로써 해운의 보호에 보탬이 된다"[49)]고 했다.

휴전선에 의하여 한국은 신라의 삼국통일 때보다 영토면에서 더 불리한 조건이다. 그럼에도 불구하고 우리는 지금 세계의 주요한 무역국이 되어 자동차, 전자 및 철강제품, 의류 등 다양한 상품을 전세계에 수출하며, 조선업은 일본과 수위를 다투고 있다. 초강대국으로 군림하는

---

47) 예컨대, 이병도, 『한국사-고대편』(서울 : 을유문화사, 1959), pp. 624~625 및 이기백, 『韓國史新論』 개정판(서울 : 일조각, 1987), pp. 87~88 등이 있다.

48) Alfred T. Mahan, *The Influence of Sea Power Upon History 1660~1783*, Boston : Little, Brown and Company, 1890, Preface, p.Ⅲ.

49) 상게서, p. 23. 및 p. 28.

소련이 우리와 경제협력을 절실히 바라고 있으며 1991년 1월 22일 서울에서 한·소 양국은 30억 달러의 대소對蘇 경제협력 규모를 확정했다.

1991년 5월 21일 GATT(관세 및 무역에 관한 일반협정)가 펴낸 90년도 세계무역 통계에 의하면 한국은 지난 한 해 동안 650억 달러의 상품을 수출해 세계 수출 순위에서 13위가 되었고, 수입은 700억 달러로 14위가 되었다.[50)]

필자는 고구려의 옛 땅을 잃은 것보다 고려·조선왕조가 부와 힘의 원천인 넓은 바다의 활용을 소홀히 생각한 데 대해 더 원통하게 여기는 입장이고, 역사가들의 바다에 대한 무지와 무관심을 애석하게 생각한다. 그러나 한 사람의 예외자인 최남선崔南善을 발견하여 기쁘게 생각하며 그의 견해를 소개하면 다음과 같다.

> 바다 본위本位의 서양사와 내륙 중심의 동양사의 사이에는 중대한 차이, 아니 세력의 근본적 우열이 생긴 것은 16세기 이후의 이른바 근세사가 우리에게 보여주는 바와 같다.… 바다가 국가 방위선, 민족활동무대 또 국제무역 및 국제 교통로로서 가장 중요함은 이를 것 없거니와 어로양식과 해초 채취 등 광대 풍부한 생산자원으로서 일국一國의 경제상에 가지는 가치도 실로 절대한 것이다.[51)]

실제로 문무대왕의 신라는 해양정책을 채택했으나, 고려왕조는 고구려의 고토故土를 찾고자 대륙정책을 채택했다. 그러나 그들은 압록강·두만강 선에도 미치지 못하고(육진六鎭의 설치는 세종대왕 31년, 1449년에야 이루어졌다) 오히려 거란족이 세운 요遼에 의해 수도 개경이 함락되고 대묘·궁궐이 불태워지고 또 여러 번 침략을 당했다. 여진족(말갈족)의 금金이 고려를 침공하지 않은 것은 윤관 장군의 여진정벌에 의한 그들의 맹세

---

50) 중앙일보, 1991년 5월 22일자.
51) 海軍本部篇, 『韓國海洋史』, 1954, p. 17 및 p. 19.

때문인 것으로 해석한다. 요(916~1125)는 210년간, 여진족의 금(1115~1234)은 120년간, 청(1616~1911)은 296년간 중국의 한민족漢民族을 정복 통치했는데, 우리가 거란족과 여진족의 통치를 받지 않았다는 것은 정말 기적에 속한다고 보아야 하리라.

따라서 고구려의 활동무대인 만주를 상실했기 때문에 신라의 삼국통일은 불완전하다는 견해에 필자는 동의하지 않는 입장이다.

Ⅵ

신라의 조선술과 항해술은 과연 어느 정도였을까? 먼저 한반도에 있어서 신라의 지리적 위치부터 살펴볼 필요가 있다. 신라는 고구려·백제에 비하여 불리했다. 즉, 반도의 동쪽에 편재偏在하고, 해안선이 짧고, 산악이 많아 비옥한 넓은 평야가 없었다. 거기에다 직접 중국대륙과의 교통의 편의도 없어 문화의 수준이 낮았고 또 국력도 열세했다.

그래서 381년에 고구려 사절을 따라 부진符秦(전진前秦)에 사신을 보냈고,[52] 또 고구려가 강성하기 때문에 실성實聖을 인질로 보냈다.[53] 당시 신라는 백제와 대결 중이라 고구려와의 유대로 존립을 유지했고, 400년 백제·가야·왜의 연합군이 신라에 침공하자 고구려(광개토왕)의 보·기병 5만 명의 구원병으로 물리치기도 했다.[54]

그 후 신라는 법흥왕 8년(521) (백제 사신을 따라) 사자使者를 양梁에 보냈다.[55] 신라는 140여 년간 고구려·백제·왜 등의 압력에 시달려 왔기 때문에 중국과의 교류는 엄두도 내지 못했다. 그러나 지증왕 6년(505) 선박

52) 『三國史記』 3, 奈勿尼師今 26年.
53) 위와 같음. 37年.
54) 金哲俊·崔柄憲 編著, 『史料로 본 韓國文化史』(서울 : 一志社, 1986), p. 82.
55) 『三國史記』 4, 法興王 8年.

의 이利를 권했다[56] 한 것으로 보아 배와 바다의 활용이 있었음을 보여주고 있다.

문헌상으로 본다면, 탈해(?~80)가 처음에는 고기잡이로 업을 삼아 그 노모를 봉양했다[57]는 것으로 보아 비록 규모는 유치했으나 신라 초기에 어업이 존재했다는 것을 알 수 있다. 더욱이 일본의 응신應神천황 31년(420)의 기록에 의하면, 신라가 훌륭한 선장船匠을 보냈으며, 이들이 이나베(猪名部)의 시조라 했다.[58] "이것은 아마도 한반도의 조선술이 일본에 들어온 최초로 생각되며 이 猪名部氏는 대대로 조선업에 종사한 것으로 생각된다"[59]는 내용으로 보아, 일본에게 최초로 조선술을 가르친 것은 신라의 선장船匠임을 알 수 있다.

신라에는 건국 초기부터 군국정사軍國政事를 맡은 대보大輔란 벼슬이 있었고,[60] 또 군주軍主[61]도 있었지만, 병부(국방부)가 창설된 것은 법흥왕 4년(517)이며, 그 후 그 속에 「선부서」(583 : 선박을 관장)를 두고 대감과 제감 각 1명을 두게 되었다[62]는 내용으로 보아 신라 수군의 실세實勢도 상당한 수준에 있었음을 말하고 있다.

다음 657년의 일본 기록에 유의할 필요가 있다.

> 이 해(657) 신라에 사신을 보내 "沙門智達, 問人連御廐, 依網連稚子 등을 그대의 나라의 사신에 딸려서 대당大唐에 보내려고 한다"고 말했다. 신라는 듣지 않았다.… 이 달(658년 7월)에 沙門智通, 智達가 칙을 받들고 신라 배를 타고 대당국에 가서 무성중생의無性衆生義(법상종法相宗)를 현장법

56) 上揭書 4, 智證麻立干 6年.
57) 上揭書 1, 脫解尼師今 卽位年.
58) 『日本書紀』 10, 應神天皇 31年 秋8月.
59) 內藤雋輔, 『朝鮮史硏究』(京都 : 東洋史硏究會, 1961), p. 344.
60) 『三國史記』 1, 南解次次雄 7年.
61) 上揭書 4, 智證麻立干 6年.
62) 上揭書 4, 眞平王 5年.

사玄奘法師(삼장법사, 법상종의 개조)가 있는 곳에서 배웠다.[63]

658년(무열왕 5년)에도 왜에는 서해를 횡단하여 당에 갈 선박이 없었기 때문에 신라선에 의존했다는 것이다. 이것은 왜의 조선술과 항해술이 그만큼 뒤지고 있었다는 것을 뜻한다. 그런데 왜는 백제와 더 친교가 많았고 또 신라보다 조선술과 항해술이 더 발달되어 있었던 것으로 생각되는 백제에게 왜 의존을 하지 않았을까? 신라는 비록 521년에 백제선에 의존하여 중국에 사신을 보냈지만, 658년대에 와서는 신라의 해양력이 더 우세했다는 것으로 해석할 수 있다. 그러니 문무왕대에 와서 감은사가 왜를 진압하기 위해 창건했다는 것은 터무니없는 기록임을 알 수 있다.

660년 6월 무열왕의 태자 법민(병부령이요, 후의 문무대왕)에게 병선 100척을 지휘하여 덕물도에서 소정방을 맞이하게 했다[64]는 기록은 당시 신라 수군의 실세를 말해 주고 있다. 즉, 동해의 수군 등을 합한다면 150~200척은 되리라 추정된다.

① 10월 6일, 당의 수송선 70여 척을 습격하여 낭장 감이·대후와 사졸 100명을 사로잡았는데, 물에 빠져 죽은 자는 그 수효를 이루 헤아릴 수도 없었다. 이 전투에서 급찬(9위) 당천의 공로가 첫째였으므로 사찬(8위)의 직위를 주었다.(671)[65]

② 대아찬(5위) 철천 등을 시켜 병선 100척을 거느리고 서해를 진수鎭守케 했다.(673)[66]

---

63) 『日本書紀』 26, 齊明天皇 3年 및 4年.
64) 『三國史記』 5, 武烈王 7年.
65) 上揭書 7, 文武王 11年.
66) 上揭書, 文武王 13年.

그 후 앞에 말한 바와 같이 676년 11월 기벌포 해전을 통해 사찬 시득이 지휘한 신라 수군은 당장 설인귀와 대·소전大小戰 20회를 거듭하여 승리하고 적수敵首 4,000여 급을 베었는데, 이로써 신라는 삼국통일을 완결했을 뿐만 아니라, 당의 재침再侵 능력도 말살했던 것이다. 그러나 유감스럽게도 해전에 동원된 병력 수와 병선의 수 및 어떻게 승리했는가의 기술記述이 없다는 것이 아쉽다.

이제 통일된 신라의 수군과 선박 등은 옛날의 고구려 및 백제의 것을 합하게 되었으니, 아마도 병선은 400~500척은 되리라 추정된다. 그 이유는 성덕왕 30년(731), 일본의 병선 300척이 침공해 왔으나 이를 격파했기 때문이다.

성덕왕 32년(733) 7월에 당나라 현종은 발해와 말갈이 바다를 건너 등주登州(산동성)에 침입해 왔으므로 김사란金思蘭을 귀국시켜 신라 왕에게 군사를 내어 말갈의 남쪽을 치게 했다. 그러나 때마침 눈이 많이 내려 전과를 올리지 못했다. 당시 당나라에서 숙위宿衛하던 김충신金忠信이 본국으로 돌아오게 되자 당왕唐王에게 글을 올렸다.

> 폐하께서는 신이 본국으로 돌아감으로 인하여 부사副使의 직책을 신에게 주셔서… 무사들도 기운을 내어 반드시 그 소굴(발해와 말갈)을 무너뜨리게 되고 저 먼 변방의 한 모퉁이도 평온해질 것이오니, 외신外臣의 작은 정성이 이루어지면 중국에 큰 이익이 될 것입니다. 그리고 신들은 다시 배를 타고 창해滄海를 건너와서 궁궐에 첩보捷報를 바치게 될 것이니…[67)]

위에 말한 내용은 배를 타고 귀국하게 된 김충신이 발해와 말갈의 근거지를 소탕하고 다시 배를 타고 창해를 건너와서 첩보를 바치겠다는 것으로 당시의 신라인들은 무서운 서해의 바다가 아니라, 자기 집 앞마

---

67) 上揭書 8, 聖德王 33年.

당을 왔다 갔다 하는 정도의 쉬운 일로 생각하고 있었다. 이것은 당시 신라의 조선술과 항해술이 고도로 발달되어 있었다는 것을 뜻하기도 한다. 그런데 거의 100년 후의 일본은 어떤 상황이었을까?

『속일본후기續日本後紀』 인명仁明천황의 승화 6년(839) 7월에 태재부太宰府에 명하여 신라선을 만들게 했더니 풍파에 잘 견디었다.… 통일 이후의 신라인의 조선술이 일본에 영향을 미친 것이다. 더욱이 승화 7년(840) 9월조에 의하면 대마도사對馬島司가 해중풍파海中風波의 위험 때문에 연중年中의 공조貢調, 네 번의 공문公文도 때때로 표몰漂沒한다. 전문傳聞에 의하면 신라선은 파도를 견디고 잘 간다고 한다. 바라건대 신라선 6척 가운데 1척을 분급分給해 줄 것을 태재부가 상소하였기에 허용되었다. 이것은 아마도 전년前年에 태재부가 만든 신라선이리라. 이처럼 신라 중기 이후에 있어서 신라인이 일본 조선술에 상당한 공적을 이루었다는 것을 인정하며, 이것은 더 나아가서 일·당日唐의 교통에 있어서 그들의 활동을 상견想見케 한다.[68]

일본의 고승 圓仁(円仁, 엔닌)(자각대사慈覺大師 : 794~864)은 838년 견당사遣唐使 일행과 함께 일본선으로(두 번의 실패와 파선破船 끝에 겨우) 입당入唐하여 거의 10년간 당에 체재했다가 847년 신라선으로 순조롭게 귀국했는데, 그는 귀중한 여행기록을 남겼다. 즉 『입당구법순례행기入唐求法巡禮行記』이다. 이 책은 당시의 신라·당 및 일본의 사정과 관계를 이해하는 데, 빠뜨릴 수 없는 책이다.

3월 17일(839)… 사절단의 일행은 각각 9척의 배에 분승하여, 각 선에는 각각의 선장이 지휘했다. 선장은 일본인의 선원을 통솔하는 외에 신라인으로 해로를 잘 아는 자를 60여명 고용하여 각 선에 7명, 6명 혹은 5명씩

68) 內藤雋輔, 前揭書, pp. 344~345.

배치했다. 또 신라인의 통역 김정남에게 엔닌 등이 어떻게 하면 당에 머물 수 있는지…[69]

당으로 가는 일본의 외교사절단의 배에 신라인의 통역관과 뱃길을 인도하는 선원을 승선시켰다는 것은 그들의 항해술을 신뢰했기 때문이요, 또한 당시 제해권制海權을 신라인들이 장악하고 있었다는 것을 말하는 것이리라.

『입당구법순례행기』의 선구적 연구가였던 미국의 라이샤워(Edwin O. Reischauer, 1910~1990, 주일 미 대사 역임) 교수는 다음과 같이 밝히고 있다.

초주楚州의 신라인의 한 벗으로부터 그에게 보낸 편지를 842년 5월 25일, 장안長安에서 받았다. 거기에 의하면(엔닌의 기록은) 대사와 일행을 안내한 신라의 선원들은 839년 무사히 일본에 도착하여 사명을 수행하고 다음해 가을 중국에 돌아왔다는 것을 우리들에게 말했다. 원래의 일본선 4척이 모두 손해를 입었는데, 9척의 신라선이 모두 무사히 바다를 건너 일본에 도착했고 또 중국에 돌아오는 데 성공한 것은 당시 항해술에 있어서 신라인이 일본인보다 훨씬 우수했다는 것을 말한다.

일본인은 결코 용기에 있어서 부족함이 없었지만, 그들이 험한 파도를 넘어 타는 선원으로서의 기술이 무사로서의 대담성과 어깨를 나란히 하기까지는 더 수세기數世紀를 기다려야 했다. 그 때가 되어 일본인들은 항해술과 검술劍術에 의하여 동지나 해의 적(왜구)이라는 달갑지 않은 명성을 획득하기에 이른다.[70]

라이샤워 교수는 "신라인들이 항해 기술상의 전문가의 역할을 수행

69) 圓仁, 『入唐求法巡禮行記』 第1卷, 3月 17日.

70) ライシャワー, 『円仁唐代中國への旅』(東京 : 原書房, 1984), p. 85. 당시 일본의 사절단원들은 일본선을 기피하고 신라선을 선호했다는 것을 기록하고 있다.(『續日本後紀』 卷8, 仁明天皇 承和 6年 8月 14日).

했으며, 그들의 항해술은 우수했고, 산동방면에 많은 식민지(신라방新羅坊을 뜻함)를 가지고 있었다. 엔닌은 많은 배를 관장하고 있는 호상豪商의 도움으로 산동반도에 있었던 신라의 사원에 머물면서 여행을 위한 서류를 구비할 때까지 체재했다. 귀로에도 황하黃河 하구河口의 신라방에 돌아와 신라의 배로 산동·신라를 거쳐 일본에 귀국했다. 이처럼 신라인의 역할에는 대단히 흥미 있는 사항이 있다. 일본인은 자국自國의 고분古墳이나 총塚, 비조飛鳥의 총塚이나 사원 등은 잘 알고 있지만, 헤이안平安 시대의 중개자, 중계中繼 상인으로서의 신라인들의 역할의 중요성에 대해서는 알려져 있지 않고 있다"[71]고 지적했는데, 제3자의 관점에서 오랫동안의 연구 결과로서 타당성이 있는 견해라 생각된다.

엔닌은 840년 2월 17일자의 일기에 청해진 대사 장보고張寶高(張保皐)에게 다음과 같은 내용의 편지를 보냈다.

> …그런데 이 엔닌은 은혜를 입었습니다만 멀리 떨어져 있어 뵈옵지도 못하고, 우러러 바라는 날마다 깊은 생각을 가지며, 각하를 공경함은 무엇으로 비할 바 없이 큽니다. 엔닌은 적산원赤山院에 머물면서 다행히 한 해를 넘길 수 있었습니다. 많은 승僧의 인덕을 입으사 특히 여정旅情을 위로했습니다.… 구법求法의 후에는 적산에 돌아와 귀국 때는 청해진(완도)에서 방향을 돌려 일본으로 향하고자 합니다. 엎드려 장 대사張大使를 뵙고 상세한 사정을 말씀드리기를 바라고 있습니다.… 승들이 일본에 돌아갈 수 있는가는 오로지 각하의 커다란 도움에 달려 있습니다.…[72]

엔닌의 편지 내용으로 본다면, 그가 당에서 머물면서 구도求道할 수 있었던 것 또 귀국할 수 있는가의 여부도 장보고에 의해 좌우되고 있었

---

71) ライシャワー, 上揭書, p. 266 및 『日本への自敍傳』(東京 : 日本放送出版協会, 1982), p. 182.

72) 圓仁, 前揭書 卷第2, 2月 17日.

음을 알 수 있다. 이것은 당시 당에서 신라방이 치외법권治外法權의 특권[73]을 누리고 있었고 또 장보고의 탁월한 지휘 통솔력에 의해 서해의 해상 교통로를 완전히 장악하고 있었다는 것을 뜻하는 것이며, 나아가서 그들의 조선술, 항해술 그리고 선원으로서의 자질이 우수했다는 것을 말하는 것이리라.

신라의 조선술에 관한 우리의 기록은 거의 찾기 어려우며 또 필자는 아직 발견치 못했다. 그러나 다음 내용은 간접적이지만 신라의 조선술에 관해 시사해 주는 바가 많다고 생각된다.

> 예로부터 우리나라의 주선舟船은 독특한 구조방식을 가지고 있었다. 기록상으로 보더라도 『고려사高麗史』 김방경전金方慶傳에 고려가 원나라와 함께 일본을 정벌코자 군선軍船을 만들 적에 만일 중국식으로 만들자면 공비工費도 더 들고 기일도 더 소요되므로 보다 공법이 간편한 고려식으로 서둘러 조선造船을 했다는 데에 여실히 나타나 있듯이 고려시대에 이미 중국식과는 다른 독자적인 조선법을 가지고 있었고, 그렇게 만든 고려의 배들은 일본에 원정하여 태풍을 만났을 때 중국의 대소 선박이 많이 깨졌는데도 매우 튼튼한 성능을 나타낸 것이었다.[74]

조선술의 공법이란 한 왕조가 교체되어 하룻밤 사이에 전연 다른 성씨姓氏가 나타나듯 달라지는 것이 아니라, 오랜 시일의 기술이 축적을 통해 발전되는 것으로 생각한다면, 위에 말한 고려식 공법이란 신라식 공법에서 계승·발전된 것으로 보아 마땅하리라.

전술한 바와 같이 일본에서 839년에 풍파에 잘 견디는 신라선을 건조했다[75]는 기록으로 보아 신라의 조선술은 다음과 같이 요약할 수 있으리

73) ライシャワー, 『円仁唐代中國への旅』, p. 264.
74) 金在瑾, 『韓國船舶史硏究』(서울 : 서울대학교출판사, 1984), p. 1.
75) 註68 참조.

라. 즉 공비가 적게 들고, 공정이 짧으며 간편한 공법이면서 풍파에 잘 견디는 배를 건조했으며, 이것은 중국이나 일본과는 다른 독특한 신라의 조선술이었다고 말할 수 있으리라.

Ⅶ

마한은 1886년부터 해군대학에서 강의를 시작했는데, 학생들의 열광적인 호평을 받게 되자, 그것을 정리하여 저서로 출판한 것이 그를 세계적인 유명인사로 만든 『해양력이 역사에 미친 영향』(1890 : *The Influence of Sea Power Upon History*)이었다.

마한이 당면한 가장 무서운 적은 그의 저서의 중요성을 시인하지 않는 제독들과 두뇌가 낡은 '바다의 맹자猛者'들이었다. 그들은 마한에 대해 "뱃놈인 주제에 학자인 체 하고 있어 ! " 하는 반감과 질시였다. 1893년 해군성의 편제의 개편과 함께 마한은 해상근무의 명령을 받았다. 그는 당시 『해양력이 역사에 미친 영향』의 속편인 『프랑스 혁명 및 동제국同帝國에 미친 해양력의 영향』을 집필 중에 있었기 때문에 그것이 완성될 때까지 시간의 여유를 달라고 요청했으나, "해군 사관의 본업은 책을 쓰는 것이 아니요" 하고 거절당했다. 해상에서는 집필활동이 중단되고 또 적성에 맞지 않는 일을 하게 되는 것을 두려워 한 마한은 루즈벨트에게 원조를 청하여 "나는 군함을 지휘하기 보다는 해군정책에 관하여 일반국민을 계몽하는 데 노력하는 것이 해군에게 더 유익하지 않을까요?" 하고 적어 보냈다. 여러 사람들의 노력에도 헛되게 결국 마한은 신저新著의 탈고와 동시에 순양함 '시카고'호의 함장으로써 유럽으로 떠나게 되었다.[76]

---

76) 麻田貞雄, 『アルフレット T. マハン』(東京 : 研究社, 1977), p. 25.

좌절과 실망을 가슴에 안고 마한은 1893년에서 1895년에 걸쳐 유럽 수역水域의 예방순양禮訪巡洋을 하면서 여러 번 영국을 방문했으며, 그 곳에서 전례가 없는 환영을 받았다. 그는 여왕과 수상으로부터 만찬에 초대되었고, 옥스퍼드와 캠브리지 대학에서 명예학위를 받았으며, 영국 해군 클럽의 빈객으로 대접을 받았는데, 이것은 외국인으로서는 처음 있는 일이었다. 쟁쟁한 「런던 타임스」지는 코페르니쿠스(Copernicus)가 천문학에서 성취한 것을 그는 해군사海軍史에서 이루어 놓았다고 칭찬했다. 어느 해군 평론가는 그를 프레슬리(Priestley)에 비유하면서 "해양력(Sea Power)은 물론 어느 시대에도 세계에 영향을 미쳤다. 산소酸素도 또한 그러했다. 그러나 마치 산소의 경우 프레슬리가 없었다면 산소의 존재를 오늘날까지 모르고 있었을 것이다. 마찬가지로 마한이 없었다면 해양력의 의의도 모르고 있었을 것이다." 그의 견해는 신문, 계간지, 전문잡지를 통하여 더욱이 영국 합동군사협회처럼 영향력이 있는 협회에 의해 전파되었다. 사이덴함 경卿은 "우리들은 최초로 역사에 바탕을 둔 해양력의 철학을 갖게 되었다"고 기술했다. 이에 부가하여 "우리는 세계의 주요 항로의 지배가 영·미 양국의 상호 이해와 협동을 고무하고 촉진할 것이라는 사실을 양 국민들에게 인식시킴에 있어 마한이 크게 기여했다는 것을 말할 수 있으리라."[77]

유럽 특히 영국, 독일, 프랑스 등에서 그의 저서 『해양력이 역사에 미친 영향』이 높이 평가받게 되자, 그것이 미국에 보도되어 미국에서도 그의 저서에 대해 관심을 가지게 되었다.

해군 장교에게 해양사(Maritime History)를 교육시키려는 최초의 구상은 해군대학의 초대 학장인 루스(Luce) 제독으로부터 시작되었다. 비록 그 편지는 분실되었지만, 마한을 초청한 그의 1884년의 편지 속에 전년에

---

77) Edward M. Earle ed., 前揭書, p. 441.

발행한 미 해군협회 학보(United State Naval Institute Proceedings) 속의 그의 글로부터 이것을 추론할 수 있다. 루스는 그 글 속에서 해군장교는 "해양사의 철학적 연구로 인도되어야만 하며, 냉철한 전문가의 비판적 안목으로 대해양전大海洋戰을 조사할 수 있어야 하며, 어디에 과학의 원칙이 설명되고 있는지 그리고 전쟁술戰爭術의 수용된 원칙을 무시한 것이 패배와 재앙으로 이끌게 됐다는 것을 인식해야만 한다"고 주장했다. 후에 해군대학생을 위한 취임사에서 루스 제독은 "이제, 해군사의 자료가 풍부하기 때문에 과학분야로 만들 수 있으며… 과거의 해양전海洋戰들이 많은 사실을 제공해 줌으로써 법칙과 원칙을 형성시키기에 충분하므로, 일단 성립되면 해양전의 비교방법론을 이용하여 과학의 수준으로 올려놓을 수 있다"고 상세히 말했다. 루스가 의미하는 '비교방법론'이란 지상전地上戰과 해전海戰 간, 군사학과 해양과학 간, 현재와 과거 간의 유사점을 도출해 내려는 것을 뜻하는 것이다. 요약하면 그는 유용한 과거를 찾아내려고 했다. 즉, 역사는 기본 원칙의 형태로써 교훈을 가르쳐야만 하는 것이다.[78)]

마한은 중남미 연안에 파견되어 있었을 때, 루스 제독으로부터 해군대학에서 해군사 및 전술의 강의를 맡아 달라는 초청을 받았다. 그는 1884년 9월 가야킬에서 회신을 보냈고, 그 지위를 기뻐했다.[79)] 그의 배가 1884년 가을 까라오 항구에 정박하고 있을 때, 그가 리마(페루의 도시)에 있는 영국 클럽을 방문하여 도서관에서 몸센(Theodor Mommsen)의 저서 『로마사』(*The History of Rome*)를 발견하여 정독했는데, 그는 후일 다음과 같이 기술했다.

---

78) Peter Paret ed., *Makers of Modern Strategy*, Princeton : Princeton University Press, 1986, p. 449.
79) W. D. Puleston, *The Life and Work of Captain Alfred Thayer Mahan*, New Haven, Yale University Press, 1939, p. 68.

그 책은 나에게 갑자기 깊은 감명을 주었다.… 한니발(Hannibal)이 만약면 육로에 의하지 않고 해로로 이태리에 침입했다면 어떤 결과가 발생했을까?… 혹은 이태리에 도착한 후 그가 해로를 통하여 자유로운 병참선을 가질 수 있었다면 어떤 결과가 되었을까? 여기에 제국의 흥망, 즉 제해권을 장악하느냐, 못하느냐의 실마리가 있었다.[80]

마한은 중남미의 파견 중에 참고문헌의 입수에 어려움을 겪으면서 강의안講義案을 구체화하여 해양력의 흥망을 17~18세기의 유럽사에 연관시키면서 준비했다. 그는 최초의 저서 서문에서 밝히듯이 "해양력이 역사의 과정과 국가의 번영에 미치는 영향을 밝히는 것"[81]이 그의 목적이었다.

마한은 해양력(Sea Power)이라는 용어를 사용했는데, 첫째는 '세인世人의 주목을 환기시키기 위해' 새로운 표현을 구사했고, 둘째는 해양력은 해군력(Naval Power)보다 광의廣義이며, 다만 군사력에 멈추지 않고 해운업과 상선대商船隊 그리고 거점으로 필요한 해외 기지나 식민지를 포함하고 있다.

최근에 와서 마한은 해양력이란 용어의 개념 규정을 소홀히 했다는 견해도 있다. 즉, 그의 저서에서 용어가 나타남으로써 두 가지 주요 의미가 나타났다. 첫째, 해군 우세를 통한 제해권(Command of the Sea)이며, 둘째, 해양 상업, 식민지 소유, 외국시장에 접근할 수 있는 특권으로, 국가의 부와 위대함을 생산하는 종합적인 것으로 나타났다. 물론 두 가지 개념은 겹치고 있다. 첫 번째의 개념을 유념하고 마한은 "해상에서 위압적인 세력은 적의 국기를 바다로부터 축출해내거나 혹은 적을 도망자로 보이도록 허용한다"고 썼다. 그의 두 번째 의미는 보다 간결하게

80) Peter Paret ed., 前掲書, p. 450 및 上掲書, p. 70.
81) Alfred T. Mahan, 前掲書, V-vi.

"해양력이란 말을 ① 생산 ② 수송 ③ 식민지화와 시장 확보"라고 말했다. 그러나 독자는 어떤 경우에 저자가 두 개념 가운데 어느 것을 의미하는지 종종 의심을 갖게 되었다.[82]

필자는 상술한 두 가지의 개념을 별개로 생각한 것이 아니라, 종합한 것을 총칭하여 마한이 해양력(Sea Power)이라 불렀다고 생각한다. 즉 "여기서 말하는 넓은 뜻의 해양력이란 군사력에 의한 해양 내지 그 일부분을 지배하는 해상의 군대뿐만 아니라, 평화적인 통상 및 해운을 포함하고 있다. 이 평화적인 통상과 해운이 있어야만 비로소 해군의 함대가 자연스럽게 또 건전하게 생겨나며, 또 그것이 함대의 견실한 기반이 되기도 한다."[83]

그리고 마한이 말하는 해상 통제(Control of the Sea)이란 어떤 뜻일까? "진실로 바다를 관장한다는 제해권이란 적의 단독 행동의 함선이나 작은 전대戰隊도 몰래 항구에서 탈출할 수 없다든가, 사용되는 빈도의 대소에도 불구하고 대양상의 항로를 횡단할 수 없다든가, 긴 해안선의 무방비한 지점에 대해 적을 괴롭히는 습격을 가할 수 없다든가, 봉쇄된 항만에 출입할 수 없다는 것을 의미하지 않는다. 그와 반대로 그러한 회피행동은 약자 측이나 해군력이 열세해도 어느 정도 가능하다는 것을 역사는 제시해 주고 있다."[84] 이것은 육지에 비하여 바다와 하늘은 넓기 때문에 완전한 장악이 어렵다는 데서 기인하는 것이다. 그래서 제2차 대전 이후에 와서 제해권, 제공권制空權이란 용어 대신에 해상 우세(Sea Superiority), 공중 우세(Air Superiority)를 사용하는데, 마한의 견해는 후자 즉, 해상 우세에 속하고 있다는 것을 알 수 있다. 미 합참의 군사용어사전에는 다음과 같이 정의定義되어 있다.

---

82) Peter Paret ed., 前揭書, pp. 450~451.
83) Alfred T. Mahan, 前揭書, p. 28.
84) 上揭書, p. 14.

해상 우세(Sea Superiority) – 한 군사력 및 그와 관련된 육·해·공군이 주어진 시간과 장소에서 적 군사력에 의해 방해 간섭을 받지 않고 작전을 수행할 수 있도록 해상전투에서 다른 군사력에 대해 보여주는 우세의 정도이다.[85)]

마한의 저서에서 관통하고 있는 기본 개념은 해양력(Sea Power)과 제해권(Control of the Sea)이며, 어떻게 제해권을 획득하느냐 하는 문제는 해군전략[86)]에 속한다.

여기서는 마한의 해양력을 구성하는 여섯 가지 요소에 대해 간략하게 소개하고자 한다.[87)]

첫째, 지리적 위치

만약, 어느 나라가 육상에서 자국을 방위할 필요가 없고, 또 육상에서 영토의 확장을 구하는 유혹에 빠지지 않는 위치를 점하고 있다면 그 나라는 국경의 일부를 대륙에 접하고 있는 나라와 비교하여 목표를 주로 해상을 향해 집중시킬 수 있다는 점에서 유리하다. 예컨대, 영국은 프랑스 및 네덜란드의 양국보다 해양국으로 훨씬 유리하다. 네덜란드는 그들의 독립을 확보하기 위해 대륙군大陸軍을 유지하여 값비싼 전쟁을 실시할 필요가 있었기 때문에 일찍이 국력을 소모해 버렸다.

한편, 프랑스의 정책은 때로는 현명하였으나, 때로는 어리석게 해양정책에서 대륙 확장계획으로 끊임없이 전환되었다. 이런 군사적 노력에 의하여 프랑스는 부를 소모했다. 만약 이 지리적 위치를 더 현명하게

---

85) The Joint Chiefs of Staff, *Dictionary of Military and Associated Terms*, Washington, D.C., 1979, p. 305.

86) 알프레드 마한, 『海軍戰略論』, 李允熙·金得柱 譯(서울 : 同元社, 1974). 이 책은 마한의 *Naval Strategy*(1911)의 번역본이다.

87) Alfred T. Mahan, 前揭書, pp. 29~89.

그리고 일관하여 이용했다면 프랑스는 그 부를 더 증대했으리라. 한 국가의 지리적 위치는 다만 병력의 집중을 쉽게 할 뿐만 아니라, 예상되는 적국에 대해 적대행위를 위해 중앙 위치와 양호한 기지를 제공하는 전략적 이점을 준다.

둘째, 지형적 형태

한 나라의 해안선은 그 나라의 국경선의 하나이다. 한 나라의 해안은 그 국경을 지나 타국과 왕래하는 데 대한 난이難易는 그 국가의 외국 교통의 다과多寡를 결정하는 것이며, 한 국가로서 긴 해안선을 가지나 만약 항만을 갖지 못하면 그 국가는 해상무역, 해운업 그리고 해군도 가질 수 없다. 수심이 깊은 항만을 가진 국가는 부강의 한 원인이며, 더욱이 항만으로 하여금 항행할 수 있는 하구河口에 있다면 더욱 좋을 것이다.

셋째, 영토의 넓이

한 국가의 해양력의 발달에 관해 고찰할 때, 그 국가의 총면적이 아니라, 해안선의 길이와 항만의 특질이 고려되어야 한다.

넷째, 인구의 다과

해양력으로 보아, 다만 인구의 총수에 의하지 않고 해상생활을 좋아하는 자의 수에 의해 좌우된다. 예컨대, 인구가 적다해도 유사시 쉽게 선역船役에 종사할 수 있는 해상 인구의 수에 의한다. 프랑스 혁명전쟁의 마지막에 프랑스 인구의 총수는 영국 인구의 총수보다 많았지만, 해양력의 관점에서 보면 상선商船이나 해군에 있어서 영국은 프랑스보다 우위에 있었다. 비슷한 국가간 전투를 하고서 곧 최종의 승패를 결정하는 것은 예비역만을 말하는 것이 아니라, 연해지방의 국민을 비롯하여 기계상의 숙련 또는 자원 등 널리 다음 해전의 준비를 할 수 있는 모든 것을 총칭하는 것이다.

다섯째, 국민성

만약 해양력이 진실로 평화적이고, 광범한 통상에 바탕을 두고 있는 것이라면, 상업적 적성適性은 종래 해상으로 신장했던 국민성의 특질을 나타내었다. 다만 로마를 제외한다면 역사는 이를 실증하고 있다. 모든 인간은 이득을 추구하며 적든 많든 부를 좋아한다. 그런데 그것을 획득하는 방법의 여하는 그 국민의 상업적 운명과 역사에 영향을 크게 미친다.

스페인 사람들은 많은 훌륭한 자질을 가지고 있었다. 그들은 용감하고 진취의 기상이 풍부했으며, 절제적節制的이고 정열적이며 강인한 국민감정을 지니고 있었다. 이런 자질에다 스페인의 지리적 위치와 양호한 위치를 점하는 항구의 이점, 스페인이 최초로 신세계의 광대한 영토를 점령하고 오랫동안 경쟁자가 없었다는 사실, 그리고 미국의 신대륙을 발견한 후 100년간 스페인은 유럽의 지도적 국가였다는 사실을 감안한다면, 스페인은 해양국가 가운데 제1위에 올라가는 것이 기대되어도 좋으리라. 그러나 주지하는 바와 같이 그 결과는 정반대였다.… 분명히 스페인 정부는 여러 가지 방법으로 사기업私企業의 자유롭고 건전한 발달을 구속하고 방해했다.…

여섯째, 정부의 성격

특수한 정체와 그것에 수반되는 제도 및 모든 시대의 지배자의 성격은 해양력 발전에 현저한 영향을 미쳤다는 데 주목해야 한다. 국가와 그 국민의 여러 가지 특질에 관해 고찰해 왔는데, 그러한 것이 그 나라의 특징을 형성한다. 그리고 그 나라는 그런 특징을 가지고 개인의 경우와 마찬가지로 그 나라의 행로로 나아간다. 다음에 정부의 행위는 개인의 총명한 의지력의 행사에 해당된다. 그 의지력이 굳세고 활동적이며 끈기가 있는가 아니면 그 반대인가에 따라 개인의 생애 또는 한 나라의 역사의 성공 혹은 실패가 결정된다.

만약 정부가 그 국민의 자연의 경향과 충분히 조화가 이루어지면 정부는 아마도 모든 점에 있어서 가장 성공적으로 그 성장을 추진할 것으로 생각한다. 해양력의 문제에 있어서 국민의 정신이 충분히 고취된 국민의 참다운 일반적 성향을 의식한 정부가 현명한 지도를 행하는 경우, 가장 빛나는 성과를 거두게 된다.

영국은 의심할 여지도 없이 근대국가 가운데, 최고의 해양력을 구축한 나라이며 그 정부의 행동은 주목할 가치가 있다. 그들이 시종 추구했던 목표는 언제나 제해권이었다. 영국 해군의 명성과 그 세력을 확고부동하게 유지하는 것을 최상의 목적으로 삼고 조금도 옆눈을 팔지 않았던 것은 영국민과 그 정부의 공통점이며, 이는 수세기간 여러 번 과오를 범한 후에 종국에 가서 성공의 열매를 획득한 비결이었다.

마한은 해상 무역이 국가의 부와 힘에 지대한 영향을 미쳤다는 것을 자신의 독창적 견해라고는 결코 주장하지 않았다. 즉, "해양력의 역사는 주로 국가간의 분쟁, 각축 그리고 때때로 전쟁에 이르는 무력행사의 기록이다. 해상 무역이 각 국의 부강에 지대한 영향을 미친다는 것은 국가의 성장과 번영을 지배하는 참다운 원칙이 발견되기 훨씬 이전부터 확실히 알려져 있었다."[88]

예컨대, 페르시아 전쟁에 있어서 희랍해군의 살라미스 해전(480 B.C.)에서의 승리는 페르시아 왕으로 하여금 희랍의 침략을 스스로 포기케 만든 결정타였고, 이로 인해 희랍의 각국은 독립을 쟁취했으며, 현대 서양문명의 근원을 이루는 헬레니즘 문화를 창조했고, 또한 아테네의 부와 번영을 가져왔다.[89] 전술한 바와 같이 신라는 기벌포 해전의 승리로 인하여 당의 재침을 포기케 했고, 삼국통일의 완수, 신라문화의 창조 그

88) 上揭書, p. 1.
89) 外山三郎, 『西歐海戰史』(東京 : 原書房, 1981), pp. 7~26.

리고 신라의 번영을 가져왔다. 희랍의 역사가 투키디데스는 아테네의 정치가 · 군인인 데미스토클레스가 "파도를 제압하는 자는 세계를 제압한다"고 갈파한 것을 기록했고, 엘리자베스 여왕의 총아 월터 롤리 경卿이나 철학자 프랑시스 베이컨이 "바다의 지배자는 통상의 지배를 통하여 세계를 제패한다"고 말했다. 그러나 이들 영국의 위대한 선인들도 제해권에 대해 이론적으로 사적史的 분석과 실증을 시도하지 않았는데, 마한은 이 점을 착안하여 해양력의 철학을 발전시켰다. 즉 "제해권은 역사를 좌우하는 요소이지만, 이 사실은 아직 체계적으로 이해되거나 설명되지 않았다."[90)]

마한의 학문적 공적은 바로 여기에 있으며, 그것은 세 가지로 평가되었다. 즉 첫째, 해양력의 철학을 발전시켰고, 둘째, 새로운 해군 전략이론을 수립했으며, 셋째, 해군전술의 비판적 연구가였다.[91)] 물론 이것은 긍정적 평가이고 한편, 그는 부정적 평가를 받기도 했다. 즉 19세기의 서구의 제국주의적 팽창정책의 이론적 옹호자라는 것이다. 그의 해양력 이론은 마치 동전의 양면의 성격을 가지고 있다고 보아야 하며, 그것은 활용자의 관점과 입장에 따라 달라지리라.

Ⅷ

문무대왕은 외교관, 수륙 야전지휘관 및 총사령관으로 신라군을 지휘하여 한반도에서 당군을 축출하고 676년에 삼국통일을 완수했다. 2년 후인 678년 정월 그는 '선부船府'를 병부(국방부)에서 독립시켜 동격同格으로 만들었는데, 이것은 당과 일본의 정부조직의 편제상에도 없는 특이

---

90) Edward M. Earle ed., 前揭書, p. 417.
91) 上揭書, p. 418.

한 것이며, 이에 대해 역사가들은 지금까지 간과해 왔다. 그러나 필자는 문무대왕의 선부의 별설別設은 통일 후의 신라의 진로가 해양정책을 택했다는 것이며, 또 국가전략의 관점에서 본다면, '육주해종陸主海從'에서 '해주육종海主陸從' 전략사상으로의 전환을 뜻하는 것으로 해석했다.

마한의 해양력 이론에 의하면 해군 우세를 통한 제해권의 획득과 해상무역, 식민지 및 시장의 확보는 국가의 안전, 부강 및 번영에 지대한 영향을 미친다고 했다. 문무대왕은 676년 기벌포 해전에서 승리함으로써 서해의 제해권을 획득했으며, 678년 선부의 별설, 죽은 후에 나라를 지키는 대룡大龍이 되겠다고 했고 또, 유언에 따라 유일한 해중 능海中陵 대왕암에 장사케 한 것은 국가의 방위와 안전, 성장과 번영은 바다 즉, 해양력의 확보에 있다는 것을 제시한 것이며, 그 후 신라의 해상무역에 의한 부강과 번영 및 신라문화의 창조는 여기서 비롯되었음을 실증한 것으로 평가한다. 그래서 필자는 문무대왕을 "해양력의 선각자"요 또한 "지략이 풍부한 대전략가"로 재조명되어야 한다고 확신한다.

역사가들 가운데는 신라가 삼국통일을 하면서 고구려의 옛 땅을 포기한 것을 가지고 불완전한 통일로 평가하는 견해도 있다. 그러나 필자는 고구려의 옛 땅 즉, 만주의 중요성도 인정하지만 더 중요한 것 즉, 바다의 활용인 해양력의 확보에 대해 무관심하고 또, 고려 · 조선왕조가 그것을 소홀히 다룬 데 대해 더욱 안타깝게 생각하는 입장임을 밝혀둔다. 감은사의 창건 유래에 대해서는 당시의 군사정세 즉, 왜의 침공 위협이 어느 정도였는가의 평가가 전제되어야 한다. 왜의 수군은 백강구 해전(663)에서 완전히 궤멸되었으며, 거기다 기벌포 해전(676)에서 당의 수군마저 신라 수군에 의해 궤멸되었기 때문에 문무대왕에 있어서 신라 주변의 제해권은 신라가 완전히 장악하고 있었다. 따라서 왜의 침공에 대해 위협을 느낄 정도는 아니었고, 만약 위협을 느꼈다면 명활산성과 감은사 뒤편의 산성을 먼저 증축했을 것으로 생각한다. 그러므로 사중기寺中記의 "문무왕이 왜병을 진압하려 하여 이 절을 짓다가…"의 내용은 후대 승려의 날조된 기록이며, 신문왕이 문무대왕을 기리기 위해 감은사를 세운 것이 옳다고 생각한다.

신라의 조선술과 항해술에 관한 기록은 우리 기록에서 찾기 어렵지만, 일본 측 기록에는 약간 있다. 즉 일본의 응신應神 천황 31년(420)에 신라는 일본에 조선술을 가르쳤으며, 무열왕 5년(658년) 일본의 사신은 신라의 배를 타고 당에 사신을 보낼 정도였다. 더욱이 840년대에 와서 일본에서 풍파를 잘 견디는 신라선을 만들게 했고, 서해를 횡단하는 일본선에는 신라인의 항해사가 동승을 했으며, 특히 일본의 고승 엔닌은 847년 귀국 때 신라선으로 귀국했고, 당에서의 신라인의 활동을 상세히 기록해 두었다. 당시 신라의 조선술과 항해술은 삼국 가운데 최고 수준임을 입증하고 있다.

필자는 마한의 해양력 이론을 간략히 소개했는데, 오늘날의 관점에서 보면 보완할 점도 있다는 것이다. 예컨대, 마한은 바다의 기능을 경제적으로는 통상通商의 공로公路, 군사적으로는 자유로운 침공로侵攻路요, 방위의 제일선으로 파악했는데, 이것은 오늘날도 마찬가지이다. 그러나 오늘날 바다는 자원의 원천으로 각광을 받고 있다. 즉, 동물성 단백질 식량의 공급원, 해저 유전海底油田, 해저 광물의 채굴장 등이다. 그리고 오늘날의 군사기술의 발달은 마한이 해양력을 구상했던 시대와는 판이하게 다르다. 이런 점에서 마한의 해양력 이론을 충실하게 답습하면서 오늘날의 관점에서 저술된 골시코프 원수의 『국가의 해양력』(*The Sea Power of the State*, 1979)은 좋은 참고가 되리라 생각한다.♣

(『해양전략』 72호, 해군대학, 1991)

14. 한반도와 해양정책의 구상

• 머 리 말

1970년대에 와서 공군대학·국방대학원에 재직하면서 필자의 주요 관심사는,

첫째 : 한반도의 전쟁 억지와 평화적 수단에 의한 남북한의 통일문제

둘째 : 통일 후의 주변 열강국 사이에서의 한민족의 생존전략生存戰略의 안출案出이었다.

이 어려운 두 가지 문제에 대해 미력함을 무릅쓰고, 필자는 군사 이론적 접근법으로 문제를 이해하고 또한 해결해 보려고 시도해 보았는데,[1] 본고本稿에서는 주로 둘째 과제에 대해 연구·발표한 것(지금에 와서는 찾아보기 어려운)과 요즘의 생각을 정리해 보고자 한다.

1975년 8월 미국 샌프란시스코에서 개최될 제14차 국제역사학회의國際歷史學會議에 참석할 의향이 있는지 미국 역사협회에서 알려달라기에 기꺼이 수락했다. 이 기회를 이용해서 도쿄東京에서 연구 자료도 찾고, 『대륙국가大陸國家와 해양국가海洋國家의 전략』(1973)을 저술한 佐藤德太郎(사토 도쿠다로)(1909~2001) 교수를 만나고 싶었는데, 그것은 1974년 1월 서울 서점에서 구입한 이 책을 감명 깊게 탐독하였고, 그 서평書評을 『국방연구』(17권 2호, 국방대학원, 1974년 12월)에 발표했기 때문이었다. 특히 그의 저서는 일제日帝의 태평양전쟁에서 패망한 원인을 전략사상적戰略思想的 견지에서 진지하게 근본적으로 파헤친 격조 높은 내용이었다.

마침내, 도쿄의 호텔에서 佐藤 교수를 만나 다음과 같은 질문을 했다.

---

1) 李鍾學, 『韓半島의 抑止戰略理論』(서울 : 형설출판사, 1979)

"선생은 메이지明治 이후의 육군은 프러시아·독일식을, 해군은 영국식에 바탕을 두고 군사전략·병제兵制 등을 채용했으나, 지정학상地政學上 섬나라인 일본의 육군은 과연 독일식을 채용해야만 했던가, 하는 기본적 문제에 대해, '외교정략外交政略을 주축으로 하고 전쟁은 날개로 생각하는 것에서 더 많은 것을 배울 수 있지 않았을까.' 하고 겸손한 표현으로 문제의 해답을 제시했습니다. 그런데 본인은 반도국半島國에 살고 있으며, 반도국의 전략이나 연구자료 등을 소개해 줄 수는 없습니까?" 하고 질문을 하니, 佐藤 교수는 약간 주저하면서도 긴장된 표정으로 입을 열었다.

"반도국의 전략이나 연구 자료는 전연 보지 못했습니다. 그러나 반도국의 전략은 이李 교수가 지금부터 연구해야 할 과제가 아닐까요?" 라는 답변만 들었다.

다음에 필자가 찾고자 했던 자료는 佐藤鐵太郎(사토 테츠다로) 저著, 『제국 국방사론帝國國防史論』(1910)이었다. 이 책은 일본의 국방에 대한 일반론을 쓴 것이 아니라, 일본 독자의 국가적 전통과 지리적 조건을 감안하여 저술된 것으로, 예로부터 일본의 「육주해종陸主海從」의 전통을 영국처럼 「해주육종海主陸從」으로 전환하자는 이론서였다. 우리나라에서는 찾지 못하여 도쿄의 세계적으로 유명한 고서점가古書店街인 神保町(진보쬬)를 3일간 뒤졌으나, 허사로 끝났고, 방위연구소 전사실戰史室에 찾아가서야 겨우 찾아 복사해 온 것은 『제국 국방사론초帝國國防史論抄』(1912)이고, 그 후 『제국 국방사론』은 1979년에 복간되었다.

필자는 첫째, 구일본舊日本 육·해군의 국방사상國防思想의 이론 논쟁理論論爭을 다루면서, 『제국 국방사론』을 소개하며, 둘째, 통일신라의 해양정책, 셋째, 「한반도의 억지전략이론抑止戰略理論」은 무엇인가, 넷째, 2000년 6월 15일 「남북 공동선언」에서 누락된 문제와 통일된 한국의 안보·대외정책對外政策을 논의해 보고자 한다.

1. 구 일본 육·해군의 국방사상 논쟁과 『제국 국방사론』(1910)

가. 육·해군의 국방사상 논쟁

1872년 2월 薩摩·長州·土佐의 三藩의 헌병 10,000명을 가지고 천황 직속의 군대, 즉 육군을 창설했다. 육군은 당초 프랑스식을 따랐으나, 그 후 보불전쟁(1870~71)에서 프랑스가 패배하자, 프러시아－독일식을 채택했다. 그리고 일본 해군은 영국식을 채택했다.

일본 육군의 전략·전술 입안부문立案部門은 참모본부이며, 그 참모본부는 프러시아－독일 참모본부를 모델로 해서 만들었다. 프러시아 시대 이래로 독일 참모본부의 이름은 독일 육군을 대표하는 존재로 알려져 왔다. 프러시아 참모본부의 아버지로 알려진 샤른호르스트 이후, 고전적인 명저, 「전쟁론」을 미완성으로 남긴 클라우제비츠, 클라우제비츠의 『전쟁론』을 실제의 전장戰場에서 체계적으로 구체화한 몰트케, 슐리펜 계획의 완성자인 슐리펜… 독일 참모본부와 그 전신前身을 대표하는 인물로서 알려져 있다. 일본의 참모본부(1878년 창설)는 몰트케 시대의 참모본부를 표본으로 하여 창설되었고, 육군의 기구·편성은 물론이고, 군사이론, 참모 장교의 양성(육대陸大 창설, 1882)에 이르기까지, 독일을 스승으로 삼았다. 실제로 지도에 임한 것은 몰트케가 인선人選하여 일본에 파견한 독일 육군의 참모장교 맥켈 참모소령(재임 기간, 1885. 3~1888. 3)이었다. 맥켈의 군사이론과 참모 양성 교육은 그 후의 일본 육군의 본연의 모습에 지대한 영향을 미쳤다.[2)]

일본 육군은 당시 세계 최강의 독일식을 모방하여 조선왕조를 침략하는 군대를 육성하는 데 여념이 없었고, 일본 정부는 1873년 8월 17일 정한론征韓論을 각의閣議에서 결정했다. 한편 조선왕조는 1871년 강화도

2) 大江志乃夫, 『日本の參謀本部』(東京 : 中央公論社, 1985), pp. 8~9. 참조.

에서 미군과 전투를 벌여(신미양요辛未洋擾) 그들을 격퇴·승리했다고 생각하고 척화비斥和碑를 세우기에 바빴다. 1875년 8월 강화도 수병守兵이 초지진草芝鎭 앞에 나타난 일본 군함 운양호雲揚號를 포격함으로써 사건이 벌어져 결국 다음 해(1876) 2월 일본과 병자조약丙子條約을 맺게 되었던 것이다.

일본 육군이 참모본부를 설치했다는 것은 정복전쟁을 주임무로 하는 성격 전환의 표현이기도 했다. 왜냐하면, 평시에도 참모본부를 상설常設하여 모든 발생 가능한 전쟁에 대한 작전계획 입안에 종사하고, 지형을 연구하기 위해 정기적으로 국내외의 실습여행을 실시하며, 파견장교로 하여금 외국군의 조사와 참모총장의 권한으로 '통수권의 독립' 등이 포함되어 있기 때문이다.

맥켈 소령을 교관·고문으로 초청하여 일본의 군제軍制를 외정군비外征軍備로 전환하는 과정에서 육군부 내를 이분二分하는 대논쟁이 벌어졌다. 외정군비의 정비 확장을 주장하는 주류파와 외정군비에의 전환을 반대하는 비주류파의 논쟁인데, 섬나라 일본의 방위를 목적으로 하는 군대가 침공작전을 목적으로 하는 유럽대륙의 육군을 모방하는 것은 어리석다는 것과, 또 방위군대와 침공군대는 병제兵制·군비軍備부터 다르며, '공격은 최선의 방어'라는 잠언箴言은 전술 차원의 문제로서는 성립되어도 일국一國의 군비에는 적용될 수 없다고 역설했으나, 비주류파는 육군에서 제거 당하고 말았다.[3)]

청일전쟁淸日戰爭에 대한 준비가 진행됨에 따라, 전시戰時의 육군과 해군의 통일적인 운용을 어떻게 할 것인가 하는 문제가 대두되었다. 원래 독일의 참모본부는 유럽대륙의 육군국陸軍國의 제도로서 성립된 것이며, 해군에 대해서는 전연 도외시되어 있었다. 그러나 섬나라 일본의 군대

---

3) 上揭書, p. 48.

가 외정전쟁外征戰爭을 수행하자면 먼저 바다를 건너야 하며, 해군을 제외하고는 작전이 성립될 수 없었다.

1883년 전시 대본영 조례戰時大本營條例가 제정되었는데, 육군과 해군 사이에 심한 대립이 발생했다. 그러나 조례에는 "대본영大本營에 있어서 본영의 기밀機密에 참여하여 제국 육해군의 대작전을 계획하는 것은 참모총장의 임무로 한다"고 했으나, 사실상 해군의 작전에 대해서는 해군 군령부장軍令部長의 전관사항專管事項으로 정하고 있었다.

청일전쟁 후, 육군과 해군 사이에는 전시대본영조례戰時大本營條例의 개정을 둘러싸고 심한 의견대립이 있었고, 쉽게 해결되지 않았다. 육군은 통수統帥의 일원화一元化를 유지한다는 입장에서 참모총장 한 사람이 천황의 참모장이어야 한다는 청일전쟁 당시의 기구를 수정하지 않을 것을 주장했다. 해군은, 해상작전海上作戰은 지상작전地上作戰과 이질異質이며, 육군 출신의 참모총장에게 작전을 맡길 수 없다 하여 육·해군의 참모장 병립竝立을 주장했다. 그 이유에 대하여 일본의 지리적 요인으로 설명했다.

> 우리의 지세地勢는 사면환해四面環海의 섬이 모여 만들어진 것으로 단지 지형상으로 보아도 국방에 해군이 가장 긴요한 점은 본래부터 자명自明한데…
>
> 적 함대가 우리 연안我沿岸에 위협하기 전에 우리 해군은 반드시 먼저 적을 먼 바다遠海에서 요격할 방책으로 우리 해운我海運의 안전을 기해야 한다.
>
> 공세를 취하여 적지에 지상군 병력을 수송할 경우에 있어서 먼저 해군으로써, 그 요로에 대한 해상 통제권을 장악하고 그것을 호송하지 않는다면 그 목적을 달성할 수 없을 것이다. 다시 말하면 우리나라에 있어서 해군은 전투의 제일선을 담당하고 있어 국방상 무엇보다 주요한 지위를 차지하고 있다. 그래서 그 해안의 작전을 계획하는 것은 처음부터 해군 장

교인 군령부장에 맡겨, 해군의 지식과 경험이 없는 참모총장이 혼자서 계획 책임을 맡는다는 것은 말할 필요 없이 해서는 안 되는 행위라고 말하지 않을 수 없다.[4]

이러한 해군 측의 주장에 대해 육군은 다음과 같이 반대의 의견을 제시하였다.

국가의 방위는 주로 육군으로써 한다.… 청컨대, 국가치병國家置兵의 본원本源을 거슬러 그것을 분명하게 하지 않고 무릇 토지가 있어야 인민이 있고, 인민이 있으면 나라 간에 싸우지 않을 수 없는 것이므로 반드시 兵을 설치하고 여기에 준비를 갖추게 한다.…

인민은 반드시 그 토지를 지켜야만 하고 전국의 장정은 반드시 호국의 무의 임무를 담당하여 장정이 있는 한 결코 국토를 잃지 않고 이와 같이 국토와 병력을 서로 이탈시키지 않도록 시종 육군 단독으로 능히 할 수 있는 것으로써 해군이 감히 넘겨다 볼 일이 아닌 것이다.

육군과 국가의 관계는 이와 같기 때문에 고금古今을 불문하고 동서를 논하지 않고도 대체로 전쟁의 종국은 반드시 육군으로 끝맺는 것이다.…

따라서 이 육군은 다만 국방에 있어서 주요한 자리를 차지할 뿐만 아니라, 피아彼我 양국 간에 있어서 운명을 결정하는 본전本戰에서도 또한 주요한 자리를 차지한다.[5]

해군은 육군의 반론에 답하여 육군은 국방의 열쇠이며, 전쟁의 결말을 육군에 의해서 결정한다는 논리는 시대에 뒤떨어진 것이며, 전쟁에 대한 이해도 깊지 못하다고 비판했다. 즉,

---

4) 石川泰志, 『日本海軍國防思想史』 金一相 譯(서울 : 韓國海洋戰略硏究所, 2000), pp. 31~32.

5) 上揭書, p. 32.

지금 개명국開明國에 있어서 사회의 조직을 해체하지 않고 장정으로 국방 병력의 유일한 요소로 하여 다른 요소他要素를 인정하지 않는 의논이며, 오늘날 발달하는 사회의 상태에 통하지 않는 것이 명백하다. 전쟁의 종국은 반드시 육군을 가지고 그것을 결말짓는다는 것은 그것이 교전 최후의 일거一擧에 육군으로써 연출해야 된다고 말하는 것에 그치고 있어 단순한 승패의 하나의 근인近因에 불과하며 전국戰局의 대세를 결정하는 다시 말하면 국가의 운명을 결정하는 본전本戰은 반드시 육전陸戰에 국한된 것이 아니고, 고금의 전사戰史에 징조를 보이는 것도 그 지세地勢 및 사회경제적 상태 등에 의해 각각 서로 달라 항상 반드시 육전陸戰에 의해서만 전국戰局의 대세를 다스렸다고 말할 수 없는 것이다.…

도대체 국방상 해·육군 중 누구를 주위主位로 할 것인가에 대한 문제는 국토의 지형과 국제관계상 지위 여하에 따라서 결정될 문제인 것이다.[6)]

일본의 육군과 해군의 논쟁의 초점은 대륙국가와 해양국가의 전쟁관의 차이점에서 비롯되었다고 볼 수 있다. 이미 육군은 전술前述한 바와 같이 청일전쟁 전에 독일의 몰트케의 참모본부와 대륙국가의 전략인 클라우제비츠의 『전쟁론』(1832)을 수용하여 이론적 무장을 하고 해군에 대치하고 있었다. 山本權兵衛(야마모토 곤베이) 해상海相은 군사 이론적 열세를 극복하기 위해 佐藤鐵太郎(사토 테츠다로) 해군 소령에게 영·미 유학을 명했으며, 유학기간은 1889년 5월부터 1901년 12월까지였다.

나. 佐藤鐵太郎의 『제국 국방사론帝國國防史論』(1910)

佐藤鐵太郎(1866~1942)는 일본 동북지방의 山形縣 鶴岡(야마가다겐 츠루오까) 출신으로 초등학교 시절부터 林 子平(하야시 시헤이)의 『해국병담海國兵談』을 탐독할 정도로 수재였다고 한다. 그는 1887년 7월 해군병학교를

6) 上揭書, pp. 33~34.

우수한 성적으로 졸업했으며, 청일전쟁(1894) 때, 황해 해전黃海海戰(1894. 9. 17)에 참전했는데, 700톤급의 포함砲艦은 많은 포탄을 맞아 함장은 전사했고, 항해장인 佐藤 대위도 부상했다.

佐藤가 국방상 해군의 중요성에 관심을 가지고 최초로 연구한 것은 豊臣秀吉(도요토미 히데요시)의 조선 출병과 이를 해상에서 격퇴한 조선의 영웅 이순신의 사적史蹟을 조사하여 이것을 바탕으로 일본 국방의 본연의 자세를 논의한 작은 저서, 『국방사설國防私說』(1892)이었는데, 이것은 그의 처녀작이기도 했지만 하급 장교에 지나지 않았고, 경력·학력의 면에서 해군 수뇌들의 관심을 끌지 못했다. 그의 이순신에 대한 논평은 내용으로 보아 탁월할 뿐만 아니라, 시기적으로 보아 놀라지 않을 수 없다.

> 고래古來의 전장戰將으로서 기정분합奇正分合(공격과 방어 및 분산과 집중의 원칙을 뜻함 : 필자 주)의 묘용妙用을 터득한 것은 반드시 한 두 사람만이 아니다. 나폴레옹이 '전력全力을 가지고 분산된 적을 치라'고 한 것은 이것에 지나지 않는다. 해군 장관將官으로서 이것을 본다면, 먼저 동양에서는 조선의 장수 이순신, 서양에서는 영장英將 넬슨을 지적할 수 있다. 이순신은 실로 위력이 세상을 뒤덮을 만한 해장海將이지만, 불행히도 생生을 조선에서 누렸기 때문에 용명勇名도 지명智名도 서양西洋에 전해지지 않았지만, 불완전하지만 정한征韓에 관한 기전紀傳을 보면 실로 훌륭한 해장海將이다. 서양에서 이에 필적한 자를 구한다면, 확실히 네덜란드의 해장 디도이델 이상이라 해야 할 것이다. 넬슨과 같은 사람은 그 인격에 있어서 겨눌 수가 없다. 이 이 장군은 실로 장갑함裝甲艦의 창조자이고, 300년 이전에 이미 훌륭한 해군 전술을 가지고 싸운 전장戰將이다.… 아무튼 위력이 세상을 뒤덮을만한 해장 이순신은 견내량見乃梁 해전에서 분명히 '집중'의 전술을 사용했을 터인데, 본인이 조사한 기전紀傳 중에는 유감스럽게도 상세한 사적事蹟을 전하고 있지 않다.[7)]

---

7) 佐藤鐵太郎, 『帝國國防史論』上(東京印刷株式會社, 1910), p. 399.

佐藤 대위는 그의 『국방사설國防私說』에서 섬나라에 있어서 육·해군의 국방상의 우열을 다방면으로 분석하여 해군이 육군보다 우월한 점을 다음과 같이 논증했다.

① 육군만으로 해양국을 방어하는 것은 전투의 승패에 관계없이 연해민산沿海民産을 약탈시키고 양민을 참해慘害하고 철도, 전신, 제조장 등을 파괴케 하여 해도海島의 점령을 면하기 어렵다.
② 육군만으로 해양국을 지킨다는 것은 선박 및 적재된 물건을 적에게 맡기는 것과 다름이 없다.
③ 해군이 없는 해양국을 공격할 때는 상륙이 용이할 뿐만 아니라, 마음대로 원병援兵과 군수軍需를 지원할 수 있다. 그러기 때문에 해군 없는 해양국은 충실한 국방이 극히 어렵다.
④ 해군이 없는 다수의 도서島嶼로 된 해양국이 외국의 공격을 받을 때는 해상 통로가 전적으로 폐쇄되어 그 성원聲援의 희망도 끊기고 각자 고립된 세력을 이루고 적으로 하여금 마음대로 전력全力으로 우리의 분산된 세력에 대항케 하는 불리한 점이 있다.
⑤ 해군으로써 해양국가를 지킬 때는 병원兵員이 육군보다 많을 필요는 없으며 따라서 생산사업을 방해하지 않는다.
⑥ 해군이 강력한 해양국은 적을 한 발자국도 침입하지 못하게 한다. 따라서 교전이 있을 때에도 전국의 인민이 장벽에 의해 안심하고 국산 번식에 종사하게 된다.
⑦ 해군이 강성할 때는 가령 적이 상륙해도 그 후원과 군수의 공급을 단절시키기 위해 그 호송함대 및 군송선軍送船을 나포하고 또한 전리품戰利品으로 그 물건을 빼앗는 것이다.
⑧ 육군은 평시에는 적절히 쓰이지 않는다.
⑨ 해군은 평시 사방으로 항해하여 국위를 과시하고 신용을 높이고 상업발달을 촉진하여 어업을 보호하고, 상선, 재외상민在外商民을 보호하는 임무를 맡는 것이다.

⑩ 해군을 확장하거나 또는 완성하기 위해서는 반드시 조선 및 기계의 업業을 장려해야 되는 것이다. 그리하여 그 장려는 크게 전국 공업을 진작振作시키게 한다.

⑪ 육군으로서 해양국을 지킨다는 것은 방어시 많은 병사의 투입이 요구되며, 그러기 때문에 가령 적의 침략을 받았을 때 민력民力 및 국부國富의 손상이 많다. 그와 동시에 해군은 그런 손상이 없다.

⑫ 해군의 전투는 치열하다고 하지만 국내에서 싸우는 일이 없어 민산民産을 손상시키는 일이 적다. 따라서 국난에 있어서 해군으로써 싸우는 것은 민력民力의 피폐를 전후戰後에 주는 일은 적다.[8)]

상술한 내용은 일본의 국방에 있어서 지리적 요인과 경제적 요인을 고려할 필요가 있다는 것을 지적했지만, 이것은 육·해군 전략사상의 근본적인 차이점이며, 또한 해군전략사상의 원점을 제시한 것이라 하겠다. 그가 일본의 해군전략이론을 구축하기 위해 영·미국의 유학을 명령 받은 것은 그가 저술한 『국방사설國防私說』때문이었으리라.

그는 3년 가까이 주로 영국에 체재했고, 미국도 방문했지만, 누구에게 사사師事를·했거나 학교에 입교해서 연구한 것이 아니고, 자료를 수집해서 독학으로 연구한 듯하며(유학생활에 대한 기록은 아직 보지 못했다), 그는 영국 해군사를 연구하면서 전사戰史의 연구는 국방문제의 결정상 대단히 중요하다는 것을 깨닫고 있었기 때문에 많은 자료를 수집하여 1901년 말에 귀국했다.

그는 해군대학에 보직을 받았으나, 곧 山本 해상海相의 부름을 받고, 정부요인 및 국회의원들에게 국방상 해군의 중요성을 호소·설득하는 책을 집필토록 명령을 받았다. 山本 해상海相은 그 후 때때로 집필 중의 佐藤의 방에 와서 “국회의원 가운데는 신문도 제대로 읽지 못하는 자들

---

8) 石川泰志, 前揭書, pp. 27~28.

도 있으니, 너무 명문名文으로 쓰지 말고, 쉽게 풀어 써서 머리에 잘 들어가도록 해주게." 하면서 주문했다.

1902년 『제국 국방론』은 탈고 · 인쇄되어 明治(메이지) 천황天皇에게 증정된 후, 원로 · 의원 · 추밀원 고문관들에게 배포되었고 커다란 물의를 자아냈는데, 즉 "제국의 국방은 해군을 주主로 해야 한다"는 해주육종海主陸從의 주장을 최초로 표명했기 때문이었다. 이 책을 읽은 육군 관계자들은 크게 화를 내기도 했다. 山本 해상海相의 깊은 뜻은 이 책을 통해 정부 및 의회의 고위층을 설득하여 해군 확장의 재원財源을 마련코자 했으나 바라는 성과를 얻지 못했다.

佐藤 소령은 노일전쟁 때, 제2 함대의 선임참모先任參謀로 출전하여 활약했으며, 전쟁 후, 해군대학의 교관으로 임명되어 학생들에게 「해방사론海防史論」을 강의했으며, 이것을 기초로 하여 명저 『제국 국방사론』(1910)을 발간했는데, 이것은 2권 8편 30장 800쪽의 대저大著이나 비매품이며, 가령 발간했어도 일반 독자에게는 이해하기 어려운 내용이었다. 그 후 이것을 약간 요약해서(563쪽으로) 『제국 국방사론초帝國國防史論抄』(1912)를 발간했다.[9)]

이제부터 『제국 국방사론』의 내용을 살펴보기로 하겠는데, 내용이 방대하여 다만 일본의 국가 · 국방정책의 이론적 근거와 기본적 고려요소 등에 초점을 두고자 한다.

> ⑬ 무릇 타국을 침략하여 자국의 강성함을 과시하는 것은 군비軍備의 목적이 아니며, 전쟁에 호소하여 국리國利의 증진을 도모하는 것도 또한 군비의 목적이 아니다. 오랫동안 변하지 않는 국체國體를 옹호하고, 상대편으로 하여금 우리를 넘겨다보지 못하게 하고, 평화를 유지하고, 국가의

---

9) 田中宏巳, 「佐藤鐵太郎－海主陸從の理論的旗手－」『歷史讀本』 37号 (新人物往來社, 1985), pp. 146~153 참조.

> 이원利源을 옹호하며, 그 성대함을 촉진하여 위업偉業을 오랫동안 간직하는 데 참다운 우리나라 군비의 목적이 있다.… 군비의 참다운 목적은 싸우지 않고 흉포를 위압하여 평화를 유지하고 전쟁을 미연에 방지케 하는 데 참다운 목적이 있다.[10]

상술한 내용은 佐藤의 전쟁철학의 기본이라 말할 수 있으며, 군비의 참다운 목적은 국체를 옹호하며 평화를 유지하고, 전쟁을 미연에 방지한다는 것은 현대의 군사용어로 표현한다면 억제전략抑制戰略을 뜻한다. 그리하여 국가의 안녕·행복의 유지와 증진, 통상무역의 보호와 확장 그리고 타국의 간섭을 허용하지 않는 것이 군비의 목적이라는 견해인데, 동서고금의 병법에 정통한 그는 『손자병법』의 "싸우지 않고 적을 굴복시킨다"는 이상理想을 풍기고 있는 듯하며, 결코 타국의 침략이 군비의 목적이 아님을 주장했는데, 이것은 일제의 한반도 침략이 명백한 시기에 주장했다는 데 유의할 필요가 있다.

> ⑭ 사면이 바다인 나라에서 첫째로 내침來侵하는 것은 반드시 적의 해군이며, 나아가 격멸하는 것도 우리의 해군이다. 따라서 해도국海島國으로서 해상의 세력이 강성하면, 적군은 한 발자국도 우리 영토를 밟지 못한다. 가령 우리 영토에 상륙했어도 방어 해군이 우세하면, 신속히 적군의 후원을 차단하고, 아무 일도 할 수 없게 만든다는 것은 역사상으로도 시인되고 있다. 따라서 해도국海島國은 주로 그 힘을 해군에 쓰며, 먼저 스스로의 안전을 도모하고, 그런 후에 다음 문제로 넘어가는 것이 이치에 합당하다.
>
> 보건대, 해도국의 군비軍備는 그 방침을 정하는 것이 퍽 쉽다. '해군을 주主로 하고, 육군을 종으로 하며, 서로 협력하여 국방의 완정을 기하는 것을 제일의 방침으로 해야 한다'는 것은 의심할 수 없는

---

10) 『帝國國防史論』 上, p. 29. p. 32.

정론定論이다.[11)]

⑮ 옛날부터 아무리 웅장한 국가라 할지라도 해·육 양군을 함께 제일류第一流의 지위에 올리려 하고, 동시에 이것을 확장하려는 국가는 없었고, 반드시 그 순서를 정하여 이를 확장 또는 긴축을 했다. 이것은 반드시 그 하나를 가볍게 여기기 때문이 아니다. 국력을 탕진하지 않기 위해서 그 완급緩急을 정할 필요에 의한 것이다.…

대륙에 발전을 도모하는 동시에 해상에도 그 세력을 확장하려는 것은, 옛날 웅장한 나라도 여러 번 시도했으나 실패했다.…

우리나라처럼 세계적 대국이 되는 자격을 얻고자 할 때, 필요한 것은 해적海的 방면의 발전이지, 육적陸的 방면의 발전이 아님은 극히 명료하다.[12)]

⑯ 육군도 확장하고 또 해군도 확장해도 실제로는 조금도 염려할 것이 없다는 얘기도 있으나, 이것은 커다란 잘못된 견해이다. 국가의 생존상 필요치 않는 군비에 대해 무제한으로 국력을 경주한다는 것은 잘못이며, 자위自衛에 멀고 침략에 가까운 것은 반드시 망국의 기본이다.[13)]

일제는 노일전쟁을 미국의 중재로 겨우 승리로 마무리 지었다. 그런데 1907년 책정된 「제국 국방방침帝國國防方針」[14)]의 요지는, 첫째, 제국의 국방은 공세를 본령本領으로 하고, 둘째, 장래의 적으로 상정하는 것은 러시아를 제일로 하고, 미국, 독일, 프랑스의 순으로 한다. 셋째, 국방의 필요한 군비의 표준은, 용병상 가장 중요시해야 하는 러시아·미국의 병력에 대해 동아東亞에서 공세를 취하는 것으로 한다고 되어 있었다. 여기서 주목해야 할 점은 가상 적국이 육군은 러시아이고, 해군은 미국

11) 『帝國國防史論』下, pp. 173~174.
12) 上揭書, pp. 322~323.
13) 上揭書, p. 144.
14) 近代戦史研究会 編, 『国家戦略の分裂と錯誤』(PHP研究所, 1985), p. 30.

으로 각기 분화되었다는 점이다.

佐藤 대령은 「제국 국방방침」이 극비에 속하고 있었기 때문에 알지 못했겠지만, 육·해군의 예산배정을 봤을 때, 그는 정부의 방침을 짐작했으리라. 그의 군사이론에 의하면, 군비의 목적은 자국의 방위를 온전히 하는데 있으며, 섬나라인 일본은 첫째로, 해군력을 충실히 하여 적이 바다를 건너오지 못하게 하면 완수된다. 그런데 국가의 생존상 필요치도 않는 육군에 지나치게 국력을 경주한다는 것은 잘못이며, '자위自衛에 멀고 침략에 가까운 것은 반드시 망국의 기본이다'고 주장했다.

아무리 강대국이라 할지라도 최강의 육군과 해군을 겸비할 수 없으며, 그것을 꿈꾼다는 것은 마치, '오른 손으로 원을 그리고, 왼 손으로 그림을 그리는 것처럼 영원히 세계적 대국이 될 수 없다'고 주장하기도 했다. 그의 한반도 및 중국에 대한 견해는 다음과 같다.

> ⑰ 만한지역滿韓地域에 대해, 청인淸人으로 하여금 북문을 굳게 지키도록 그 방도를 강구케 하고, 한국이 국력을 양성하고, 국정을 개선하여, 이 방면에 대한 일본제국의 완충기緩衝期로 만들어야 한다.[15]

일제는 1907년에 대륙국인 러시아와 해양국인 미국을 가상 적국으로 정하여 국력을 초월하는 군비 증강에 열을 올려 국민생활을 도탄에 빠지게 하면서 일본민족의 사활은 대륙에 있다고 국민들을 선동했다. 그리하여 한반도를 침략·합병하고, 더 나아가 만주를 침략하여 만주국이라는 괴뢰국을 수립하자, 해양국인 미국·영국도 등을 돌리게 되어 외교적 고립화를 자초했다. 그리고 중국대륙을 침략하면서 장기전에 빠져버린 데다가, 태평양전쟁을 일으켜 결국 1945년 8월 패망하고 말았다.

일제의 국가정책의 방향은 佐藤 대령의 견해와는 정반대였고, 그의

---

15) 『帝國國防史論』 下, p. 362.

예언을 적중케 했다. 그러나 일본은 패망 후, 6·25전쟁과 미국의 점령정책, 군국주의의 몰락 그리고 佐藤의 견해처럼 대륙정책을 버리고 해양정책, 즉 무역입국貿易立國에 전념하자 반세기만에 평화 속에 세계 제2위의 풍요로운 경제대국으로 발전했는데, 과거 침략정책에 대한 진정한 반성이 없어 요즘 지난날의 대륙정책을 다시 꿈꾸고 있는 듯한 발언을 하는 정치가가 나타나게 되었다.

필자는 2000년 1월 25일 일본 방위청 방위연구소에서 「일본의 서양군사이론 수용에 관한 연구－제국육군 참모본부를 중심으로－」와 佐藤鐵太郎의 『제국 국방사론』에 대해 세미나 발표의 기회가 있었다. 전자前者에 대해서는, 구 일본 육군은 독일 육군과 몰트케 참모총장의 참모본부를 모델로 하여 수용했으나, 몰트케와 그의 수뇌들은 클라우제비츠의 『전쟁론』(1832)을 곡해하여, 통수권의 독립과 절대전쟁관의 신봉으로 군국주의로 흘러가게 되어 세계 제1·2차 대전에서 패망한 것처럼, 일본도 뒤를 따랐다고 설명했다.[16)]

후자에 대해, 각 국의 군비軍備는 각 국의 지정학적 위치에 따라 다르며, 佐藤 대령의 『제국 국방사론』은 영국을 모델로 하여 해주육종海主陸從의 군사이론을 전개했다. 특히 영국이 해양국으로 강성한 대국으로 발전한 원인은 복잡하지만, 특히 유의할 점은 그들이 유럽대륙에 영토적 야심이 없었고, 대륙에서의 분쟁에 가능한 피하고, 그 와중에 들어가지 않도록 노력하고, 자신은 대륙의 분쟁을 기회로 하여 대륙국가가 손을 뻗지 못한 틈을 타서 서서히 해양적 발전을 도모한 데 있었다.

일제 때, '만몽滿蒙은 일본의 생명선이다'고 육군 수뇌들은 외치고 대륙정책을 추구했는데, 만약 그것이 진실이라고 한다면, 일본은 생명선이 없어진지 반세기가 지났으니 지금은 아사자餓死者들로 인해 인구도 줄고

16) 이 문제에 대해서는, 拙稿, 「日本軍國主義 形成過程에 대한 硏究」『軍史』 제37호 (國防軍史硏究所, 1998), pp. 189~217 참조바람.

국가는 쇠약해져 있어야 하는 데, 그 결과는 오히려 반대로 평화와 번영을 누리고 있으니 대륙정책이 얼마나 허황된 주장인가를 알 수 있다.

그런데 佐藤德太郎 교수에게 『제국 국방사론』을 읽어보았는가, 하고 문의했더니, "보지 못했다"고 하였고, 또 국방대학원에 재직시, 대학원을 방문한 해상 자위대의 중·대령에게 문의했던 바, 같은 대답이었다. 시대와 무기의 변천으로 상황이 달라졌지만, 한 국가에 있어서 국방정책과 군비軍備의 우선순위를 정하는 이론으로서의 佐藤 대령의 소론所論은 타당하고 또 설득력이 있는 것으로 생각한다고 발표했다.

2. 통일신라統一新羅와 해양정책海洋政策

가. 해양력이란 무엇인가

미국의 마한(1840~1914) 대령은 1886년부터 해군대학에서 해양사海洋史에 대한 강의를 시작했는데, 학생들의 열광적인 호평을 받게 되자, 그것을 정리하여 저서를 출판한 것이 그를 세계적인 유명인사로 만든 『해양력 사론海洋力史論』(1890)[17]이었다. 해양력(sea power)[18]은 국가의 성장과 번영을 지배하는 참다운 원칙이 발견되기 훨씬 이전부터 알려져 있었다. 예컨대 희랍의 역사가 투키디데스는 아테네의 정치가·군인인 데미스토클레스가 "파도를 제압하는 자는 세계를 제압한다"고 갈파한 내용을 기록했고, 엘리자베스 여왕의 총아 월터 콜리 경卿이나 철학자 프란시

17) Alfred T. Mahan, *The Influence of Sea Power upon History 1660~1783* (Boston : Little, Brown and Company, 1890)

18) 마한이 최초로 새로운 용어를 사용했는데, 그 이유는 세상 사람들의 注目을 환기시키기 위해서이고, 다음은 海軍力(Naval Power) 보다 廣義로 사용하기 때문이었다. (Peter Parat, ed., *Makers of Modern Strategy*, Princeton University Press, 1986, pp. 450~451.)

스 베이컨이 "바다의 지배자는 통상通商의 지배자를 통하여 세계를 제패한다"고 말했다. 그러나 이들 영국의 위대한 선인들도 해양력에 대해 이론적으로 사적史的 분석과 실증實證을 시도하지 않았는데, 마한은 이 점을 착안하였다. 즉, "이 책이 구하고 있는 특별한 목적, 즉 해양력이 역사 속에서 국가의 번영에 미친 영향에 관한 평가에 대해 논의한 저술은 아직 없다"[19]고 했다.

바꾸어 말한다면, 그는 제해권制海權은 역사를 좌우하는 요소이지만, 이 사실은 아직 체계적으로 이해되거나 설명되지 않았다는 견지[20]에서 저술하였다. 그의 저서는 영국, 독일, 프랑스, 일본 등에서 열광적인 호평과 질시를 받기도 했다. 즉 "우리는 최초로 역사에 바탕을 둔 해양력의 철학을 갖게 되었다. 이 세대의 영국인에게 해양력의 의의와 중요성을 각성시켜 준 사람이 양키(Yankee)라니",[21] 하고 아쉬워했다. 마한의 주요한 해양력 이론은 다음과 같다.

① 정치적 및 사회적 관점에서 볼 때, 가장 중요하고 명백한 점은 바다란 하나의 거대한 교통로라는 사실이다. 좀더 보편적으로 말하자면, 바다는 인간이 사방으로 통과하기에 보다 유리한 교통로가 될 수 있다.

② 바다가 갖는 여러 가지 알려진 그리고 알려지지 않은 위험에도 불구하고 해로海路에 의한 여행과 수송은 모두 언제나 육로보다 용이하고 값 싼 것이다.

③ 전시에 있어서 선박의 보호는 무장선武裝船에 의해 실시되어야 한다. 따라서 협의狹義에 의한 해군의 필요성은 상선의 존재에서 비롯되

---

19) Alfred T. Mahan, 前揭書, preface, p. v.

20) Edward M. Earle ed., *Makers of Modern Strategy* (Princeton University of Press, 1943), p. 417.

21) 上揭書, p. 441.

며, 상선의 소멸과 더불어 해군도 소멸된다.

④ 상선이나 군함이 자기 나라의 해안을 떠나면 곧 평화로운 통상이나 피난 그리고 보급을 위해 선박이 의지할 수 있는 지점의 필요성을 느끼게 된다.… 식민지가 발전하여 성공하는 여부는 그 나라의 능력과 정책에 의존하지만, 그 발전과 성공이 세계의 역사, 특히 해양사海洋史의 태반을 이루고 있다.

⑤ 생산, 해운海運 그리고 식민지의 세 가지는 바다에 연하고 있는 국가의 정책뿐만 아니라 역사의 열쇠를 찾으리라. 생산에 의해 생산물의 교역이 필요하고, 해운에 교역품이 운반된다. 식민지는 해운의 활동을 확대하고 또 안전한 거점을 늘림으로써 해운의 보호를 돌본다.

⑥ 정책은 시대의 정신 및 지도자의 성격과 선견지명先見之明에 의해 변화되어 왔다. 그러나 바다에 연한 나라의 역사는 정부의 기민성과 선견성先見性에 의하기보다 오히려 위치, 영토의 넓이, 지형, 국가의 인구와 국민성, 요컨대, 자연적 조건에 의해 결정되어 왔다. 그러나 개인의 현명한 혹은 현명하지 않은 행동이 어느 시대에 광의廣義의 해양력의 발전에 변화적인 영향을 미쳤다는 것을 시인해야 한다.

⑦ 광의廣義의 해양력이란 군사력에 의한 해양 내지 그 일부분을 지배하는 해상의 군대뿐만 아니라, 평화적인 통상과 해운을 포함하고 있다.[22]

상술한 내용은 마한의 해양력 이론의 골격을 소개한 것이다. 마한에 의하면, 바다란 세계 어느 곳으로 갈 수 있는 거대하고 편리한 교통로일 뿐만 아니라, 해상 수송은 가장 값싸고 용이하다고 했는데(①,②), 거기에다 부피가 크고 또 무게가 무거운 화물도 손쉽게 운반할 수 있다는 것을 첨가해도 좋을 것이다. 그래서 오늘날에도 국가 간의 주요 화물수송은 대부분 해상 수송에 의존하고 있는 실정이다.

---

22) Alfred T. Mahan, 前揭書, pp. 23~28.

전시에 있어서 병원兵員과 군수물자를 수송하는 선박을 보호하는 임무는 무장선武裝船, 즉 해군이 필요하고 그것은 해군의 기본 목표에 속한다③. 우리의 병원兵員과 군수물자를 수송하기 위한 일반적 권리를 획득하는 한편, 상대편에 대해서는 이러한 권리를 거부하는 것이다. 마한은 이런 해상 수송에 대한 통제권을 제해권(command of the sea)이라 했다. 즉, 제해권이란 적의 단독 행동의 함선이나 작은 전대戰隊도 몰래 항구에서 탈출할 수 없다든가, 사용되는 빈도의 대소大小에도 불구하고 대양상大洋上의 항로를 횡단할 수 없다든가, 긴 해안선의 무방비한 지점에 대해 적을 괴롭히는 습격을 가할 수 없다든가, 봉쇄된 항만을 출입할 수 없다는 것을 의미하지 않는다. 그와 반대로 그러한 회피행동은 약자 측이나 해군력이 열세해도 어느 정도 가능하다는 것을 역사는 제시해 주고 있다.[23] 이것은 대단히 융통성이 있는 정의定義이며 오늘날에도 통용되고 있다.

해군의 첫째 기능은 적 전투력을 격멸함으로써 제해권을 장악하는데 있다. 둘째 기능은 제해권을 이용하여 적의 군사력, 영토 및 의지意志 등에 압박을 가하기 위하여 해상수송을 통제한다. 여기에는 상륙작전과 지상 병력의 수송, 적의 상륙에 대한 방어, 상선 보호 및 적 항구의 봉쇄 등이 포함된다. 첫째 기능을 수행하기 위해서는 해전海戰에서 적 주력함대의 격멸에 의한 승리가 요청되며, 이를 다루는 것이 해군전략·전술이다.

한 국가의 해양력이 미치는 일반 조건은 지리적 위치, 지형적 형태, 영토의 넓이, 인구의 다과多寡, 국민성, 정부의 성격이며, 또 그 나라의 정책은 정치지도자의 성격과 선견지명에 의해 변화되어 왔다는 것을 마한은 강조했다.

---

23) 上揭書, p. 14.

나. 신라 해양력의 형성과 발전

신라의 지리적 조건은 고구려·백제에 비하여 불리한 입장에 놓여 있었다. 즉 한반도의 동쪽에 편재偏在하고, 해안선이 짧고, 산악이 많고, 넓은 평야가 없었다. 거기다가 직접 중국 대륙과의 교통 편의도 없어 문화의 수준이 낮았으며 또 국력도 열세했다. 그래서 381년 고구려의 사절을 따라 전진前秦에 사신을 보냈고,[24] 또 고구려가 강성하기 때문에 실성實聖을 인질로 보냈다.[25] 당시 신라는 백제와 대결 중이라 고구려와의 유대와 협력으로 존립을 유지했고, 광개토왕 비문에 의하면, 400년에 임나가라任那加羅가 신라에 침공하고 광개토왕은 보·기步騎 5만(실제로는 1~1.5만)의 구원군으로 물리치기도 했다.

그 후 신라는 법흥왕 8년(521), 백제 사신을 따라 사신을 양梁에 보냈다.[26] 신라는 140여년간 고구려·백제·왜 등의 압력에 시달려 왔기 때문에 중국과의 교류는 엄두도 내지 못했다. 그러나 지증왕 6년(505) 선박의 이利를 권했다고 한 것으로 보아 배와 바다의 활용에 착안함을 보여 주지만, 그 후 이와 관련된 사료는 별로 보이지 않고, 『일본서기日本書紀』에 의하면, 신라에서 왜에 선장船匠을 보냈고, 그가 猪名部(이나베)의 시조라 했다.[27] 이 사실史實에 대해 "이것은 아마도 한반도의 조선술이 일본에 들어온 최초로 생각되며, 이 猪名部氏는 대대로 조선업에 종사한 것으로 생각된다."[28] "그들(이나베 씨)의 거주지가 攝津의 猪名郡였기 때문에 이나베猪名部라는 말이 생겨났으며, 당시 猪名船이란 신라 식의 배였다는 것은 물론이요, 이것이 일본의 조선에 커다란 영향을 미친 것으로

24) 『三國史記』 3, 奈勿尼師今 26年條.
25) 上揭書, 37年條.
26) 『三國史記』 4, 法興王 8年條.
27) 『日本書紀』 10, 応神天皇 31年 秋 8月條.
28) 內藤雋輔, 『朝鮮史研究』(京都 : 東洋史研究會, 1961), p. 344.

생각된다"[29]고 했다. 신라는 왜에게 조선술을 가르쳐 주었고, 왜에 구조선이 출현한 것은 신라 조선기술의 도입이 계기가 되었던 것이다.[30]

신라 법흥왕 4년(517)에 병부兵部(국방부)가 창설되었으나, 그 속에 선부서船府署를 두고 선박을 관장하는 대감大監과 제감弟監 각 1명을 둔 것은 진평왕 5년(583)이었다. 특히 선부서의 설치는 신라의 조선술과 항해술 그리고 수군과 어선 등의 선박 수도 상당한 수준에 도달했다는 것을 뜻하지만, 우리의 기록에 그 구체적 내용이 없는 실정이다.

사료 ① (639) 9월 大唐의 학문승 惠隱·惠雲이 신라의 送使를 따라 입경했다.[31]

② (649) 2월 智聰은 바다에서 죽었다. 智國도 바다에서 죽었다. 智宗은 경인년에 신라의 배편으로 돌아왔다. 義通은 바다에서 죽었다. 定惠는 을축년에 劉德高의 배편으로 돌아왔다.[32]

③ (657) 신라에 사신을 보내, "沙門智達… 등을 그대 나라의 사신에 딸려서, 大唐에 보내려고 한다"고 알렸다. 신라는 듣지 않았다. 그래서 沙門智達들은 돌아왔다.[33]

④ (658) 7월, 이 달에 沙門 智通, 智達이 칙을 받들고 신라 배를 타고 大唐國에 가서 무성중생의無性衆生義 현장법사玄奘法師가 있는 곳에서 배웠다.[34]

왜인들이 왜선을 타고 서해를 건너 당나라로 왕래한다는 것은 죽음을 뜻하는 것이었기에②, 그들은 신라선에 의존하지 않을 수 없는 실정

---

29) 茂在寅男, 『古代日本の航海術』(東京 : 小學館, 1979), p. 46.
30) 上揭書, p. 48.
31) 『日本書紀』 23, 舒明天皇 11年條.
32) 上揭書 25. 孝德天皇 5年條.
33) 上揭書 26, 齊明天皇 3年條.
34) 上揭書, 4年條.

이었다(①③④). 당시의 왜(야마도 왜大和倭)는 백제와 더 친밀했음에도 불구하고 신라선에 의존했다는 것은 이미 신라의 조선술·항해술이 백제를 훨씬 능가하고 있음을 말하는 것이리라.

663년 8월, 당과 왜의 수군이 백강白江(동진강으로 추정)에서 해전을 벌였는데, 신라 수군도 이때 참전했을 법도 한데, 문헌상으로 밝혀내지 못했다.

사료 ⑤ (663) 劉仁軌… 수군과 糧船을 이끌고 雄津江에서 백강으로 가서 육군과 만나 함께 주류성周留城으로 가다가 백강 어귀에서 왜인을 만나 네 번 싸워 모두 이기고 배 400척을 불태우고 연기와 불꽃이 하늘을 찌르고 바닷물이 붉어졌다.[35)]

⑥ (663) 3월 장군 上毛野君稚子… 27,000명을 거느리고 신라를 치게 하였다. 8월 대당의 장군이 전선 170척을 이끌고 백촌강에 진 쳤다. 27일 왜의 수군 중 처음에 온 자와 대당의 수군과 대전하였다. 왜군이 져서 물러났다. 대당은 진을 굳게 하여 지켰다. 28일 왜의 제장諸將과 백제의 왕이 기상氣象을 보지 않고, "우리가 선수를 쳐서 싸우면 저쪽은 스스로 물러갈 것이다." 하고 말하였다. 다시 왜군이 대오가 난잡한 중군中軍의 병졸을 이끌고 진을 굳건히 한 대당의 군사를 나가 쳤다. 대당은 좌우에서 수군을 내어 협격하였다. 눈 깜짝할 사이에 관군이 패적하였다. 수중에 떨어져 익사한 자가 많았다. 뱃머리와 고물을 돌릴 수가 없었다.[36)]

당의 수군 170척이⑥, 왜의 수군 400척을⑤ 격멸하였다는 것은 먼저 전술적 요인을 제쳐두고, 양군의 배의 구조와 크기가 현저하게 다르다는 점에 유의할 필요가 있다. 왜가 27,000명의 병원兵員을 파견했는데,

---

35) 『三國史記』 28, 의자왕 담룡상 2년조.
36) 『日本書紀』 27, 天智天皇 2年條.

과연 몇 척의 병선을 파견했는지 왜의 기록에는 전연 없으나, 신라의 기록에는 1,000척으로 나와 있다.[37] 한편 554년 백제가 왜에 원병을 청하자 왜는 병원 1,000명, 말 100필, 배 40척을 보냈다.[38] 그러니 한 배에 25명과 말 2~3필의 수송능력을 가졌으니, 27,000명의 병원을 수송하는 데 배 1,000척을 동원한 것으로 계산되니, 『삼국사기』의 기록은 신빙성이 있는 것으로 생각한다.

한편 중국의 남북조 시대南北朝時代(5~6세기)에 이르러 오아함五牙艦은 대형루선隊形樓船의 일종으로서 갑판 위에 5층 누가 솟아 있어 높이가 100여 척에 이르고, 전후좌우에 수전水戰의 무기인 박간拍竿을 6개씩이나 두고 전사戰士 800명을 수용하는 대함大艦이었다.[39] 아무튼 왜 수군은 백강해전에서 참패를 당하고 격멸되었다.

이제는 신라와 당나라의 수군이 서해에서 격돌하며 제해권을 획득하기 위해 자웅을 다투게 되었다.

사료 ⑦ (671) 겨울 10월 6일에 당나라의 수송선 70여 척을 격파하여 郎將 鉗耳·大侯와 사졸 100여 명을 사로잡았는데, 물에 빠져 죽은 자는 그 수효를 헤일 수도 없었다. 이 전투에서 級湌 當千의 공로가 첫째였으므로 沙湌의 지위를 주었다.[40]

⑧ (673) 왕은 大阿湌 徹川 등을 보내어 병선 100척을 거느리고 서해를 지키게 했다.[41]

⑨ (675) 가을 9월에 薛仁貴는… 風訓을 이끌어 길잡이로 삼아 와서 泉城을 쳤다. 우리나라의 將軍 文訓 등은 맞아 싸워서 이겨 머리 1,400을 베고 병선 40척을 빼앗았으며, 仁貴가 포위를 풀

37) 『三國史記』 7, 文武王 11年條.
38) 『日本書紀』 19, 欽明天皇 15年條.
39) 『隋書』 48, 楊素傳.
40) 『三國史記』 7, 文武王 11年條.
41) 上揭書, 文武王 13年條.

고 물러나 달아나자 戰馬 1,000필을 얻었다.[42)]

⑩ (676) 겨울 11월에 沙湌 施得은 수군을 거느리고 薛仁貴와 所夫里州의 기벌포에서 싸워 패배했으나, 또 나아가 크고 작은 22회의 싸움에서 이겨 머리 4,000여 급을 베었다.[43)]

사료⑦은 신라 수군이 비록 당의 수송선 70척을 격파했지만, 당의 낭장 등을 사로잡았으니 당 수군에 관한 많은 정보를 획득했으리라. 즉 당 수군의 지휘체제, 적의 전력戰力(병원 수, 전함의 성능과 척 수 등), 그리고 해전 방식 등에 관한 것이다. 이러한 결과가 675년의 해전⑨에서 잘 명시되고 있다. 당시 서해의 신라 병선은 100척이었는데⑧, 그 해전에서 승리했을 뿐만 아니라, 당의 병선 40척을 노획했다는 것은 신라 수군의 전력 증강에 대단한 보탬이 되었을 뿐만 아니라, 서해의 제해권 획득에 필수적·결정적 정보를 제공했다고 평가한다.

당의 수군은 663년 백강 해전⑥에서 왜의 수군을 궤멸시킨 전적戰績을 가지고 있기 때문에 가볍게 볼 수 없는 적수였다. 그리고 薛仁貴는 지난 해(675)의 패배⑨를 설욕하기 위해 단단한 결의와 모든 전력戰力을 가지고 676년 11월 시득이 지휘하는 신라 수군과 격돌하여 초전初戰에 승리했다. 그러나 시득도 신라 수군의 명예와 나라 흥망의 갈림길에서 선전善戰하여 크고 작은 22회의 해전에서 결국 승리하여⑩, 동·서해뿐만 아니라, 왜의 주변 해역까지의 제해권을 획득했다.

신라의 삼국통일전쟁의 과정에서 특기할 두 가지 전투는 매소성 전투買肖城戰鬪(675)와 기벌포 해전(676)일 것이다. 매소성 전투는 675년 9월 27일 당장唐將 이근행李謹行이 20만의 대병大兵을 거느리고 매소성에 둔쳤으므로 신라 군사가 이를 쳐서 쫓고 전마戰馬 30,380필을 얻었으며, 기

42) 上揭書, 文武王 15年條.
43) 上揭書, 文武王 16年條.

타 노획한 무기도 이에 상등했다,[44]고 기록하고 있다. 이 전투는 당군과의 가장 대규모의 지상전투를 신라가 대승함으로써 당군과 그들의 통치기관을 한반도에서 축출했다는 데 큰 의의가 있는 전투였다.

한편 기벌포 해전의 승리로 인해 한반도 주변의 제해권을 획득했는데, 그것의 전략적 의의를 살펴보고자 한다. 전쟁에 있어서 군수란 불가결한 요소이다. 그것은 전투원에게 무기와 장비를 제공하는 일과 또 전투원에게 식량과 기타 필수품을 보급하는 업무이다.[45] 당군으로서 제해권의 상실은 신라에 대한 침공 능력을 상실했다는 뜻이기도 하며, 문헌에는 다음과 같이 기록하고 있다. 즉 "648년 당 태종은 우리가 곤궁하고 피폐하다 하여 명년에 30만 명의 군사를 동원하여 단번에 고구려를 멸망시킬 것을 의논하자, 어떤 이가 말했다. '많은 군사가 동방을 정벌하자면 모름지기 한 해를 지낼 양식을 준비해야 할 것인데, 짐승과 수레로써는 능히 운반 할 수가 없으니 마땅히 선박을 갖추어 수로水路로 운반해야 될 것입니다.… 그 백성이 많고 부유하므로 마땅히 그들에게 배를 만들게 해야 될 것입니다.'"[46]

다. 문무왕과 「선부船府」의 별설別設

문무왕은 676년 당군을 한반도에서 축출하여 삼국통일을 완수했고, 2년 후인 678년 정월에 선부령船府令을 한 사람 두어 선박의 사무를 관장케 했는데, 구체적인 내용은 다음과 같다.

> 사료 ⑪ 선부－옛날에는 병부兵部의 대감大監·제감弟監에게 선박의 사무를 맡게 했으나, 문무왕 18년(678)에 별도로 설치했다. 경덕

44) 上揭書, 文武王 15年條.
45) 拙著, 『現代戰略論』(서울 : 박영사, 1972), p. 184.
46) 『三國史記』 22, 보장왕 7년조.

왕이 고쳐서 이제부利濟府라 했으나, 혜공왕이 옛날대로 회복했다. 영슈은 1인이며, 관등은 대아찬大阿飡으로부터 각간角干까지로 하였다.[47]

원래 진평왕 5년(583) 병부(국방부)에 선부서船府署를 두고 선박 사무를 관장해 왔는데, 이제 병부와 동격인 '선부'를 별도로 설치하고 영(장관)을 두었다는 것은 무슨 뜻일까? 이에 관해 지금까지 고대 사학계는 적절한 해석을 시도해 보지도 안 했을 뿐만 아니라, 간과해 왔다. 먼저 통일을 완성하여 한반도에 국가·한민족을 형성한 문무왕은 과연 어떤 자질과 능력의 소유자였을까? 한 나라의 국가정책은 시대정신, 지도자의 성격 및 선견지명에 의해 변화·발전되어 왔다는 점에서 더욱 관심의 초점이 아닐 수 없다.

사료 ⑫ 문무왕이 왕위에 오르니 그의 이름은 법민法敏이요, 태종왕의 맏아들이다. 어머니는 김씨 문명왕후文明王后이니 소판 서현의 막내딸이며, 김유신의 누이였다.… 법민은 외모가 영특하게 생기고 총명하고도 지략이 많았다. 영휘 초년(650)에 당나라에 가니 당 고종이 대부경이란 벼슬을 주었다. 태종 원년에 파진찬으로 병부령이 되었다가 곧 태자가 되었다. 현경 5년에 태종이 당나라 장수 소정방과 함께 백제를 평정할 때 법민이 여기에 종군하여 큰 공을 세웠고, 이 때에 이르러 왕위에 올랐다.[48]

이것은 문무왕에 대한 출신과 경력 및 자질에 대해 간략하면서도 요령 있게 기록한 내용이다. 문무왕의 아버지 춘추(무열왕)는 외모가 영특했을 뿐만 아니라 외교술에도 능통했다. 한편 어머니 문명왕후의 아버

47) 『三國史記』 38, 雜志 7, 職官 上.
48) 『三國史記』 6, 文武王 卽位年條.

지 김서현은 가락국왕 김수로의 11대 손이요, 명장 무력武力의 아들이며, 또한 김유신의 아버지이고 보면, 그가 문무를 겸비한 문무왕이요, 또 외모가 영특하게 생기고 총명하고도 지략이 많았다는 것은 혈통으로 보아 결코 우연은 아니었다.

650년 진덕왕은 태평송太平頌을 지어 법민을 보내어 당나라 황제에게 바쳤으며, 당 고종은 그를 대부경을 삼아서 돌려보냈다. 법민은 외교 수완도 능했지만, 국제정세를 보는 안목도 넓혔고 또한 당나라 장안長安으로 왕래하면서 육로·해로의 교통수단에 관한 장단점도 체험·평가했으리라.

600년 법민은 병부령으로 병선 100척을 지휘하여 덕물도로 나가 소정방을 맞이했고, 또 백제 정복을 위한 구체적인 전략계획을 수립했으며, 야전지휘관으로 이례성과 사비성, 남령의 전투에서 공을 세우기도 했다. 661년 법민은 왕으로 즉위한 다음 신라군의 총사령관으로 직접 백제고토百濟故土의 평정에 나섰고, 나·당 연합군의 고구려 침공에도 능동적으로 참가했다. 그러나 당나라는 신라와의 약속을 지키지 않았다. 즉 648년 김춘추가 당 태종을 만나 원병을 청했을 때, 당 태종은 그에게 후한 대접을 했을 뿐만 아니라, "내가 두 나라(백제와 고구려)를 평정하게 되면 평양이남과 백제의 토지는 모두 그대들 신라에게 주어서 길이 편안하게 하겠소."[49] 하였다.

당나라는 660년 백제 고지故地에 도독부, 668년 고구려를 멸망시키고는 거기에 도호부를 설치했다. 그래서 문무왕은 당군을 몰아내기 위하여 고구려·백제의 유민을 규합하여 대당전쟁對唐戰爭을 계속하게 되었다. 그러나 당나라 총관 설인귀는 신라 왕에게 항의·위협적 문서를 보내왔다. 문무왕은 「답설인귀서答薛仁貴書」[50]를 보냈는데, 이것은 신라의

---

49) 上揭書 7, 文武王 11年條.
50) 위와 같음.

대당전쟁을 이해하는 데 없어서는 안 될 귀중한 문서일 뿐만 아니라, 신라가 결코 당의 힘을 빌려서 삼국통일을 하지 않았다는 사실史實을 말해 주고 있다.

신라가 무력으로 당군을 한반도에서 축출하고 삼국통일과 독립을 쟁취했다는 사실은 한국사에 있어서 커다란 의의를 지니고 있다. 그 이유는 통일신라의 영토와 주민 그리고 그들이 이루어 놓은 사회와 문화가 한국사의 주류를 형성하였고 또 한민족韓民族의 원형原形도 여기서 비롯되었기 때문이다. 문무왕은 신라군의 수륙 야전사령관 그리고 총사령관으로 활약하여 삼국통일을 완수했고 또한 통일 후의 치적으로 보아 한국사의 역대 왕 가운데 이만한 경력·자질·업적을 쌓은 왕은 찾기 어려우리라.

이제 우리들은 다시 '선부'로 돌아가 보자. 선부가 병부와 동격이요 또 선부령을 두어 선부의 사무를 관장케 한 것으로 보아, 병선뿐만 아니라, 무역선·어선까지도 관장했고, 수병水兵과 일반 선원의 양성, 그리고 조선술·항해술 등의 직무도 관장했던 것으로 추정된다. 이런 제도가 당이나 왜에도 있었는가를 조사해 보았다. 지상군에 의해 국가의 운명이 결정되는 대륙국가인 당에서는 기대할 수 없겠지만 실제로도 없었다. 그러나 해양국가인 왜에는 존재할 것으로 예상했으나, 721년경에 제정된 양로율령養老律令에 의하면, 병부성의 관할하에 '주선사主船司'가 설치되어 있었다.[51] 따라서 신라의 '선부'는 당시 동아시아에서는 유일하고 독창적인 독특한 제도였음을 알 수 있다. 그리고 이것은 문무왕이 국가통치에 대한 선견지명과 지혜 및 삼국통일 후의 신라의 국가정책과 국가전략의 관점에서 조명되어야 할 과제라 생각한다.

문무왕은 동아시아의 제해권制海權도 장악했고 또 통일전쟁을 성공리에

51) 佐藤和夫, 『日本水軍史』(東京 : 原書房, 1985), p. 54.

완수하여 삼국을 통일했다. 그러나 지난 17년간의 전쟁으로 인해 헐벗고 굶주리고 피로에 지친 백성, 나라를 잃고 실망과 비통에 사로잡힌 백제·고구려의 유민들, 이제 이들도 신라의 백성이 되었으니 어떻게 하면 편안하게 잘 살 수 있게 해 줄 수 있는가 등 여러 가지 난제難題를 안고 있었다. 이런 문제를 해결하기 위한 국가정책과 국가전략을 무엇으로 정할 것인가를 문무왕은 곰곰이 밤잠을 설쳐가며 생각했으리라. 통일신라는 반도국의 특성인 수륙 양서국水陸兩棲國의 이점과 또 중앙적 위치를 점하고 있다는 지리적 요인도 감안했으리라. 문무왕이 선택할 수 있는 주요 국가정책을 열거하면 다음과 같다.

첫째 : 해양정책

둘째 : 대륙정책

셋째 : 쇄국정책鎖國政策

문무왕은 만약 신라가 대륙정책을 택한다면, 말갈·여진족과 전쟁을 계속해야 하고 또 승리하면 당과 국경을 접하게 되면 적대관계가 계속될 것이 아닌가. 또 해양정책을 취한다면, 이미 제해권을 장악하고 있음으로 당·왜와의 국제무역을 통한 부의 축적, 문화의 수용과 교류 및 해외진출 등을 저울질했으리라. 그런데 ;

㉮ 678년 정월 선부를 창설하고 선부령을 임명했다는 것.

㉯ 유조遺詔에, "무기를 녹여 농구農具를 만들어 백성들을 인수仁壽의 경지로 이끌게 하였다.… 임종 후 10일에는 곧 고문외정庫門外庭에서 서국식西國式으로 불로 화장할 것이며…[52]

㉰ (681) 7월 1일에 돌아가니 유언에 의하여 동해구東海口 대석산(동해 대왕암)에 장사하였다. 속전俗傳에는 왕이 용으로 화하였다 하여 그

52) 『三國史記』 7, 文武王 21年條.

돌을 대왕석이라 한다.[53)]

상술한 내용으로 보아, 문무왕은 해양정책을 택했으며, 그 후 신라인들은 서해의 해상 교통로를 통하여 국제무역을 했을 뿐만 아니라, 구도승求道僧·유학생·숙위宿衛·상인 등 넓은 분야에 걸쳐 중국대륙에서 활동하기도 했다. 그 후 이들은 신라가 당의 문물제도를 수용·발전시켜 찬란한 신라문화를 꽃피게 하는 주역자들이기도 했다.

9세기 초엽 장보고張保皐가 당대만으로 해상왕국을 수립할 수 있었던 것이 아니며, 또 동아시아 삼국의 삼각 무역권三角貿易權을 장악할 수 있었던 원천은 바로 문무왕의 해양정책에서 비롯된 것이며, 신라인들이 어느 때부터 어떠한 경로로 당에 건너가 곳곳에 정주定住하며 독자적인 거류지居留地와 자치단체를 구성하여 교역에 종사했는지는 확실치 않다. 그러나 재당 신라인在唐新羅人들의 활동을 생생하게 기록하여 남겨 준 유일한 문헌은 일본인 승 엔닌(圓仁)의 『입당구법순례행기入唐求法巡禮行記』(838~847)인데, 이 문헌을 20여년간 연구한 미국의 라이샤워 교수는 당의 신라인 거주지(신라방新羅坊)를 '신라 식민지'(korean colony)라 했고, 행정 책임자를 '총독'(General Manager)이라 호칭했다.[54)]

마한 제독에 의하면, 해양력(sea power)이란 강력한 해군력에 의한 제해권의 획득을 바탕으로 하여 생산과 통상, 해운 그리고 식민지의 획득을 총칭하는 것이라 했다. 문무왕은 기벌포 해전(676)에서 당 수군을 격파하여 동아시아 해역의 제해권을 획득했으며, 선부(678)의 창설로 해양정책을 선택했다. 그리하여 국제무역·통상·해운을 통하여 통일신라의 찬란한 문화의 꽃을 피게 했고, 또 당에 소재했던 신라방新羅坊은 신

---

53) 위와 같음.

54) Edwin O. Reischauer, *Ennin's Travels in T'ang China* (New York : The Ronald Press, 1955), p. 281.

라의 해외기지(식민지)에 해당한다. 따라서 문무왕은 신라 해양력을 형성·발전시킨 해상 세력이론의 선각자라 해도 지나친 말은 아니라 생각한다.[55)]

문무왕을 화장하여 장사를 지낸 대왕암(경주시 양북면 봉길리),[56)] 신문왕神文王이 성고聖考(父) 문무왕을 기리기 위해 동해가에 감은사感恩寺(경주시 양북면 용당리)를 건립했고, 대왕암이 빤히 내려다보이는 언덕 위에 있는 누樓가 이현대利見臺(경주시 감포읍 대본리)인데, 신문왕이 만파식적萬波息笛을 얻었다는 유서 깊은 곳이다. 이 세 곳은 문무왕과 관련된 유서가 깊은 곳이요, 또 오늘날 한국은 세계 정상의 조선국으로 발전되었으니 한국 해양력의 발상지로써 성역화聖域化하는 것이 마땅할 것이다.

이제 우리나라는 해양력을 갖춘 해양 강국을 지향하고 있다. 해양력의 구성요소는 무역 규모, 해운세력, 조선 능력, 바다 영토와 해양 개발 능력, 해양 치안능력(해군력 및 해양경찰) 그리고 해양문화 등으로 이루어지는 데, 우리나라는 무역규모 세계 10위권 이내, 해운세력 세계 5위, 조선능력 세계 1위를 자랑하고 있으나, 나머지 세 가지 구성요소를 아직 제대로 갖추고 있지 못하기 때문에, 이들의 보강이 시급하다.

특히, 최근 조선업만큼 한국이 세계 1위 자리를 확고히 다진 분야도 없다. 세계 조선시장 점유율 37%로서, 일본(32.5%), 유럽(15.5%), 중국(12.29%)을 멀찌감치 따돌리고 있고, 일본과의 격차는 갈수록 더 벌어지고 있다 (『日本書紀』의 420년조에 의하면 신라인이 구조선 기술을 왜인들에게 가르쳐 주었다).

---

55) 拙著, 『新羅花郎·軍事史硏究』(경주 : 서라벌군사연구소, 1995), pp. 133~146. 참조하기 바람.

56) 藏骨處, 散骨處 어느 것인가 지금까지 論爭이 분분했으나, KBS 역사 스페셜 팀(2001. 5. 5. 방영)에 의해 散骨處임이 확인되었다.

3. 한반도와 해양정책

가. 한반도의 억지전략이론抑止戰略理論[57]

한 국가의 지리적 위치와 역사적 발전은 외교정책의 요소를 결정하는데 크게 영향을 미치기 때문에 정부 형태의 변화에도 불구하고 그 나라의 대외정책은 일반적이고 기본적 노선으로 돌아가려는 자연적 경향이 있다는 사실을 알아야 한다. 예컨대 혁명전의 짜르·러시아 제국의 남하 및 팽창정책은 성격이 전연 상이相異한 공산주의 체제의 구소련 정부에서도 마찬가지로 추구되고 있었다. 더욱이 한 국가의 지리적 위치는 전적으로 그 국가가 지향할 대외정책 및 군사전략을 좌우하는 주요 요인이 되어왔다.

이러한 문제를 연구하는 분야가 지정학(Geopolitics)이며, 아직 학문적인 체계는 이루지 못하고 있지만, 정치의 지리학에 대한 관계의 학문 등으로 그 범위를 뜻하기도 한다. 이 학문은 한 국가의 사회적·정치적·경제적·전략적·지리적인 여러 요소를 연구하여 그 나라의 국가 목표를 수립하고 그것을 달성하기 위한 대외정책의 책정에 사용하려는 학문으로 해석되고 있다.

구체적으로 국가의 지정학적 위치를 살피면, 대륙국가, 해양국가 그리고 반도국가로 구분할 수 있다.

가. 대륙국가 : 한 국가의 영토가 대부분 바다와 직접 접하고 있지 않거나 혹은 적게 접하고 있는 국가이며, 대륙국가의 방위문제는 주로 육군에 의해 좌우되며, 러시아·중국·독일 등은 여기에 속한다.

---

57) 拙著, 『韓半島의 抑止戰略理論』(pp. 291~335)을 요약·보안했다.

나. 해양국가 : 한 국가가 바다와 접하고 있는 경우를 말하며, 여기서는 주로 도서국島嶼國을 뜻한다. 이런 국가를 해양국가라 하며, 이들의 방위문제는 주로 해군에 의해 좌우되며, 영국·미국·일본 등이 여기에 속한다.

다. 반도국가 : 대륙과 연결되어 있으면서 대개 2~3면의 바다를 접하는 경우를 말하며, 이런 국가를 반도국이라 칭한다. 반도국의 방위문제는 육군과 해군을 겸비해야 한다는 어려운 문제점을 안고 있는 반면, 이 점을 극복하기만 한다면 강대국으로 대륙과 해양으로 발전할 수 있는 이점을 가지고 있다. 예컨대, 발칸반도의 아테네 제국(B. C. 4세기), 이태리반도의 로마 제국(B. C. 1세기) 등이다.

아테네와 로마 제국은 강력한 육군과 해군을 건설·유지·운용함으로써 제국을 건설했고 또한 국력을 신장시켰다. 이것으로 보아 반도국가는 수륙 양서국이며, 방위문제는 육군과 해군 그리고 새로운 군사과학기술의 발달로 인한 공군·미사일 등이 첨가된다는 것이 오늘날의 실정이다.

한반도는 지리적으로 아시아 대륙으로부터 돌출된 반도와 섬으로 구성되어 있고, 압록강·두만강에 의하여 만주와 분리된다. 두만강 하구에서 한반도는 러시아의 연해주와 경계를 이루고 있다. 반도의 동쪽에는 동해가, 서쪽에는 황해가 그 기슭을 씻는다. 대한해협은 한반도를 일본과 분리시키고 있다. 한반도의 총면적은 220,800여 평방킬로미터이며, 남북의 최장거리는 740킬로미터이고, 동서의 최장거리는 272킬로미터이며, 반도의 해안선은 8,700여 킬로미터이다. 이렇게 영토가 확정된 것은 세종 16년(1434) 김종서가 6진을 개척하여 두만강으로 국경을 삼았음으로 이루어졌다. 통일신라로부터 역대 왕조의 대외정책을 개관하면 다음과 같다.

통일신라(668~935) : 전술한 바와 같이 해양정책을 택했다.

고려왕조(918~1392) : 고려의 태조가 개성에다 수도를 정했는데, 이 지방은 반도의 중앙부에 위치하여 옛날 삼국의 땅을 다스리기에 편리한 지점이라는 것이었다. 그는 삼국의 땅을 통일하려는 큰 포부를 품고 개성에 수도를 정하고 다시 평양에 서경을 베풀어 고구려의 옛 땅을 회복하는 데 힘을 기울여 마침내 함북 일대를 제외한 한반도를 수복하는 데 성공했다. 그러나 고려왕조의 북방정책(대륙정책)으로 거란契丹 여진족의 침입을 당했고, 1231년(고종 8년) 몽고군의 침입으로 전 국토가 유린당하기도 했다. 더욱이 고려 말년에는 왜구의 화마저 입게 되었다. 고려왕조가 고구려의 옛 땅을 찾고자 하다가 넓은 바다를 상실했다는 것은 애석하지 않을 수 없으나, 그렇다고 나무랄 수는 없는 것 같다. 왜냐하면, 당시의 고려왕조의 수뇌들은 해양력이 역사에 미치는 영향을 알지 못하고 있었고, 마한 제독도 근세에 와서도 간과해 왔다,[58]고 지적하기 때문이다.

조선왕조(1392~1910) : 태조 이성계가 정치의 지도권을 장악하여 1392년 왕위에 올랐으며, 대륙국인 명나라에 대해서는 사대정책事大政策, 즉 다른 말로 한다면, 화해·복속정책을 추구하면서, 세종 원년(1419)에는 대마도 정벌까지 수행했다. 그러나 내부의 갈등과 모순에 곁들여, 철저한 해양정책을 추구하지 못하여 7년에 걸친 임진·정유왜란(1592~1598)으로 막대한 피해와 국토의 황폐 그리고 국가 재정의 고갈을 가져왔고, 만주에서 일어난 신흥세력인 청 태종에 대한 오판으로 병자호란(1636~1637)의 수모를 겪었다. 그 후 여러 곳에서 민란이 자주 일어났으나, 정

58) Alfred T. Mahan, 前揭書, Preface, p.iii.

권을 잡은 대원군은 내정개혁에는 어느 정도 성공했지만, 쇄국정책을 추구함으로써 병인·신미양요를 일으켰고, 그 후 민씨 일족이 정권을 장악하고 있을 때, 운양호 사건을 계기로 부득이 일본과 강화도 조약을 체결하고 문호를 개방했으나, 시기가 늦어 일제에 의해 1910년 합병 당하고 말았다.

1945년 8월 제2차 세계대전이 끝나자 한반도는 남북으로 분단되었고, 그 후 6·25전쟁(1950~1953)이라는 민족 최대의 수난을 치르고 분단선은 38선에서 휴전선으로 변했을 뿐이었다. 필자는 70년대 후반, 국방대학원에 재직시 남·북한이 통일된 연후, 그 때 우리가 추진해야 하는 한반도의 대외·안보정책의 기본방향은 다음과 같은 내용이 되어야 한다고 생각했다.

첫째 : 강력한 억지적抑止的 군사력을 구비함으로써 주권과 영토를 수호하고 강대국의 간섭을 배제하여 평화와 안전을 유지한다.

둘째 : 주변 강대국과는 우호 증진을 도모하며, 결코 적대관계로 만들지 않는다.

셋째 : 정치체제의 여하를 막론하고 세계 각국과의 외교·경제·문화·과학기술 등의 교류를 통하여 공존공영共存共榮을 누리며, 나아가서 국위를 선양한다.

본고本稿에서는 첫째 과제만 논의하며, 강력한 억지적 군사력이란 다음 두 가지 기능을 가지고 있어야 한다. 즉, 억지(Deterrence)와 방위(Defense)의 기능이다.

억지란 한반도를 공격(침략)했을 때 획득되는 이득(인력, 영토, 천연자원 등)보다는 그 반격에 의해 입는 손실이 더 크다는 것을 적에게 사전에 계산시킴으로써 침략을 위한 전쟁도발을 단념케 하는 기능이다. 방위란 만약 억지가 실패하여 적의 공격을 받는 경우, 우리의 피해를 극소화하기 위해서 보복적인 반격으로 침략을 저지하는 기능이다.

한반도는 오늘날 전 세계적인 세력균형과 특별한 관계를 맺고 있으며, 특히 세계열강의 4대 주축국인 미국·러시아·중공 및 일본과 직접 이해관계가 교차하는 유일한 지역이다. 주변 강대국의 국력, 즉 인구·국토 면적·국민 총생산량·국방비를 통일된 한국과 비교해 보면, 상대적으로 너무나 우세하다. 거기에 화력(fire power)이 미약한 재래식 전쟁에 있어서는 병원兵員과 전투용 운반수단(전차·항공기·군함 등)과 그것을 지원하는 거대한 중공업 시설에 의해 전쟁(전투가 아님)의 승패가 거의 결정되었다. 우리의 국력으로 미루어 보아 대륙국가의 육군 하나만을 대적하여도 방위하기가 대단히 어려운데, 거기에다 해양국가의 해군마저 대적하기 위한 2중의 군비軍備를 갖추어야 했으니, 한반도 방위의 어려움은 바로 여기에서 비롯되었다. 유사 이래 한반도에 대한 침략 통계에 의하면, 대륙국가의 침략이 165회, 해양국가의 침략이 112회나 된다고 한다.

주변 강대국에 의해 둘러싸인 한민족은 강대국의 침략을 저지하고 또한 국가의 주권과 독립을 수호하고 또 발전할 수 있는 생존전략과 정책은 무엇인가? 여기서 필자는 프랑스의 저명한 핵전략 이론가, 갈로아(Pierre Gallois) 장군의 이론을 원용했다.[59] 그 결론을 수식으로 표시하면 다음과 같다.

$$fu \times Nv \longrightarrow Pfu \times nV$$

fu : TNT의 파괴력

Nv : 많은 수의 전투용 운반수단

Pfu : 핵의 파괴력

nV : 소수의 전투용 운반수단

59) 헤드 및 로크 共編, 『美國의 戰略과 軍事力』(서울 : 國防大學院, 1976) 및 ガロア, 「核武器と安全保障」『新防衛論集』 1巻 1·2号, 1973.

재래식 무기에만 의존하는 한반도의 방위문제는 군사 이론상 거의 불가능하다. 그러나 원자력의 도입으로 인하여, 정수定數로 생각되었던 미약한 TNT의 화력에서 원자력의 거대한 천문학적 화력의 증가로 이제 전투용 운반 수단의 수가 많이 소요하지 않게 되었다. 따라서 많은 인구와 거대한 자원과 중공업 시설의 중요성이 이전보다 현저하게 저하됨으로써 군사 이론상 가능성을 보여주었다. 그리하여 다음과 같은 결론에 도달했다.

첫째 : 전쟁의 억지기능을 위해 우리들은 전술핵무기체계戰術核武器體系를 보유해야 한다.

둘째 : 방위기능을 위해 우리들은 기동성이 높은 소규모의 재래식 상비군(육 · 해 · 공군)을 구비해야 한다.

셋째 : 범국민적 민병대의 조직을 갖춘다.

그리하여 국토는 좁고 자원이 풍부하지는 못 하지만, 우수한 두뇌를 가진 한민족은 삼면의 해양을 충분히 활용하고, 고도의 과학기술을 개발하여, 공업국가로써 세계무대를 상대로 한 무역(해양정책)을 통해 복지국가를 이룩하며 나아가 국위를 선양할 수 있으며, 그렇게 되면 세계가 우러러 보는 동방의 밝은 등불이 될 것이다.

나. 한반도의 평화적 통일과 해양정책

필자는 20여년 전에 통일된 한국에 대해 강대국이 함부로 침공할 의도를 가지지 못하게 하고, 만약 억제가 실패하는 경우에 대비한 방위력을 조성하며, 특히 대륙국가와 화해 · 친선을 도모하면서 해양정책을 추구하여 번영과 발전을 누려야 한다고 주장했다.

이제 세계정세와 한반도의 상황도 많이 변했다. 특히 2000년 6월 15일 「남북 공동선언」이 발표되었다. 즉,

남북 정상들은 분단 역사상 처음으로 열린 이번 상봉과 회담이 서로 이해를 증진시키고 남북관계를 발전시키며 평화통일을 실현하는 데, 중대한 의의를 가진다고 평가하고 다음과 같이 선언한다.(차후 내용은 요약임)

① 남북 화해 및 통일

② 긴장완화 · 평화 정착

③ 이산가족 상봉

④ 경제 등 교류 · 협력

상술한 「남북 공동선언」에서 '서로 이해를 증진시키고 남북관계를 발전시켜 평화통일을 실현하는 데 중대한 의의가 있다'고 했는데, 지난 6·25전쟁처럼 군사력에 의한 남북통일은 하지 않는다고 해석할 수 있으리라. 만약 그렇다면, 중대한 내용이 두 가지 누락되어 있다. 그것은 6·25전쟁에 대한 진지한 반성 · 사과와 남북한이 군사력을 2~3년 내로 20만 병력 수준[60] 및 기타 무기 · 장비의 수량을 감축한다는 합의사항에 대해 전연 언급되어 있지 않다는 사실이다.

북한은 6·25전쟁에 대해 다음과 같이 주장하고 있다. 즉 남한의 "불의의 침공"에 대한 반격을 명분으로 하여 북한은 전쟁을 개시했고, "조국통일을 급속히 달성하는 민족적 과업"의 성취를 전쟁의 목표로 하고, "조국의 자유와 독립을 위한 정의의 전쟁"이라고 정당화하였다. 북한은 "조선인민이 수행하는 조국해방전쟁은 민족해방전쟁임과 동시에 국내 반동세력을 소탕하고 조선민주주의 인민공화국의 기치 하에 조국을 통일시키고 전 조선적으로 민주혁명의 과업을 완수하기 위한 전 인민의 투쟁"으로 보고 있다.[61] 북한은 이런 입장을 오늘날까지 고수하고 있는데, 「7 · 4 남북 공동선언」, 「남북 기본 합의서」의 합의내용이 휴지로 변

60) 통일된 한국의 병력은 40만 수준이면 적절하다고 생각하기 때문이다.
61) 김동춘, 『전쟁과 사회』(서울 : 돌베개, 2000), pp. 137~138.

하는 이유는 바로 여기서 비롯되는 것으로 분석한다.

일본의 방위백서防衛白書인 『일본의 방위日本の防衛』(2000)에 의하면, 남·북한의 총인구는 남한이 약 4,700만 명이고, 북한이 약 2,150만 명인데, 총병력은 남한이 약 67만 명이고, 북한이 약 110만 명이나 된다(거기에다 북한은 경제난·식량난으로 외국에서 구걸해서 주민을 먹여 살리고 있는 형편이다). 이렇게 과다한 병력과 장비의 유지·관리는 남북한의 경제적 발전에 걸림돌이 되고 있다는 것은 누구나 알고 있는 사실이다. 이 문제에 대한 남·북한 간의 원만한 해결 없이 한반도의 평화와 안전 그리고 평화통일은 공염불에 지나지 않는다는 것을 지적해 두고자 한다.

〈한반도의 군사력 대치〉

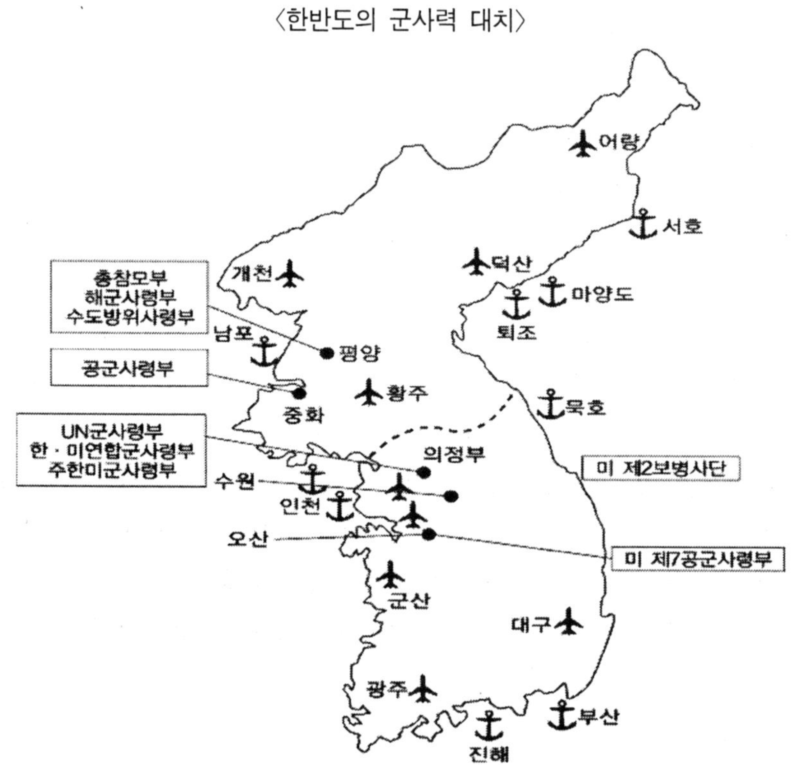

		북 한	한 국	주한미군
총 병 력		약 110만명	약 67만명	약 3만 6천명
육군	육상병력	27개 사단 약 100만명	22개 사단 약 56만명	1개 사단 약 2.7만명
	전차	T-62, T-54/55 등 약 3,500대	88형, M-47/48등 약 2,130대	M-1(수량 불명)
해군	함정	720척 10.6만톤	210척 14.7만톤	지원부대만
	구축함		8척	
	프리게이트	3척	9척	
	잠수함	22척	8척	
	해병대		2개 사단 등 2.5만명	
공군	작전기	약590대	약 520대	약 90대
	제3/4세대 전투기	미그-23×46대 미그-29×16대 Su-25×35대	F-4×130대 F-16×88대	F-16×72대
참고	인구	약 2,150만명	약 4,700만명	
	병력	육군 5~8년 해군 5~10년 공군 3~4년	육군 26개월 해군 및 공군 30개월	

(자료 : 『日本の防衛』(2000), p. 35)

6·25전쟁 발발 51주년을 맞이하면서 한민족이 배워야 할 교훈은 군사력에 의한 남북한의 통일은 지정학적 관점으로 보아 해양국가와 대륙국가의 개입을 자초한다는 것을 신라의 삼국통일과 6·25전쟁에서 뼈저리게 체험했다는 사실이다. 그리고 북한은 6·25전쟁의 남침 사실에 대한 진지한 사과와 반성이 있어야 한다. 이미 구소련의 비밀문서의 공개로 밝혀졌듯이, 김일성이 스탈린의 승인과 모택동의 동의를 얻어 6·25전쟁을 일으켰으며, 또한 해방전쟁도 아니었다.[62]

남북한 간의 신뢰의 회복을 위해 북한은 남침에 대한 사과와 반성, 다음으로 양편의 군비 축소의 실현은 한반도의 평화통일의 실현을 위

62) 이종학, 『6·25전쟁사－그 진실과 교훈을 찾아서－』(경주 : 서라벌군사연구소, 2001), pp. 48~63.

한 전제조건임을 필자는 주장하며, 그 후 어떤 방법과 절차로 평화통일을 달성하는가, 하는 문제는 그 분야의 전문가의 과제로 남긴다.

만약 한반도에 통일이 달성되어, 한국의 경제력과 북한의 핵·미사일 체제가 결합한다면, 「한반도의 억지전략이론」의 결론이 실현된다고 생각하며, 한민족은 북방의 대륙국가와 우호관계를 유지하면서 해양정책을 추구한다면, 세계의 화약고로 알려진 한반도는 번영할 것으로 확신하는 바이다.

• 맺음말

대륙국가와 해양국가의 안보정책·전략에 관한 문헌은 보았으나, 반도국의 안보정책·전략에 관한 문헌은 전연 보지 못했다. 이를 찾는 과정에서 구일본군의 육·해군의 '국방사상논쟁國防思想論爭'을 알게 되었다. 육군은 대륙국가인 독일식의 전략이론을 바탕으로 하여 대륙정책을 추구했고, 해군은 해양국가인 영국식의 전략이론을 바탕으로 하여 육군의 대륙정책에 반대했다. 전형적인 사례로 佐藤鐵太郎 해군 대령의 저서, 『제국 국방사론帝國國防史論』(1910)의 내용을 검토해 보았다. 그는 해양국가인 일본이 대륙정책을 추구하면 나라가 멸망한다는 것을 예언했는데, 태평양전쟁의 패배로 입증되었다.

한반도는 삼면이 바다로 둘러 싸여 있으면서 대륙과 연결되어 있어서, 수륙 양서국이다. 즉 나라가 강하면 대륙이나 해양으로 세력을 신장할 수 있지만, 약하면 반대로 대륙국가와 해양국가의 세력 다툼의 각축장이 되어 왔다. 역사적 관점으로 보면, 신라는 전자에 속하고, 고려·조선은 후자에 속하며, 양 세력이 균형을 이루었을 때, 분단을 가져온 것이 오늘의 현실이다.

통일신라는 한반도에서 당 세력을 축출하고 또 서해의 제해권을 장악했다. 그러나 문무왕의 「선부」의 별설別設에 대해 고대 사학계에서는 간과해 왔는데, 당시로서는 가장 독창적인 제도인 동시에 신라의 해양정책의 추구로 해석했다.

필자는 70년대 후반에 「한반도의 억지전략이론」, 즉 ① 전쟁 억지를 위한 전술 핵무기의 보유, ② 방위를 위한 소규모의 재래식 상비군, ③ 범국민적 민병대를 갖춘 연후에 세계를 상대로 한 무역, 즉 해양정책을 추구해야 한다는 것을 주장했다.

2000년 6월 15일 「남북 공동선언」이 발표되어 평화통일을 실현하는데 중대한 의의를 가지기는 하지만, 중요한 두 가지 사항이 누락되어 있다. 즉 상호의 신뢰 회복을 위해 북한은 6·25전쟁의 남침 사실을 시인하고 진지한 사과와 반성을 해야 하며, 다음으로 남북한의 군비 축소가 실현된 연후에 상호교류와 경제협력이 이루어져야 한다는 것을 주장한다.

한반도에 통일이 달성되어, 한국의 경제력과 북한의 핵 · 미사일 체제가 결합한다면, 필자가 주장한 「한반도의 억지전략이론」이 실현단계에 접어든다는 것을 확신하는 바이다. 그리고 통일 이후의 주한 미군의 문제는 차후 다루어 보고자 한다.♣

(『해양전략』 112호, 해군대학, 2001년)

15. 6·25전쟁 재해석을 통한 국가전략 모색

• 머 리 말

6·25전쟁(1950. 6. 25~1953. 7. 27)은 3년 1개월에 걸쳐 확실한 통계는 나올 수가 없겠지만, 인적 피해(전사·부상, 민간인 피살, 행방불명 등)만도 남북한의 2,256,000여명, 유엔군의 545,908명, 중공군의 972,600여명, 미지수의 소련군 참전 조종사가 있으며, 아직도 휴전상태에 놓여 있다. 한반도는 전쟁으로 인하여 전국이 철저히 황폐해졌고, 온 민족이 헐벗고 굶주리게 된 분단의 고정화, 상호간의 불신과 증오, 그리고 민족사상 최대의 비극을 초래한 데 대한 책임은 대단히 중대하다. 그래서 개전에 대한 책임의 소재를 밝히는 문제가 6·25전쟁사 연구에 있어서 최대의 논쟁점이 되었던 이유도 여기서 비롯되었던 것이다.

최근의 신문보도에 의하면, 군의 한 지휘관이 이등병에게, "6·25전쟁은 누가 일으킨 전쟁이냐"고 묻자, 그 병사는 "6·25전쟁은 연합군이 일으킨 전쟁 아닙니까"라는 대답을 하기에, "왜 그렇게 알고 있느냐"고 재차 묻자, "학교에서 그렇게 배웠습니다"고 대답해 다시 한번 놀랬다는 내용이다. 구소련의 6·25전쟁에 관한 비밀문서가 공개된 오늘에 와서도 어처구니가 없는 역사 왜곡을 어린 학생들에게 가르치고 있는 그 교사란 도대체 어떤 사람일까?

미국 시카고대학교에서 역사학을 가르쳤던 브루스 커밍스 교수는 제1·2권의 저서 『한국전쟁의 기원』(1981, 1990)을 발표했는데, 제2권 18장은 「누가 한국전쟁을 시작했나」라는 제목이며, 그 속에서 북한 침략설,

남한 침략설, 그리고 한국이 함정을 만들었다는 세 가지 설을 검토하고 결론은 "누가 한국전쟁을 시작했나? 이 의문에는 답할 수가 없다"[1]고, 또 "누가 한국전쟁을 시작했나? 이 의문을 물어서는 안 된다"[2]고 주장했다. 이들의 견해에 의하면, 6·25전쟁의 본질은 "누가 이 전쟁을 시작했는가" 하는 문제가 아니라, 국내의 두 세력 간의 내전이며, 강력한 반식민지 투쟁에 뿌리를 가지는 혁명적인 민족주의 운동과, 불평등한 토지제도와 결부된 보수파와의 싸움이며, 따라서 '민족해방전쟁'이기 때문에, 어느 쪽이 먼저 공격을 시작했는가를 따진다는 것은 의미가 별로 없다는 주장이다. 그래서 필자는 ;

1) 6·25전쟁은 누가 일으켰나, 이 문제의 규명을 위한 방법론은?
2) 초기 6·25전쟁에서 한국군의 패인은 무엇인가?
3) 6·25전쟁의 교훈을 통한 국가전략, 그 가운데서도 특히 군사전략의 발전방향을 모색해 보고자 한다.

1. 6·25전쟁은 누가 일으켰나

제2차 세계대전이 끝난 후, 미·소를 중심으로 하는 양대 세력에 의해 냉전이 개시되었고, 급기야 그것이 한반도에서 열전으로 폭발한 것이 6·25전쟁이라 하겠다. 따라서 6·25전쟁의 기원을 알고자 한다면 냉전의 기원부터 알아야 하는데, 여기에는 두 개의 학파가 있었다. 즉,

하나는 전통주의 학파(the traditional school)로, 그들의 주장에 의하면, 소련의 공식적 이데올로기인 마르크시즘·레닌이즘은 공산주의의 전 세

---

1) Bruce Cumings, *The Origins of the Korean War : the Roaring of the Cataract 1947~1950* (Princeton University Press, 1990), p. 619.
2) 상게서, p. 621.

계적 확산을 지향하며 따라서 소련은 건국 초기부터 전 세계의 공산화를 추구했다. 그리하여 대외팽창과 침략, 그리고 다른 나라들에서의 공산주의적 반정부 시위와 정부 전복 및 반란에 대한 지원 등은 대체로 소련의 배후 조종에 의한 것이었다. 여기서 주도적 역할을 한 인물이 소련 정부의 총리인 스탈린이었다. 2차 대전이 끝난 후 소련은 동유럽을 공산화함으로써 소련과 동유럽을 포함하는 광대한 지역에 '소련 제국'을 구축했다. 이어 아시아에서는 중국 공산당의 중국대륙의 장악을 지원했고 동남아시아와 동북아시아 일대에선 공산혁명을 고취했다.

그런데 1960년대에 들어와서 이러한 해석에 도전하고 이러한 해석을 수정하려는 학자들을 수정주의 학파(the revisionist school)라 하며, 그들의 주장에 의하면, 미국의 대외행태가 오히려 제국주의적이며, 팽창주의적이라는 시각이다. 수정주의자들은 미국이 자신의 자본주의 체제를 유지하고 발전시키기 위해 전후의 국제질서를 미국을 중심으로 삼는 자본주의 국가들을 통합하려는 방향으로 개편해 나갔다고 전제하고, 미국의 이러한 대외정책은 자연히 소련을 압박해 들어가 소련의 군사적 대응을 불가피하게 만들었다고 분석했다. 그리하여 스탈린은 희대의 독재자임에는 틀림없으나, 소련의 국가 이익과 관련해 신중하며 사려 깊은 전략가로 부각됐고, 그가 이끌었던 소련의 외교는 모험을 회피하고 자제적이며 방어적인 것으로 설명했다.

6·25전쟁의 기원에 대한 전통주의자들의 견해에 의하면, 이 전쟁은 스탈린의 세계적화 전략의 일환으로 일어났다. 스탈린은 2차 대전의 승리의 열매로 동유럽을 공산화한 뒤 아시아로 눈을 돌려 마침 중국대륙의 공산화에 성공한 마오쩌둥毛澤東 주석을 자신의 '아시아 보좌역'으로 삼고 함께 모의한 결과, 김일성金日成 수상을 '하수인'으로 내세워 '취약지역'인 남한을 침략하게 했다.

한편 수정주의자들의 견해에 의하면, 이 전쟁을 일으킨 쪽은 미국인으로서 미 제국주의는 이승만李承晩 대통령을 하수인으로 내세워 북한을 침략하게 했으며, 또는 북한을 침략하기 위해 북한의 남침을 유도했다. 특히 전쟁에서 언제나 이익을 보는 미국의 군산복합체軍産複合體는 2차 대전의 종전 이후 줄어든 군비軍費를 확대시키기 위한 계기를 한반도에서 전쟁 도발을 통해 마련하고자 했다.

이처럼 어느 지역에서의 냉전 또는 전쟁을 미국과 소련 사이의 관계에서의 산물로 파악하려는 태도는 비판을 받았는데, 그것은 그들이 대결하고 있는 지역들의 개별적인 내부 사정에 주목하지 않았다는 점이었다. 그래서 신전통주의 학파에 따르면, 6·25전쟁은 분명히 북한과 소련 및 중공의 공모에 따른 북한의 남침으로 시작됐다. 그런데 신전통주의자들은 이 전쟁을 발의한 장본인으로 스탈린을 지적하지 않고 김일성을 그리고 박헌영을 비롯한 그 밖의 북한 정치 지도자들을 지적했다. 반면에 신수정주의 학파에 따르면, 이 전쟁은 한반도 내부에서 오랜 동안 성장한 계급적 갈등의 '정점 도달頂點到達'이다. 즉 북한의 공산정권은 남한의 수구정권을 타도하기 위해 민족해방전쟁을 일으켰다는 것이다.

정치학 전공인 김학준金學俊 박사는 전통주의·신전통주의와 수정주의·신수정주의의 학설을 이상과 같이 소개하면서, 이제 이러한 구분마저 무의미해져 간다고 말할 수 있으며, 자신의 입장을 밝혔다. 즉 신전통주의 학파에 가까우며, 쉽게 말해, 저자는 이 전쟁을 '소련과 중공 및 북한의, 특히 소련과 북한의 공모와 침략으로 일어났으나, 내전적 요소들을 안고 있었던 국제적 전쟁'으로 파악한다[3]고 했다.

반세기 전에 한반도에서 일어난 전쟁(내전·국제전·내전적 국제전·민족해방전쟁 등)의 기원을 규명함에 있어서 필자는 전통주의·신전통주의와 수정주의·신수정주의 학설에서 버릴 것은 버리고 또 수용할 내용은 수

3) 김학준, 『한국전쟁—원인·과정·휴전·영향—』(서울 : 박영사, 2003, 제3 개정 증보판), pp. 95~104.

용하면서, 또 현대전은 국가의 총력전이기 때문에 모든 분야가 관련되기에 학제적 접근법을 구사해야 한다고 생각하며, 특히 군사이론에 바탕을 둔 군사사학적軍事史學的 연구방법[4]을 구사하고자 한다. 그 이유는 연구대상과 연구방법의 타당성・적합성은 반드시 검토되어야 하기 때문이다.

당시 남・북한은 10만 명 이상의 병력을 동원해서 현대전의 수행능력을 구비하고 있었던가, 하는 문제가 먼저 검토되어야 한다. 현대전의 수행능력이란 다음과 같다.[5]

첫째 : 무기 생산 능력이다. 전쟁에 필요한 무기와 장비, 즉 대포, 전차, 항공기, 군함 등의 생산 능력인데, 이를 위해서는 고도의 과학기술과 생산시설의 체제를 갖추어야 한다. 당시 남북한에는 현대전 수행에 필요한 무기 생산 능력을 보유하고 있지 않았기 때문에 미・소의 한반도에 대한 정책에 의해 좌우되었다.

둘째 : 전략・작전계획의 수립능력인데, 당시 남북한에는 이런 계획을 작성할 능력이나 경험을 가진 자는 한 사람도 없었다. 북한의 남침용 작전계획은 소련의 작전계획수립의 전문가인 바실리예프 중장 외 고문관들이 1950년 2월 평양에 와서 작성했고, 인민군 작전국장인 유성철이 5월에 번역・종합했다.

셋째 : 전투 수행 능력인데, 소련 군사고문단에 의해 작전계획이 수립되었다 할지라도, 그 계획에 입각하여 전투가 수행되기 위해서는 교육・훈련의 단계를 거쳐야 한다. 마치 연극배우가 시나리오를 외우며 감독의 지시에 따라 무대에서 연습을 거쳐야 관

4) 李鍾學, 『韓國軍事史序說』(경주 : 서라벌군사연구소, 1990), pp. 11~17.
5) 이종학, 『6·25전쟁사－그 진실과 교훈을 찾아서－』(경주 : 서라벌군사연구소, 2001), pp. 48~53.

중 앞에서 연기를 하는 것과 같은 이치이다. 1950년 7월 8일 김일성은 스탈린에게 다음과 같은 긴급 전문을 보냈다.

"인민군 전선 사령부 본부 및 2개 집단군 본부에 25~35명의 소련 군사고문단을 배치 활용할 수 있도록 허락하여 주실 것을 요청합니다. 인민군 간부들이 아직 현대적 군대를 지휘하는 기법을 충분히 익히지 못하였기 때문입니다."[6)]

이상 세 가지 관점으로 보아, 1950년 6월, 당시의 남북한 정부는 전연 현대전 수행능력을 가지고 있지 않았다. 따라서 '북침'·'남침'·'내전'·'민족해방전쟁'설은 전쟁의 표면적 현상만 보고 하는 주장이며, 전쟁의 본질과 내적 연관성의 관점에서 본다면 전연 근거가 없는 주장임을 알 수 있다. 6·25전쟁의 기원은 소련의 비밀 외교문서의 공개로 인해 백일하에 드러나게 되었다. 1950년 3월 30일부터 4월 25일까지 김일성이 모스크바를 방문하여 스탈린과 협의한 내용의 문서가 발굴되었기 때문이며, 소개하면 아래와 같다.

스탈린 동무는 김일성에게 조선 통일문제에 대하여 보다 적극적인 자세를 취할 수 있도록 국제환경이 충분히 변화하였다고 언급하였다.…

그러나 우리는 조선의 해방에 관한 모든 찬반 의견을 다시 한번 신중하게 고려해야 한다. 우선 미국이 결국 개입할 것인지, 아닌지를 고려해야 하고, 둘째, 조선의 해방은 중국 지도부가 이를 찬성할 때만 개시될 수 있다는 것이다.…

그 다음은 구체적인 공격계획이 수립되어야 한다. 기본적으로 그것은 3단계로 구성되어야 한다. 첫째, 38선에 인접한 특정지역에 병력이 집중 배치되어야 한다. 둘째, 북조선의 최고 권력자가 새로운 평화통일 제안을 제

---

6) 예프게니 바자노프·나딸리아 바자노프, 『소련의 자료로 본 한국전쟁의 전말』 김광린 역(서울 : 도서출판 열림, 1998), p. 82.

시한다. 분명히 이러한 제안들은 상대방에 의해 거부될 것이다. 거부가 이루어진 후 이에 대한 반박이 이루어져야 한다. 어느 쪽이 전투를 시작했는지 위장하는 데 도움을 줄 것이므로 옹진반도에서 적과 교전한다는 동무의 생각에 동의한다. 귀측이 공격하고 남측이 반격한 후에 전선을 확대할 기회가 마련될 것이다. 전쟁은 속전속결을 지향해야 한다. 남조선과 미국이 정신을 차릴 시간 여유를 주어서는 안 된다. 그들이 강력한 저항을 도모하고 국제적 지지를 동원할 시간을 갖도록 해서는 안 된다.

스탈린 동무는 소련이 다른 곳, 특히 서쪽 방면에서 대처해야 할 심각한 도전에 직면해 있으며, 따라서 조선 사람들은 소련이 전쟁에 직접 참여해 줄 것으로 기대해서는 안 된다고 덧붙였다. 그는 재차 마오쩌둥毛澤東과 상의하도록 김일성에게 촉구하였으며, 마오쩌둥이 동양의 문제들에 대해서 잘 이해하고 있다고 언급했다. 특히 미국이 조선에 군대를 파견하는 모험을 하는 경우, 소련은 조선 문제에 직접 개입할 준비가 되어있지 않다고 반복하였다.

김일성은 미국이 개입하지 않을 이유에 관하여 보다 상세히 분석하였다. 공격이 신속하게 전개될 것이며, 전쟁은 3일 내에 승리를 거두게 될 것이라 했다. 남조선 내 유격대 운동이 보다 강력해 질 것이며, 대규모의 봉기가 기대된다고 했다. 그러므로 미국은 준비할 시간을 갖지 못하게 될 것이며, 그들이 정신을 차리게 될 쯤이면 전 조선의 주민들이 새로운 정부를 열광적으로 지지하게 될 것이라 했다.…

북조선의 동원은 1950년 여름까지 완료하고, 이 때까지 소련 고문관들의 도움을 받아 조선군 참모들이 구체적인 작전계획을 수립하기로 합의했다.[7]

6·25전쟁의 기원을 규명함에 있어서 이처럼 상세하고 구체적인 내용으로 밝힌 문헌사료는 없으리라. 여기서 특히 유의할 몇 가지를 열거하면 아래와 같다.

7) 예프게니 바자노프 · 나딸리아 바자노프, 전게서, pp. 52~55.

첫째 : 만약 이 전쟁에 미국이 개입하면, 소련은 직접 전쟁에 개입할 처지가 아니니, 반드시 마오쩌둥의 동의가 필요하다는 스탈린의 전제조건은 그가 얼마나 사려 깊은 전략가인가를 말해준다. 그래서 김일성은 모스크바에서 돌아오자, 곧 5월 13일 중국을 방문하여, 15일에 마오쩌둥은 스탈린과 김일성의 해방계획에 대해 전적으로 찬성하고 지지했다. 후일 중공군의 전쟁 개입은 여기서 비롯되는 것이다.

둘째 : 구체적인 공격계획이 3단계로 구성되어 있는데, 인민군은 그대로 실시하여 개전 3일 만인 6월 28일 수도 서울을 점령하고 3일간 머뭇거리고 말았는데, 그 이유는 여러 가지로 추정할 수 있으나, 그들에게는 재앙을, 한국군에게는 숨을 돌리는, 미국에게는 전쟁 개입의 시간을 제공했다.

셋째 : 작전계획은 소련 군사고문단의 도움을 받아 수립한다고 합의한 점이다.

따라서 6·25전쟁은 김일성이 스탈린의 승인과 마오쩌둥의 동의를 얻어 침략전쟁을 일으켰다. 그러나 김일성에게는 10만 이상의 병력을 동원한 현대전을 준비·수행할 능력이 없었기 때문에 6·25전쟁에 대해, 내전설, 내전적 국제전쟁설 그리고 민족해방전쟁설 등은 전연 논거가 없는 허구의 주장이다. 따라서 김일성은 소련의 대리전을 맡았을 뿐이며, 복합적 성격의 전쟁이며, 또 일명 '스탈린 전쟁'이라 해도 과언은 아니라는 것이 필자의 견해이다. 1966년 3월, 김일성은 평양을 방문한 일본 공산당 서기장 미야모토宮本顯治에게 6·25전쟁에 관하여, "소련은 무기를 보내어 원조한다고 결정했다. 그러나 유상有償의 값비싼 무기였다.… 조선전쟁에서 돈을 번 것은 소련이었다"고 소련을 비난했다.[8)]

---

8) 蘇鎭轍, 『朝鮮戰爭の起源』(東京 : 三一書房, 1999), pp. 86~87.

2. 초기 6·25전쟁에서 한국군의 패인은 무엇인가?

미국의 전사가, 애플먼의 남북한의 전력 분석평가에 의하면, 인민군의 지상군 병력은 135,000명이고, 한국 육군은 94,800명이다.… 요약컨대, 1950년 6월 인민군은 한국군보다 여러 가지 점에서 확실히 우위에 있었다. 즉 인민군은 85밀리 포를 장착한 우수한 중형 전차 150대를 보유함에 비하여 한국군은 한 대도 없었고, 122밀리 곡사포, 76밀리 자주포, 최대 사거리 14,000야드의 야포의 세 가지 종류의 사단포를, 한국군은 최대 사정 8,200야드의 M3-105밀리 곡사포를 보유하고 있었다. 사단포의 수에 있어서 인민군은 한국군에 비해 3대1로 우세했다. 인민군에는 소규모의 전술공군을 보유하고 있었으나, 한국군에는 없었다. 89,000명의 인민군 전투부대에 대하여 약 65,000명의 한국군이 대항했다.[9)]

한국 국방부에서 발간한 『한국전쟁사』 제2권에 의하면, 1950년 6월, 인민군에는 T-34 242대의 보유로 되어있으나,[10)] 애플먼은 150대로 집계되어 있는 이유는 무엇일까? 그리고 한국군이 보유하고 있었던 105밀리 곡사포, 57밀리 대전차포, 2.36인치 로켓트포는 T-34전차를 파괴할 수 있는 무기였던가, 하는 문제를 규명해 보고자 한다.

애플먼에 의하면, 1950년 6월 105 전차여단은 6,000명의 병력과 120대의 T-34로 증편되었고, 인제방면에서 7사단(12사단)을 지원하던 30대의 전차연대가 있었으니, 개전 초의 인민군에는 150대의 T-34를 보유하고 있었다. 이런 근거는 인민군 포로의 신문기록과 인민군의 문헌사료 등에 바탕을 두고 있다고 했으나,[11)] 『한국전쟁사』 제2권에는 그 근거가 전연 명시되어 있지 않다.

---

9) Roy E. Appleman, *South to the Naktong, North to the Yalu*, (Washington D.C. : Office of the Chief of Military History, Department of the Army, 1961), pp. 7~18.
10) 대한민국 국방부 전사편찬위원회, 『한국전쟁사』 제2권, 1968, p. 37.
11) Roy E. Appleman, 전게서, p. 10.

한편, T-34의 파괴 여부에 대해, 애플먼에 의하면, 보병진지에서 발사한 105밀리 곡사포와 2.36인치 로켓트포에 의해 1대가 파괴, 1대는 연소되어 움직일 수 없었고, 포병대는 포 진지 앞에서 2대를 정지시켰고, 경상을 당한 3대는 오산방면으로 내려갔다. 적의 전차 4대는 파괴 혹은 움직일 수 없고, 3대는 약간의 피해를 입었으며, 적의 움직일 수 있는 전차 총수는 33대였다.[12]

그리고 『한국전쟁사』 제2권의 T-34 사진 설명에서, 불행하게도 한국군은 적의 전차를 파괴할 수 있는 무기가 없어 육탄肉彈으로 공격 격파하였다.[13] 대대장은 적의 전차를 2.36인치 로켓트포로 사격하였으나, 파괴되지 않음으로 특공대를 선발하여…[14] 제3 대대가 배치된 외화리의 도로에서 57밀리 대전차포 2문으로 남하하는 전차 1대를 움직이지 못하게 만들었으나…[15]

당시 제1사단을 지휘했던 백선엽白善燁 장군(당시 대령)은 6·25전쟁 회고록에서, "당시 국군의 대전차포가 전차에 대해 전혀 무력한 것은 아니었다. 파괴는 못했지만 이를 잘 활용하면 진격을 저지할 수는 있었다. 또 포병을 활용하여 전차를 파괴할 수도 있었다. 1사단은 도합 11대의 적 전차를 파괴했다. 그러나 불행하게도 상당수의 지휘관과 병사들이 이 점을 터득하지 못하고 있었다. 뿐만 아니라, 전차를 본 적도 없었다. 전차가 무서운 것이 아니라, 전차가 무엇인지 모른다는 것이 무서운 것이다"[16]고 했다. 한국군이 보유하고 있었던 105밀리 곡사포, 57밀리 대전차포 및 2.36인치 로켓트포로 T-34전차의 측방, 즉 무한궤도를 향해 공격하는 방법을 알고 있었다면, 적 전차의 파괴 내지 움직이지 못하게

---

12) 상게서, p. 72.
13) 국방부 전사편찬위원회, 전게서, p. 64.
14) 상게서, p. 100.
15) 상게서, p. 114.
16) 白善燁, 『軍과 나』(서울 : 대륙연구소 출판부, 1989), p. 44.

할 수 있었던 것으로 생각하며, 결코 무기가 없었던 것은 아니었다.

필자는 한국국방연구원의 제5회 국방학술 토론회(1988. 6. 21)에서 "열세한 무기와 장비 그리고 중대 내지 대대 훈련 밖에 하지 못한 군대를 지휘하여 초기작전을 수행한 젊은 사단장을 비롯한 예하 지휘관들의 노고에 대해서는 아무리 치하하여도 지나치지 않을 것이다. 그러나 초기작전의 패인敗因을 전적으로 T-34전차에 대적할 대전차포가 없었고 또 화력의 열세에만 있다고 한다면, 당시 춘천방면의 제6사단의 선전善戰은 어떻게 설명할 것인가? 당시 사단장들 가운데 실제 사단을 지휘하여 실전경험을 한 사람은 한 사람도 없었고 또 그것은 예하 지휘관에 있어서도 마찬가지였다. 거기다 각 직책에 부응하는 연구와 경험을 쌓는데 필요한 시간도 없었다. 따라서 거기에서 오는 부대 지휘의 시행착오와 과오는 없었는지 반성할 필요가 있고, 전투 지휘의 실상을 기록으로 남겨야 한다"[17]고 주장했다. 당시 인민군과 대치하고 있었던 제1 사단장 백선엽 대령은 29세(만주군 중위), 제7 사단장 유재홍 준장은 28세(일본군 대위), 제6 사단장 김종오 대령은 28세(일본군 소위), 제8 사단장 이성가 대령은 27세(중국군 소령)로 모두 30대 미만이었다.

그 후 백선엽 장군은, "국군은 세 가지 큰 결함을 안은 채 전쟁을 맞았다. 첫째는 훈련 미숙, 둘째는 장비 부족, 셋째는 지휘능력 결함이었다. 이 때문에 전투 중 진지에서 강인성을 보여주지 못했다. 이는 병사들의 탓이 아니다. 지휘관들이 진지를 수호하겠다는 의지가 약했기 때문이다.… 결국 지상군 특히 보병의 강인한 공격정신, 각 군 지휘관의 솔선수범과 진두지휘 정신이 최후의 승리를 가져온다"[18]고 했다.

필자는 1960년대 중반부터 공군사관학교에서 생도들에게 전사戰史를 가르치면서 지휘관의 중요성을 강조했다. 즉 『손자孫子』에 의하면, "용

17) 졸저, 『6·25전쟁사－그 진실과 교훈을 찾아서－』, pp. 99~100.
18) 백선엽, 전게서, pp. 292~293.

병술을 잘 아는 장수는 국민의 생명을 맡은 사람이요, 국가의 안위安危를 좌우하는 사람이다"[19]고 했다. 이것은 지휘관이 얼마나 무거운 직책을 가지고 있는가를 단적으로 표현한 것이다. 옛날부터 조건이 비슷한 환경 속에서의 전투의 승패는 지휘관의 우열에 의해 좌우되어 왔다. 그래서 프랑스의 포슈(Foch) 장군은 "전투의 승패는 지휘관에 의해서 결정되는 것이지 병사에 의해서 결정되는 것은 아니다.… 전쟁의 큰 성과는 지휘관에 의해서 달성되는 것이다. 그러므로 역사는 정당히 지휘관으로 하여금 승리에 대한 책임을 지게 하여 그 때에는 영광을 누리게 되고, 또 패전에 대해서는 책임을 지게 하여 그 때에는 굴욕을 당하게 되는 것이다. 지휘관 없이는 전쟁도 있을 수 없고 승리도 있을 수 없다"[20]고 했다. 이것은 1870년 보불전쟁에서 프랑스군의 대패와 또 그들의 고위 지휘관들의 과오를 바로 잡으려는 결의에 의한 교훈의 결론이었다.

6·25전쟁 초기 작전의 3일만에 수도를 인민군에게 탈취 당했을 뿐만 아니라, 10만에 가까운 지상군이 와해 당하다시피 만든 육군 총참모장 채병덕蔡秉德 소장은 과연 누구일까, 하는 것이 필자의 관심사였다. 채병덕(1917~1950)은 평양출신으로 일본 육군사관학교(49기)를 졸업했고, 1945년 일본 패전 때는 소령으로 부평 조병창의 공장장을 역임했으며, 한 번도 전장체험을 하지 못했다. 1946년 1월 국방경비대에 기간요원으로 특채되어 대위로 임관했다. 1949년 2월 육군 소장으로 승진했고, 1949년 1월부터 10월까지 육군 총참모장을 역임했다. 남북교역사건으로 선배인 김석원 장군(일본 육사 27기)과 충돌하여 함께 예편되었다. 같은 해 12월 현역에 복귀, 국방부 병기행정본부장에 재임용되었다. 그리고 1950년 4월 21일 육군 총참모장에 재임용되었고, 6·25전쟁을 맞이했던 것이다.

---

19) 孫武, 『孫子』 作戰 第二.

20) Edward M. Earle, ed., *Makers of Modern Strategy*, Princeton University Press, 1943. pp. 228~229.

채병덕 총참모장이 재취임하여 취한 여러 조치사항이 한국군의 패인敗因과 직결될 뿐만 아니라, 그것이 이해하기 어려웠다. 그래서 1968년 10월경, 국방부 전사편찬위원회의 문희석文熙奭 위원장(해병대 준장 출신)을 찾아가서, 공군사관학교 교수부 군사학과장임을 밝히고 다음과 같이 질문했다.

"채병덕 총참모장의 모순된 여러 조치인데,
① 방어진지의 건설 건의를 묵살한 것,
② 6월 10일에 군 수뇌 · 사단장들의 인사이동의 실시,
③ 계속되었던 비상경계가 6월 23일에 해제된 것,
④ 6·25전쟁의 주말에 3분의 1의 병력을 외출 · 외박시킨 것,
⑤ 1개월 전 각 연대의 4문의 대전차포를 수리한다는 명목으로 회수한 것,
⑥ 전방사단의 예속 변경
⑦ 6월 24일 · 25일의 심야파티 등,
인데, 아무리 연구해도 이해가 가지 않습니다"고 말했다. 문文 위원장은 필자를 바라보면서 말문을 열었다. "2차의 심야파티는 국일관에서 25일 오전 2시까지 진행되었으며, 그 비용은 정국은鄭國殷이 지불했고, 더 큰 사건이 있지만"하고 입을 다물고 말았다.[21]

정국은鄭國殷(당시 연합신문 주필)은 1953년 8월 31일 육군 특무대에 의해 체포되었고, 동년 12월 5일 육군 고등군법회의에 회부되어 사형언도를 받아, 1954년 2월 19일 사형이 집행되었다. 필자는 70대의 중반을 넘어서는 지금까지 30여 년 간 채병덕 · 정국은의 행적을 찾으려 애썼으며, 금년(2004년) 2월 14일 육군본부 법무감실 고등검찰부 기록실장 앞으로 공문을 내어 정국은의 재판기록 열람을 신청했다. 2월 26일자 육군 참모총장(전결 : 고등검찰부장) 명의로 "정국은에 대하여 판결문 색인부를 열

---

21) 졸저, 『6·25전쟁사』, pp. 29~30. 참조.

람한 바 관련 자료가 없음을 통지하오니, 참고하시기 바랍니다"라는 통보를 받았다. 이 문제는 젊은 연구자들에게 과제로 남겨두게 되었음을 밝히고, 앞으로도 계속 규명해 주었으면 하는 생각이다.

3. 6·25전쟁의 교훈을 통한 국가전략의 모색
-군사전략의 발전방향-

가. 우리의 주적主敵은?

『손자병법』에 의하면, "知彼知已지피지기 百戰不殆백전불태"라 했다. '知彼'란 적의 의도와 능력을 알아야 한다는 뜻이다. 의도란 적이 무엇을 할 것인가 이고, 능력이란 적이 무엇을 할 수 있는가를 뜻한다. 1950년 6월, 김일성은 무력에 의한 남한의 적화통일의 의도는 가지고 있었으나, 현대전을 수행할 능력을 구비하지 못했기 때문에 스탈린의 승인을 받아야만 했다.

이런 쓰라린 경험을 바탕으로 김일성은 1962년 12월 '4대 군사로선'을 채택했고 또 1968년 2월 28일 「조국통일」지에서, "무장을 들어야 정권을 잡을 수 있다. 무장을 들지 않고서는 정권을 잡을 수 없다. 주권을 쥐려면 무장투쟁을 해야 하며, 선거놀음을 해가지고 정권을 잡을 수 없다"고 주장했는데, 이런 사고방식은 오늘날에도 북한 당국에 계승되고 있다. 즉 북한은 국제사회에서 거지처럼 식량을 구걸하면서도, '강성 대국'을 외치면서 핵무기 · 탄도미사일을 개발하고, 인구 약 2,150만 명에 총병력 약 110만 명(한국의 총인구는 약 4,700만 명에 총병력 약 67만 명)을 보유하면서 그 주력을 휴전선에 배치해 두고 있기 때문이다.

남 · 북한 사이에는 그 동안 여러 합의서 교환이 있었다. 즉 1972년

'7·4 남북 공동성명'에서 천명한 조국통일 3대 원칙과 1992년 2월 19일 발효된 '남북 기본 합의서'의 정치·군사적 대결상태 해소 합의, 그리고 2000년 6월 15일 남북 정상회담에서 '6·15 공동선언' 등이 발표되었다. 그런데 북한은 이런 국가간의 협정이나 합의의 이행에는 관심도 없고 약속을 지키려 하지 않는다. 휴전협정의 위반과 테러행위 뿐만 아니라, 지난 2000년 6월 김대중 대통령이 평양을 방문했고, 빠른 시기에 김정일 국방위원장이 서울을 방문한다고 합의했으나, 오늘날까지 실현되지 않고 있다.

나. 전쟁의 교훈을 통한 국가전략의 모색
-군사전략의 발전방향-

대한민국의 국가목적(국가목표라고도 칭함)은 '자유 민주주의 이념 하에 국가를 보위하고, 조국을 평화적으로 통일하며 영구적인 독립을 보장한다.…'로 되어 있다. 이를 달성하기 위한 포괄적인 방책이 국가전략이다. 국가전략의 정의定義에 의하면, "국가목표를 달성하기 위하여 전시 및 평시에 있어서 군사력을 위시한 국가의 정치, 경제 및 심리적 역량을 발전시키며 운용하는 기술 및 과학이다"(『미 합참용어사전美合參用語辭典』, 1979). 이해를 돕기 위해 체계도로 표시하면 다음과 같다.

상술上述한 정의定義는 네 가지 역량(power)을 발전시키며 운용하는 기술 및 과학이라 했는데, 그 자체의 관점에서 본다면 정치전략·경제전략·심리전략·군사전략으로 분류할 수 있다. 각 전략에 대한 구체적인 설명은 생략키로 하고,[22] 다만 정치전략과 군사전략에 대해 논의하고자 한다.

---

22) 졸저, 『현대전략론』(서울 : 박영사, 1972), pp. 97~132. 참조할 것.

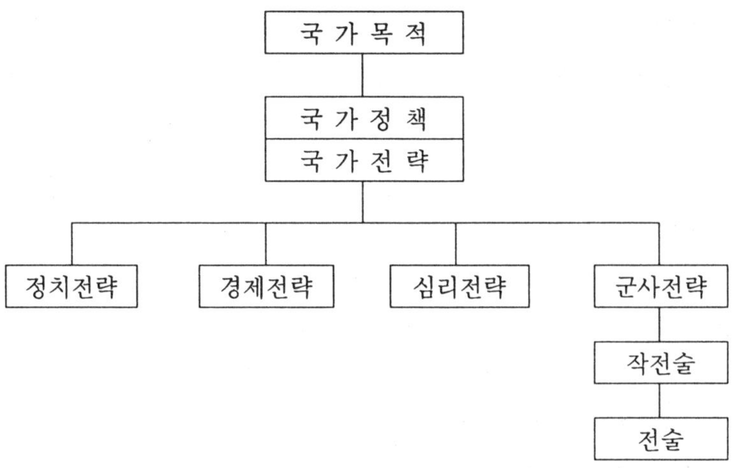

1) 정치전략 : 국가목적을 달성하기 위한 국가정책(외교정책)에 바탕을 둔 계획된 전반적인 정치방책이며 그것은 행정적 · 입법적 · 외교적 실천방법을 통하여 구체적으로 표현된다. 정치전략의 수단으로는 외교 · 동맹 · 조약 그리고 외국 정부에 대한 승인 혹은 불승인 등이 있다.

예컨대 1953년 7월의 휴전협정을 계기로, '한 · 미 상호방위조약'이 체결되었고, 거기에는 '당사국 중의 일국一國이 정치적 독립 · 안전을 외부로부터 위협받을 경우 서로 협의한다.…'로 되어 있다. 휴전 후, 지난 반세기 동안 한반도에서 전쟁이 일어나지 않았고, 특히 북한이 전쟁을 도발하지 못한 이유도 이 방위조약에서 비롯되었다고 생각한다. 최근의 한미관계에 있어서 미 2사단의 감축 · 재편, 용산기지 이전, 기지 · 훈련장 재조정에 따른 부지 반환 및 제공 면적 등으로 갈등을 빚고 있는 데, 한미 동맹관계에 균열이 생기지 않도록 적절하게 해결해야 한다고 생각한다.

오늘의 한반도 군사정세에서 북한이 핵무기 개발을 계속하고 있고, 또 공세적인 재래식 전력을 과대하게 유지하고 또 휴전선에 집중 배치하고 있는 상황에서 북한의 위협이 없다고 보는 것은 무책임하고 위험한 견해이다. 더욱이 우리나라의 20~30대 젊은이들은 미국이 북한보다 더 위협이라고 생각한다고 하니,[23] 우리의 학교 교육은 중대한 과오를 범하고 있다.

미국은 한국이 제2차 6자회담 때 제안한 북핵 해결을 위한 3단계 해결방안을 합리적이라고 평가해 지지했으며, 북한 핵문제를 유엔 안보리에 상정할 계획은 없다고 미 정부 고위 관계자는 2004년 6월 4일에 밝혔다. 한국이 제안한 3단계 해법이란, ① 북한이 완전한 핵 폐기에 합의한 뒤 이를 전제로 우선 핵개발을 동결하고, ② 이에 대한 국제사찰이 시작되면 일부 국가가 북한에 에너지를 지원하며, ③ 미국은 북한에 대한 잠정적인 안전보장을 제공한다는 것이었다. 북한이 우리의 제안을 수락할 것인지의 여부는 아직 아무도 모르지만, 한미 방위체제를 굳건하게 유지한다면, 북한은 우리의 제안을 수락하리라고 본다.

남·북한의 교류와 협력의 활성화는 북한의 핵문제 해결과 총병력의 한국군 수준으로의 감축, 휴전선 재배치(경비병 수준)를 통한 긴장완화를 한 후에 시작해도 늦지 않다는 것이 필자의 주장이다.

2) 군사전략 : 국가목적을 달성하기 위한 국가정책(군사정책)에 바탕을 둔 계획된 전반적인 군사방책이다. 무력 또는 무력 위협을 적용하여 국가정책상의 목표를 달성하기 위하여 한 국가의 군사력을 사용하는 기술 및 과학이다(『美 合參用語辭典』, 1979). 국가의 독립과 평화를 누리기 위해서는 다음 네 가지 원칙이 있다.

첫째 : 어떠한 도발에도 대응할 수 있는 충분하고 강력한 군사력을 유지해야 한다.

---

23) 조선일보, 2004년 1월 12일자.

둘째 : 필요할 때는 언제든지 무력으로써 평화에 대한 온갖 위협을 분쇄할 수 있는 준비를 갖추고 있어야 한다.

셋째 : 평화를 교란하려는 자들에 대해서는 언제나 무력이 사용될 것이라는 것을 명확히 인식시켜야 한다.

넷째 : 일단 무력이 사용된다면 사태에 따라 그것이 최대한으로 활용되어야 한다.

주지하는 바와 같이, 오늘날 한국 방위를 책임진 최고 사령부는 한미연합사(CFC)이며, 여기서는 여러 상황에 따르는 군사전략 · 작전계획이 수립되고 있는 것으로 안다. 특히 작전계획은 1급 군사기밀에 속하지만 북한의 오판을 방지하고 또 우리들의 전력과 능력을 과시하기 위해 조금은 공개한 것 같은 데, 신문에 보도된 내용을 소개하면 아래와 같다.[24)]

작전계획 5027에 따르면, 1단계는 미군의 신속전개 억제전력 배치. 2단계는 서울 이북지역에서 북한군 남침저지. 3단계는 북한 주요 전투력 격멸 뒤 북진. 4단계는 평양 고립. 5단계는 한국 주도의 통일 등의 순으로 짜인 것으로 알려졌다.

작전계획 5027상 한미연합군은 유사시 대규모 증원병력(미 지상군 69만명, 4개 항모전단)의 도착 때까지 약 30일간 북한군의 공격을 막아야 한다.

한편 '작계 5027 98년판'은 기존의 방어개념에서 벗어나 북한정권의 제거를 목표로 북한군의 전쟁기도가 포착되면 주요 군사목표를 선제 타격한다는 내용을 담고 있어 논란을 불러일으켰다. 9 · 11테러 직후 작성된 2002년판에는…미국이 신 안보 독트린에 따라 한국과 상의 없이 북한과 전쟁을 치를 수 있다는 내용이 포함된 것으로 전해지고 있다.

---

24) 동아일보, 「한반도 유사시 한미작전계획 종류와 주요 내용」, 2003년 7월 18일자.

군대의 존재 이유는 언제나 철저한 전쟁준비로 전쟁을 억제하고, 국가목적을 달성하는 역량을 제공하며, 유사시 전쟁에서 승리하는 데 있다. 따라서 군은 언제나 즉각적으로 전투·전쟁에 임할 수 있는 임전태세를 갖추고 있어야 한다.

우리의 한국군은 6·25전쟁과 월남전쟁을 통하여 많은 실전경험을 쌓았다. 그러나 우리들은 전투는 했어도 전쟁을 해보지 않았다는 것을 잊어서는 안 된다. 이것은 군사전략을 수립하여 전쟁준비·수행을 해보지 못했다는 것을 뜻하며 이는 중대한 결함·시정사항이라 생각한다. 필자가 국방대학원에 재직 시 1982년 여름 미국 워싱턴에서 국제군사사학회國際軍事史學會의 회의에 참석하는 기회를 이용하여 미 전쟁대학원(National War College)과 미 육군 전쟁대학원(U.S Army War College)을 방문했다. 각 대학원의 군사전략처장을 만나, "군사전략을 수립하는 데 필요한 군사이론과 그 절차를 수록한 교재는 있는가?" 하고 질문했던 바, 미 육군 전쟁대학원에서 『군사전략－이론과 응용－』(*Military Strategy : Theory and Application*, 1982~1983)이라는 책자를 얻었다. 귀국해서 내용을 살피니 훌륭하여 거기서 중요한 논문을 번역하고, 필자의 논문을 첨가하여『군사전략론軍事戰略論－이론과 실제實際－』(박영사, 1987)을 발간했으며, 앞으로 더 많은 연구 성과가 있기를 바란다.

군사전략의 수립과 교육·연구의 기능을 구별해서 설명한다면, 한국의 군사전략은 합참合參에서 수립해야 하고, 이에 대한 교육·연구는 국방대학교에서 담당해야 하며, 그 전략의 틀 속에서 각 군의 군사전략은 각 군 본부에서 수립해야 하고, 이에 대한 교육·연구는 각 군 대학에서 담당하는 것이 바람직하다.

다행스럽게도 2002년 10월 충남대학교 평화안보대학원에서 '군사학' 석사학위 과정이 인가되어, 각 군 대학 정규과정을 이수한 중견 간부들이 입학하여 2003년 3월 신학기부터 교육이 실시되었다는 것은 군사전략을 포함한 '군사학'의 학문적 성과와 질을 높이는 데 크게 기여할 것으로 확신한다.

• 맺음말

6·25전쟁이 발발한지 반세기 이상이 지난 오늘날에 와서도, '6·25전쟁은 누가 일으켰나'에 대해 '남침'·'북침'·'내전'·'민족해방전쟁'설 등이 분분했으나 거기에는 연구방법상의 문제점이 도사리고 있었으며, 특히 10만 명 이상을 동원한 현대전 수행능력을 1950년 6월 남북한이 보유하고 있었던가 하는 기본 문제를 도외시함으로써 과오를 범했다. 전쟁이론에 바탕을 둔 군사사학적軍事史學的 연구방법과 공개된 구소련의 비밀 외교문서를 바탕으로 하여, 6·25전쟁은 김일성이 스탈린의 승인과 마오쩌둥의 동의를 얻어 침략전쟁을 일으켰다.

그것은 한민족사상韓民族史上 최대의 비극을 가져왔으나, 북한은 사과·반성은커녕 '민족해방전쟁'이라 우기고 있는 실정이며, 오늘날까지도 무력武力에 의한 남한의 적화통일을 견지·계승하여 왔으며, 북한은 국제사회에서 거지처럼 식량을 구걸하면서도, '강성대국'을 외치면서 핵무기·탄도 미사일을 개발하고 총병력 약 110만 명의 과다한 병력을 보유하면서 그 주력을 휴전선에 배치해두고 우리들을 위협하고 있다. 따라서 핵문제 해결과 한국군 수준으로 병력을 감축하고 휴전선의 주력군을 철수시킨 연후에 남북한의 화해와 경제교류 및 지원을 해도 늦지 않다고 생각한다.

초기 6·25전쟁에서의 한국군의 패인은 미·소에 의한 대한반도對韓半島 군사정책, 특히 병력의 다과·무기와 장비의 열세, 훈련의 미숙, 지휘능력의 미숙함도 있었지만, 특히 한국군의 내부적 관점에서 볼 때, 채병덕 소장을 육군 총참모장으로 재임명하여 그가 전쟁 직전에 범한 모순된 여러 조치에서 비롯되었으며, 그 원인을 밝히는 정국은의 군법회의 기록을 아직 찾지 못하여 미궁에 빠지고 있다는 점과 한국군은 T-34전차를 파괴할 수 있는 무기를 보유하고 있었으나, 공격방법을 몰랐다는 것을 밝혔다.

우리들이 6·25전쟁에서 배워야 할 가장 소중한 교훈은 한반도에서 전쟁을 억제하고, 민주주의와 시장경제원리를 지키며 평화적으로 남북한을 통일하는 것이며, 그 방법은 우리의 전쟁준비 태세와 역량에 달려 있다는 점을 명심해야 한다. 특히 한국군은 6·25전쟁 · 월남전쟁을 통하여 전투는 했어도 전쟁을 해보지 않았다. 이것은 군사전략 · 국가전략을 수립하여 전쟁준비 · 수행을 해보지 못했다는 것을 뜻함을 알아야 하며, 충남대 평화안보대학원과 3군 대학이 합동으로 공동학술회의를 함에 있어서 이 점에 유의해야 한다는 것과 또한 이 세미나는 우리나라의 군사전략을 포함하여 군사학의 학문적 성과와 질을 높이는 데 기여할 것으로 확신한다.♣

(충남대학교 평화안보대학원 및 3군 대학 공동학술 세미나, 2004년 6월 29일)

16. 일본의 서양 군사이론의 도입·발전에 관한 연구

-해군 전략사상을 중심으로-

• 머 리 말

우리나라는 반도국이며, 이것은 수륙 양서국水陸兩棲國임을 뜻한다. 그리고 현대전쟁은 입체전立體戰을 수행하는 마당이기 때문에, 육·해·공군을 막론하고 군의 간부는 군사이론 전반에 대한 기초 지식이 필요하다. 그리고 이것은 통일 후의 우리의 국방체제 속에서 해군을 어떤 위치에 두어야 하는가 하는 전략적 관점을 부여하는 데 불가결한 초석이라 생각한다.

필자는 일본의 육·해군이 메이지 유신明治維新 후, 서양의 군사이론을 어떻게 도입·발전시켜서 성공했고 또 패망했는가 하는 원인을 규명해 보고자 한다.

군사이론(military theory)[1]이란 군사문제에 관한 연구와 그 개념, 범주, 명제, 법칙 또는 일반이론을 포함한다. 옛날의 군사문제연구의 초점은 "전쟁이란 무엇인가", "어떻게 전승戰勝할 것인가" 하는 두 가지 문제였다. 전자에 대한 해답은 때때로 전쟁철학戰爭哲學이라 했고, 후자는 전략戰略이라고 했다. 전략이란 전쟁수행의 이론과 실제 그리고 군사작전에 있어서 군대의 운용을 의미했다. 군사이론이라 한다면, 적어도 다음 네 가지의 기본적 질문에 대답을 해야 한다. 즉,

---

1) Julian Lider, *Military Theory* (London : Gower Publishing Company, 1983), pp. 1~2 및 pp. 14~15.

1) 전쟁이란 무엇인가

이 질문은 결국 전쟁의 원인, 성격, 형태의 분석과 전쟁의 사회적 결과에 대한 검토, 전쟁에 영향을 미치는 사회적 요인의 연구, 거기에다 여러 가지 전쟁형태의 발발의 방지에 수반되는 문제점을 포함한다.(전쟁철학戰爭哲學)

2) 어떻게 전승하는가

전략에 주요 초점을 둔 군사술(military art : 전략·작전술 및 전술의 총칭)의 분석, 전쟁의 기술적 발전, 보급체제 및 군대의 조직, 운영, 교육문제를 포함한다.(용병이론用兵理論)

3) 어떻게 전쟁준비를 하는가

군사교리의 형성에 관련되는 모든 문제를 포함한다. 즉, 미래전쟁의 개념과 이에 관련하는 정치·군사전략 그리고 국가와 군대의 전쟁에 대비하는 방법이 포함된다.(건군이론建軍理論)

4) 어떻게 전쟁을 억제할 것인가

억제의 이론과 전략이 포함된다.(억제이론抑制理論)

1. 육군 참모본부와 독일 군사이론의 도입

1872년 2월 병력 1만 명을 가지고 천황 직속天皇直屬의 군대, 즉 육군을 창설했다. 육군은 당초 프랑스식에서, 그 후 보불전쟁(1870~1871)에서 프랑스가 패배하자, 프러시아 · 독일식을 채택했으며, 해군은 영 · 미식의 군사이론과 병제兵制 등을 도입했다.

1905년 독일의 참모총장 슐리펜 원수元帥는 클라우제비츠의 『전쟁론戰爭論』(1832) 제5판의 출판을 맞이하여 다음과 같이 말했다. 즉 실제로 클라우제비츠가 뿌린 씨는 1866년 및 1870~71년의 여러 전역戰役 후에 있어서 풍부한 과실의 열매를 맺었다. 그리고 전역에 있어서 발휘된 독일군의 용병술用兵術의 우수성은 근본적으로 『전쟁론』에서 비롯되었다. 더구나 유능한 군인들의 다수는 이 책에 의해 교육되었던 것이다. 또한 실제로 몰트케가 "전략이란 수단의 체계이며, 지식의 실제에의 응용이다"고 말한 것은 클라우제비츠의 정신을 전한 것이다. 몰트케의 총명한 전개展開는 클라우제비츠의 충실한 저술에 바탕을 두고 행한 것이며, 오늘날까지도 출간의 명예를 가지게 이르렀다.[2] 그렇다면, 과연 몰트케는 『전쟁론』을 충실하게 그리고 바르게 이해하고 실전에 옮겼던 것일까?

『전쟁론』은 주지하는 바와 같이, 미완성의 저술이며, 그도 1827년 8월 "만약 내가 빨리 죽어서 이 작업을 끝내지 못하고 현재의 형태로 남긴다면, 그것은 모습을 이루지 못하는 사고思考의 덩어리에 지나지 않기 때문에, 끝없는 오해를 불러들이는 미숙한 표적이 되리라"고 각서覺書로 적어 두었다. 그 후 오해를 불러들인 원인은 당초 그는 적의 타도 · 격멸을 목표로 하는 절대전쟁의 입장에서 제1권에서 제6권까지 원고를 완성했지만, 그 집필과정에서 전쟁사의 연구에 의해 목표를 제한한 현실전쟁으로 입장을 변경한 데 있었다. 그는 현실전쟁의 입장에서 제7 · 8권과 제1권의 1장(완전한 것으로 간주함)을 완성하고 그 외의 원고는 수정을 하지 못하고 요절했기 때문에 오해를 받게 되었다.[3] 환언하면, 『전쟁론』에는 절대

---

2) クラウゼヴィッツ, 『戰爭論』(上卷) 馬込健之助譯(東京 : 南北書院, 1931), p. 22.
3) Carl Von Clausewitz, *On War*, trans, Michael Howard and Peter Paret (Princeton : Princeton University Press, 1976), pp. 69~71.

전쟁과 현실전쟁의 입장이 잡거雜居하고 있는 데서 오해와 문제점이 있다고 필자는 해석한다. 그의 절대전쟁의 요점은 다음과 같다.

> 전술 혹은 전투이론 : 전쟁은 많은 여러 가지 회전會戰의 조합으로 구성되어 있다. 회전에 있어서 적을 패배시키는 기술이 전쟁에서 가장 중요한 일이다. 수세守勢에 있는 경우에 결코 수동적인 입장에 놓이지 않는 것이 기초 원칙이다. 방어는 언제나 공격을 위한 준비이다. 공세攻勢에 있어서 병력의 집중, 결정적 목표에 대한 집중공격 그리고 기습은 성공의 최대의 요결이다.
>
> 전략이란 "회전과 전쟁의 목적달성을 위한 개개의 전투를 조합하는 술術이다"고 정의定義할 수 있다. 전쟁은 적군의 격멸, 적의 자원의 약탈, 적 국민을 묵종默從시키는 세 가지 주요 목적을 달성하기 위해 실시된다. 따라서 적의 주력부대, 수도, 중요한 요새나 보급시설을 분쇄하도록 작전을 수행해야 한다. 대승리를 하여 수도를 점령하면 여론은 우리 편이 될 것이다. 이러한 목적달성을 위해 고려해야 하는 가장 중대한 원칙은 모든 가능한 자원을 총동원 하는 일이다. 여기서 철저함을 결하게 되면, 목적을 달성할 수 없는 경우가 있다. 가령 승리가 거의 틀림없다고 생각되는 경우에도, 승리를 확고하게 하기 위해 최대한의 노력을 기울여야 한다.[4)]

클라우제비츠에 있어서 전쟁에 관한 문제는 평생의 연구과제였으며, 그의 만년의 22년간(1808~1830) 정열과 노력을 기울여 저술한 『전쟁론』에서 규명한 결론인 현실전쟁이란 무엇이며, 왜 그는 절대전쟁에서 현실전쟁으로 입장을 변경했을까?

① 전쟁은 다른 수단에 의한 정책의 계속에 지나지 않는다 : 전쟁이란 다만 하나의 정책의 행위일 뿐만 아니라, 하나의 진실한 정치

4) Peter Paret, *Clausewitz and The State* (Oxford : Oxford University Press, 1976), pp. 194~196.

적 도구이며, 다른 수단에 의한 정치적 활동의 계속이라는 것이 필연적으로 명백하다.[5]

② 전쟁에 의하여 무엇을 달성하려고 하는가, 또한 전쟁을 어떻게 수행하려고 하는가 하는 문제를 미리 생각하지 않고 전쟁을 개시하는 사람은 없을 것이다. 전자前者는 정치목적이며, 후자는 작전목표이다. 이 주요한 원칙에 의하여 군사행동의 방향, 필요한 수단의 규모와 노력을 규정하고 또 작전행동의 상세한 부분까지 그 영향을 미치게 된다. 군사작전의 자연적인 목표는 적군의 타도이며, 개념의 논리적 엄밀을 기하고자 한다면 결국 그것 이외에 다른 목표가 존재할 수 없다. 무엇 때문에 이론적 개념이 그대로 실제로 실현되지 못하는 것일까. 그 의문의 장벽은 전쟁이 국가문제에 영향을 미치는 대단히 많은 요소 즉, 여러 가지 힘과 조건에 의하기 때문이다.[6]

③ 나는 지금까지 전쟁과 개인에 미치는 사회의 이해관계의 상위점相違點을 구별하여 논의했지만, 이 상위相違는 인간성에 뿌리를 박고 있는 것이며, 따라서 철학으로 해결할 수 없는 것이다. 상이相異한 2개의 요소의 통일체라는 것은, 전쟁은 정치적 활동의 일부이며, 따라서 그것만으로 독립하여 존재할 수 없다는 개념에 지나지 않는다.

물론 전쟁의 기원은 정부 및 국민의 교섭인 정책이라는 것은 누구나 알고 있다. 그러나 사람들은 이것을 다음과 같이 생각하고 있다. 즉, 전쟁의 개시와 함께 양국의 정치적 교섭은 단절되고, 이것과 전연 다른 상태가 나타나며, 그것은 자신의 법칙에 따른다고.[7]

---

5) Carl Von Clausewitz, *op. cit.*, p. 87.
6) *Ibid.*, p. 578.
7) *Ibid.*, p. 605.

④ 우리들은 반대의 입장에 있다. 즉 전쟁은 다른 수단을 가진 정치적 교섭의 계속에 지나지 않는다. 여기서 우리들은 "다른 수단을 가진"이라했는데, 다음 사항을 밝히려 하기 때문이다. 전쟁 자체는 정치적 교섭을 단절치 않으며 또 전연 다른 것으로 전화轉化되지도 않는다. 그리고 군사에 있어서 모든 것이 찾아가는 주요한 선은 전쟁을 뚫고 그 후의 평화에 이르기까지 끊임없이 계속 되는 정치적 교섭의 요강에 지나지 않는다. 전쟁은 그 자신의 문법을 가지고 있다. 그러나 전쟁은 그 자신의 논리를 가지는 것은 아니다.[8]

⑤ 요컨대 최고의 수준에 있어서의 용병술은 정책이 된다. 그러나 이 정책은 외교적 각서를 보내는 것이 아니라, 전투를 하는 것이다. 이런 견해에 따르면, 전쟁에서의 중요한 군사적 전개나 계획은 순군사적 판단의 문제로 해야 한다는 주장은 수락할 수도 없을 뿐만 아니라, 또 유해한 것이다.[9]

①~⑤까지는『전쟁론』의 주요 사상을 소개한 내용이다. 그는 이론적 개념의 전쟁, 즉 절대전쟁이 그대로 현실전쟁으로 실현되지 않는 이유를 명시하는(②) 동시에 여러 관점에서 그 문제를 책의 다른 부분에서 설명하고 있다. 그리고 전쟁에 관한 근본적 입장의 차이, 즉 전쟁의 개시와 더불어 양국의 정치적 교섭이 단절되고, 전쟁은 스스로의 법칙(문법)인 적군의 타도·격멸로 향한다는 견해 ③은 일반적으로 장수들이 좋아하고 또 바라는 입장이다.

한편 이와는 다르게, 전쟁은 스스로의 문법은 가지고 있지만, 그것의 궁극적 목적은 전쟁 이외의 정책에서 주어지는 종속적 입장에 있기 때문에, 스스로의 논리를 가지는 것은 아니라는 견해이다(④). 따라서 전쟁

---

8) *Ibid.*, p. 605.
9) *Ibid.*, p. 607.

이란 다른 수단에 의한 다만 정책의 수단에 지나지 않는다(①). 이것은 클라우제비츠의 정책과 전쟁수행의 본질적 통일에 대한 기본적 개념임에도 불구하고 지금까지 빈번하게 잘못 해석되어 왔었다(④). 그리고 그는 전후의 평화의 유지도 고려하고 있다는 것이다(④). 이것은 군사 사상가로서의 그의 명성을 높이는 심오한 사상이라고 필자는 평가하지만, 이 사상은 몰트케를 비롯하여 그 후의 독일 참모본부의 수뇌자들에게는 별로 이해되지 않았거나 혹은 달가워하지 않았던 것이었다(④,⑤).

필자는 보오전쟁(1866)과 보불전쟁(1870)의 작전 과정을 분석해 보았을 때, 전자는 클라우제비츠의 현실전쟁의 입장에서, 그리고 후자는 절대전쟁의 입장에서 수행되었다는 것을 알게 되었다. 즉 몰트케는 작전에 승리하는 방법은 알고 있었지만, 전후의 평화유지의 문제에까지는 생각이 미치지 못했던 것이다. 따라서 몰트케보다는 비스마르크 수상이 『전쟁론』의 핵심 사상을 더 잘 이해하고 있었다고 평가할 수 있다.

메이지明治 육군의 군정軍政에 공헌한 桂太郎(가츠라 다로)(육군대장·수상)는 보불전쟁 직전과 그 후 수년간 독일에서 배웠고, 또 군령상軍令上의 대표자인 川上操六(가와카미 소오로쿠)(참모총장)는 전후 2회의 유학에 의해 독일 참모본부에서 실제의 근무를 체험했고 그동안 몰트케의 지도를 받았다. 1883년의 육군 대학교의 개교도, 몰트케의 참모 양성의 방법에서 배운 것이었다. 桂太郎는 육군에 있어서 군정과 군령의 분립화, 참모본부의 독립 등을 추진하여 공적을 세웠고, 川上操六와 田村怡輿造(다무라 이나조)(참모차장)는 근대 용병이론을 확립하여 참모본부의 기초를 단단히 하는 데 성공했다.[10]

참모본부장이 직할하는 육군대학교는 1883년 2월에 개교했으며, 독일의 몰트케 참모총장이 추천한 맥켈 소령이 육대의 교관으로 부임한

10) クラウゼヴィッツ研究委員会訳, 『戦争なき自由とは』(東京 : 日本工業新聞社, 1982), pp. 521~522.

것은 1885년 3월이었다. 그는 3년간 육대에서 전술교육을 담당했고 또 그의 학술 교육법은 60년간의 육대에 일관되게 흘렀으며, 육대 교육의 원점이 되었던 것이다.[11] 그가 담당한 과목은 전술실시, 병기兵棋, 참모여행參謀旅行이었으며, 군사이론의 관점에서 본다면, 용병이론 가운데 가장 수준이 얕은 작전술, 전술뿐이며, 군사전략, 국가전략 그리고 전쟁철학은 가르치지 않았다.

일본의 참모본부는 독일의 참모본부로부터 충실히 업무수행의 방법을 배웠다. 몰트케는 새로 등장한 철도 및 무선 전신기를 활용한 병력집중(분진합격分進合擊의 방식)의 용병술을 발전시켰다. 그러나 그는 클라우제비츠가 주장한 즉, "전쟁은 스스로의 문법(원칙)은 가지고 있으나, 스스로의 논리는 갖지 않는다"는 군사에 대한 정책 우위政策優位의 군사사상을 수용하지 않았기 때문에 군국주의에의 길을 열었다. 독일에서는 1870년 이후, 군국주의(militarism)란 국가생활에 있어서 문민에 대한 군인의 지배, 군사적 요구의 과도한 우월, 군사적 사고思考, 정신, 이념 및 군사적 가치 척도의 강조의 뜻으로 사용되었다.[12]

일본의 참모본부와 군 수뇌들도 군사에 대한 정책 우위의 군사사상을 수용하지 않았을 뿐만 아니라, 소위 통수권統帥權의 독립을 내세워 군사는 완전히 정책(국무國務)으로부터 벗어나게 되어 군국주의로 흘러 결국 태평양전쟁에서 패망하고 말았다. 또한 그들은 독일의 용병술을 도입·발전시켜 청일·노일전쟁에서 승리하는 계기를 만들었으나, 그것은 어디까지나 용병이론에 속하는 것이고, 높은 차원의 국가전략이나 전쟁철학에 대해서는 관심을 가지지 않았다. 그리고 제1차 대전 이후 전쟁의 성격은 지구전·총력전으로 변했음에도 불구하고, 속전속결의 작전술에만 매달리는 태도와 경향 때문에 패망의 주요 원인이 되기도 했다.

---

11) 上法快男編, 『陸軍大學校』(東京：芙蓉書房, 1973), p. 265.
12) Alfred Vagts, *A History of Militalism*, Meridian Books, Ins., 1959, p. 14.

2. 해군의 영·미 군사이론의 도입과 발전

근대적인 해군 군사이론은 함선 그 자체가 풍향이나 조류 등의 자연적 작용에 의해 좌우되고 또 함대 행동에 있어서 시간적 정확성을 유지할 수 없는 한, 확고한 과학적 기초 위에 조직적인 연구를 할 수 없었다. 그러나 증기선蒸氣船의 출현은 이 문제를 해결해 주었던 것이다. 마한 제독은 이런 사정을 다음과 같이 설명했다. 즉 생각건대, 해군 용병술의 진보가 늦은 것은 범선帆船의 원동력이 불확실한 데 기인하는 바, 많을 것이다. 당시의 육군 장성은 거리를 행군 도수度數로 환산할 수 있었지만, 해군 제독은 거리를 일수日數로 환산할 수 없었던 것이다. 증기기관은 함대의 행동을 비교적 확실하고 정확하게 만들었다. 이제는 역풍이나 역조류逆潮流는 단지 수렁길(이로泥路)이나 산길에 비할 수 있는 것으로서, 이에 대해서는 미리 시간적인 여유를 계산할 수 있으며, 또한 거리의 추산에 있어서는 추진기推進機의 회전수가 육병陸兵의 보수步數보다도 정확한 표준이 될 수 있게 된 것이다. 그리하여 해군 용병술의 연구가 비로소 가능하게 되었다.[13]

해군의 군사이론, 즉 해상전략의 연구가 학문으로서 이론체계를 갖추게 된 것은 1890년 미국의 마한에 의한 『해양력 사론海洋力史論』과 같은 해에 출간된 영국의 코름에 의한 『해전론海戰論』에서 비롯되었다. 그 후 각 국에서는 그 나라의 국정에 따라 해군 전략론이 출간되었는데, 크게 나눈다면, 미·영·일 등의 제해권 사상制海權思想과 독·불·러 등의 육군국에서의 연안 방비·통상 파괴·육군 엄호 등을 주로 하는 사상으로 분류할 수 있다. 이 두 가지 사상은 기본적으로 해양에 대한 동질의 가치관을 가지고 있지만, 지리적 환경의 차이에 따라 서로 다른 전략

13) 마한, 『海軍戰略論』 李充熙·金得柱 譯(서울 : 同元社, 1974), pp. 110~111.

구상과 무기·장비체계를 갖추게 되었다.

마한의 『해양력 사론』 및 『해군 전략론』에 대해서는 지금까지 여러 번 논의되었기 때문에 생략하고 코름의 저서 『해전론』을 소개코자 한다.[14)]

코름은 그의 저서에서 "적어도 정식적正式的 분석이나 정식적正式的 논평에 적합한 유일한 전쟁은 육전陸戰뿐이고, 해전海戰은 이와 관계가 없다"고 하는 종래의 일반적인 오류를 시정하고 해전사상海戰史上에도 일정불변一定不變의 원칙의 성립이 가능하다는 것을 증명하려고 했다. 그는 최초로 근세에 있어서 해상 군사문제가 독립적인 의의를 가지며, 거기에 상응하는 해군전략의 기초나 원칙이 정형적定形的인 모습을 갖추게 된 것은 16세기 중엽 이후이며, 주로 상업자본의 발달에 의한 거대한 해상무역의 창출과 조선술의 진보에 의한 원양 항행용 선박의 출현이라는 두 가지 사실에 원인이 있다고 주장했다.

이러한 출발점에서, 코름은 그 후의 해전사海戰史의 면밀한 분석과 검토를 실시하여, 거기서 해군 전략상의 여러 요소의 발생, 성장의 과정을 구체적으로 입증하고, 특히 그 중추인 제해권 개념의 확립을 역사적으로 그 기초를 확립했다. 그 외도 함선의 병력 구분과 전열조직戰列組織의 문제, 통상의 보호 또는 공격, 함종艦種과 전술과의 관계의 문제를 논의하고, 더욱이 제해권의 내용(수단 혹은 목적으로서)이나, 육지 공격과 제해권과의 관계에 대해서도 상세히 검토를 가했다. 코름의 결함은 현존 함대사상(fleet in being)을 중시했다는 점이 지적되고 있다.

현존 함대의 기원은 1690년 영·불 함대의 비취헤드 해전에서, 영국의 아더 허버트 제독이 결전을 회피하고, 전장 철퇴를 하여 본국으로 도망치고 말았다. 그리하여 그는 군법회의에 회부되었는데, 그 신문에

14) 小山弘健, 『軍事思想の硏究』(東京 : 新泉社, 1970), pp. 138~140.

서, "우리가 현재 함대를 보유하고 있는 한, 적은 함부로 우리를 침략할 수 없다."(The enemy can not invade us while we have a fleet in being)고 변명하여 무죄가 선고되었다. 즉, 영국의 함대가 존재하고 있다는(fleet in being) 그 자체가 프랑스로 하여금 영국을 함부로 침공해 오지 못하게 한다는 논리이다. 이에 대해 마한은 이의를 제기했다. 즉, "코름의 해군 병력－반드시 우세를 요하지 않고 균형 이하의 경우에 있어서도－의 단순한 존재를 가지고 해·육군 합동의 원정遠征을 중지시킬 이유가 된다는 주장은 극단에 흐른 감이 있다고 씌어져 있다. 마지막 독후감의 인상을 요약하여, 이 설은 모험 없이는 전쟁을 할 수 없다는 나폴레옹의 올바른 금언을 무시한 것이다.…"[15)]

20세기 초기 해군국인 영국과 미국의 해군 전략가들이 논의의 불꽃을 튀기던 "현존 함대現存艦隊의 전략사상에 대해 서애 유성룡은 『징비록懲毖錄』(1603년경)에서 이 문제를 명쾌히 해답하였다. 즉, 함대가 존재하고 있다는 그 자체가 적의 행동을 저지 혹은 억제할 수 있는 것이 아니라, 싸울 의지가 결부되어야 한다는 것을 주장했다. 그리하여 '적을 견제하다가 기회를 엿보아 기습으로 다행히 한 번 승리한다면, 상륙했던 왜병(육군)은 내륙 깊이 쳐들어오지 못 한다'"고.[16)]

일본 해군은 청일전쟁의 부산물의 하나로 근대적 군사이론이 일어나기 시작했다. 즉 전쟁에서의 전술적인 체험과 외국에서의 풍부한 해군사상의 이론적 성과가 결합하여 일본에서도 해군 전략사상의 형성이 시작되었다. 여기에 박차를 가한 것은 3국 간섭이 가져온 굴욕감과 위기의식이 높아졌기 때문이었다.

열강국의 강압적인 요구의 배후에는 강력한 해군력의 뒷받침이 있다는 사실을 아는 국민은 적었다. 에도시대江戶時代 300년간 쇄국체제하에

---

15) 마한, 전게서, p. 348.
16) 李鍾學, 『韓國軍事史序說』(경주 : 서라벌군사연구소, 1990), pp. 245~248 참조.

서 완전한 농본주의의 생활을 했기 때문에 국방상 육군의 중요성을 알고 있지만, 해군의 중요성은 알지 못했다. 해군 대신 山本權兵衛(야마모토 곤베이)는 일본과 지리적 환경이 유사한 영국에 佐藤鐵太郎(사토 테츠다로) 소령을 1899년에 파견하여 3년 가까이 연구케 하여 귀국해서 『제국 국방론帝國國防論』(1902)을 집필케 했고, 이것을 더 부연하여 『제국 국방사론帝國國防史論』(1910)으로 발전시켰다. 佐藤의 국방 및 군사이론의 요지를 소개하면 다음과 같다.[17]

① 국방의 본의本義는 국체國體를 옹호하고 적으로 하여금 우리를 넘겨다보지 못하게 하는 데 있고, 또 군비軍備의 본의도 이에 따라야 한다. 국방의 실제적 임무는 국가의 안녕, 행복의 유지와 증진, 통상무역의 보호와 확장 그리고 타국의 간섭을 허용치 않는 데 있다. 국난을 당해서도 적병이 국토 내에 들어오지 못하게 하고, 평시와 같이 평온하게 통상무역을 할 수 있게 하는 데 있다.

② 우리나라의 국방은 유럽의 영국과 마찬가지로 해상을 장악하지 않으면 달성할 수 없다. 따라서 바다를 장악하지 못하면 해도국海島國의 정복은 이룰 수 없으니, 해전海戰에서 승리할 수 있는 군비를 충실히 한다면 충분히 방위의 목적은 달성할 수 있다. 일본에 있어서 해군은 사활死活 문제이나, 육군은 이익利益 문제에 지나지 않는다.

③ 군비의 목적인 본국의 방위를 온전히 하기 위해서는 첫째로 제해적制海的 무력武力을 충실히 하는 데 있다. 육군도 확장하고 또 해군을 확장해도 실제로는 조금도 염려할 것이 없다는 얘기도 있으나, 이것은 커다란 잘못된 견해이다. 국가의 생존상 필요치 않는 군비에 대해 무제한으로 국력을 경주한다는 것은 잘못이며, 자위自衛에 멀고 침략에 가까운 것은 반드시 망국亡國의 기본이다.

④ 어떤 국가라 할지라도 세계적 대국이 되기 위해서는, 반드시 해양적

---

17) 佐藤鐵太郎, 『帝國國防史論』上·下卷(東京 : 原書房, 1979) 참조.

> 발전을 해야 한다. 따라서 한편으로는 대륙방면으로 발전하고, 다른 한편으로는 해양적 사업의 발전을 꾀하는 대륙의 여러 국가는, 예컨대 오른 손으로 원을 그리고 왼손으로 그림을 그리기를 바라는 것처럼 영원히 세계적 대국이 될 수 없다. 이에 반하여 일본과 영국처럼 섬나라는 세계적 대국으로 영원히 존속할 수 있는 하늘이 준 은혜를 누리고 있으니, 이 점에 주의하여 이 천혜天惠를 잃지 않도록 해야 한다.

佐藤에 의하면, 일본의 국가정책은 자위自衛와 해양적 발전을 약속하는 해양정책을 채택해야지, 결코 대륙에 있어서 독력獨力으로 러시아와 대결하는 우책迂策을 취해서는 안 된다고 역설했다. 그러나 메이지明治 정부는 1887년경부터 '개국진취開國進取'를 국시國是로 하는 대륙정책(침략정책)을 채택하여, 1945년까지 58년간의 결과는 전쟁과 무조건 항복이었다. 그런데 일본은 패전 후, 오늘날까지 50년 가까이 해양정책을 채택함으로써 평화·번영 그리고 경제대국으로 발전한 것을 생각하면, 佐藤의 해양정책에 대한 선견지명先見之明이 있었다는 것이 역사적 사실로 증명되었다고 보아진다.

秋山眞之(아키야마 사네유키) 대위는 1887년부터 3년간 미국 유학의 명을 받았다. 그는 당초 미 해군대학에 입교를 원했으나, 외국장교에게는 입학이 허용되지 않는다는 것을 알고 마한 제독을 찾아가서 독학으로 하는 해군전술의 연구법을 문의했다. 마한은 秋山에게 다음과 같이 가르쳤다.

> 첫째 : 과거 전사戰史의 실례를 모두 조사하라. 전사는 고대나 근대, 해상이나 육상을 모두 연구하면서 승패勝敗의 원인을 찾아야 한다.
>
> 둘째 : 권위 있는 대가大家의 병서兵書를 읽음으로써 그의 의견, 체험 그리고 법칙과 같은 것을 터득하라. 그렇게 하면 점점 당신 자신의

생각이 생겨날 것이다. 나도 그런 방법으로 독학으로 연구했다. 먼저 조미니의 『전쟁술戰爭術』을 읽는 것이 좋을 것이다.

秋山는 마한의 조언에 따라 자유로운 입장에서 연구를 계속했으며, 당시 최고의 수준을 자랑하는 해군 군사이론의 사상체계를 비판적으로 섭취할 수 있었다. 그리고 마침 발발했던 미・스페인 전쟁을 관전하며 삼슨 제독 이하 미 해군 수뇌부의 작전지휘를 보고 또 검토할 수 있었던 것은 행운이라 하겠다. 또한 1899년 북대서양 함대 기함에 탑승하여 각지를 순항하면서 많은 견문을 넓혔다. 후에 그가 체계를 수립한 해군 전략・전술은 체미滯美 중에 서서히 형성되어 갔다. 특히 그가 애독한 병서는 조미니의 『전쟁술』, 브루메의 『전략론』 그리고 『야지마류 해적고법野島流海賊古法』 등이 있었다.[18] 그는 미국 유학을 끝마치고 귀국하여 노일전쟁을 전후하여 두 번 해군대학교 교관을 역임하였고, 강의제목은 「해군 기본전술海軍基本戰術」, 「해군전무海軍戰務」, 「해군 응용전술海軍應用戰術」 그리고 「해군전략」이었다. 그 내용을 간략하게 소개하면 다음과 같다.[19]

1) 해군전무海軍戰務

이것은 영어의 Logistics이며 병술을 실시함에 있어서 군대를 지휘통솔하고 혹은 행동, 생존을 관리하는 업무이다. 육군에서는 「수병술帥兵術」이라 했다. 내용은 명령 하달, 보고 및 통보, 통신, 항행, 정박, 수색 및 정찰, 경계, 봉쇄, 육군의 호송 및 상륙 엄호, 급여, 함대 전무용 도서艦隊戰務用圖書의 분류 등이 씌어져 있다. 이 가운데 수색 및 정찰의 항에 「수

---

18) 生出壽他, 『秋山眞之のすべて』(東京 : 新人物往來社, 1987), pp. 114~118.
19) 상게서, pp. 121~127.

색의 종별 및 방법」이 적혀 있는데, 해상 수색의 방법에는 두 가지 종류가 있으며, 「수색열搜索列」과 「수색호搜索弧」를 소개하고 있다. 「수색호」란 수색함을 출항시켜 반드시 적을 발견하는 방법으로 吉松茂太郎(요시마츠 시게다로)가 최초로 프랑스 해군에서 시작한 것을 도입했으나, 秋山는 미국 유학 중 웬라이트 소령이 『미 해군협회보』에 게재한 논문, 「수색호」(Search Curver, Some Applications and Limitations)를 읽고 이것을 더욱 연구한 것이었다.

이 수색법은 후에 발틱함대를 발견하기 위해 폈던, 수색망으로 적 함대를 발견함으로써 위력이 실증되었다. 항만에 있는 적 함대의 봉쇄에 대해서도, 미국 유학 중, 미·스페인 전쟁의 관전을 통해 주의 깊게 관찰했으며, 그의 보고서의 결론은 "봉쇄를 확실하게 속행하기 위해서는 봉쇄함대의 병력은 적어도 적에 대해 2배의 우세가 필요하다. 그리고 봉쇄의 방법에는 직접 봉쇄와 간접 봉쇄의 구분이 있다. 직접 봉쇄란 봉쇄함대의 주력이 적전敵前에 나타나서 위력을 가지고 직접 적을 제압하는 것을 말하며, 간접 봉쇄란 주력을 먼 곳에 두고 적에게 나타내지 않으며, 다만 경계대를 가지고 적을 감시하는 것을 말한다. 간접 봉쇄에 있어서 봉쇄함대 주력의 근거지는 적 항구로부터 50~70해리의 지점을 택하고, 그 위치는 적의 출동하는 방향에 두어야 한다. 봉쇄의 위력을 증대하기 위해, 항외港外에 기뢰 혹은 장애물을 부설하는데, 이것은 모두 제일초선第一哨線 내에 하며…" 그는 노일전쟁 때, 여순항 봉쇄작전을 실시하면서 그대로 적용했다.

2) 해군 기본전술

秋山는 나폴레옹, 브루메, 오자吳子 등의 말을 인용했는데, 특히 마한의 다음 말을 인용했다. 즉, "전사戰史를 강구講究하는 장교는 전술의 변화는 무기의 변경 후에 일어날 뿐만 아니라, 그 사이(전술의 변경과 무기 변경의 사이)가 너무 길다는 점을 관찰해야 한다. 아마도 그 원인은 무기의 개량이 개인의 힘에 의해 이루어지지만, 전술의 변경은 수구적 다수 장교의 습관을 타파해야 하기 때문에 일조일석一朝一夕에 성취할 수 없는 데 있으며, 이것은 실로 통탄할 커다란 병폐이다. 이 병폐를 저거하기 위해서는 다만 공명한 마음가짐을 가지고 옛 전술의 각 변경을 관찰하고, 지금의 신함선 및 신무기의 세력의 정도 여하를 고찰하여 그 질에 준하여 이점을 이용하는 방법을 강구하는 데 있고, 또 그 신전술을 구성하는 데 있다. 군인이 이 방법을 강구한다는 것은 결코 헛된 수고가 아니며, 언제나 이 방법을 강구하는 자는 반드시 전장戰場에 임하여 승리를 얻는다는 것은 옛 역사가 명시하고 있다."

秋山 이후 일본의 해군 전략·전술·전사의 연구는 이런 마음가짐이 부족하였다는 것을 생각하지 않을 수 없다. 기본 전술의 내용은 전투력의 요소, 전투 단위의 본능, 함대의 대형, 함대의 운동법으로 되어 있는데, 이것들은 그 시점(1903년 4월)까지의 기본 전술을 집대성하고 또 명확히 했던 것이다. 특히 기본 전술은 "유형적 요소에 바탕을 두고 유형적 방술方術을 연구하는 데 멈추고, 무형적 심술心術의 범위에는 들어가지 않는다. 이 심술에 관한 것은 응용전술에서 강구하고자 한다"고 말했는데, 秋山의 가장 자신 있는 것은 「응용전술」임을 말하고 있다.

3) 응용전술

秋山는 응용전술의 서언緖言에서, 학술상의 편의상 설정한 명칭으로 마치 기본 화학, 응용 화학 혹은 기본 삼각형, 응용 삼각형과 다르게 부르는 것과 같다고 했다. 그는 여기서 굴적주의屈敵主義를 주장한다. 섬멸전이 아니고, 적의 저항력을 없애어 우리에게 굴복하지 않을 수 없게 하는 것을 전투의 목적으로 삼은 데 그 특징이 있다. 전투에 있어서, 공격의 정기正奇와 허실虛實을 논하고 있다. 정법正法만의 공격은 그 전투가 다만 힘만이 되어, 가령 싸움에 승리해도 서로 살상자가 많아서 많은 병력의 손실을 가져오기 때문에, 기법奇法을 병용해야 한다. 이 정기正奇의 병합전법倂合戰法은 예컨대, 정正은 주전晝戰이고, 기奇는 야전夜戰 혹은 정은 함대 결전이고 기는 기습이다.

노일전쟁 때까지의 일본 해군은 마한과 코름의 전략사상을 충실히 신봉하여 실시해왔다. 그 후 청일·노일전쟁의 교훈과 동양병학 등을 첨가하여 그들 나름대로의 군사이론을 발전시키고자 노력했으며, 그 결과가 사토의 『제국 국방사론帝國國防史論』이고 또 秋山의 『해군 기본전술』, 『해군전략』 등이었다. 특히 秋山는 전술 강의의 서론에서 미래전의 3차원적 양상을 예견하고 공군 만능론萬能論이 멀지 않아 전함 무용론戰艦無用論을 낳게 될 것이라고 경고했는데, 그 후 40년이 경과하여 태평양전쟁에서는 전함 대 전함의 대결은 없었고, 항공 타격전으로 막이 올랐을 뿐만 아니라, 항공 주병주의航空主兵主義가 대함거포주의大艦巨砲主義를 압도했다는 것은 주지의 사실이다. 그렇다고 해군의 함선이 전연 필요 없다는 견해는 물론 아님을 부언해 둔다.

3. 일본의 국방과 육주해주陸主海主 논쟁[20)]

1893년 5월 19일 해군도 육군과 마찬가지로 군령기관軍令機關을 가짐으로써 보조를 맞추게 되었으나, 육·해군의 군령기관의 전시戰時의 관계를 규정할 필요가 생겼다. 이 날 전시의 양 군령기관의 관계를 명시

---

20) 伊藤皓文, 「陸主海主論爭」『軍事史學』 31號 (東京 : 錦正社, 1972), pp. 17~33.

한 전시 대본영조례戰時大本營條例가 제정되었다. 이 조례에 의하면 육군 참모총장과 해군 군령부장은 함께 천황 직례直隸의 군령기관이지만 사태가 급하여 대본영이 설치되는 경우, 참모총장이 천황의 참모장이 되어 육·해군의 작전을 종합계획하게 되었다. 따라서 군령부장은 참모총장의 예하에 들어가서 그 지휘를 받게 되어 법규로 육주해종적陸主海從的 군제軍制가 성립되었다.

청일전쟁은 상술한 조례에 의해 수행되었으나, 1899년 1월 개정의 제안이 해군 대신(山本權兵衛)에 의해 제출되어 동년 12월에 개정되었는데, 그 동안 참모장을 한 사람으로 하느냐, 두 사람으로 하느냐, 그리고 국방계획에 있어서 육·해군 어느 쪽이 주도권을 잡느냐는 등 일본의 국방에 관한 본질적 문제를 논쟁하게 되었다.

육군은 육군이 주主가 되고 해군이 종從이 되어야 하는 이유를 다음과 같이 주장했다. 즉 군대의 존폐, 국가의 존망에 관한 경중輕重을 기준으로 하여 육·해군을 비교하면, 그 주간은 육군이고, 해군은 보익輔翼이라는 것은 누구나 알고 있다. 해군은 국토 외의 파도 위를 가지고 관구管區로 하고, 함선을 가지고 성립되기 때문에 태풍과 안개 등에 의해 영향을 심하게 받고 또 하물며 우세한 적을 만나 전군이 모두 전력을 잃게 되면 연해沿海는 적의 소유가 된다. 이런 불행한 사태가 되면, 해군은 없어지고 만다. 그럼에도 불구하고 나라는 존재하고 생존에 손상을 입지 않는다. 이에 반하여 육군은 국토가 있고 또 국민이 존재하는 한, 황실을 보위하고 국가의 독립을 보지하는 자이고, 만약 섬멸되는 날이면 국가의 멸망이기 때문에 그 관계와 책임이 대단히 중요하다. 따라서 전시를 고려하고 국방을 관찰했을 때, 육군이 주간이 되고 해군을 보익으로 한다는 것은 사리 상 당연하다. 그리고 육군을 가지고 건국을 하는 자는 많아도 아직 해군만을 가지고 했다는 자는 없다. 또 내외의 역사를 보아 전쟁을 가지고 이를 증명하여도 아직 해전을 가지고 국가의 존망을 결정한 자는 없고, 이를 결정하는 것은 반드시 육군이며, 육전은 수전首戰이고 해전은 지전支戰이다.

해군은 육군이 "국민과 국토가 있고 육군이 섬멸되지 않는 한, 국가는 보존된다"는 견해에 대해 반박하기를 이것은 오늘날 개명국開明國에 있어서, 사회의 조직을 이해하지 못하고, 젊은이를 가지고 국가 병력의 유일한 요소로 보고, 다른 것을 인정치 않으려는 의론議論으로 이와 같은 사상은 아득한 옛날 사회의 조직이 극히 단순하여 민족단체의 목적은 다만 서로 물건을 쟁탈하고 살육하는 데 멈추며, 상공업 등 경제상의 이익을 이해하지 못하고 인지人智가 유치하여 전투에 정교한 기계를 사용하는 것을 알지 못하고 다만 백병전白兵戰으로 결정하는 시대에는 적당하리라. 그러나 오늘날처럼 사회가 발달한 상태에는 통하지 않는 것이 명백하니 더 반박할 필요가 없다.

전쟁의 종국은 반드시 육군에 의해 이루어지며, 양국간의 운명을 결정하는 것은 본전本戰에서 주위主位를 점하는 것은 육군이라는 견해에 대해 해군은 다음과 같이 반박하였다. 즉, 무릇 국방상 육 · 해군 간에 어느 것을 주위로 하느냐 하는 문제는 국토의 위치와 국제관계상의 지위의 여하에 의해 결정되는 것이다. 우리 국토의 위치처럼 사면이 바다요, 섬으로 구성되어 있어 공수攻守 어느 경우나 군대를 움직이려면, 반드시 제해권을 획득한 연후라야 한다는 것은 더 길게 논의할 필요가 없다. 국가적 경제책은 오늘날 국가의 이익을 중심으로 하는 만국 공통의 경제, 즉 국제적 경제의 정책을 강구해야 하며, 오늘날 발달된 국가 사회의 조직에 있어서는 국가의 융체隆替는 거의 그 나라의 경제상의 성쇠盛衰에 따르게 되었다. 국가의 경제상에 관한 이해利害는 곧 국가의 이해와 일치하므로, 국방의 대방침도 이와 관련이 많다. 나라의 경제적 활동의 무대는 현재, 미래를 통하여 양양한 바다에 있다는 것은 주지의 사실이다. 따라서 반드시 국방의 주위主位를 육군에만 두어서는 안 된다는 것은 더 말할 필요가 없다. 그렇다고 국방상 해군 만능을 주장하는 것도 아니고, 해·육군이 서로 협력해야 국방을 완수할 수 있다.

佐藤鐵太郎는 두 가지 가정,[21] 즉 한·만韓滿에 파견된 육군이 패하고, 해군이 승리하면, 그래도 국토는 온전할 것이다. 그러나 육군이 승리하고 해군이 패하면 육군이 승리했다 해도 병참선이 끊어져 결국 패할 것이고, 또 적이 일본 본토에 상륙하면 육군의 정예부대가 소멸되었으니, 곧 국토는 점령당하고 만다. 따라서 일본의 국방에 있어서 해주육종海主陸從을 주장했는데, 적어도 이론적으로는 타당했으나, 실권은 육군이 장악하여 육주해종의 자세로 국정을 밀고 나갔기 때문에, 청일·노일전쟁, 만주사변, 중일전쟁, 태평양전쟁으로 이어져 결국 연합군에게 무조건 항복을 했다. 일본이 패망할 때(1945. 8), 일본에는 육군 병력이 약 550만(국내 240만, 외지 310만)이 있었지만, 본토 결전을 하지 못하고 항복했던 것이다.

국무와 통수統帥, 육군과 해군 사이에 일어난 여러 가지 국방상의 문제점은 결국 메이지 초기, 육군은 대륙국가인 독일에서, 해군은 해양국인 영·미국에서 군사이론이나 군사제도 등을 도입한 데 원인이 있었고, 또 클라우제비츠의 『전쟁론』 사상을 도입함에 있어서도 올바른 해석이 결여되어 있었을 뿐만 아니라, 작전·전술 차원에만 관심이 있었다. 더 차원이 높은 전쟁철학에 관심이 적었다는 것이 긴 안목으로 본다면 일본의 패망과 직결되는 것이다.

일본에서의 육주해주陸主海主 논쟁은 섬나라인 일본으로서는 당연히 해주육종海主陸從이 되어야 함에도 불구하고 메이지 유신부터 패전 때까지 육주해종으로 일관되었다는 데 재난이 숨겨져 있었다. 이 문제는 통일 후의 한국에 있어서도 제기될 가능성이 많은 문제이다. 그 이유는

---

21) 佐藤鐵太郎, 前揭書, 上, p. 159.

우리는 반도국이기 때문이다. 대륙에 위협적인 적이 존재하는 경우, 우리는 육주해종의 국방체제를 갖추어야 한다. 그러나 바람직한 방향은 대륙 접경국들과는 우호·협력관계를 유지하면서 해주육종으로 무역입국·해양활용과 발전으로 나아가는 길이 바람직하다고 확신한다. 마치 통일신라가 해양정책을 추구했듯이.

4. 해전 요무령海戰要務令과 신군비계획론新軍備計劃論

일본 해군에 있어서 병술兵術(전략·전술) 사상이 어느 정도 틀이 잡히기 시작한 것은 1894년의 청일전쟁 전후였으며, 완성된 것은 『해군 연습교범』에서였다. 그 후 1901년 秋山 소령이 기초한 『해전에 관한 강령』이 골자가 되어 『해전 요무령』을 제정하여 해군 내에 배포되었고, 노일전쟁(1904) 때 적용되었다. 그 후 1910년 제1차 개정을 했던 『해전 요무령』은 일본 해군의 병술 사상의 중핵·골자가 되었고 또 전범典範으로서 병술 사상의 통일에 중요한 역할도 수행했으나, 문제점도 내포하고 있었다.

첫째 : 『해전 요무령』은 전쟁형태의 변화(사회의 변화, 과학의 발달, 무기·군사기술의 발전 등)에 적응하여 조속히 개정을 해야 하는데, 이것을 개정하자면 천황에까지 올라가야 하는 절차상의 번잡함이 있어서 늦어지는 경향이 있었다는 것.

둘째 : 『해전 요무령』은 제1급 비밀문서로 분류되어, 이를 보관하는 책임자는 문서의 망실을 두려워 한 나머지, 이용 희망자에게 차용하는 것을 바라지 않았다. 따라서 병술 사상의 보급, 개정 및 발전에 적지 않은 저해 요인이 되었다. 『해전 요무령』의 실질적인 제정자, 秋山도 해군의 지나친 비밀주의를 한탄했다.

셋째 : 『해전 요무령』은 일본 해군의 해전의 복음적福音的 교범 내지

이데올로기화되어 변혁하기 어렵게 되었다는 점이다. 즉 대함거포주의大艦巨砲主義에서 항공주병주의航空主兵主義로의 전환이 어려웠고 지연되었던 것이다.

1907년『제국 국방방침』이 제정되었는데, 해군은 미국을 가상적국으로 설정했으며, 침공해 오는 미국 함대를 일본의 근해에서 격멸한다는 「용병강령用兵綱領」이 결정되었다. 그 내용은 청일전쟁·노일전쟁, 특히 대마도 해전을 통해 러시아의 발틱 함대를 철저히 격멸했기 때문에, 그들의 병술은 전통화되었으며, 그것은 대함거포주의에 입각한 함대 결정 사상이었다. 즉 일본 해군의 대미작전요령對美作戰要領은 태평양을 횡단하여 침공해 오는 이 함대를 마리아나 제도諸島의 동방에서 맞이하여 해전을 하는 작전이며, 일본 해군에서는 이것을 「요격작전邀擊作戰」이라 했는데, 이것은 선수후공(defensive-offensive)의 전략이었다. 이것은 30년 이상 변하지 않았고, 일본 해군의 전통적·정통적인 대미전략이 되었으며, 그들의 군비, 편성 및 교육·훈련은 여기에 기초를 두고 있었다.

1941년 봄, 대함거포주의에 입각한 함대결전을 지향하는 군령부의 군비계획의 예산화를 둘러싸고, 해상관저海相官邸에서 해군성·군령부의 수뇌회의가 열렸다. 거기에 출석했던 항공본부장, 井上成美(이노우에 시게요시) 중장의 수기手記와 그의 「신군비계획론」을 소개하면 다음과 같다.[22]

군령부의 설명에 의하면, 다만 미국이 전함 A척을 가지니, 일본도 8/10 A척이 필요하다. 미국이 항모 B척을 가지니, 우리도 반드시 8/10 B척을 가져야 한다. 이런 사고방식으로 미국의 군비에 추종하여, 각종의 함정을 몇 할을 가져야 한다는 상투적인 계획이며, 그 사이에 일단 전쟁이 일어나면, 어떤 싸움을 할 것인가, 그 싸움을 무엇으로 이길 것인가, 그러기 위

22) 實松 讓,『海軍大學教育』(東京 : 光人社, 1975), pp. 194~196.

해서는 무엇이 몇 척 필요하다는 내용의 설명도 없고 계획에도 나타나 있지 않았다. 일본과 같은 나라의 국정의 특징과 창의創意가 풍부한 군비를 가져야 하는데, 이 계획에는 조금도 자주성도 없고, 또 특이성도 없었다. 이런 두찬杜撰한 계획에 방대한 국비를 지출할 정도로 일본은 부자나라가 아니며, 가령 이 계획대로 군비가 완성되어도 미국과 싸워 이기지 못한다. 같은 돈을 쓴다 하여도 좀 더 현명한 사용법이 있다. 군령부는 이 요구안을 철회하고 더 연구를 하는 것이 좋을 것이다.

井上는 자기의 주장인 「신군비계획론」을 해군 대신에게 제출했는데, 그 요점은 다음과 같다.

① 항공기가 발달한 오늘날, 앞으로의 전쟁에서는 주력함대와 주력함대의 결전은 절대로 일어나지 않는다.
② 거액의 돈이 소요되는 전함을 건조할 필요가 없다. 적의 전함이 몇 척이 있어도, 우리들에게 충분한 항공 병력이 있으면 모두 격침시킬 수 있다.
③ 육상 항공기지는 절대로 침몰하지 않는 항공모함이다. 항공모함은 기동력이 있기 때문에, 사용하기에 편리하지만 대단히 취약하다. 따라서 해군 항공 병력의 주력은 기지 항공 병력이어야 한다.
④ 대미전對美戰에 있어서, 이들 육상기지는 국방 병력의 주력이며, 태평양에 산재하는 섬들은 하늘이 준 보배이며 대단히 중요하다.
⑤ 대미전에서는 이들 기지 쟁탈전이 반드시 주작전이 된다고 단언한다. 말을 바꾸어 한다면, 상륙작전 및 방위전이 주작전이 된다.
⑥ 이런 관점에서 이들 기지의 전력戰力의 지속이 무엇보다도 중요하다. 그래서 기지의 요새화를 신속히 실시해야 한다.
⑦ 따라서 기지 항공 병력 제일주의로 항공 병력을 정비 · 충실화해

야 한다. 이를 위해 전함, 순양함 등은 희생해도 좋다.

⑧ 일본이 생산하고 또 싸움을 계속하기 위해서는 해상 교통로의 확보가 대단히 중요하기 때문에, 이에 소요되는 병력은 두 번째로 충실히 할 필요가 있다.

⑨ 잠수함은 기지 방위에도, 통상보호에도 그리고 공격에도 사용할 수 있는 함종이기 때문에 세 번째로 고려하여 충실히 해야 한다.

井上는 전후戰後 다음과 같이 회상했다. 즉, 개전 초두에 우리 해군기지 항공부대가 남지나 해에서 영국의 전함 2척을 격침했을 때, 그 전과를 기뻐한 것은 당연했지만, 전전戰前의 나의 예언이 그 싸움에서 입증되었다는 것이 나로서는 더 즐거웠다. 그리고 다른 예언, 경고도 모두 실전에서 증명(일본이 패배하는 쪽으로)되었다는 것은 두렵기도 하였고 또 슬프기도 했다.

井上의 견해는 개전 후의 전국戰局의 추이推移를 예언한 탁견이었다. 그러나 비율주의(8할주의)와 대함거포주의에 의한 함대 결전에 사로잡힌 군령부를 움직이게 할 수는 없었다. 그는 전후에 술회했다. 즉 하다못해 2~3년 빨리 제안하여 실행에 옮겼더라면 좋았는데, 1941년 봄에는 시기적으로 너무 늦었었다.

1941년 12월 8일 진주만 기습작전 그리고 2일 후의 마라야 해전은 항공 주병의 새로운 시대의 서막을 확실하게 알려주었다. 이처럼 대함거포에서 항공 주병에로의 시대의 변천을 재빨리 인식하여 대책을 강구한 것은 미국이었다. 반면 일본은 그 때까지도 대함거포주의에 사로잡혀 있다가, 1942년 5월 미드웨이 해전에서 참패하고 주력의 항공모함을 거의 상실한 후에야, 전함 시나노를 항공모함으로 개조하기 시작했던 것이다.

여기서 태평양전쟁에서의 일본 해군의 패인敗因을 상세히 설명하기에

는 지면이 없으나, 간략한 요점을 다음과 같다.[23)]

① 희망적 관측으로 비판적 정보를 억눌러 버리는 독선적인 정세판단
② 참모에게 맡긴 작전지도
③ 함대 결전주의의 맹신
④ 『해전 요무령』의 성전시聖典視
⑤ 미·일의 물적物的 격차 뒤에 있는 인재 부족이 실은 해군 대궤멸大潰滅의 주인主因이 아니었을까 라고 했는데, 이것은 정곡을 찌른 얘기라 생각된다.

차원을 높여, 일본군이 2차 대전에서 패한 주요 원인의 요점을 열거하면 다음과 같다.

① 통수권이 독립되어 있어서 정무와 분리되어 있었다는 것, 환언하면 일본에는 국가전략의 부재不在를 자초했다는 것이다.
② 1899년 12월에 개정된 전시 대본영 조례는 천황 밑에 두 참모장(육군 참모총장과 해군 군령부장)을 두게 되었는데, 육·해군의 통합지휘에도 문제가 야기되었을 뿐만 아니라, 일본에 육·해군은 존재해도 국군이 없어졌고, 또 육·해군의 작전계획은 존재해도, 일본의 군사전략은 존재하지 않았으며, 육·해군의 대립이 심하였다.
③ 이것은 일본 국가의 기본적 구조에 모순점이 내포되어 있었고, 따라서 전쟁지도 기구도 제대로 기능을 발휘하지 못했다.
④ 군령기관에서 「통수강령」, 「작전 요무령」 그리고 「해군 요무령」이 용병 교리로 군령에 의해 하달되었으니, 이에 대한 비판이나 의문이 허용되지 않았다. 따라서 군사이론에 관한 자유로운 토론·연구가 허용되지 않았고, 또 학술연구의 경시 등이 겹쳐서 군사이론의 빈곤을 가져왔다는 점이다.

---

23) 池田 清, 『海軍と日本』(東京 : 中央公論社, 1981), p. v.

더 많은 요인이 또 있었겠지만, 결국 일본은 섬나라인데, 육군은 대륙국가인 독일의 군사이론, 해군은 해양국가인 영·미의 군사이론을 도입했고 또 육군이 정치적 주도권을 장악하여 메이지 유신부터 1945년 패망할 때까지 정치·전쟁지도를 했다는 데, 패망의 원인이 있었다고 생각한다.

• 맺음말

메이지 유신 후의 일본에 있어서, 육군은 대륙국가인 독일의 군사이론－주로 클라우제비츠의 『전쟁론』과 해군은 해양국가인 영·미의 군사이론을 적절하게 도입·발전시켰고 그것이 대륙정책(침략정책)과 결부하여 청일·노일전쟁의 승리로 결실을 맺었다. 그러나 대륙정책이 과연 국익에 보탬이 되는가, 그리고 해도국海島國인 일본에 있어서 국방의 주도권 논쟁, 즉 육주해주陸主海主 논쟁에 있어서 이론적으로는 해군이 우세하고 타당했으나, 실세의 미약으로 인해 그 후 국정 전반에 걸쳐 육주해종陸主海從의 체제가 되어 1945년 8월에 무조건 항복으로 패망했다.

군사이론의 관점에서 본다면, 일본이 서양의 군사이론을 도입함에 있어서는 주로 용병이론, 특히 작전술·전술에 치우치고 국가전략이나 전쟁철학에 관심이 적었다는 데, 문제점을 내포하고 있었다. 그 이유는 제1차 대전을 통해 전쟁은 용병적 차원(작전술·전술)을 넘어서 국가 전략적 차원에서 다루어야 할 정도로 규모가 방대하고 복잡해졌고, 또 장기화·총력화되었기 때문이다. 거기에다 클라우제비츠의 『전쟁론』에서는 현실전쟁이 그의 사상체계思想體系의 핵심임에도 불구하고, 절대전쟁을 추구함으로써 군사에 대한 정책 우위를 인정하지 않음으로써 군국주의로 흘러가게 만들었다.

특히 해군의 군령기관에서 발간한 『해전 요무령』은 대마도 해전의 승리를 거치면서 대함거포에 입각한 함대 결전사상이 뿌리를 내려, 그것이 해군의 복음적 교범 내지 이데올로기화되어 버렸다. 그리하여 새로운 시대적·군사 기술적 변화에 적응하지 못하는 결과가 되었다. 1941년 井上 제독의 「신군비계획론」은 해군의 항공 세력화 계획이었으나, 대함거포주의자의 벽을 허물지 못했을 뿐만 아니라, 그의 제안이 시기적으로 너무 늦었다는 문제점도 가지고 있었다. 그러나 그의 예상대로 태평양전쟁이 진행되었던 것이니, 이것은 일본 해군으로서 패전과 망국으로 직결되었다.

요약컨대, 일본의 패망은 군사이론 연구의 빈곤과 경시에서 비롯되었다고 결론을 내릴 수 있겠다.

통일된 한국에 있어서도 육주해주 논쟁이 발생할 가능성이 많으리라. 이 문제는 그 때의 한반도를 둘러싼 열강국의 역학관계와 군사정세 및 한국의 대응능력에 의해 결정될 문제이다. 그러나 바람직한 방향은, 대륙국가와 우호·협력관계를 유지함으로써 북방의 위협을 제거하고, 해주육종의 해양정책을 구사하여 무역입국·해양활용과 발전을 꾀함으로써 평화와 번영 및 자주국이 되는 것이리라. 그리고 해군의 간부요원은 해군의 군사이론뿐만 아니라, 군사이론의 전반적인 연구를 통해 반도국에 적합한 해군의 전략·전술을 창안해야 할 것이다.♣

(『해양전략』 80호, 해군대학, 1993.)

(부 록 1)

◆ 한 군사학도의 회상

1

1960년대 중반, 미국의 미시간 대학교에서 물리학 석사학위를 받고서 귀국한 동기생 안재수安在洙(교수부장 역임, 작고함) 소령이 하루는 "자네 군사학도 학문인가?"하고 농을 걸어왔다. 그래서 나는 "자넨 미국서 물상物象을 공부해 오고서는 무슨 큰 소리냐" 하고 반격했지만, 이 사건으로 인해 군사학의 이론체계 정립을 위해 평생을 매달리게 한 동기 부여가 되었다.

당시 우리들 동기생뿐만 아니라, 선후배들도 군사훈련(military training)은 받았어도 군사학(military science), 즉 전쟁철학, 『손자병법』(513?B.C.) 그리고 클라우제비츠의 『전쟁론』(1832) 등에 관해서는 전연 배워보지도 못하고 졸업 · 임관했다. 이러한 내용을 연구해서 가르칠 수 있는 교관이 당시에는 없었다고 보아야 할 것이다.

나는 『공군空軍』지誌(제96호, 1966. 8.~제104호, 1968, 6.)에 2년에 걸쳐 「손자병법으로 본 한국전쟁」을 연재한 바 있었다. 그리고 당시 사관생도들의 전사교재戰史敎材가 없어서 그것을 저술할 의향으로 출판사에 문의했던 바, 3군(육 · 해 · 공군) 사관학교에서 교재로 채택해 준다면 출판해 주겠다는 약속을 받았다. 그래서 육사陸士 · 해사海士 교관들과 접촉 · 집필을 의뢰하여 네 사람이 합작하여 2년간의 시간과 노력의 결과, 『종합세계전사綜合世界戰史』(박영사, 1968)가 탄생했다. 그 책 서문에서, "이 책을 저술한 목적은 한국의 입장에서 세계전사世界戰史를 개관하는 데 있다. 다른 학문과는 달리 군사학에 있어서 그 내용은 마지막 단계에 가서 한국의 입장에서 다시 분석 · 평가하는 것이 대단히 중요하다고 생각한다. 그런데 불행히도 이러한 취지에 의하여 단행본으로 세계전사를 개관한 것이 우리나라에는 아직 없기 때문에 이 분야에서 일을 하고 있는 3군 사관학교 전사담당자들이 합심하여 이 책을 꾸며보기로 하였다."

이 책의 저자의 한 사람인 조남식 육군 대위는 원고 집필을 완료하고는 이 책의 출간을 보지도 못하고 입원해서 얼마 후 유명을 달리하고 말았다. 나는 그가 입원하고 있던 「수도 육군병원」에 문병을 갔다가, 젊은 꽃봉오리가 피어보지도 못하고 시들어가고 있는 모습이 너무 안타까워 마음이 미어졌었는데, 지금도 그 일을 생각하면 눈시울이 뜨거워진다. 7~8년 전 '국군의 방송' 시간에 출연하여 우연하게 그 얘기를 하다가 그만 말을 잇지 못한 난처한 경험을 하기도 했다.

아무튼 이 책은 그 후 사관생도들의 전사 교재로 많은 공헌을 했다고 자부한다. 예컨대, 2004년 육군대학에서 세미나 발표가 있어서 참가했는데, 육대 총장은 초면인데도 인사하며 "생도시절에 이 교수님의 전사 책으로 공부했습니다"는 말을 들었는데, 그럴 때는 보람을 느끼곤 했다.

당시 나는 독학으로 여러 선현들의 저서를 통해, 군사고전인 『손자병법』과 클라우제비츠의 『전쟁론』을 연구하여 사관생도들에게 가르쳤으며, 그 중요성을 강조했다. 그러나 사관학교 교육은 이학사 학위를 준다는 명목으로 이공분야는 중시하면서 군사학 분야는 경시하는 데 의문을 가지고 있었다.

나는 전쟁이 존재하기 때문에 군대가 필요하고, 군대를 운용하자면 초급장교의 양성이 필수적이기 때문에, 사관학교의 생도교육에 있어서 가장 중요시되어야 하고 또 가르쳐야 하는 가장 핵심적인 분야는 전쟁에 대한 과학적인 연구, 즉 군사학인데, 교수부 내의 군사학과는 다른 학과에 비해 경시輕視되고 있는 실정이었다. 예컨대, 당시 16기 사관생도의 학과별 학점 배정을 보면, 인문학과 37학점, 사회학과 36학점, 군사학과 16학점, 기초학과 54학점, 응용학과 41학점으로 총계는 184학점이었다.

60년대 후반, 군사학 과장으로서 이 문제는 시정되어야 한다는 생각으로 준비와 각오를 단단히 하고 2층의 교수부장을 찾아가서, "사관학교 교육에 있어서 군사학의 비중이 너무 경시되고 있으며, 인문학과의 영어 한 과목도 18학점인데, 군사학과 전체의 학점이 16학점이란 말도 되지 않으며, 우선 영어에서 몇 학점 군사학과로 주기바란다"는 요지의 얘기를 했더니, 단호히 거절했다. 그래서 "사관학교가 영수학관인가" 하고 내뱉고 나와 버렸다.

1970년 5월 공군대학 고급지휘 참모과정(CSC)에 입과하였으며, 입교식이 끝나자 각자 "앞으로 무엇을 하고자 하는가"를 짧게 발표하라는 과제였다. 40여 명의 공군의 고급장교(주로 중령급)들은 각자의 견해를 발표했고, 나는 "우리나라의 군사학 연구 분야가 황무지에 가까우니, 앞으로 군사학을 연구할 계획이다"고 했는데, 군사학을 연구하겠다는 견해를 발표한 자는 나 혼자뿐이었다. 6개월의 과정을 마치고, 졸업식 때는 논문상도 수상했지만, 공군본부 인사국 교육과의 동기생으로부터, 사관학교에서 복귀하는 것을 거절한다는 것이었다.

당시의 관례는 교육이 끝나면 원대 복귀하는 것이 원칙이었으나, 그렇지 못하여 공군대학 교수부에 남게 되어 한 동안 마음이 상했고 또 불편했다. 즉, 사관학교에서 군사학을 더 가르쳐야 한다고 주장한 것이

배척당하는 꼴이 되었기에…

그러나 실은 그 속에 군사학 연구에 대한 열정과 기회의 씨앗이 뿌려져 있었다는 것을 깨닫는 데는 시간이 약간 소요되었다. 즉 공군대학에서는 얼마든지 군사학에 관해 강의할 수 있었고, 또한 『현대전략론現代戰略論』(박영사, 1972)을 저술했으며, 군사고전인 클라우제비츠의 『전쟁론』(대양서적, 1972)과 『손자병법』(한국자유교육협회, 1973)을 번역·출간할 수가 있었던 것이다.

2

1973년 10월 공군대학 교수부 제3처장으로 재직하고 있을 때, 마지막 기회의 대령 진급의 심사에서 누락되었다. 1968년부터 국방대학원에 「전략론」의 강사라는 인연으로 원장인 박현식朴賢植 중장의 지시를 받고 박종백朴鍾伯 대령(공사2기 사관)이 공군대학으로 찾아와서, 군복을 벗고 국방대학원 교수로 오지 않겠는가 하고 의사타진을 해 왔다. 한편 공군본부 인사국에서도 이사관(2급 갑)·3처장으로 그대로 있지 않겠는가 했지만 결국 국방대학원으로 가기로 결심하고, 1974년 2월 28일에 제대하고, 동년 3월 20일부로 군교수로 복무하게 되었다.

국방대학원에 가면서, 앞으로 진급과 보직에는 신경을 쓰지 않고 군사학 연구에만 몰두하기로 마음을 먹었다. 1980년대 초반이 되자, 대령으로 진급했던 동기생들은 계급정년으로 퇴역을 시작했으나, 나는 이제 연구가 본궤도에 올랐고, 또 교수로써 만 65세까지 봉직할 수 있다는 것을 알았을 때, 인생이란 '새옹지마塞翁之馬'(『회남자淮南子』에 나오는 고사故事)라는 생각이 들었다. 즉, 북방에 사는 한 노인이 기르는 말馬이 도망쳤기에, 실망을 하고 있는데, 그 말이 준마駿馬를 끌고 돌아와서 기뻐했다.

그런데 아들이 그 말을 좋아하여 타다가 그만 떨어져 절름발이가 되어 실망하고 있었다. 그런데 전쟁이 일어나자 성한 젊은이들은 출전하여 죽었지만, 그의 아들은 출전을 면하여 살아남았다는 얘기로, 한 때의 이利가 장래에 해害가 되기도 하고, 한 때의 화禍가 장래의 복福을 가져오기도 한다는 뜻이다. 이것이 바로 헤겔(Hegel, 1770~1831) 변증법의 핵심사상이며, 그는 중국의 『노자老子』와 『주역周易』의 「역전易傳」에서 암시를 받은 것으로 추정한다.

이제 본격적으로 군사학의 이론체계 연구의 첫 출발로, 「군사이론체계軍事理論體系에 관한 연구」(『국방연구國防研究』 국방대학원, 1979. 6)를 발표했고, 결론에는 "…따라서 군사학 연구의 성패成敗는 필연적으로 전쟁의 승패勝敗와 직결되고 나아가서 국가·민족의 생사존망生死存亡에 직접적인 영향을 미치는 것이니 넓게 그리고 깊게 연구되어야 하는 과제라 생각한다"고 맺었다. 그 후 천주원千珠元 원장이 부르기에 갔더니, "군사학에 관한 학술 세미나를 열고자 하니 계획서를 만들어 오라"는 것이었다. 나는 다음과 같이 계획서를 만들었고, 다음 해인 1980년 10월 30일~31일 학술 세미나를 개최했으며, 목차는 다음과 같다.

국방 학술세미나

-군사학 이론과 교육체계 정립-

개 회 사 ························· 국방대학원장 육군 중장 천주원

군사학의 이론체계 ·············· 이종학(국대원)

미국의 군사학 교육체계 ······ 이재호(육사)

소련의 군사학 교육체계 ······ 유재갑(국대원)

한국의 군사학 교육체계 ······ 최병갑(국대원)

군사학의 이론체계 정립에 관심을 가지게 된 세 가지의 동기가 있었다.

첫째 : 오랫동안 군사문제를 다루어오면서, 정치학政治學(Political Science)이라는 학문은 존재하는 데, 왜 군사학(military science)이라는 학문은 존재할 수 없을까?

둘째 : 국가의 간성干城이 될 젊은 사관생도들이 장차 그들의 임무수행에 필요한 전공학문분야專攻學問分野는 과연 무엇인가?

셋째 : 군사학 연구를 소홀히 한 군대가 전쟁에서 승리한 전례戰例가 없었다.

이 세 가지의 동기가 복합적으로 작용하여 20여 년의 연구결과를 1979년에 와서야 「군사이론체계에 관한 연구」로 발표했는데, 본 논문은 그것의 뼈대를 토대로 하여 보완·발전시켰다는 것을 밝혔으며, 그 내용을 간략하게 요약하면 아래와 같다.

• 군사학의 정의定義 : 전쟁의 본질과 성격 및 무력전의 준비와 수행에 관한 통일된 지식의 체계이다.

• 군사학의 범위 : ① 전쟁철학
② 전쟁학 : ㉮ 군제학 ㉯ 용병술
③ 군사 사학
④ 군사 기술
⑤ 군사 교육학
⑥ 군사 지리학
⑦ 군사 보조학문(국방경제론, 군법, 위생학 등)

이 논문을 발표한 후, 국방대학원에 '군사전략'의 석사과정이 설치되어 있었기 때문에 문교부에서 수여하는 교수 자격의 신청서류와 자료를 제출하라고 했다. 구비서류와 연구업적으로 저서와 논문 그리고 전공과목을 '군사학'이라 적어서 제출했다. 그런데 심사과정에서 군사학을 가르치는 일반대학이 없으니, 역사학으로 바꾸면 어떤가, 하는 의사 타진이 왔다. 나는 "사관학교, 각군 대학 및 국방대학원에서도 가르치고 있으나 군사학은 아직 시민권을 획득하지 못하고 있는 상태이나 곧 획득하게 될 터이니 군사학으로 해 달라"고 주장하여 수용되었다. 그리하여 1980년 12월 3일 문교부의 교수 자격 심사위원회 위원장의 명의로 '교수자격 인정서'(제425호)가 수여되었으며, 거기에 '전공과목 : 군사학' '인정 직위 : 국방대학원 교수'로 명시되었고 또한 '발령 통지서'(대통령)가 1980년 12월 30일부로 내려왔다.

3

충무공 이순신은 그를 아끼는 분들이 빨리 승진하지 못하는 그의 운수를 탄식하며 위로했더니, 그는 "장부가 세상에 나서 쓰일진대, 목숨을 다해 충성을 바칠 것이요, 만일 쓰이지 않는다면 물러나 밭가는 농부가 된대도 또한 족하니라"고 했다. 이 얼마나 유유자적悠悠自適의 마음가짐인가. 그래서 나는 직장과 자식의 교육문제의 굴레를 벗어난다면, 가능하면 빨리 시골에서 하고 싶은 독서 · 연구 · 답사 및 농사일을 하고 싶다는 꿈을 꾸어 왔다.

그리하여 정년을 9년 앞당겨 명예퇴직을 하고 경주(서라벌)에 와서 '서라벌군사연구소'를 개설했다. 최초의 연구과제는 신라화랑新羅花郎이요, 다음은 광개토왕 비문廣開土王碑文의 '왜倭'에 관한 연구를 시작했다. 주지하다시피 일제日帝는 왜倭를 근거로 하여 소위 「임나일본부任那日本府」설說, 즉 일본이 4세기 중반부터 6세기 중반까지 200여년간 한반도 남부지역을 지배해 왔다고 주장해 왔는데, 나는 그들이 주장하는 허구虛構를 논파하고자 3부작의 논문을 한국과 일본에서 발표하였다. 마지막 논문은 몇 곳 학술지에 송고했으나, 응답이 없어서, 일본 클라우제비츠학회의 鄕田 豊(고다 유카다) 회장의 알선으로, 양식을 일반시민의 독자도 이해하기 쉽게 개작改作하여 일본의 잡지 발행인에게 다음 두 가지를 강조했다.

> 첫째 : 비문碑文에 등장하는 '왜倭'의 문제가 지금까지 해결되지 않는 이유는 연구방법에 문제점이 있고,
>
> 둘째 : 비문 연구가 시작된 지 110여년이 경과했지만, 군사이론에 바탕을 둔 군사 사학적軍事史學的 연구방법으로 쓴 논문으로는 이것이 유일하지만, 그 연구 성과에 대한 판단은 독자의 영역에 속한다.

그런데 다행스럽게도 창간 110년 기념호의『日本及日本人』(東京, 1998. 4. 1)지誌에「광개토왕 비문의 진실眞實－군사 사학적軍事史學的 연구방법에 의한 신묘년 기사辛卯年記事의 검토－」라는 제목으로 게재되었다. 편집자는 게재된 잡지와 함께 편지를 보내왔는데, "선생의 옥고玉稿는 대단히 훌륭한 것이었으며, 또 일본인이라 할지라도 젊은 사람이라면 도저히 쓸 수 없을 정도로 정확한 일본어였습니다." 하고 치켜세워 주었는데, 그동안 투고하여 묵살당한 아픔의 해독제가 되었다. 이 잡지를 한림대학교 일본학연구소장 지명관池明觀 교수에게 보냈던 바, "보내신『日本及日本人』을 잘 받았습니다. 곧 선생님의 논문을 읽어보고 새로운 관점에서 본 놀라운 글을 이런 우파右派 잡지가 실어주다니 참 흥미 있는 일이라고 생각했습니다…"고 하는 편지가 왔다.

4

비문의 연구과정에서, 특기할 것은, 1992년 7월 31일, 中國 集安에 있는 '廣開土王陵碑'를 답사하러 갔었다. 이 비는, 알다시피 광개토왕이 돌아가신 지 2년 후, 아들 장수왕이 父王을 기리기 위해 414년에 건립한 공덕비이다. 몇 년 간 碑文만 생각했기에, 처음 碑를 보자 巨石으로 보이지 않고, 옛 친구를 만난 생각이 들었기에 손 잡고 기념사진을 찍었고, 또 수수께끼의 신묘년 기사의 세 缺字를 얘기해 달라고 했다. 1995년 5월 30일 100여 년 간 수수께끼로 휩싸였던 세 缺字 즉, [任][那][加]羅의 논거를 규명했을 때는 몇 일간 홍분하여 잠을 이루지 못했고, 연구의 즐거움과 기쁨이란 이런 것인가를 실감했다.

비문 연구를 시작한지 8여년이 지나고 연구가 매듭지어질 무렵, 육군사관학교 화랑대연구소에서, 「한국 군사학의 발전방향」이라는 제목으로 논문발표를 1999년 6월 10일에 해달라는 요청이 왔기에 그 준비를 하고 있었다. 그런데, 공군사관학교에서 개교 50주년을 맞이하여 '감사패'를 수여하고자 하니 6월 10일 기념식에 참석해달라는 것이었다. 다행히 개교 기념식은 오전이고, 세미나는 14 : 00부터라 양쪽에 참석이 가능했으며, '감사패' 내용은 아래와 같다.

감 사 패

서라벌군사연구소장 교수 이 종 학

귀하께서는 본교 동문으로 꾸준한 연구와 저술활동을 통해 군사학 분야에서 높은 학문적 업적을 쌓았을 뿐 아니라, 학교 발전에도 남다른 열의를 보이셔 후배들의 귀감이 되었기에 개교 50주년을 맞이하여 이 패를 드립니다.

이 '감사패'를 받고는 준비해 둔 승용차로 곧장 육군사관학교를 향해 출발했으며, 2시간여의 차안에서 머릿 속은 복잡했고, 또 주마등처럼 과거사가 스쳐갔다. 즉 '감사패' 속에서는 "군사학 분야에서 높은 학문적 업적을 쌓았다"고 치켜 올렸으나, 사관학교에서는 군사학이 푸대접을 받고 있고, 또 군사학과 전체의 학점이 16학점인데 반하여 인문학과의 영어의 학점이 18학점이 부당하다고 주장하다가 공군대학으로 전속가야만 했고, 또 교수부 군사학과를 없앴다는 것을 큰 업적이나 세운 듯이 하필이면 나에게 자랑했던 교장의 어처구니없는 무용담 등등…

나는 세미나에서 원고에도 없는 얘기를 했다. 즉 "…본인은 지난 10여 년 동안 신라화랑과 1,500년 전에 중국 집안集安에 건립된 광개토왕비문에 등장하는 왜倭에 대해 연구했다.… 본인이 왜 이런 얘기를 하는가 하면, 육사陸士에서 세미나 발표 요청이 오자 그동안 군사학이 어느 정도 사관학교 교육에 수용되었나를 검토하면서 그동안 내 건강을 위해서도 신라화랑과 광개토왕 비문을 연구하기를 잘 했구나 하는 생각이 들었다. 그 이유는 군사학(military science)이 30~40년 전과 마찬가지로 아직도 군사훈련(military training) 정도로 착각하고 있고 또 사관학교 교육에서 푸대접을 받고 있다는 것을 알았기 때문이다. 그러나 이번 세미나를 통해 전환점이 될 것이라는 희망을 안고 여기에 참가했다.

단적으로 말해 사관학교 교육은 야전野戰에서 적과 싸워 이겨야 하는 초급장교에게 필요한 전문지식이 무엇이며, 앞으로 군사 전문가로 발전하는 데 필요한 기초 지식이 무엇인가를 가르쳐야 한다. 의사를 양성하고자 한다면 의학을 전공시키고, 법률가 · 판사를 양성하고자 한다면 법학을 전공시키고, 물리학자를 양성하고자 한다면 물리학을 전공시켜야 한다는 것은 누구나 알고 있지만, **사관학교에서 초급장교를 양성하고자 한다면 무슨 학문을 전공시켜야 하는가 하는 문제는 정설定說이 없다는 것이 오늘의 사관학교 교육이 직면한 중대한 문제점이다.**

군사학이 무슨 학문인지 모른다는 것이 문제가 아니라, 모른다는 그 자체를 모르고 있다는 것이 문제를 더 심각하게 만들고 있다"고 쏟아냈으며, 세미나 발표내용을 간략하게 요약하면 아래와 같다.

한국 군사학의 발전방향

-군사학은 군사훈련이 아니며, 그것은 학문으로서 전쟁에 대한 지식의 체계이다. 군사학은 사관학교 교육의 핵심이 되어야 한다.-

▲사관학교 설치법(1958. 9)을 초안하고 심사한 관계관들은 …'일반학 과정은 이학사 학위를 수여하는 데 충분해야 하고 또 이학사 학위를 수여한다'고 했고 또 '교수부는 일반학 과정, 생도대는 군사학 과정을 분장한다'고 함으로써, 군사학(military science)은 일반학과 마찬가지로 학문으로서 전쟁에 대한 지식의 체계가 아니라, 군사훈련(military training) 정도로 착각한 것이 확실한데, 이것은 사관학교 교육에 있어서 첫 단추를 잘못 끼운 조치였다고 확신하다. 그 이유는 두 가지가 있다.…

▲…따라서 사관학교 교육은 군사학을 핵심으로 하고 인문·사회학과 이공학 분야가 뒷받침되어야 하며, 또 훈육訓育도 임무수행에 기준을 두어야 한다고 생각한다. 지금 사관학교 교육은 근본적인 전환점에 직면하고 있으며, 개혁을 할 것인가, 안 할 것인가는 관계관 여러분들의 개혁 의지와 용기에 달려 있다고 생각한다.…

▲필자는 1951년 사관학교에 입교한 이래, 반세기 가까이 군사문제를 배웠고, 체험했고, 가르쳤고, 또 연구하고 있으며, 유일한 소망은 사관학교에서 군사학 학사학위를 수여하는 모습을 보는 것이다.

2005년 2월 20일 공군사관학교 교수부의 이명환 대령으로부터 올해 졸업식 때 '군사학 학사학위'를 수여하며, 또 공군사관학교 교육진흥재단에 내가 기증한 것으로 「풍석 군사학 연구기금風石軍事學硏究基金」의 설치가 승인되었다는 소식을 전해왔다. 그래서 이번 졸업식에는 꼭 참석하겠다고 약속했다.

2005년 3월 8일 공군사관학교 졸업식에서 최초로 군사학 학사학위를 수여한다기에 참석하여 지켜보면서, 지난날의 우여곡절을 회상하였다.

5

군사학 교수 자격을 획득한 지 20여년이 지나고서야, 충남대학교 평화안보대학원에서는 2002년 10월 30일 군사학과 설치인가를 받아 「국방일보」(2002. 11. 14.)에 '2003학년도 신입생 모집' 광고가 나왔는데, 군사학 전공의 석사과정 모집을 보고 놀랐다. 그 이유는 군사학 학사과정도 없는데, 어떻게 군사학 석사과정이 존재할 수 있을까? 그래서 충남대학교 이광진 총장에게 「군사학의 이론체계」의 논문이 수록되어 있는 저서와 육사陸士 화랑대연구소에서 발표한 논문, 「한국 군사학의 발전방향」 등의 자료를 송부했다. 그랬더니, 12월 2일 평화안보대학원의 이주영李周榮 대학원장이 경주로 내려와서 석사과정의 군사학 전공의 학과내용에 대해 토의했으며, 간략하게 소개하면 아래와 같다.

1) 군사학 과정의 개설상의 문제점
2) 군사학 석사전공의 자격과 교과목
   • 각군 대학 정규과정 졸업을 전제로 한다(학문의 본질과 성격상).
   • 과목 선정의 기준 : ① 전쟁이란 무엇인가

② 전쟁을 어떻게 준비할 것인가
③ 전쟁을 어떻게 승리할 것인가
④ 전쟁을 어떻게 억제할 것인가
⑤ 전쟁의 연구방법론

• 교과목 : ① 전쟁철학 ② 군사전략론 ③ 군제학 ④ 군사사 ⑤ 군사 기술…

평화안보대학원의 요청에 의해 2003년 3월의 신학기부터 '군사전략론'의 강의를 담당하게 되었으며, 피교육자들은 육대陸大·공대空大 교관들이 주축이라 『손자병법』과 클라우제비츠의 『전쟁론』의 사상적 배경을 심도 있게 설명함으로써 군사고전軍事古典으로서의 생명력의 원천을 제시했다. 그리고 한국군은 60여만의 대군이요, 6·25전쟁과 월남전쟁에서 실전경험을 쌓았다. 그러나 지금까지 전투(battle)는 했어도 전쟁(war)을 해본 경험은 없다. 즉 군사전략 계획을 수립해서 전투를 수행해 본적이 없다는 뜻이다. 그래서 군사전략 수립의 기초 이론과 작성 기법 및 절차 등에 관해서 중점적으로 강의했다. 나중에 들은 바에 의하면 이들 교관들은 곧장 그들의 강의에 활용했다기에 보람을 느끼기도 했다.

2003년 8월 22일 후기 학위 수여식에서 '학위증'(명박 제49호)이 수여되었다. 즉 "위 분은 군사학 발전에 크게 공헌하였으며 나아가 본교의 발전에 기여한 공적이 현저함으로 대학원위원회의 의결을 거쳐 명예군사학 박사 학위를 수여함. 충남대학교총장 의학박사 이광진"

「국방일보」(2003. 8. 22.)에는 '서라벌군사연구소 이종학 소장, 충남대서 군사학 첫 명예박사 학위'라는 제목으로 상세한 설명을 붙였다. 즉 "충남대는 이 소장이 30여년 간 군사관련 교육기관에서 많은 후학을 배출하는 가운데 『현대전략론』, 『군사전략론』, 『항공전략론』 등 17편의 저서와 수많은 논문을 학계에 발표하는 등 우리나라 군사학 분야의 태두로 학계에 지대한 공헌을 해왔다고 학위 수여 이유를 밝혔다.… 현재는 일본학계에 논문을 지속적으로 발표하는 등 국제적인 학술 교류에도 공헌하고 있다. 특히 충남대 평화안보대학원에 군사학 석사과정이 개설되자 교수로서 출강과 함께 군사학과 교과과정의 체계화에 크게 기여했다."

군사학은 전쟁과 군사력을 연구대상으로 하며 국가·민족의 생존권을 보호하기 위한 수단·방법과 이론체계를 연구·발전시키는 것으로 국가 존립을 위한 중요한 학문분야이다. 이미 개설한 「풍석문고」를 세계적인 군사문고軍事文庫로 발전·육성시켜야 한다는 생각이 들어, 30여 년 전에 구입해둔 강화도의 임야(약 9천평)를 기증키로 결심하여 2004년 8월 9일 충남대 총장실에서 기증식이 거행되었다. 「동아일보」(2004. 8. 9.)에는 '군사학 연구 한평생…이젠 후학 키울 때'라는 제목으로 보도했다. 즉 "한평생 한국 군사학의 기틀을 닦은 노학자가 이 분야의 발전을 위해 써달라며 10억원 상당의 부동산을 대학에 내놨다. 충남대는 이 대학 평화안보대학원 이종학(李鍾學, 75세) 겸임교수가 인천 강화군에 있는 자신의 임야(2만 8956㎡)를 기증했다고 8일 밝혔다. 이 교수는 노후의 연구공간 마련을 위해 30여 년 전 구입했다는 이 부동산은 현재 시가 10억원이 넘는다…"

지금까지 나는 군사학이 학문분야로서의 시민권을 획득케 하는 데 40여 년 간 노력을 기울여 왔으며, 이 목표는 달성되었다. 그러나 앞으로 알찬 결실을 맺을 수 있도록 뿌리를 내리게 하는 데, 여생을 바칠 생각이다. 그리고 내가 좋아하는 미국인의 詩, '가지 않은 길'(The Road not Taken by Robert Frost, 1874~1963)을 끝으로 소개해 두고자 한다.

가지 않은 길

로버트 프로스트

노란 숲속에 길이 두 갈래로 갈라져 있었는데,
나는 한 나그네라 양쪽 길 모두는 갈 수 없어
오랫동안 서서 하나의 길이
검불 속을 꺾이어 내려간 데까지
바라다 볼 수 있는 한 멀리 보았다.

(중 략)

그리고 오랜 세월이 흐른 뒤에 나는 어디에선가
한숨을 쉬며 이야기할 것이다.
숲속에 길이 두 갈래로 갈라져 있었고, 그리고 나는—
나는 사람이 적게 다닌 길을 택하였노라고,
그래서 이렇게 모든 것이 달라졌노라고. (김희보 역) ♣

(2005년 3월 탈고)

(부 록 2)

◆ 一軍事史学徒の研究軌跡

I。軍事学とは何か？

▲ 国防大学院に在職中、「軍事理論体系に関する研究」(1979)論文発表、「軍事学の理論体系」(1980)のセミナ発表を通して理論定立を試図。

▲ 2002年10月 忠南大学校 平和安保大学院に軍事学修士課程の許可、2003年3月開講、2005年2月卒業生、それから士官学校でも軍事学学士学位授与。2005年3月軍事学博士課程の開講。

1。軍事学(military art and science)とは何か？

▲ 定義：軍事学とは戦争の本質と性格及び武力戦の準備・遂行と抑止に関する統一された知識体系である。

▲ 軍事学の範囲と研究方法

1) 戦争哲学

2) 戦争学

※ 日本防衛庁 防衛研究所戦史部で發表した要約文である。(2005年12月1日)

a) 軍制学

b) 用兵術(軍事戦略・作戦術・戦術)

3) 軍事史学

4) 軍事技術

5) 軍事教育学

6) 軍事地理学(海洋学・気象学等)

7) 軍事補助学問(国防経済・軍法・衛生学等)

8) 軍事学の各分野に対する研究方法の確立

2。軍事史学(military history)

▲ 軍事史学とは、軍事問題を研究対象とする歴史学である。それは軍事理論と歴史学の結合であり、また歴史学の一部分であると同時に軍事学の一部分である。その理由は、軍事史学の研究論題は現代軍事学の発展のための源泉である軍事経験を理論化・体系化するからである。軍事学は経験科学であり、軍事学の理論的基礎は軍事史学に基づいている。

▲ 軍事史編纂官の養成

▲ 軍事史の編纂

- 日本：『大東亜戦争戦史叢書』100余巻
- 韓国：『韓国戦争史』11巻
- 米国：Roy E. Appleman, *South to the Nakdong, North to the Yalu(June—November 1950)*, Office of the Chief of Military History, Department of the Army, Washington, 1961.

▲ 韓国・日本は米国の如く個人名義で戦争史を発刊したほうがもっと真実を伝えることが可能であろう。

3。クラウゼヴィッツの『戦争論』(1832)に関して

▲ 『戦争論』は、まったく観点が異なる「絶対戦争」と「現実戦争」の混作の未完成作品であり、また哲学的用語の抽象性や膨大な分量、難解・誤解の本として評価も人や国によっていろいろである。

▲ 戦争理論の結論

① 戦争は全体的にみれば奇妙な三位一体をなしている。
第一は、戦争の本質にもとづく野性的暴力性。
第二は、一つの自由な精神活動たらしめる蓋然性と偶然性。
第三は、戦争とは、もっぱら悟性(Verstand)の領域に属することによって、政治的道具という従属的性質を持つのである。(Ⅰ~1)

▲ ドイツ語の'Verstand'は韓国・日本では'悟性'に、英語では'understanding'の哲学用語として定着しているが、これまで'知性'、'理性'等に訳されたのは誤訳であろう。というのは、カントの認識論によれば、悟性は経験することの出来る現象世界までの領域を担当し、理性は経験の及ばない、 または感覚的経験に関係のない実体の世界、即ち、理念、神、自由、不死等の領域を担当するからである。

② 戦争術においては、経験は哲学的真理よりも重要だからである。(Ⅱ-5)
戦争術の根底に存する諸般の知識が、経験科学に属することは言うまでもない。(Ⅱ-6)

Ⅱ。韓国における朝鮮戦争研究について

▲ 国防部軍史編纂研究所、『6·25戦争史』1 戦争の背景と原因、2004。

▲ 米国シカゴ大学で歴史学を教えたブルース・カミングス教授は『朝鮮戦争の起源、1947～1950』(1990)第二巻の中で、北朝鮮侵略説、韓国侵略説、韓国が罠をかけたという説の三つを検討して、結論は、“誰が朝鮮戦争をはじめたか? この問には答を出せない”と主張した。しかし最近の著書、『北朝鮮：異なった国』(*North Korea : Another Country*、2004)では、「1991年以後公開されたソ連の文書を研究する専門家にはスターリンの起した戦争であった。… このような視角からみたら1950年6月25日を戦争勃発日と断定せねばならない。北朝鮮はこの日、南朝鮮を侵略したことはたしかである」と。

彼は朝鮮戦争の性格に対して、「内戦」と主張、北朝鮮は「祖国解放戦争」と主張した。しかし、私は彼等の主張は虚構であり、同意しえない。その理由は、1950年6月南北朝鮮には、ⓐ 現代戦遂行に必要な武器・装備の生産能力、ⓑ 10万名以上の兵力を動員し、戦争を遂行するための戦略・作戦計画の樹立家、ⓒ 一個師団以上を指揮した実戦体験者、この三つの条件不在のためである。金日成はスターリンの‘承認’と、毛沢東の‘同意’を得て朝鮮戦争を起したのであるが、それはスターリンの‘代理戦争’であったと私は解釈する。というのは、1966年3月、金日成は平壌を訪問した日本共産党書記長宮本顕治に朝鮮戦争に関して、“ソ連は武器を送って援助すると決めていた。しかし有償の高価な武器であった。… 朝鮮戦争で儲けたのはソ連である”と言った。

▲ エフケニ・バザノフ夫妻、『ソ連の資料から見た韓国戦争の顛末』金光燐 訳(ソウル：ヨリム、1998)

▲ A. V. トルクノフ、『韓国戦争の真実と謎』クジョンソ訳(ソウル：エデト、2003)

▲ 中国政府は、いまだに朝鮮戦争に関する秘密文書を公開していない。

▲ ソウルの東国大学校、姜禎求(社会学)教授は2005年3月以後、“韓国の主敵は北朝鮮でなく米国であり、朝鮮戦争は北朝鮮指導部が試図した統

一戦争である。マッカーサー将軍は民族悲劇の元祖である38度線分断を執行した執達吏、爆撃を敢行した戦争狂である”と。現在検察部調査中。

Ⅲ。軍事史学による古代史散策

— 歴史とは過去と現在との間の對話であると申し上げましたが、 むしろ、歴史とは過去の諸事件と次第に現われて來る未來の諸目的との間の對話と呼ぶべきであったと思います —

E. H. カー、『歴史とは何か』(1962)

— 天皇は記者會見において、“私自身としては、桓武天皇の生母が、百濟の武寧王の子孫であると續日本記に記されていることに、韓國とのゆかりを感じています”…さらに過去を“正確に知ることに努め、個人個人としての互いの立場を理解していくことが大切”であり、“兩國民の間に理解と信頼感が深まることを願っております”と —

(朝日新聞、2001. 12. 23)

— 韓國と日本は相互理解し、平和を保ち、共に繁榮することを願う —

1。日本列島の古代の造船術と航海術

▲ 茂在寅男の研究によれば[『日本書紀』応神天皇31年条(420)]、構造船の出

現は、日本では新羅構造船技術の導入などがきっかけになっている。

① 657年、使を新羅に使して曰はく、「沙門智達…等を将て、汝が国の使に付けて、大唐に送り致さしめむと欲りす」とのたまふ。新羅、聴送り肯へず。(『日本書紀』26巻)

② 663年大唐の軍将戦船170艘を率て、白村江に陣烈れり… 大唐の船師と合ひ戦ふ。日本不利けて退く。(『日本書紀』27巻)

③ 839年3月17日、使節団の一行は9隻の船に分乗し、各船はそれぞれの先頭が指揮統率した。船頭は日本人の水手を統率するほか、さらに新羅人が海路をよく知っている者60余人を雇い入れ、船ごとにあるいは7人、あるいは6人とか5人を配置した。(円仁、『入唐求法巡礼行記』巻第一)

▲ 円仁は847年帰国のときは唐から新羅船に乗って北路を通じて安全に帰った。

▲ 日本列島の大規模な「倭寇の侵入」記事が1350年『高麗史』に登場。

2。『古事記』(712)と『日本書紀』(720)の史料批判

▲ 津田左右吉教授の著書、『古事記及日本書紀の研究』(1924)等は1940年3月出版法違反の罪名で起訴され、発売禁止の処分と有罪の判決が下されたのである。

▲ 稲荷山鉄剣の銘文が出てきて、雄略朝ごろから年代がはっきりしてくるなどという意見も出てきているのですが、安康天皇(在位：453~456)ぐらいからはかなり実年代になってくるけれど、それより以前は、『日本書紀』の年代はまったく造作されたものです…極端にいえば、5世紀の前半以前は、まったく架空につくられた年代なのですから… (門脇禎二)

① 四十九年(249年)の春三日に、荒田別・鹿我別を以て将軍とす…精兵を領いて、沙白·蓋盧と共に遣しつ。倶に卓淳に集ひて、新羅を撃ちて破りつ。因りて、比自炑・南加羅・喙国・安羅・多羅・卓淳・加羅、七つの国を平定く。(『日本書紀』9巻、神功皇后49年条)

▲ 校注者の注によれば、書紀紀年で249年。おそらく百済記にもとずく文。(坂本太郎外、『日本書紀』岩波書店、1967)

▲ これらの記録(『日本書紀』)は天智2年(663)百済が滅亡し、多量の亡命者が来朝し、日本の官人となっていて、これらの人々のもたらした記録をもとにして百済人が作製したものと考えられるであろう。これらの記録を引用してある巻は百済関係の記事が大部分で、日本側の史料が少なかった欠陥を補うものとして引用されたものであろう。(山田英雄)

▲ 私たちが歴史の書物を読む場合、私たちの最初の関心事は、この書物が含んでいる事実ではなく、この書物を書いた歴史家であるべきである。…歴史を研究する前に歴史家を研究すべきであり、これに附け加えて、歴史家を研究する前に、歴史家の歴史的をよび社会的環境を研究して下さい。(カー)

▲ 日本の明治以来の古代日韓関係史研究とは、「神功皇后49年」条を歴史的事実に捏造することであったと言っても過言でないであろう。

3. 広開土王碑文の辛卯年記事

▲ 碑文の双鈎本をはじめて日本に将来したのは1883年秋、陸軍参謀本部の酒匂景信中尉であり、その直後から参謀本部の横井忠直が中心になって研究し、1889年6月、『会余録』第五集が碑文研究の特集号のかた

ちで刊行され、そこでの辛卯年記事(以後記事と略記する)等は次の如く解読された。

① 百残新羅旧是属民、由来朝貢。而倭以辛卯年来渡海、破百残□□
□羅以為臣民。
(百残と新羅は旧是れ属民にして由来朝貢す。而るに倭、辛卯の年(391)を以て来りて海を渡り、百残□□新羅を破り、以て臣民と為す。)

この32字によって構成されている記事は、その後日本古代史学界では一貫した定説として、朝鮮出兵と「任那日本府」説の論拠となったのである。

② 十年庚子(400)、高句麗王は歩·騎五万人を派遣して新羅を救援した…官軍は倭の背後より急迫して任那加羅(金海)の従抜城に到ったら城はすぐ降服した…
③ 十四年甲辰(404)、倭は不法にも帯方地域に侵入した…王は自ら軍を率いて討伐を行った…倭寇は潰敗し、王の軍は無数の敵を斬り殺した。

▲ 辛卯年記事に関する研究成果：

第一：4世紀後半の日本列島の倭は、造船術と航海術からみて、大軍を朝鮮半島に出兵して征服戦争を遂行する能力がなかった。

第二：記事を通説の如く、倭が391年百済·新羅を破り臣民と為す、と仮定しても、400年(②)と404年(③)に倭は大潰・潰敗されたため、朝鮮半島の南部に足場となる根拠地(作戦基地)の喪失によって「任那日本府」説は全く成立し得ないのである。プロイセンの戦争哲学者クラウゼヴィッツは名著、『戦争論』(1832)において、“このような戦争の形態において、栄冠は最後の勝利者に与えられることをいつも記憶すべぎである”(第8篇第3章)と言ったが、戦争における政治的目的の達成は最後の勝利者に与えられるのである。従って記事は「任那日本府」説の論拠になりえない。

第三：碑文に登場する倭とは、主力軍は任那加羅であり、脇役として対馬倭が参加したであろう。その理由は、400年(②)高句麗軍の攻撃目標は任那加羅の従抜城であったからである。

第四：記事の解読・解釈は次の如くである。

百残新羅旧是属民由来朝貢。而倭以辛卯年来。渡海破百残任那加羅以為臣民而六年…

(百済と新羅はむかしからの属民であり高句麗に朝貢していた。而るに倭は辛卯年(391)から来た。高句麗軍は海を渡って百済と任那加羅を破って臣民とした、即ち六年…)

▲ 周知のように、陸軍参謀本部は歴史の真実を研究する機関ではなく、国家目標を達成するため軍事力をいかに運用し、また謀略を専門に駆使する機関である。横井忠直を中心に5年間の研究結果は、記事の後半部の主語を「倭」とし、3字を欠字に作り(□□□)、新羅と読むよう誤導すると同時に、任那加羅地域の戦闘を記述した10年庚子条の文字を削除したであろう。この仕事の下手人が酒匂景信中尉であり、彼は40歳の若さて死んだのであるが、碑文の削除・変造に直接関係したがため、この問題を謎にするため謀殺されたであろう。

4。河内巨大古墳の謎を探る — 5世紀前後を中心に —

▲「1991年10月8日」釜山市立博物館で開催された「神秘の古代王国、伽耶特別展」に行ってそれらを観察すると同時にパンフレットをもらって

きたのである。その中に"広開土王の南征があって…金海大成洞遺蹟から首長級の墓が急激に消滅して…"

▲ 碑文と、江上波夫の騎馬民族征服王朝説、『宋書』倭国伝にある倭王武の上表文を根拠にして、5世紀に出現した河内の巨大古墳の謎を究明するため次の如き仮説をたててみた、即ち"400年高句麗軍に降服し、また404年帯方地域に侵入したが潰敗された任那加羅王朝は準備をととのえ408年ごろ騎馬部隊と水軍を率きつれ日本列島の河内地方に上陸し、呪術的・祭祀的・農耕的な三輪王朝を征服して河内王朝を樹立し、征服王朝として巨大古墳を築造した。これがいわゆる『宋書』倭国伝に登場する倭五王の時代であろう"と。日本古代史学界における河内王朝に関する学説史は次の如くである。

(1) 4世紀末以降。河内に政権が移ったように見えるが、それは大和政権の一時的な河内への進出であって、4~5世紀の政権に断絶はないとする説。(河内政権否定説)
(2) 大陸の狩猟騎馬民族が北九州を経由して4世紀末ごろ大阪平野に上陸し、征服国家を打ち建てたとする説。(狩猟騎馬民族説)
(3) 九州地方の有力者が4世紀末ごろ大阪平野に襲来し、新政権を樹立したとする説。(ネオ狩猟騎馬民族説など。井上光貞説もこれにはいるが、狩猟騎馬民族的要素は重視しない)
(4) 大阪平野を地盤とする豪族が瀬戸内海の制海権を握って強大となり、新政権を創設したとする説。(自生的河内政権説)

▲ これまで仮説にそった論議によって、次のような結果を得たのである。

1) 人類学：日本人の起源に対して、埴原和郎の＜二重構造モデル＞を受容した。すなわち渡来系集団は、まず北部九州に住みついて、その数が増すにしたがって近畿地方にまで広がり、ついに朝廷を成立させたことは、大和王朝の主体勢力が任那加羅からの渡来系の政治集団であると解した。

2) 言語学：日本語の文法的ならびに構文的構造は、韓国語を含むアルタイ言語型に属するが、特に南インドのドラヴィダ語と系統的関係を持つことは外国人宣教師らによって指摘されてきた。この問題は韓国語においても同じ現象であったが、伝来ルートに対する証拠がなくてこれまで説得力があまりなかったのである。しかるに金首露王の皇后許黄玉が印度コサラ国の中心都市であった阿踰陁(Ayodhya)の出身であることが最近究明されることによって、言語上からみても、日本王室は伽耶系であろうとの言語学者の見解は河内王朝の出自を示すよき証拠になるであろう。

3) 考古学：江上波夫は辰王朝による騎馬民族日本征服説を主張したが、その理論的基礎である八つの根拠に対して筆者は大体において受容する。しかし征服王朝の主体、渡来・征服時期に関しては見解を異にする。任那加羅の金首露王は匈奴王族系であり、その直系子孫が高句麗との戦争で敗北したので(碑文②、③)、408年ごろ騎馬部隊と水軍を率きつれ朝鮮半島南部(金海)から日本列島畿内の河内地域に上陸して呪術的な三輪王朝を征服したであろう。その論拠として ⓐ 馬文化、ⓑ 須恵器の源流、ⓒ 河内巨大古墳の築造等である。

4) 文献史学：『宋書』倭国伝の倭王武の上表文は貴重な史料である。

ⓐ 倭王武の祖先が“東の毛人を征し、西の衆夷を服した”とは、出自が日本列島外から来た征服王朝であり、ま

た5世紀初に国内統一戦争を遂行した証拠であろう。ⓑ"渡って海北(朝鮮半島)を平げること95国"、また高句麗を'無道'であると誹謗したことにより、征服王朝の出自が碑文によって(碑文②、③)任那加羅であることが確実であろう。

5) 『日本書紀』(欽明天皇23年条)によれば、任那(高霊)が新羅によって滅ぼされたとき、"君父の仇を報いることが出来なかったら、死んでも子としての道を尽せなかったことを恨むことになろう"と言ったこと、また任那加羅の始祖である金首露王が「亀旨峰」に降りたように、ニニギの命が「久士布流多気」に天降りした神話が同一であることは、河内王朝及び天皇家の出自は任那加羅であろう。

従って任那加羅(建国は西紀42年)の金首露王は匈奴王族系であり、許黄玉王后は印度コサラ国の阿踰陁のブラマン階層出身で、彼らは西紀48年に結婚をした。その任那加羅は、広開土王碑文に記録されているように、西紀400年と404年高句麗との戦争で敗北したので西紀408年ごろ騎馬部隊と水軍を率きつれ朝鮮半島南部(金海)から日本列島畿内の河内地域に上陸し、三輪王朝を征服して河内王朝を樹立した。それから彼らは新しい王朝のため須恵器·土木工人集団をも任那加羅からつれてきたし、425年以後、河内に築造された巨大古墳は河内王朝の大王たちのであり、『宋書』倭国伝に記録されている「倭の五王」であろう、というのが、筆者の仮説である。

これまで仮説の論証を試みたのであるが、賛否の判断は読者の領域に属し、また読者諸賢の叱正をえたい。

5。新羅花郎道と武士道

▲ 新渡戸稲造は『武士道』(1899)の中で,日本においてその「武士道」興起は12世紀末、源頼朝の制覇と時代を同じくするものと言い得るであろう。武士道の淵源は仏教・神道・孔子の教訓であると述べた。

▲ 慈円(天台座主、1155~1225)は、その著『愚管抄』の中で、保元の乱(1156)について、"保元元年7月2日、鳥羽院ウセサセ給ヒテ後… ムサ(武者)ノ世ニナリニケル也"と述べた。'ムサ'とは漢字'武士'の韓国語発音であることに留意すべきことであろう。

▲ 1963年10月号の『ニューコリア』という雑誌に、日本詩人クラブの小西秋雄氏が「玄海灘のかけ橋」という一文を寄せた…甲斐源氏である武田信玄の祖先は新羅三郎義光で、自ら新羅の後裔を名のり、又高麗郡新羅郡の、古代韓国亡命帰化人の後裔たちは、源氏を中心に関東武士として、日本歴史に華華しい活躍を見せている。

▲ 武士が登場して源頼朝の鎌倉幕府が成立したのは1192年である。

▲ 600年頃、新羅は高句麗・百済の挟撃により危機に瀕した時期であった。円光法師の「世俗五戒」はこのような背景のもとに表明されたのである。即ち、ⓐ 忠をもって君につかえる(事君以忠)、ⓑ 孝をもって親につかえる(事親以孝)、ⓒ 信をもって友とまじわる(交友以信)、ⓓ 戦いに臨んではしりぞかない(臨戦無退)、ⓔ 生物は選択して殺す(殺生有択)。

▲ 「世俗五戒」はやがて花郎道に発展したのである、即ち、「国家の危機に際会して、命をなげだすのは忠と孝との二つながらを全うすることである。」

▲ 味方が不利になった時、庾信の命を受けた丕寧子は率先して敵陣に突入した。丕寧子が戦死すると、年少なる子挙真が家奴合節が引き止めた時、"親が戦死するのを見て窮屈に生きのびるのがどうして孝とい

えるのか！”と言って敵陣に突入して戦死した。合節もまだ戦死して主従三人が同じ戦場で戦死したのである(『三国史記』)。これらは当時新羅の武士的精神をよく表しているといえよう。

▲ 源為朝の言として伝えられた“坂東武者の習、大将の前にては、親死、子討るれども、顧ず、弥が上に死重りて戦とぞ聞”と。

▲ 保元の乱以後、日本武士団の中枢が源氏であること、彼らが新羅系渡来人の子孫であり、八幡神が氏祖且武神であったことを考えると、武士道の源流を辿れば新羅の花郎道に至るのではなかろうか。♣

(国立忠南大学校 平和安保大学院 兼任教授)

―掲 載 文 献―

1)「軍事学の理論体系」『軍事論文選』(慶州：徐羅伐軍事研究所、1991)

2)「クラウゼヴィッツ『戦争論』翻訳に関する断想－戦争の三位一体に関して－」『日本クラウゼヴィッツ学会報』8号(東京：日本クラウゼヴィッツ学会、2003)

3)「広開土王碑文の倭に関する一考察」『東アジアの古代文化』81号(東京：大和書房、1994)

4)「広開土王碑文の倭の実体」『東アジア古代文化』85号、1995

5)「広開土王碑文の真実－軍事史学的研究方法による辛卯年記事の検討－」『日本及日本人』創刊110年記念号（東京：日本及日本人社, 1998）及び『東アジアの古代文化』創刊100号記念特大号（1999、再掲載）

6)「広開土王碑文十年庚子条の新考察」『東アジア古代文化』110号(2002)

7)「河内巨大古墳の謎を探る－5世紀前後を中心とする新仮説－」『東アジア古代文化』113・114号（2002, 2003）

8)「文武王と新羅海上勢力の発展」『軍事史学』114号(東京：錦正社、1993)

9)『クラウゼヴィッツと戦争論』(ソウル：周留城、2004)

10) 郷田 豊・李鍾学・杉之尾宜生・川村康之、『『戦争論』の読み方－クラウゼヴィッツの現代的意義－』(東京：芙蓉書房出版、2001)

· Pas à pas
김미연 외 / 신국판 / 2004 / 7,000원
· 유비쿼터스 무선공학과 미세 RFID (무선 IC 테그의 기술)
우종명 / 4·6배판 / 2004 / 10,000원
· 전자회로 및 마이크로파 회로설계 실습
염경환 / 4·6배판 / 2004 / 15,000원
· 화이트헤드의 과정철학
정연홍 / 신국판 / 2004 / 10,000원
· 건강한 노후생활을 위한 웰빙 실버라이프
소희영·조영채·정현숙·김현리 / 2005 / 6,000원
· 램제트 추진기관의 기본 열역학
이태호 / 4·6배판 / 2005 / 13,000원
· 독일 여성작가 연구
박광자 / 신국판 / 2005 / 10,000원
· 생활 속의 보석과학
김원사 / 신국판(양장) / 2005 / 16,000원
· 전략이론이란 무엇인가
이종학 / 신국판 / 2005 / 15,000원
· 회계의 이해 【개정판】
김홍식 외 / 4·6배판 / 2005 / 27,000원
· 농업투자분석론
임재환 / 4·6배판 / 2005 / 16,000원
· 도서관자료론 【개정판】
박옥화·변우열·곽동철 / 신국판 / 2005 / 11,000원
· 우리말연구
이경자 / 신국판 / 2005 / 10,000원
· 현행 한글맞춤법의 이해와 실제
김정태 / 신국판 / 2005 / 10,000원
· 행정도시가 희망이다(별책: CD)
육동일 / 신국판 / 2005 / 24,000원
· 성공적인 취업전략과 직장생활(별책 : 과제장)
김판욱 / 국배판 / 2005 / 16,000원
· 한국교육재정 현상탐구 I
천세영 / 신국판 / 2005 / 12,000원
· 正易과 三經
이현중 / 신국판 / 2005 / 19,000원
· 자연섭리학
김기원 / 신국판 / 2005 / 9,000원
· 인공지능시스템 II 지능제어
정슬 / 4·6배판 / 2005 / 15,000원
· 기술교육원론 【개정판】
류창렬 / 4·6배판 / 2005 / 19,000원
· 폴라노 광장
류주환 / 신국판 / 2005 / 16,000원
· 행정법 I
김병훈 / 신국판 / 2005 / 14,000원
· 메카트로닉스 공학도를 위한 회로시스템 설계
이지홍 / 4·6배판 / 2006 / 14,000원
· 현대인의 건강증진을 위한 스포츠 마사지(4판)
박인기 외 / 4·6배판 / 2006 / 14,000원
· 徐居正의 詩論과 詩世界
백연태 / 신국판 / 2006 / 5,000원
· DSP를 활용한 신호처리 - 이론과 실습 -
이지홍 / 4·6배판 / 2006 / 16,000원
· 베하스(BeHaS) 운동 프로그램
김종임 / 신국판 / 2006 / 6,000원
· 디지털 사운드
변태식 / 크라운판 / 2006 / 20,000원
· 재미있는 패션의 세계 【개정증보】
박길순 / 4·6배판 / 2006 / 15,000원
· 사고와 표현
국어편찬위원회 / 4·6배판 / 2006 / 13,000원
· 댄스스포츠
김동건, 이문숙 / 신국판 / 2006 / 15,000원
· 한 군사학도의 연구 발자취
이종학 / 신국판 / 2006 / 20,000원

충남대학교 출판부 발간도서목록

· 경영 그리고 경영학
이태규 / 4·6배판 / 2002 / 9,000원

· 기술교육과정 및 평가
류창열 / 4·6배판 / 2002 / 13,000원

· 독일어 허사구문 연구
이은철 / 신국판 / 2002 / 12,000원

· 럭비경기의 이론과 실제
이종호 / 4·6배판 / 2002 / 10,000원

· 부인암 개론
노흥태 / 신국판 / 2002 / 11,000원

· 여가레크레이션 교육론
김동건 외 / 4·6배판 / 2002 / 11,000원

· 운동생리 해부학
현광석 / 4·6배판 / 2002 / 15,000원

· 전기응용실험(전파 및 통신)
이재현 외 / 4·6배판 / 2002 / 12,000원

· 전기응용실험(제어 및 반도체)
황동환 외 / 4·6배판 / 2002 / 8,000원

· 막스프리쉬 물음의 극미학
강창구 / 신국판 / 2003 / 7,000원

· 무용미학
정소영 / 4·6배판 / 2003 / 15,000원

· 성과 학교교육
임선희 / 신국판 / 2003 / 12,000원

· 수수께끼
류주환 / 신국판 / 2003 / 15,000원

· 애완동물 개
김상근 / 4·6배판 / 2003 / 49,000원

· 애완동물 고양이
김상근 / 4·6배판 / 2003 / 19,000원

· 음성학과 공학의 만남
성철재 외 / 신국판 / 2003 / 7,000원

· 조지훈 문학연구
강양희 / 신국판 / 2003 / 13,000원

· 효에 대한 유불경전의 역주 및 비교 고찰
최준하 / 신국판 / 2003 / 9,000원

· VHDL기반의 디지털회로 분석 및 설계
정슬 / 4·6배판 / 2003 / 15,000원

· 프랑스 문화 【개정판】
김미연 외 / 신국판 / 2004 / 12,000원

· 로봇공학
정슬 / 4·6배판 / 2004 / 13,000원

· 베이직 사운드 & 레코딩 【개정판】
변태식 / 신국판 / 2004 / 13,000원

· 일본 근현대문학 입문
장남호 / 신국판 / 2004 / 10,000원

· 철학과 논리 【개정증보】
송영진 / 신국판 / 2004 / 10,000원

· Bridges to Fluency
John G. Nemnich Ph.D. · Yu Eun-ah /
4·6배판 / 2004 / 15,000원

· 창의적인 메카트로닉스 시스템 설계
김성수 외 / 4·6배판 / 2004 / 14,000원

· 괴테의 소설
박광자 / 신국판 / 2004 / 10,000원

· 중국 안보론
이계희 / 신국판 / 2004 / 9,000원

· 참나무 고급재 육성
송호경 외 / 신국판 / 2004 / 10,000원

· 비극적 세계에서 희망찾기
민경택 / 신국판 / 2004 / 10,000원

· 정당과 선거제도 개혁
신진 / 신국판 / 2004 / 15,000원

· 일본어학의 이해
이묘희 / 신국판 / 2004 / 12,000원

· 프랑스어 문법 【개정증보】
김미연 / 신국판 / 2004 / 12,000원

· 인공지능시스템 I
신경회로망의 구조 및 사용법
정슬 / 4·6배판 / 2004 / 12,000원

· 한국 한문희곡 연구
경일남 / 신국판 / 2004 / 9,000원